INTRODUCCIÓN AL ESTUDIO DE LOS INSECTOS DEL TRÓPICO AMERICANO

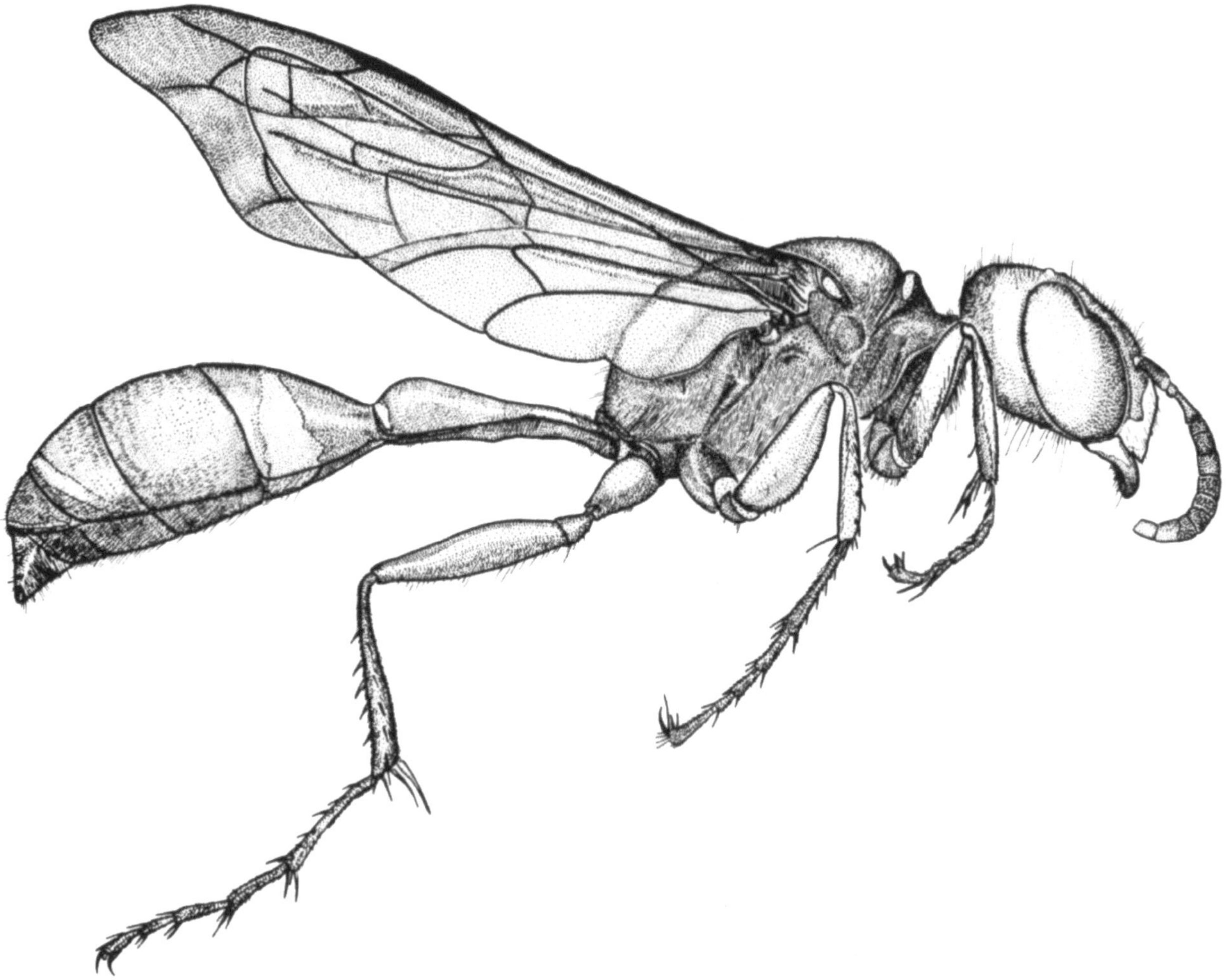

Trachypus mexicanus Saussure
(Hembra). L. 12 -18 mm.
México hasta Norte de Sur América

Ilustración de:
Edmundo Rubio Espina (E.R.E.)

PRIMERA EDICIÓN
Volumen I
Capítulos 1 - 10

INTRODUCCIÓN AL ESTUDIO DE LOS INSECTOS DEL TRÓPICO AMERICANO

EDMUNDO RUBIO ESPINA Ing. Agr., M.Sc., Ph.D.
&
MAGALLY QUIRÓS DE GONZÁLEZ Ing. Agr., M.Sc., Ph. D.

Departamento Fitosanitario, Facultad de Agronomía,
Universidad del Zulia,
Maracaibo, República Bolivariana de Venezuela

Artes gráficas por:
Edmundo Rubio Rincón doche@hotmail.com
Edmundo Rubio Espina edmundojrubio@hotmail.com
Ángel Fabricio Rincón

PREFACIO DE LA PRIMERA EDICIÓN

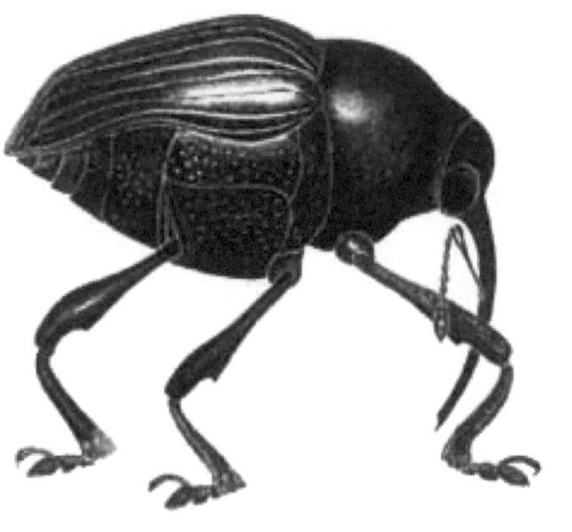

Diasthetus sp.
(hembra). L. 5 mm
Norte de Venezuela y
Colombia hasta Perú.

Ilustración de:
Ángel Fabricio Rincón (A.F.R.)

Antecedentes:

Nuestra vida cotidiana está relacionada con el mundo de los insectos, desde necesidades alimenticias, hasta el medio ambiente donde vivimos. Su presencia ha sido notoria desde la construcción de las pirámides en el antiguo Egipto, sin embargo, es durante el reinado del Faraón Tutmosis III, cuando adquieren relevancia al ordenar Moisés, por voluntad de Dios, las famosas plagas bíblicas, algunas de ellas representadas por insectos: piojos, moscas, tábanos y por último, langostas destructoras de cultivos. Estas plagas contribuyeron a la salida y éxodo del pueblo judío desde Egipto en el año 1.446 a.C.

La Historia está llena de fechas importantes donde los insectos han sido protagonistas de excepción. Así, en el siglo XIV, son corresponsables de la muerte de un tercio de la población europea por el surgimiento de la tristemente famosa Peste Bubónica o Peste Negra. El canal de Panamá, a principios del siglo XX, no pudo construirse sin eliminar previamente a los mosquitos transmisores de la Fiebre Amarilla y la Malaria o Paludismo, responsables de la muerte de varios millares de trabajadores al inicio de esta monumental obra. Más recientemente, en el 2005, el niño Emmanuel, hijo de Clara Rojas, prisionera de la guerrilla, es entregado en un puesto de salud rural en Colombia porque padecía de una grave enfermedad adquirida en la selva. Gracias a esta acción del grupo armado salva su vida, recupera la libertad y lo curan de Leishmaniasis, Enfermedad transmitida por insectos que lo conducían a la muerte.

En otro orden de ideas, sin los insectos no podríamos vivir. Estos animales son importantes en la producción de parte de los alimentos que consumimos y en conjunto con todos los seres vivos, integran los ecosistemas naturales que soportan la vida en el planeta Tierra. Por este motivo, el hombre ha desarrollado numerosas técnicas, métodos y programas, donde se incluye su utilización para lograr una Agricultura económicamente sustentable. Entre estos programas destaca el Control Biológico, el cual en su forma más tradicional, resulta en la cría masiva y liberación de parásitos y depredadores que eliminan a los insectos perjudiciales. En los últimos 30 años, países del Neotrópico como Brasil, Colombia, México, Chile, Costa Rica, Perú, Ecuador, Cuba y Venezuela, así como otros, han cultivado extensiones de tierras donde el Control Biológico ha tenido un reconocido éxito.

En las escuelas de Agricultura de América Latina, los estudios de Entomología, ciencia que estudia a los insectos, son considerados como prioritarios y forman parte esencial de los programas de estudios de las Ciencias Agropecuarias. Por esta razón, textos escritos en Español, con referencias a los insectos del Neotrópico, se consideran muy importantes. Vale la pena resaltar, que departamentos y laboratorios de Entomología de muchos de nuestros países, han editado guías y ayudas didácticas sobre nuestros insectos como paliativo a esta necesidad de literatura; esta iniciativa, ha contribuido a la formación de muchos de los entomólogos que hoy día trabajan en América Latina.

No fue tarea fácil emprender un proyecto que culminara en el volumen que en estos momentos estamos presentando. Recursos económicos limitados, colecciones entomológicas pequeñas, por lo general orientadas al estudio de los insectos de importancia agrícola, falta de especialistas locales en la mayoría de las familias de insectos y bibliotecas modestas, constituyeron durante años barreras para culminar un libro con las características del nuestro. Recientemente, con la ayuda de computadoras personales, relaciones directas con especialistas de otros países, acceso al mundo de Internet y el uso del Diseño Gráfico, un nuevo panorama se abrió para facilitar la consolidación de este proyecto y llevarlo a feliz término.

Esta obra, de tres volúmenes, aspira resumir en varios centenares de páginas, la gran diversidad de familias de insectos presentes en el Trópico Americano o Neotrópico, incluyendo representantes de las mismas.

Objetivos:

Los objetivos principales de esta obra son:

1. Proponer una terminología apropiada la cual aspiramos se estandarice en los países de habla hispana, en especial los latinoamericanos, para nombrar los componentes de la Anatomía de los insectos, y muchos de los aspectos relacionados con su Fisiología, Taxonomía, Ecología, Comportamiento y Filogenia. Esta aspiración tiene su fundamento en la riqueza del idioma Español y en la posibilidad de castellanizar palabras del latín y el griego, para nombrar las estructuras que integran el cuerpo de los artrópodos, en especial, los insectos.
2. Utilizar como modelos, insectos de distribución neotropical, abundantes y de fácil cría en laboratorios.
3. Presentar ilustraciones de las especies estudiadas, así como de representantes de las principales familias que componen los órdenes propuestos, dibujados o pintados utilizando técnicas diseñadas por los autores de esta obra.
4. Actualizar y discutir las nuevas corrientes de la Sistemática zoológica para organizar y nombrar la abundante diversidad de fauna insectil del Trópico Americano.
5. Considerar la importancia del Código Internacional de Nomenclatura Zoológica para su uso por parte de profesionales y estudiantes.
6. Utilizar las nuevas herramientas del Diseño Gráfico y Comunicacional para hacer más atractiva y amena la lectura de los textos, con miras a facilitar la comprensión de los mismos.

Los autores del presente trabajo agradecen a los colegas entomólogos y otros especialistas en Ciencias Naturales de habla hispana, en particular los de América Latina, las sugerencias que tengan a bien hacer para la mejora del mismo en ediciones futuras.

E.R.E. y M.Q. de G.

edmundojrubio@hotmail.com
magallyq@gmail.com

Maracaibo, Marzo del 2013.

AGRADECIMIENTOS, VOLUMEN I

Las siguientes personas e Instituciones fueron importantes y contribuyeron en la preparación o en la corrección de los documentos originales del la Primera edición, Volumen I de esta obra, algunas de ellas ya fallecidas:

VENEZUELA: José Ramón Labrador, Félix Taborda Romero, Eleodoro Inciarte, Jesús Camacho, Yadira Petit, Romer Romero y Tomás Borrego, Universidad del Zulia, Facultad de Agronomía. Haydee Rubio de Carmona, Universidad del Zulia, Facultad de Humanidades y Educación. Francisco Fernández Yépez, Luís José Joly, Universidad Central de Venezuela, Facultad de Agronomía. Armando Briceño, Universidad de los Andes, Facultad de Ciencias Forestales. Sonia Rincón de Rubio, Luís Robles, Sagrario Rubio, Mauricio García, Ángel F. Rincón y Edmundo Rubio Rincón.

ESTADOS UNIDOS DE AMÉRICA: Lloyd Knutson, Ronald Hodges, Robert Carlson, Paul Marsh, Arnold Menke, Eric Grissell, John Heppner, Edward W. Baker, Douglas Miller, Steve Nakahara, Manya Stoetzel, Robert Smiley y Geoffrey White, U. S. Department of Agriculture & The Smithsonian National Museum of Natural History. Robert Denno, John Davidson, Charles Mitter, University of Maryland. Henry Townes, American Entomological Institute. Richard M. Bohart, Francis Summers, University of California, Davis.

CANADA: Lubomir Masner, Canadian National Collection of Insects, Arachnids and Nematodes.

COLOMBIA: Raúl Vélez Ángel, Universidad Nacional de Colombia, Medellín.

BRASIL: Cincinato Gonçalves, Universidade Federal Rural do Río de Janeiro, Río de Janeiro.

ARGENTINA: A. Willink, Instituto Miguel Lillo, Tucumán.

NICARAGUA. Álvaro Sequeira Delgado.

MÉXICO: Baldomero Villegas.

Las instituciones y personas que apoyaron económicamente la realización de este volumen fueron: Universidad del Zulia: Facultad de Agronomía, autoridades de la Facultad durante los años 1975-2013; Vicerrectorado Académico, Rosa Nava; Consejo de Desarrollo Científico y Humanístico, Francisco Villamediana y César Badell. Consejo Nacional de Ciencia y Tecnología: Comisión Nacional de Agricultura, lapso 1975-1981. Fondo Nacional de Ciencia y Tecnología, años 2005-2012. Edmundo Rubio Espina, Javier Fernández y Adelmo León, todos de la República Bolivariana de Venezuela.

Library of Congress
Cataloguing-in-Publication Data
Rubio Espina, E.
Introducción al estudio de los insectos del Trópico Americano/ E. Rubio Espina & Quirós de González, Magally.-1st ed.
p. cm.
Includes bibliographical references and index.
ISBN 978-0-615-77615-6

Dedicatoria,
A la memoria del **Dr. José Ramón Labrador**,
fundador del Departamento Fitosanitario y de
las cátedras de Entomología Básica y Entomología
Aplicada de la Facultad de Agronomía de la Universidad del
Zulia. República Bolivariana de Venezuela.

CONTENIDO: VOLUMEN I, Capítulos 1 - 10.

Bombus robustus Smith (hembra). L. 17 - 25 mm Norte de Venezuela y Colombia, hasta Perú. (E.R.E.)

CONTENIDO

Capítulo 10

CAPÍTULO 1

Los insectos en la Tierra y en el Trópico Americano

Los insectos se consideran entre los animales más importantes, diversos y exitosos que existen en la Tierra. En su estado adulto, se reconocen por poseer (Fig.1.1):

1 Cuerpo segmentado, dividido en tres regiones principales: cabeza, tórax y abdomen.

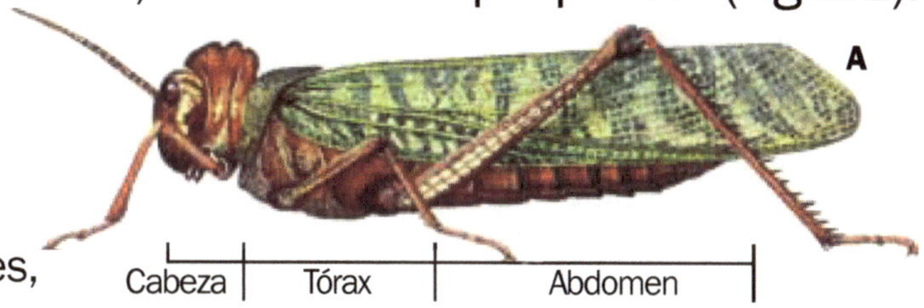

2 Tres pares de patas articuladas, alas presentes, un par de antenas y un par de ojos compuestos.

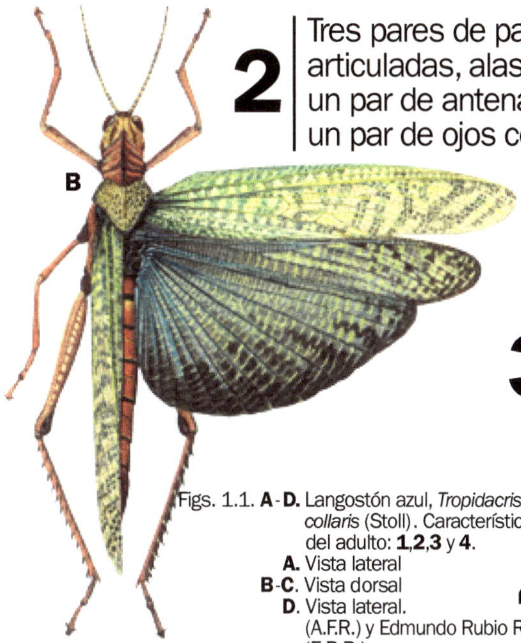

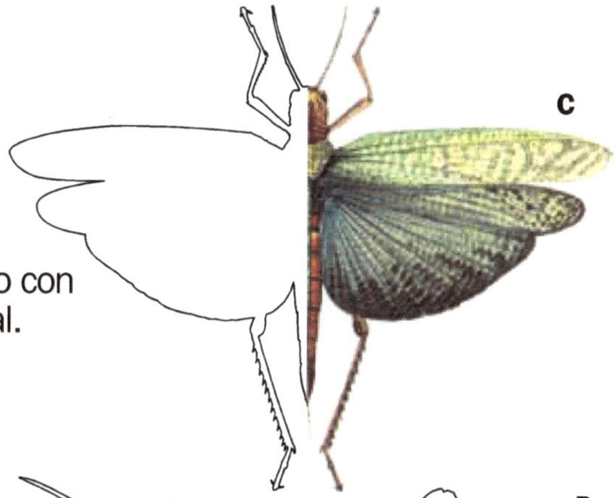

3 Cuerpo alargado con simetría bilateral.

Figs. 1.1. **A - D.** Langostón azul, *Tropidacris collaris* (Stoll). Características del adulto: **1**,**2**,**3** y **4**.
A. Vista lateral
B - C. Vista dorsal
D. Vista lateral.
(A.F.R.) y Edmundo Rubio Rincón (E.R.R.)

4 Esqueleto externo, formado por áreas endurecidas.

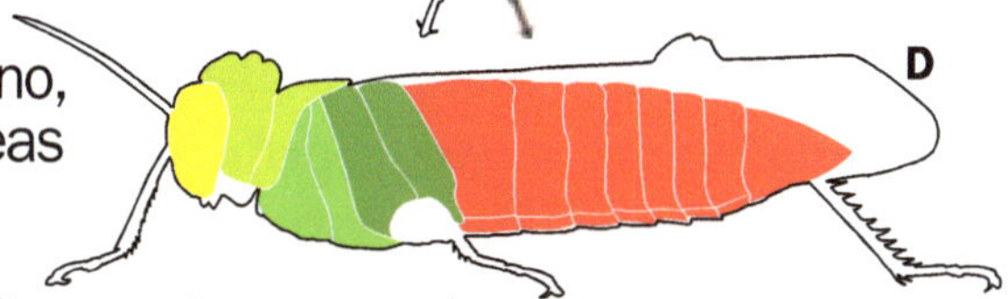

Las características anteriores sirven para identificar a la mayoría de los insectos y a otros hexápodos; sin embargo, la ausencia de musculatura más allá del primer segmento de las antenas, la presencia de un órgano sensorial en las mismas, tarsos subsegmentados, entre otros caracteres, son exclusivos de este grupo de animales.

CONTENIDO

Los insectos

Los insectos ocupan casi todos los nichos ecológicos, desde los polos, hasta espacios marinos y desiertos. También se consideran entre los animales más antiguos que han existido en el planeta, remontándose sus orígenes a más de 400 millones de años. Su conocimiento corresponde a la Entomología, la cual es la rama de la Zoología que los estudia. Entomología es una palabra de origen Griego donde -entomo- significa insecto, y el sufijo -logos- hace referencia a su estudio o tratado. Los insectos están incluidos dentro del Phylum *Arthropoda*, Superclase *Hexapoda*, Clase *Insecta*. Para conocer a los insectos y aprender a identificarlos es necesario estudiar las estructuras que poseen ya que esto permite agruparlos en Categorías las cuales, a los fines de esta obra se conocerán específicamente como Categorías Taxonómicas, siendo las más utilizadas las siguientes: Phylum, Subphylum, Superclase, Clase, Orden, Superfamilia, Familia, Género y Especie.

Importancia

El estudio de los insectos reviste un interés primordial por el impacto que ellos causan, tanto desde el punto de vista beneficioso como perjudicial en nuestra sociedad y ecosistemas. Los insectos son útiles por muchísimas razones y se dice que el mundo actual donde vivimos no sería viable sin la existencia de estos animales. Pensemos en los insectos como polinizadores (Fig.1.2) y la existencia de plantas producto de esta polinización, así como en la producción de frutos. Meditemos también sobre la polinización y su impacto en la producción de orquídeas, aceites de palmas y otros productos. Por otro lado, importante es el rol que juegan en las cadenas alimenticias y como parásitos y depredadores de otros insectos y organismos portadores de enfermedades o que actúan como plagas agrícolas. También es relevante el papel que juegan en Medicina y Genética, especialmente en el estudio de los cromosomas y la ubicación de genes, así como en investigaciones básicas sobre transmisión de impulsos nerviosos, visión y otros. Actualmente han cobrado importancia dentro de la disciplina científica denominada Entomología Forense, la cual ha sido de utilidad para la policía en la búsqueda de autores de crímenes. Igualmente, el papel que juegan los insectos en la producción de miel, seda, cera y otros materiales; o como saprófagos en el reciclaje de materia orgánica y mantenimiento de la fertilidad de los suelos. Estos beneficios se pierden de vista por su importancia económica y ayudan en el equilibrio de los ecosistemas.

Fig. 1.2. La polinización por insectos es importante para la producción de flores, frutas, semillas y otros productos. (E.R.E.)

Por otro lado, no todos los insectos son beneficiosos, algunos son portadores de enfermedades que azotan año tras año a la humanidad, tal es el caso de zancudos del Género *Anopheles*, transmisores de la Malaria o Paludismo. Otro zancudo, *Aedes aegypti* llamado también patas blancas, es el vector de padecimientos conocidos como Dengue y Fiebre Amarilla en México, Centro América, Caribe y países de Sur América. La Oncocercosis o Ceguera de los ríos, mal que afecta a la población rural de las regiones mencionadas, tiene como vector a diminutos mosquitos de la Familia *Simuliidae*.

¿Sabía Usted?

Los insectos y otras plagas destruyen más del 25% de las cosechas de alimentos a nivel mundial.

Casos adicionales son las enfermedades conocidas como Leishmaniasis, transmitida por insectos de los Géneros *Phlebotomus* y *Lutzomyia* de la Familia *Psychodidae* del Orden *Diptera* y la Elefantiasis, consecuencia de la picada de dípteros de varias Familias, entre ellas *Culicidae*. Un trastorno de nuestra región es el Mal de Chagas, el cual afecta las zonas rurales desde Texas hasta Argentina; en esta enfermedad los vectores son chinches de la Familia *Reduviidae* del Orden *Hemiptera*, clasificados en los Géneros *Triatoma* y *Rhodnius*, los cuales transmiten a través de sus excrementos al Protozoario causante de la enfermedad: *Trypanosoma cruzi*. Se estiman entre 16 y 18 millones las personas afectadas por el Mal de Chagas en América Latina.

El ejemplo más importante de transmisión de enfermedades por insectos es el de la Peste Negra o Peste Bubónica, la cual acabó con un tercio de la población de Europa a mediados del siglo XIV (sobre los

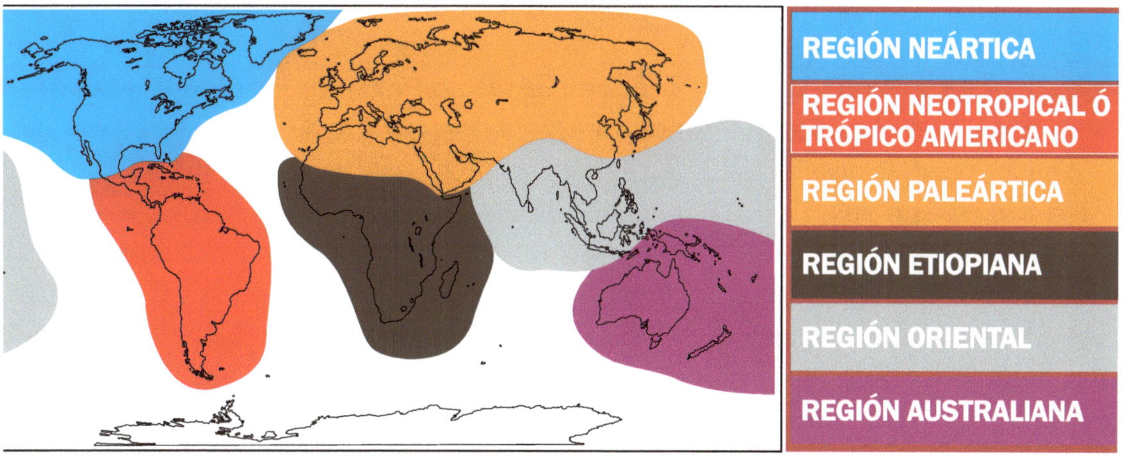

Fig. 1.3. Zonas zoogeográficas. Mapa de las seis zonas zoogeográficas principales que caracterizan la distribución de animales en el planeta Tierra. (E.R.E y E.R.R.)

70 millones de personas fallecidas). En este caso particular, varios factores actuaron conjuntamente para potenciar el efecto de la enfermedad: malnutrición, falta de higiene, contacto directo de la población en pueblos saturados de personas, abundancia de ratas (hospedero natural), la bacteria *Yersinia pestis* (agente causal de la enfermedad) y pulgas de los géneros *Pulex* y *Xenopsylla*, como agentes transmisores de la Peste.

Además de los insectos, existen otros artrópodos importantes como los ácaros y las garrapatas. Los ácaros son arácnidos muy pequeños, algunos consideradas como plagas agrícolas, otros como depredadores o saprófagos en el medio ambiente. También pueden tener importancia médica al producir irritaciones de la piel conocida como Escabiosis o Sarna. Las garrapatas, también son relevantes en Veterinaria y Medicina; en el primer caso, son responsables de la transmisión de enfermedades al ganado vacuno como la Anaplasmosis y la Piroplasmosis, las cuales restringen el establecimiento de las razas de alta producción de leche en las zonas calurosas de América Latina y son fuente de malestar en humanos y animales domésticos. En el segundo caso, son vectoras de bacterias, virus y otros parásitos, las cuales dan origen a fiebres, alergias y en casos particulares, a enfermedades como la de Lyme, Encefalitis, Ehrlichiosis y otras.

Muy significativa es la imagen que nosotros debemos tener de los insectos y no la que empresas productoras de pesticidas y muchas veces hasta programas de televisión sobre Ciencias Naturales le dan a estos organismos, cuando los presentan como bichos repugnantes y perjudiciales merecedores de la muerte, asunto de sumo interés cuando se aspira vender plaguicidas o anunciar programas televisivos para que la audiencia les preste mayor atención. Esta situación no debe pasar por alto y es nuestro deber, alertar a la población para que conozcan a los insectos dentro de los límites de lo que verdaderamente son, destacando tanto los aspectos positivos como los negativos. Al fin y al cabo, muchos de los perjuicios causados por ellos son consecuencia de la propia actividad del ser humano, el cual, en su afán por producir alimentos, construir viviendas, carreteras y en fin, obras de infraestructura, destruyen los ecosistemas naturales o los alteran de tal forma que los insectos aparecen o incrementan sus poblaciones convirtiéndose en plagas. Sin embargo, solamente una pequeña proporción de insectos son perjudiciales; la mayoría son beneficiosos, lo que sucede es que esa pequeña porción de perjudiciales nos causan muchos daños y molestias, incluso la muerte y destruyen productos que consumimos o utilizamos en nuestra vida diaria, tales como granos, frutas, hortalizas, vestidos, pieles, maderas y otros.

El Trópico Americano y la abundancia de insectos

La zona zoogeográfica denominada Neotrópico, es una de las seis zonas principales que caracterizan la distribución de animales en la Tierra (Fig.1.3). Abarca desde el Centro de México, incluyendo el Caribe, hasta el Sur de Argentina y Chile, estando contenida en ella el mayor número de especies tanto de animales como de plantas existentes en el mundo. Esta es la más diversa de todas las zonas zoogeográficas llegando a incluir, en el caso de los insectos, a más de la mitad del total presente sobre la Tierra. En este caso, la cantidad total de especies en el mundo ha sido estimada por muchos investigadores. Por ejemplo Erwin (1988, 1997), calcula el número total de especies entre 10 y

Fig. 1.4. *Dynastes hercules* (macho). L. 170 mm. México hasta Bolivia y Trinidad & Tobago. (A.F.R.)

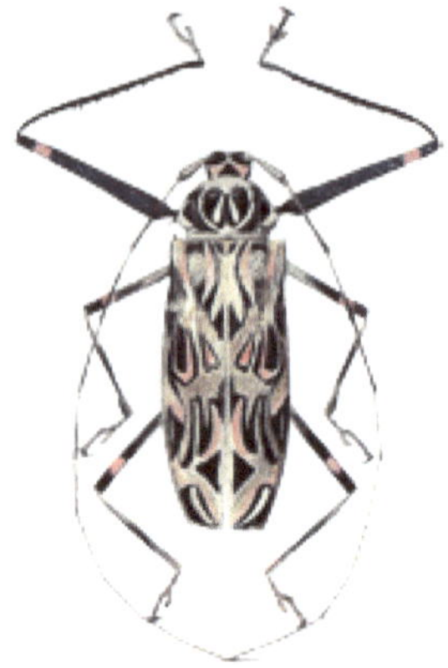

Fig. 1.5. *Acrocinus longimanus* (hembra). L. 80 mm. Cosmopolita. (A.F.R.)

Fig. 1.6. *Morpho peleides* (hembra). E. 125 mm. Cosmopolita. (A.F.R.)

50 millones. La última cifra la obtiene al profundizar los muestreos entomológicos iniciados en la selva Panameña para ampliarlos en Brasil y Perú. En sus cálculos asume que el 40% del total de insectos son coleópteros, y con esta cifra, extrapola el número total de especies utilizando otras variables como especificidad insectos/plantas, relación insectos en la planta/insectos en el suelo y otros parámetros. Otros investigadores, entre ellos Stork (1997), la ubican entre 4,9 y 6,6 millones de especies para todo el mundo. Sus estimaciones se basan en comparar faunas conocidas. Por ejemplo el número total de especies de mariposas presentes en el Reino Unido con la cantidad total de especies de insectos en Gran Bretaña. Luego, sí se conoce en forma muy aproximada las especies de mariposas en el mundo se puede estimar la entomofauna total del planeta. Un análisis interesante para determinar el número de insectos y la forma de extrapolar con otros organismos no entomológicos (cordados), para encontrar ese número, es presentado por Osuna (2000) cuando estima la entomofauna presente en el Parque Nacional Henri Pittier ubicado en la Región Centro Norte de Venezuela. Analizando los números de Osuna, este científico coincide aproximadamente con los cálculos de Stork, ya mencionados. De los estudios referidos da la impresión que las estimaciones de Erwin y las de este último con Geraci (Erwin & Geraci, 2009), fueran elevadas, sin embargo debe tomarse en cuenta que sus cálculos se basan en muestreos realizados en el bosque lluvioso tropical donde sabemos, existe mayor diversidad de especies. Por otro lado se trata de investigadores de prestigio y sus estudios han tenido una mayor área de cobertura, más aún, el número total se viene ampliando con estudios recientes de otros grupos como *Hymenoptera* (Sharkey, 2007) y *Lepidoptera* (Kristensen *et al.* 2007), donde se estiman 2,5 y 0,5 millones de especies, respectivamente; de todas formas, estas investigaciones abren la posibilidad de continuar trabajando en el tema y permiten reflexionar sobre la extinción de especies por las deforestaciones masivas de las selvas tropicales y sus implicaciones en los ecosistemas naturales de la Tierra.

En el Trópico Americano, además de existir la mayor diversidad de insectos, también se encuentran los más grandes y vistosos, especialmente en los órdenes: *Hemiptera*, *Coleoptera*, *Lepidoptera*, *Hymenoptera* y *Diptera*, con coloraciones y formas deslumbrantes, así como diminutos y difíciles de observar a simple vista como en los órdenes: *Coleoptera*, *Diptera*, *Psocodea*, *Strepsiptera* y otros. Especial mención debemos hacer al gran tamaño de los coleópteros en los géneros *Dynastes* (Fig.1.4) y *Acrocinus* (Fig.1.5) y al color azul brillante de algunas mariposas del Género *Morpho* (Fig.1.6) las cuales al volar maravillan a propios y a extraños.

Por lo vistosos de algunos ortópteros, lepidópteros, coleópteros y hemípteros, no se ha escatimado esfuerzo en presentarlos pintados en colores.

Diseño de esta obra y del volumen I

La organización en órdenes y familias de la gran cantidad y diversidad de insectos que viven en el Trópico Americano, también conocido como Región Neotropical, conjuntamente con el uso de modelos neotropicales para los estudios de Anatomía, Fisiología, Ecología y otras áreas, han sido importantes en esta obra, la cual necesitó más de 25 años de trabajo para su desarrollo y consolidación por parte de entomólogos especializados. Además, cientos de estudiantes de Entomología ayudaron en la corrección de las claves para la identificación de las diferentes familias de de los grupos estudiados.

La obra contó también con la ayuda de investigadores nacionales y extranjeros para la identificación de ciertos grupos, en especial aquellos de importancia Agrícola, Médica y Veterinaria. Estos científicos en su mayoría, pertenecen o formaron parte del U.S. Department of Agriculture y del National Museum of Natural History de los Estados Unidos de América.

La escogencia de las categorías taxonómicas utilizadas para la ubicación de los artrópodos estudiados tuvo su fundamento en estudios filogenéticos recientes, en especial aquellos basados en Cladística, Morfología y Biología Molecular. Por este motivo, se reconocen y le damos nivel de Superclases a los taxa *Hexapoda* y *Arachnida*, modificando la proposición de Barnes (1987), el cual las presenta como Clases. En la primera de ellas estudiamos como Clases a *Insecta* y a *Entognatha*, siguiendo el esquema propuesto por Kristensen (1981). En la presente obra estudiaremos los 25 órdenes de la clase *Insecta* presentes en el Neotrópico según Gullan & Cranston (2010), dejando fuera a *Mantophasmatodea* y *Grylloblattodea*, no reportados para la mencionada Región. Además, incluimos los tres Órdenes de la Clase *Entognatha*. En el caso de los arácnidos, revisaremos en forma general la Subclase *Acari* en el volumen III.

Los capítulos 1 al 7 incluyen generalidades sobre los insectos y detalles sobre su Anatomía, Fisiología, Ecología, Etología, Reproducción, Metamorfosis, Sistemática, Taxonomía y Clasificación, y se destacan ciertos aspectos del Código Internacional de Nomenclatura Zoológica (CINZ). Aspectos relativos al Phylum *Arthropoda* y a las Clases *Entognatha* e *Insecta* se discuten en el capítulo 8. En el capítulo 9 se presenta a la Superclase *Hexapoda* y se proponen claves para separar las Clases incluidas en ella.

Fig. 1.7. Ilustración pintada usando la técnica de la acuarela (A.F.R.)

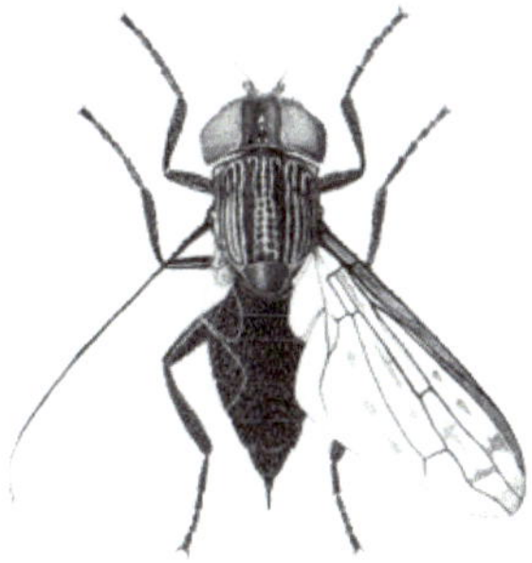

Fig. 1.8. Ilustración en tinta china. (E. R.E.)

Fig. 1.9. Fotomicrografía digital de alta resolución (E.R.R.)

El capítulo 10 está dedicado a la Taxonomía de los órdenes de la Superclase *Hexapoda* y sus referencias bibliográficas. Por último el volumen I termina con el glosario de términos de dicho volumen y su índice. Los volúmenes II y III serán utilizados para estudiar las familias de los órdenes de insectos presentes en el Neotrópico y como se indicó, en el volumen III incluiremos entre los arácnidos, a la Subclase *Acari*.

Por ser Venezuela sede para el desarrollo de esta publicación, la mayoría de los ejemplos fueron tomados de este País, pero con distribución Neotropical, usando especies distribuidas desde México, hasta Sur América, los cuales fueron amablemente facilitados por el Museo del Instituto de Zoología Agrícola (MIZA) de la Facultad de Agronomía de la Universidad Central de Venezuela (UCV), Maracay.

Cada capítulo en este libro ha sido subdividido en subtítulos, los cuales explican los temas tratados utilizando las más recientes técnicas del Diseño Gráfico. En este sentido, representantes de la mayoría de las familias estudiadas han sido ilustradas usando uno o varios especímenes y en muchas oportunidades, una parte de los mismos. Casi todas las ilustraciones y fotos presentadas son originales y sus autores o sus iniciales, aparecen entre paréntesis debajo de cada una de ellas. Las ilustraciones a color fueron elaboradas como acuarelas en papel Arches 140 lb. rough (Portadas del libro, Figs.1.1 A-C, 1.4-1.7 y muchas otras); las dibujadas en blanco y negro, usando tinta china sobre papel Strathmore 300, Series Patent Office Board (Fig.1.8) o lápices de las series F, H y B (Fig.4.2) y fueron dirigidas por el Dr. Edmundo Rubio Espina. Ciertos dibujos incluidos se diseñaron utilizando los programas: Adobe Photoshop, Adobe Illustrator y Adobe Indesign (Fig.1.1D). Algunas de las imágenes en el texto aparecen sin enumerar, por cuanto las mismas se explican por sí solas y podrían estar retocadas con colores para señalar estructuras específicas. El uso de un sistema fotográfico digital de alta resolución fue útil para ilustrar ciertas especies y sus partes. Aspectos importantes sobre esta técnica pueden consultarse en internet, utilizando la URL: nhm.ku.edu/illustration/index.html (Fig.1.9).

Un grupo de los especímenes ilustrados tienen su rango de distribución señalado y la mayoría, fueron depositados en la colección del Museo de Artrópodos de la Universidad del Zulia (MALUZ), Facultad de Agronomía; otro tanto reposa en la colección del Museo del Instituto de Zoología Agrícola, Facultad de Agronomía, Universidad Central de Venezuela y una minoría, en el National Museum of Natural History (NMNH) y en el U.S. Department of Agriculture (USDA) de los Estados Unidos de América.

En cuanto a la bibliografía consultada y recomendada, la misma aparece anotada al final de cada capítulo, bajo el subtítulo: Referencias. Es de notar, que en esta obra se verán tres tipos de citas, a saber:

1. Las que aparecen en el texto, por ejemplo en el Capítulo 1 se menciona a Osuna (2000), cuando se discute sobre el número de insectos presentes en el Neotrópico; esto quiere decir que ese autor aparecerá como referencia bibliográfica de ese capítulo.
2. Obras de carácter general relacionadas con el tema, aunque no estén mencionadas en el texto.
3. Las referencias de internet aparecen citadas como tales, ejemplo: http://www.iczn.org/index.jsp y se destacan en letras de color azul celeste.

La urgencia de material bibliográfico en español en el área de la Entomología Sistemática y la Taxonomía, en especial la inclusión de claves y descripciones para ser usadas para la separación de las familias de los insectos de nuestra Región; la estandarización de una terminología apropiada para definir las partes y estructuras de los insectos y así como otras razones indicadas al comienzo de este subtítulo y en el prefacio de esta obra, fueron razones muy importantes que motivaron a escribir este trabajo. Algunas de las explicaciones presentadas son consecuencia de observaciones personales de los autores, los cuales han acumulado una experiencia conjunta de 70 años o más en el área de la Entomología Neotropical; muchas de estas apreciaciones no habían sido publicadas previamente en ningún artículo científico.

En otro orden de ideas, esta obra ha sido escrita con los nombres científicos en letras *itálicas* en cualquiera de las categorías taxonómicas utilizadas; esto permite, además de reconocer un nombre científico, profundizar en informaciones adicionales accediendo la red global de información a través de los portales: Google, Yahoo y otros de la red. El sistema de itálicas también se aplicó a *Linnæi*, su libro y al nombre de algunas estructuras provenientes del Latín o Griego. Las abreviaturas utilizadas aparecen definidas al final del trabajo, en el glosario de términos.

Otras obras de interés

Los textos, libros y tratados publicados en América Latina con una cobertura continental sobre nuestra entomofauna son escasos. Sin embargo, existen guías de estudio y folletos en muchos países así como literatura especializada de interés para estudiantes, investigadores o agentes de extensión, relacionada con la enseñanza de la Entomología. Entre los tratados, mención debe hacerse al monumental trabajo: Insetos do Brasil (1939-1962). Esta obra publicada en 12 tomos, con un total de 4.206 páginas, 2.707 figuras e infinidad de citas bibliográficas, intenta cubrir la inmensa diversidad insectil de ese extenso país Suramericano. El mismo fue escrito por quien dedicó gran parte de su vida al estudio de los insectos y se considera, hoy día, como el padre de la Entomología Brasileña: Angelo da Costa Lima. Otro libro relevante: Latin American Insects and Entomology, Hogue (1993) refleja 30 años de trabajo por parte de un entomólogo que viajó con frecuencia por los países de América Latina recogiendo información sobre los insectos del Trópico Americano, dibujando y destacando entre otros, aspectos generales sobre nuestra historia entomológica y sus protagonistas, insectos fósiles y las relaciones de los artrópodos con la cultura pasada y presente de los habitantes de la Región. De particular interés es la amplia bibliografía consultada por Charles L. Hogue, la cual resulta en un resumen de lo escrito hasta 1993 sobre la Taxonomía de nuestros artrópodos y sus asociaciones con plantas, animales y seres humanos. Textos como el de Coronado & Márquez (1972) y el de Jiménez (2009), combinan aspectos básicos, así como aplicados para la enseñanza de la Entomología en México y Nicaragua, respectivamente.

Existen tres tratados sobresalientes que describen parcialmente nuestra fauna insectil, los cuales nos sentimos obligados a mencionar. Los mismos se comenzaron a editar hace casi de 100 años. Se trata de las obras: Biologia Centrali-Americana, The Macrolepidoptera of the World y Genera Insectorum. Estos libros, aunque no fueron escritos con fines docentes, son una excelente fuente de información para la investigación entomológica, cubriendo los principales órdenes de insectos a los cuales ilustran con infinidad de dibujos, muchos en colores. Las mencionadas obras son materiales de estudio obligatorio en nuestras bibliotecas y en la actualidad, se han ido incorporando para su consulta y revisión en los portales de internet. Como es lógico presentan nombres para muchas especies, géneros y familias que han sido cambiados, entre otras razones, consecuencia de las diferentes revisiones que han sufrido los grupos donde inicialmente se habían propuesto. Por último, el Zoological Record (1864-2012), de obligatoria consulta cuando se proponen nombres científicos para evitar sinonimias (ver Capítulo 7, pág. 116). Esta publicación incluye además, material adicional de información sobre Ecología, Fisiología, Biodiversidad, Taxonomía y otros aspectos de interés relacionados con la Entomología.

Desde hace algunos años se han publicado estudios importantes sobre la entomofauna del Neotrópico, algunos de ellos editados por especialistas de renombre mundial. Entre ellos se destacan el de Fernández & Sharkey (2006), Introducción a los *Hymenoptera* de la Región Neotropical y también, las publicaciones del Instituto Nacional de Biodiversidad de Costa Rica sobre *Diptera*, *Coleoptera*, *Lepidoptera* y otros grupos. Estos libros son básicamente de investigación, cuyo fin principal es el conocimiento de la entomofauna del Trópico Americano.

Referencias

Amat-García, G., M.G. Andrade & E. Amat-García (eds) (2007) Libro rojo de los invertebrados terrestres de Colombia. Instituto de Ciencias Naturales, Universidad Nacional de Colombia, Bogotá. 206 p.

Angulo, A. Libro de Entomología (en línea). Proyecto de Docencia No. 01-38. UDEC, Chile. http://www2.udec.cl/entomologia/Libro.htm

Barnes, R.D. (1987) Invertebrate zoology, 5th edn. Saunders College Publishing, Philadelphia. 893 p.

Biologia Centrali-Americana Digital edition. www. sil.si.edu/digitalcollections/bca/explore.cfm

Borror, D.J. (1971) Dictionary of word roots and combining forms, 11th edn. National Press Books, California.134 p.

Cabezas, M.F. (1996) Introducción a la Entomología. Editorial Trillas, México. 148 p.

Chapman, R.F. (2000) Entomology in the twentieth century. Annual Review of Entomology 45: 261-285.

Coronado, R. & A. Márquez (1972) Introducción a la Entomología, morfología y taxonomía de los insectos. Editorial Limusa-Wiley, México. 282 p.

Conn, J.E. & L. Mirabello (2007) The biogeography and population genetics of Neotropical vector species. Heredity 99: 245-256.

Costa Lima, A.M. da (1939-1962) Insetos do Brasil. Escola Nacional de Agronomia, Série didáctica. 12 tomos. Varias imprentas, Rio de Janeiro. 4206 p.

Erwin, T. (1988) The tropical forest canopy: The heart of biotic diversity. In: Biodiversity (ed. E.O. Wilson), pp. 123-129. National Academy Press, Washington D.C.

Erwin, T. (1997) Biodiversity at its utmost: Tropical forest beetles. In: Biodiversity II. (eds M.L. Reaka-Kudla, D. E. Wilson & E.O. Wilson), pp. 27-40. Joseph Henry Press, Washington D.C.

Erwin, T. & C.J. Geraci (2009) Chapter 4. Amazonian Rainforest and their richness of *Coleoptera*, a dominant life form in the critical zone of the Neotropics. In: Insect biodiversity: Science & Society. (eds R.G. Foott & P.H. Adler), pp. 49-68. Wiley-Blackwell, Oxford, U.K.

Fernández, F. & M.J. Sharkey (eds) (2006) Introducción a los *Hymenoptera* de la Región Neotropical. Sociedad Colombiana de Entomología & Universidad Nacional de Colombia, Bogotá. D. C. 894 p.

Gómes, L. & C.J. von Zuben (2006) Forensic Entomology and main challenges. Brazil Neotropical Entomology 35(1): 1-11.

González, J.M. (2005) Los Insectos en Venezuela. Fundación Bigott, Caracas. 149 p.

Gordillo, O. (1966) Entomología. Universidad Técnica de Ambato, Ecuador. 120 p.

Gualdrón, L.J. (ed) (2007) Manual de vigilancia entomológica de Dengue, Leishmaniasis, Chagas, Malaria y Fiebre Amarilla. Unidad Básica de Entomología, Secretaría de Salud de Santander, Colombia. 182 p.

Gullan, P.J. & P.S. Cranston (2010) The insects. An outline of Entomology, 4th edn. John Wiley, New York. 565 p.

Hogue, C. (1993) Latin American Insects and Entomology. University of California Press, California. 536 p.

Jiménez, E. (2009) Entomología. Universidad Nacional Agraria. Editronic, Managua, Nicaragua. 111p.

Kristensen, N.P. (1981) Phylogeny of insect orders. Annual Review of Entomology 29: 135-157.

Kristensen, N.P., M.J. Scobe & O. Karsholt (2007) *Lepidoptera* phylogeny and systematics: The state of inventorying moths and butterfly diversity. Zootaxa 1668: 699-747.

Mariño Pérez, R. & C. Mendoza Almeralla (2006) Los insectos en el cine. Un estudio preliminar. Boletín Sociedad Entomológica Aragonesa 38: 415-421.

McGavin, G.C. (2002) Entomología esencial Argentina. Ariel, (Colección Ciencia), Argentina. 350 p.

Morrone, J.J. (2001) Biogeografía de América Latina y el Caribe, vol. 3, Manuales & Tesis SEA (eds CYTED, ORCYT-UNESCO & SEA), pp. 1-148, Zaragoza, España.

Muzón, J. (2005) *Insecta* La búsqueda de la clasificación perfecta. Revista Sociedad Entomológica Argentina 64(3): 1-12.

Osuna, E. (2000) Entomología del parque nacional Henri Pittier. Estado Aragua, Venezuela. Fundación Polar & MIZA, Caracas. 199 p.

Rubio, P. & R.H. Zimmerman (1997) Ecoregional classification of malaria vectors in the neotropics. Journal of Medical Entomology 34: 499-510.

Salazar, J.A. & J.H. Vélez (2006) Insectos del Llano. Panamericana formas e impresos, Bogotá, Colombia. 114 p.

Seitz, A. (1940) The Macrolepidoptera of the World. American Region, vol 6. Alfred Kernen Publisher, Stuttgart, Germany. 1327 p.

Sharkey, M.J. (2007) Phylogeny and classification of *Hymenoptera*. Zootaxa 1668: 521 - 548.

Stork, N.E. (1997) Measuring global biodiversity and its decline. In: Biodiversity II: Understanding and protecting our biological resources (eds M.L. Reaka-Kudla, D.E.Wilson & E.O.Wilson), pp. 41- 68. Joseph Henry Press, Washington, D.C.

Tait, N. (2007) Bichos. Colección Pequeñas Guías. Editorial Océano, México. 320 p.

Triplehorn, C.A. & N. Johnson (2005) Borror and Delong's Introduction to the Study of Insects, 7th edn. Thomson Brooks/Cole, California 864 p.

Wystman, P. (ed) (1902-1970) Genera Insectorum, Fasc.1-219e. Belgium. http://www.insects.demon.co.uk/genera-insect.html

Weaver, S.C., C. Ferro, R. Barrera & J.C. Navarro (2004) Venezuelan equine encephalitis. Annual Review of Entomology 49:141-174.

Zoological Record (1864-2012) Editado on line por: Thomson Scientific, Philadelphia.
http://science.thomsonreuters.com/es/productos/ZR/

CAPÍTULO 2

Búsqueda, colección, montaje y preservación de insectos

Una forma para conocer y aprender sobre los insectos consiste en colectarlos, montarlos apropiadamente y preservarlos hasta organizar una colección. En este capítulo se muestran técnicas importantes para buscar, capturar, matar, ablandar y almacenar especímenes de insectos; así como la colocación de estos en cajas y gabinetes de colección para su posterior uso y preservación en museos de artrópodos. Los especímenes preservados en museos sirven de referencia a programas de investigación y extensión importantes en muchas áreas: Agricultura, Zoología, Entomología, Acarología, Veterinaria, Medicina, Ecología y otras ciencias, lo cual redunda en beneficio para las regiones donde están ubicados y sus áreas de influencia.

Fig. 2.1. Escarabajos de la especie *Megasoma elephas* F. (machos). L. 80 - 120 mm. Centro de México hasta Norte de Brasil. Especímenes montados y preservados en una gaveta entomológica. (E.R.E. y E.R.R.)

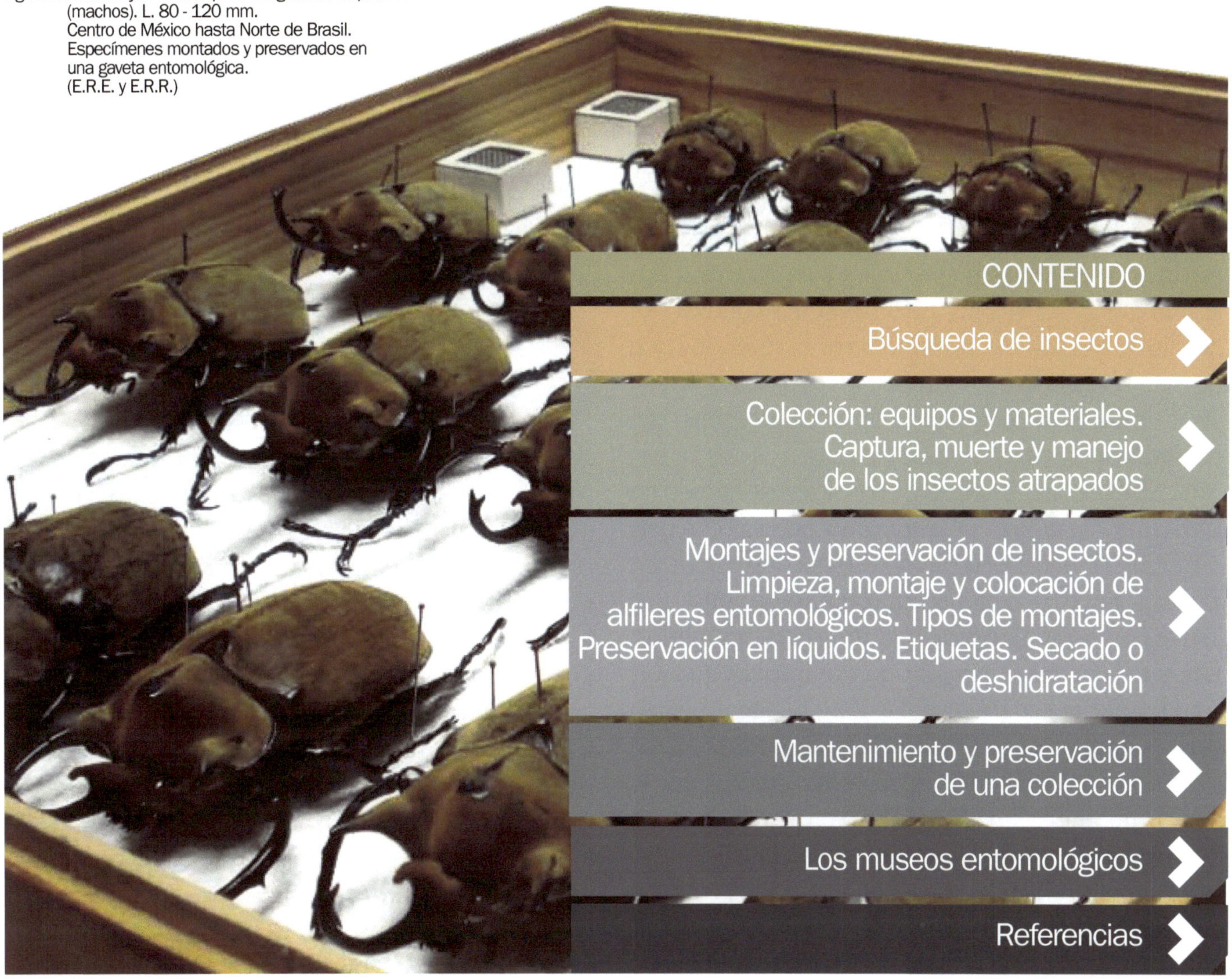

CONTENIDO

Búsqueda de insectos

Los insectos se encuentran en casi todas partes en gran número y variedad. Podemos conseguirlos en el aire, como es el caso de mariposas, mosquitos, zancudos, moscas, avispas y otros grupos; sobre plantas y arbustos, bien sea alimentándose de las hojas, tallos, raíces y del néctar de las flores; o simplemente posados sobre ellas. Se encuentran parasitando animales silvestres y domésticos, en especial mamíferos y aves; en corrientes de agua y en aguas estancadas, nadando en la superficie y dentro de ella. Se pueden buscar debajo de piedras y troncos caídos y hasta en productos procesados y almacenados, como por ejemplo: granos, harinas, chocolates, tabaco, muebles de madera y otros. En fin, los insectos pueden encontrarse en un sin número de lugares, donde podrán recolectarse en grandes cantidades y tipos diversos; y aunque su pequeño tamaño los hace pasar muchas veces desapercibidos, se pueden obtener por miles en parcelas de vegetación natural.

¿Sabía Usted?

Muchos problemas ocasionados por plagas agrícolas, se resuelven gracias a los museos entomológicos.

Las épocas del año influyen de manera determinante en el número y diversidad de insectos. En países donde existen estaciones climáticas, las épocas más apropiadas para buscarlos son la primavera y el verano; pero bajo otras condiciones de clima, son las lluvias, entre otros factores, los que definen la abundancia y diversidad, esto sería al inicio de las mismas, lo cual varía en las diferentes zonas del Neotrópico.

Sí se buscan durante el día, es preferible hacerlo en la mañana, cuando el sol comienza a calentar; los días nublados no son buenos para colectar. Al atardecer, algunos insectos se alimentan o salen a copular, por lo que podría ser momento oportuno para capturarlos. Durante la noche se atrapan aquellos insectos que son atraídos por la luz artificial (Fig.2.2), siendo en particular buenas las noches calmas, oscuras y con neblina. Cuando se colectan especies nocturnas atraídas por la luz, es importante taparse los oidos con algodones. Hay grupos de hábitos nocturnos que no son atraídos por la luz y prefieren la oscuridad; en este caso el colector debe buscarlos con linternas o lámparas en su medio natural. Una forma efectiva para atraparlos es atraerlos por medio de cebos ya que ellos al alimentarse de los

Fig. 2.2. Bombillos de luz mixta son usados para atraer insectos de hábitos nocturnos. (E.R.E.)

Fig. 2.3. Dos tipos diferentes de trampas para capturar insectos: Malaise y embudos de Berlese. Magally Quirós de González (M.Q. de G.)

mismos, pueden ser capturados. Ejemplos de cebos son las frutas fermentadas, los excrementos, plantas con olores particulares, etc. Ciertos químicos sirven como atrayentes y mediante su uso, se facilita su captura. Otra forma muy común para capturarlos es el uso de trampas (Fig.2.3), algunas de ellas diseñadas para atrapar algunos grupos, tanto voladores como caminadores. En el caso particular de las trampas para atrapar insectos voladores, el producto de la colecta debe limpiarse cuidadosamente por cuanto se llenan de las escamas que despiden los lepidópteros colectados. Existe un sin número de publicaciones sobre colección de insectos en general y de grupos en particular, las mismas aparecen referidas en el subtítulo siguiente y en las citas bibliográficas al final del capítulo.

Colección: equipos y materiales. Captura, muerte y manejo de los insectos atrapados

Los equipos de colección pueden incluir un sin número de elementos, incluso aparatos sofisticados y valiosos; sin embargo, pueden también ser sencillos pero de mucha utilidad práctica y reducirse a la lista que aparece a continuación:

Colección: equipos y materiales.

1. Malla entomológica. Museo de Artrópodos de la Universidad del Zulia (MALUZ)

2. Malla especial para la colección de insectos acuáticos. El lado superior del marco es recto y rígido. (MALUZ)

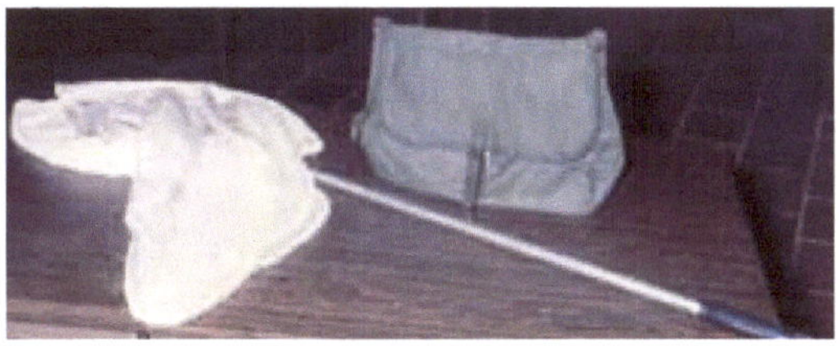

3. Morral o bolso de tela para guardar el equipo, a excepción de las mallas. (MALUZ)

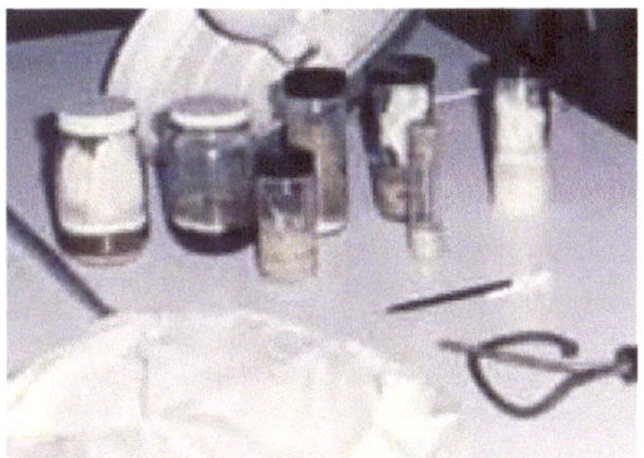

4. Frascos o cámaras con acetato de etilo de diversos tamaños para matar a los insectos capturados. (MALUZ)

5. Cajas herméticas para guardar especímenes. (MALUZ)

La colección de insectos, uso de equipos, trampas, cebos y atrayentes, se han detallado en un manual editado por el U.S. Department of Agriculture, actualizado por M.E. Schauff en el 2005. Este manual puede conseguirse a través de internet, usando la URL: http://www.ars.usda.gov/Main/site_main.htm?docid=10141&page=13.

Es de notar, que en esta referencia aparecen más de 400 citas bibliográficas que cubren, entre otros: colección, montaje, preservación y cría de insectos de diferentes grupos taxonómicos, así como el empaque de los mismos para su envío e identificación. Además, abunda en aspectos relacionados al montaje y preservación de artrópodos con fines de estudios moleculares. También recomendamos el manual de Medina Gaud (1977), escrito en Español.

La adquisición de materiales y equipos entomológicos puede hacerse en casas especializadas de Norte, Centro y Sur América., La URL: http://www.insectnet.com/suppliers.htm da información en este sentido. En el caso de alfileres, es mejor adquirirlos en Europa (Alemania). La siguiente URL ofrece información sobre casas especializadas en Alemania donde venden alfileres entomológicos y otros equipos: http://www.bionomie.de/ento2/ arbeitsmittel.html

Los implementos menores de colección son:

1. Cajas pequeñas de metal o cartón para guardar huevos, larvas o pupas obtenidas en el campo.
2. Pinzas para manipular insectos delicados como mariposas.
3. Papel toallín y bolsas plásticas.
4. Lápiz y libreta de notas o etiquetas para anotar los datos de las capturas.

Se pueden agregar otros materiales o equipos, según el interés o necesidad particular del colector, como por ejemplo:

5. Lupas de campo de 10 hasta 16 X.
6. Estuche con bisturí, agujas de disección, tijeras, regla y otros utensilios.
7. Cuchillos y/o navajas.

Captura, muerte y manejo de los insectos atrapados

Las capturas pueden realizarse de diferentes formas y muchas veces dependerá de las especies a colectar. En el caso de voladores lo más común es el uso de la malla entomológica; sin embargo, cuando se trata de insectos pequeños o que se encuentran posados sobre hojas y flores, la utilización directa de frascos con acetato o que contengan algodones impregnados con éter, resulta más apropiado. En oportunidades, la captura puede efectuarse con frascos aspiradores (Fig. 2.4) o con mini aspiradoras operadas con baterías (Fig. 2.5). Cualquier otro utensilio adaptado para atraparlos, resulta útil.

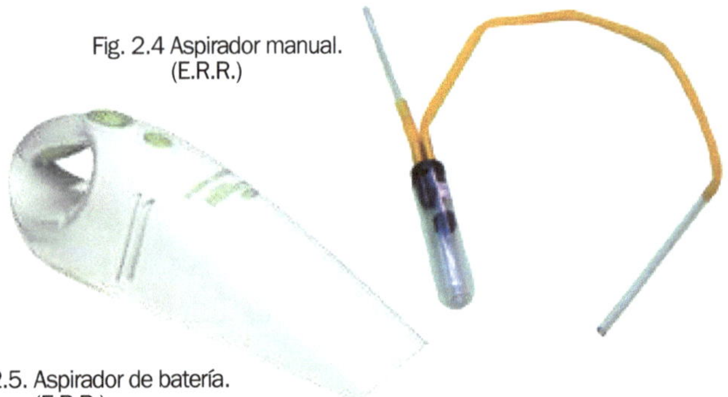

Fig. 2.4 Aspirador manual. (E.R.R.)

Fig. 2.5. Aspirador de batería. (E.R.R.)

Un método de recolección muy usado es el de barrido en el cual la malla se pasa rápido y repetidamente sobre la vegetación, obteniéndose muchos especímenes que de otra forma pasarían desapercibidos.

Una vez capturados, se procede a matarlos tomando en cuenta que mientras más rápido se haga es mejor. Cuando se colectan diferentes tipos, las mariposas deberán meterse en frascos aniquiladores separados, ya que las escamas que despiden se adhieren a los otros que se hayan colectado previamente. Cabe advertir que la muerte se logra utilizando frascos provistos con un veneno el cual produce gases tóxicos. Estos gases, al ser inhalados por el insecto inducen su muerte. Es conveniente, tomar las precauciones pertinentes y no respirar el vapor de estos frascos al destaparlos. Antes se usaban venenos a base de cianuro como agentes aniquiladores, hoy en día están en desuso por su peligrosidad y por ello se utiliza el acetato de etilo.

Si es posible, las mariposas deben asfixiarse apretándolas con los dedos pulgar e índice, sin necesidad de usar frascos. En este caso, se aprieta el tórax lateralmente tratando de no dañarlas, se acomodan en un sobre de colección (Fig.2.6) y se meten dentro del frasco con acetato para asegurar su muerte; de esta forma no se deterioran dentro del sobre en caso de quedar vivas después de apretadas.

Los especímenes deben manipularse lo menos posible, sólo lo indispensable para evitar su deterioro. El manejo de los especímenes muertos debe ser rápido y puede realizarse con las manos directamente; o haciendo uso de pinzas, lo cual es recomendable cuando el animal es frágil, pequeño o está recubierto de escamas fácilmente desprendibles.

Existen varias vías para preservar insectos después de colectados y muertos; o se montan enseguida y se guardan en cajas herméticas acondicionadas para este fin; o se preservan dentro de sobres de colección en una caja hermética que contenga alcanfor, hasta que se disponga de tiempo para montarlos. El alcanfor es un producto natural que se extrae de la planta de alcanforero y otras especies vegetales; su uso ahuyenta o repele a los artrópodos que se alimentan de los especímenes colectadas y los destruyen.

En el pasado, la utilización de naftalina para proteger las colecciones era una práctica común, sin embargo, se comenta que la misma tiene poderes carcinogénicos y en consecuencia, no debe utilizarse. Otra forma alternativa de preservar consiste en guardarlos en frascos con alcohol etílico al 50 ó 60%; este procedimiento es muy útil para los insectos pequeños o los de cuerpo muy blando, y nunca se usará en lepidópteros o tricópteros. A continuación se presenta información detallada sobre la manipulación de los especímenes colectados, con miras a su preservación en colecciones y museos entomológicos.

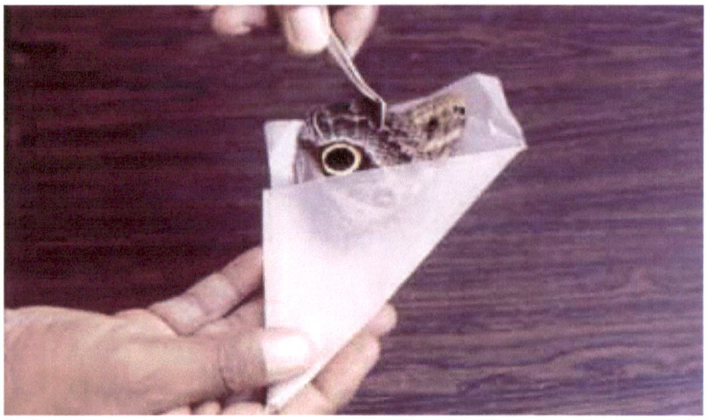

Fig. 2.6. Lepidóptero colocado en un sobre de colección de papel glassine. (E.R.E.)

Montajes y preservación de insectos.
Limpieza, montaje y colocación de alfileres entomológicos. Tipos de montajes. Preservación en líquidos. Etiquetas. Secado o deshidratación

Los insectos deben montarse de forma apropiada para estudiar sus estructuras. Sí no se montan enseguida de colectados, se guardan en sobres dentro de una caja donde pierden humedad y se endurecen. En este último caso, antes de montarlos, es necesario proceder a su ablandamiento o relajamiento. La forma más simple para ablandarlos es utilizar una cámara húmeda, la cual puede construirse con una bandeja o contenedor con tapa, donde se coloca papel toallín húmedo en el fondo. La caja a usar, deberá ser lo más hermética posible para acelerar el proceso de ablandamiento (Fig.2.7). Sobre el papel toallín se colocan los insectos hasta que se ablanden. El tiempo de permanencia en esta cámara depende del tamaño y dureza de los especímenes, sin embargo, no deben dejarse por muchos días ya que se cubren con hongos. En todo caso, para evitar esta situación, se aconseja introducir un algodón impregnado con fenol en una esquina de la caja, soportado por una cápsula de vidrio.

Otra forma de ablandarlos es utilizando inyecciones hipodérmicas de agua o líquidos especiales por debajo de las alas; éste método es recomendable sólo para mariposas. Existe una fórmula química llamada líquido de Barber, en el cual se sumergen los insectos endurecidos por unos minutos; se guardan de nuevo en el sobre y se espera hasta que se ablanden. La fórmula es la siguiente: 50 ml de alcohol etílico al 95% + 50 ml de agua + 20 ml de acetato de etilo + 7 ml de benceno. La mencionada fórmula no debe usarse en lepidópteros.

Limpieza, montaje y colocación de alfileres entomológicos

En muchos casos, antes de proceder al montaje es necesario limpiar los especímenes eliminándoles sucios y partículas diversas. La forma más sencilla para limpiarlos es usando un pincel de cerdas finas y suaves, impregnado de agua, alcohol, detergentes u otros líquidos diluidos utilizados para este fin. Debe pasarse el pincel sobre el cuerpo o parte del cuerpo sucio, con delicadeza y suavidad para evitar dañarlo. Otra forma de limpiarlos es sumergirlos rápidamente en alcohol, o en agua a la cual se le ha agregado un detergente.

Es aconsejable usar varios frascos con el agente aniquilador, de ellos, unos deben ser para mariposas, otros para animales frágiles y por último, algunos para insectos de cuerpo duro; todo esto con el fin de obtener especímenes en el mejor estado posible. Además de esta separación, los frascos no deben acumular muchos ejemplares, evitando así se aglomeren y destruyan entre ellos perdiendo apéndices u otras estructuras valiosas. Es importante limpiar los frascos por dentro antes de usarlos con papel toallín humedecido, esto ayuda a mantener limpios los especímenes colectados.

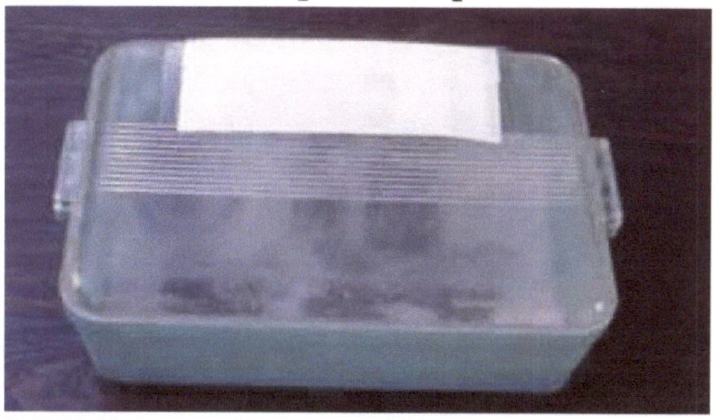

Fig. 2.7. Caja plástica para ablandar los especímenes capturados. (E.R.R.).

Una vez limpios los frascos y listos para usar, se introducen en los mismos tiras de papel absorbente, las cuales sirven para que los insectos colectados no rocen entre sí, reduciendo el posible deterioro. Así mismo, esta técnica amortigua en cierta magnitud los movimientos bruscos dentro del frasco producto de la actividad de los insectos cuando están muriendo.

Para montar los insectos es necesario disponer de materiales apropiados de acuerdo a sus características o los estudios que se deseen hacer. Podrán montarse en formas diversas y el equipo mínimo necesario es el siguiente:

- Alfileres entomológicos de diferentes diámetros: (000, 00, 0, 1, 2,3 hasta 7).
- Alfileres auxiliares de costurera o cabezones.
- Pinzas.
- Pinceles.
- Bancos para etiquetar (Fig. 2.8).
- Medidores de altura (Fig. 2.9 A,B).
- Papel encerado o del tipo glassine.
- Tabla para montaje de lepidópteros (Fig. 2.10).
- Trozos de anime.

Fig. 2.8. Banco para etiquetar.
(MALUZ)

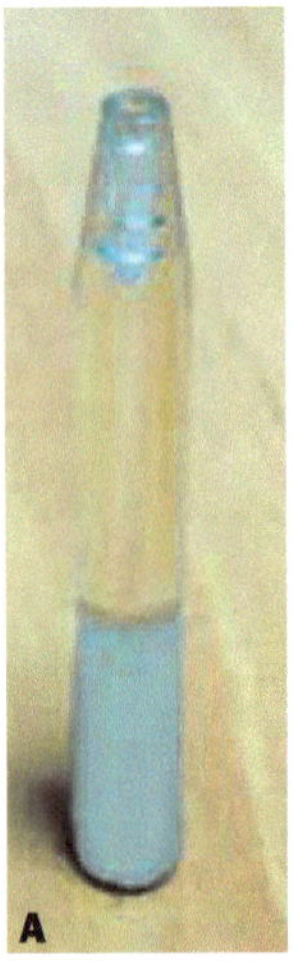

Fig. 2.9. Medidores de altura: **A** y **B**.
(MALUZ)

Fig. 2.10. Tablas para montar mariposas.
(E.R.R.)

La forma más común para montar insectos es pinchándolos con alfileres entomológicos; este procedimiento tiene la ventaja de permitir manipularlos fácilmente. No deben utilizarse alfileres de los que usan las costureras, ya que son muy cortos y gruesos.

Los alfileres entomológicos varían en grosor, utilizándose el diámetro adecuado al espécimen a montar. La colocación del alfiler en cada animal debe hacerse lo más perpendicular posible, formando un ángulo de 90° con el eje longitudinal del cuerpo (Fig. 2.11). La distancia entre la cabeza del alfiler y el cuerpo debe ser lo más uniforme posible, esto se logra utilizando medidores de altura. La distancia debe medirse enseguida de pinchar el animal, ya que de lo contrario el cuerpo se endurece y se dificulta el movimiento del mismo en el alfiler. La razón de uniformar y colocar a la misma altura a los especímenes montados, radica en la estética que debe tener la colección, la capacidad de la caja para meter el mayor número de ejemplares, la fácil manipulación de los especímenes y el espacio disponible para colocar las etiquetas con los datos de colección. El sitio donde se pincha es importante sí se quiere evitar la ruptura de estructuras fundamentales. Por otro lado, el hecho de tener los insectos simetría bilateral, obliga a colocar los alfileres siempre a un lado de la línea media del cuerpo, por lo general la derecha, tal como aparece ilustrado en la Fig.2.12; de esta forma, cualquier estructura que pudiera dañarse al pincharlo estaría repetida en el lado opuesto.

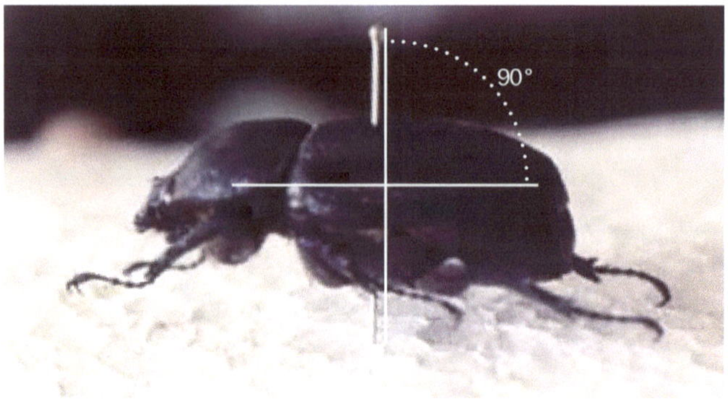

Fig. 2.11. Colocación del alfiler perpendicular al cuerpo.
(E.R.R.)

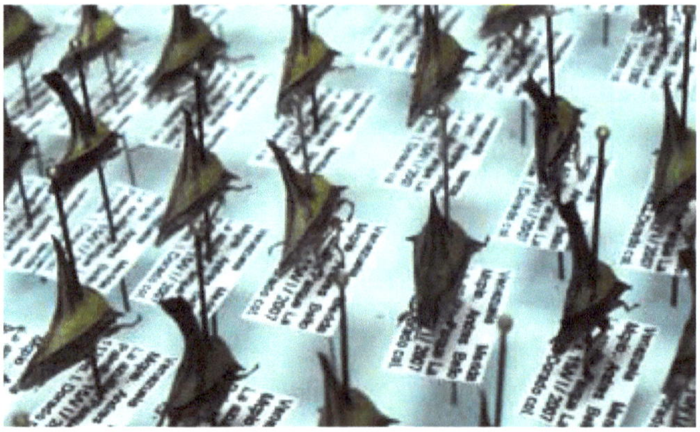

Fig. 2.12. Colocación vertical del alfiler
a un lado del cuerpo. (E.R.R.)

Tipos de montajes

El montaje de rutina o normal se hace colocando el alfiler en el insecto tomando en cuenta los ítems anteriores. En detalle, se procede de la siguiente forma: en un trozo de anime (poliestireno expandido), se acomoda el animal pinchado con el alfiler, arreglando las patas y antenas en posición normal, como si estuviera vivo, sosteniéndolas con los alfileres auxiliares hasta que el espécimen se endurezca (Fig.2.13). Cuando el espécimen esté endurecido, se retiran los alfileres auxiliares, se etiqueta y se guarda en una caja de colección.

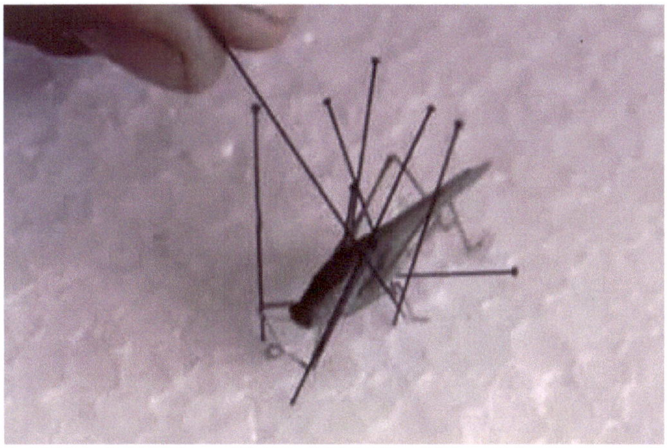

Fig. 2.13. Montaje con alfileres auxiliares entomológicos. (E.R.E.)

Existen insectos que requieren montajes particulares como los lepidópteros. En este caso, el montaje se hace utilizando una tabla especial, donde las alas se extienden sobre la tabla y se sostienen utilizando papel encerado o glassine y alfileres auxiliares (Fig.2.14). Este montaje debe realizarse por pasos para facilitar el trabajo y requiere que las antenas se coloquen paralelas al borde del primer par de alas; las patas no se acomodan. En algunos museos, por limitaciones de espacio y por lo numeroso de sus colecciones, solamente pinchan a los lepidópteros en el tórax sin extender las alas.

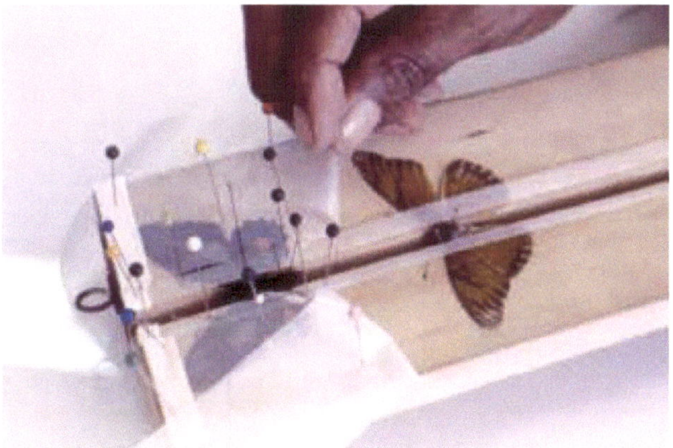

Fig. 2.14. Tabla especial para el montaje de lepidópteros, cintas de papel encerado y alfileres auxiliares. (E.R.E.)

El doble montaje se utiliza con ejemplares pequeños donde se dificulta el uso de alfileres entomológicos, aún los de menor diámetro, ya que son demasiado gruesos para el cuerpo. Este montaje consiste en pegar con goma especial un lado del cuerpo del animal a un trocito de cartón triangular, doblado en la punta, el cual ha sido previamente pinchado con el alfiler entomológico (Fig.2.15); la cantidad de goma a utilizar no debe ser exagerada para poder lograr una mejor observación de las regiones importantes del cuerpo. Otra forma de doble montaje consiste en utilizar un alfiler especial llamado minuta, muy delgado y corto, diseñado para pinchar el tórax del animal y colocarlo sobre un trocito de corcho ó anime (Fig.2.16). También se utiliza el doble montaje en aquellas especies de patas muy largas y cuerpo delgado (Fig.2.17), para que tengan un mejor soporte.

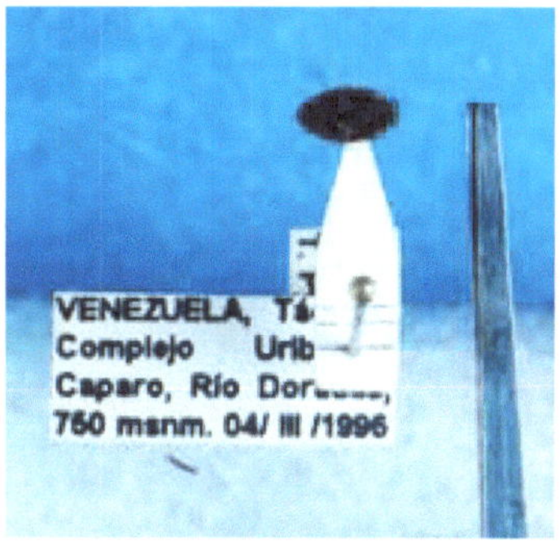

Fig. 2.15. Doble montaje usando pegamento. Jesús Camacho (J.C.)

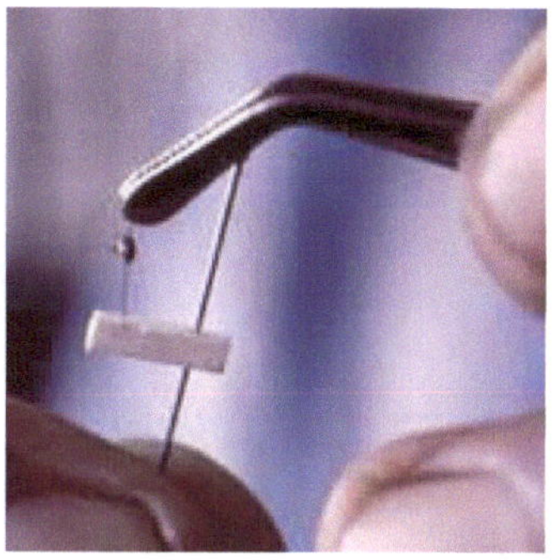

Fig. 2.16. Doble montaje con minuta. (J.C.)

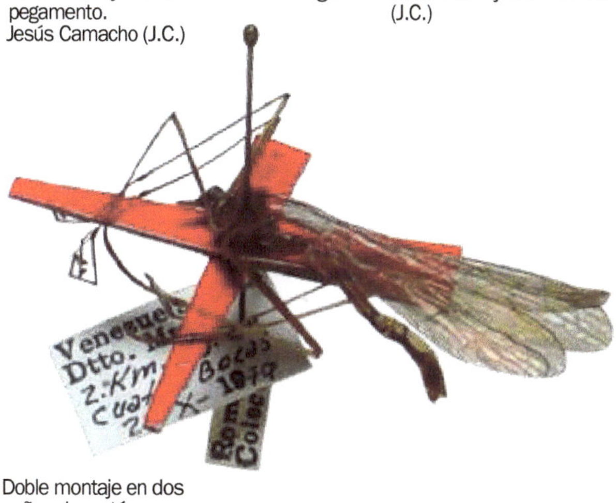

Fig. 2.17. Doble montaje en dos cuñas de cartón. (J.C.)

El montaje en slides o portaobjetos (Fig.2.18) se utiliza para aquellos artrópodos muy pequeños y generalmente de cuerpo blando, tales como: pulgas, piojos, áfidos y ácaros; también, para partes aisladas del cuerpo como patas, antenas, partes bucales y genitalias, las cuales se usan con fines taxonómicos, morfológicos o de otra índole. Los materiales utilizados en este montaje son los siguientes: portaobjetos, cubreobjetos, medio o líquido de montaje, sellador y etiquetas autoadhesivas.

Fig. 2.18. Montaje en porta y cubreobjeto. (MALUZ)

En algunos casos, cuando se montan partes del cuerpo y tiene una coloración oscura, es necesario aclararlas para una mejor observación al microscopio; en este caso, se utiliza por lo común el hidróxido de potasio al 10%, el cual puede usarse frío o caliente; o el lactofenol, como se indica más adelante.

El medio o líquido de montaje varía con el tiempo de preservación que se le quiera dar al montaje. Sí es corto o temporal, los medios más corrientes son agua y alcohol. Estos medios se evaporan rápidamente y el montaje dura minutos, a menos que se esté agregando líquido mientras se hace el estudio correspondiente. También se utiliza en el montaje temporal la glicerina, la cual dura un poco más. El medio para montaje semi permanente más usado es el de Hoyer así como el líquido de Berlese. También se encuentran disponibles el Euparal y el bálsamo de Canadá, como medios permanentes.

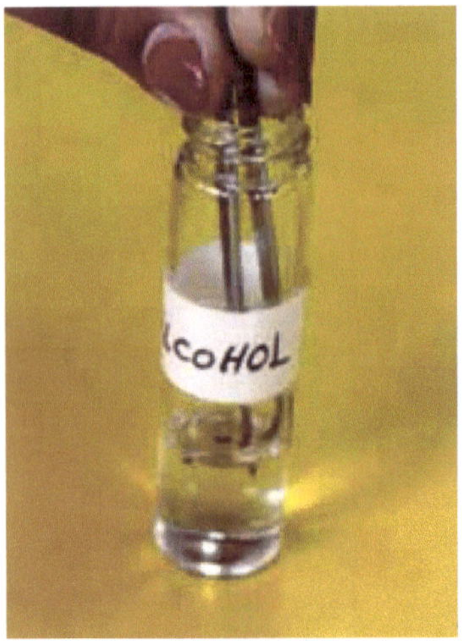

Fig. 2.19. Deshidratación en alcohol. (MALUZ)

Fig. 2.20. Estufa para secar especímenes montados en láminas portaobjetos. (E.R.R.)

El método para preparar el montaje sobre slides es el siguiente: sí el espécimen tiene coloración y se presenta muy oscuro, se deja en hidróxido de potasio por 10 minutos o más hasta aclararlo; la decoloración puede acelerarse si el conjunto se calienta suavemente y luego se lava con agua para quitar los restos del hidróxido. Se deshidrata con alcohol etílico absoluto (Fig.2.19), se coloca una gota del medio de montaje en el centro del portaobjeto, se acomoda el artrópodo en ella, se cubre con cuidado y lentamente con el cubreobjeto para evitar la formación de burbujas y se deja secar en estufa a unos 47 grados centígrados por 7 días como máximo (Fig.2.20). Al final se sella con esmalte de uñas transparente o con Glyptal® el borde del cubreobjeto.

Preservación en líquidos

Un medio de conservación muy usado, especialmente para ejemplares blandos o de pequeño tamaño, es la utilización de líquidos especiales formulados para este fin. Este sistema de conservación en muchos casos sustituye los sobres de colección, incluso el montaje mismo de la especie con alfileres y es muy útil cuando se trata de conservar animales que puedan deteriorarse muy fácilmente al secarse. Para este caso, la conservación se consigue introduciendo los especímenes en pequeños frascos con alcohol etílico al 60 o 70% o en soluciones de alcohol, acido acético glacial y glicerina (mezcla conocida con el nombre de AGA). Este procedimiento no debe usarse para conservar lepidópteros. Existen otros medios que pueden ser consultados en la bibliografía indicada, los cuales pueden ser importantes para cubrir necesidades específicas.

Etiquetas

El uso de etiquetas con los datos de colección es muy importante (Fig.2.21), ya que de lo contrario el espécimen no tendría valor científico. Las etiquetas pueden elaborarse manualmente, con impresoras o enviándolas a diseñar a una imprenta. En cualquiera de los casos deben contener, al menos, los siguientes datos: fecha y lugar geográfico de colección, hospedero si se trata de una plaga o un parásito; así como el nombre de la persona o colector del ejemplar.

Fig. 2.21. Etiquetas con datos de colección. (MALUZ)

La escritura utilizada para etiquetar debe ser legible, si es posible, usando tinta china y letras de imprenta. Cuando se utilicen líquidos para conservar insectos, la etiqueta con los datos de colección debe escribirse con tinta china o con lápiz, ya que de lo contrario, se borrará al introducirla en el frasco. Para el caso de artrópodos montados en portaobjetos, se pegan las etiquetas a ambos lados del mismo; la del lado derecho contendrá la data de colección y la del izquierdo la identificación taxonómica del espécimen. Hoy en día las etiquetas pueden ser diseñadas, escritas e impresas más fácilmente con programas de computación, lo cual ahorra tiempo y facilita el proceso, especialmente cuando los volúmenes de captura son elevados. Por otro lado, las computadoras e impresoras permiten la utilización de diferentes calidades de papel y cartulina.

Secado o deshidratación

Una vez montados y etiquetados los ejemplares, debe procederse al secado. Existen diferentes formas de hacerlo, desde muy simples como el uso de cajas donde se guardan, hasta el uso de congeladores para secarlos y desparasitarlos. El aspecto más importante a considerar durante la deshidratación, es evitar su contaminación con parásitos que los destruyen. Sí los insectos se han deshidratado usando un congelador (Fig.2.22), deben colocarse después en gabinetes especiales para su secado final (Fig.2.23). Estos últimos deben mantener una temperatura cercana a 50 °C., para obtener un secado completo y uniforme. Una vez secos, se procede a depositarlos en las gavetas definitivas, sin olvidar la colocación de sobres o cajitas con alcanfor para evitar se parasiten con el tiempo (Fig.2.24).

Fig. 2.22. Congelador para desparasitar insectos. (E.R.R.)

Fig. 2.23. Gabinete para el secado a 50°C. (E.R.R.)

Para el caso de especímenes montados en portaobjetos, ambientes con temperatura controlada deben usarse para acelerar el proceso de secado, para luego colocarlos en cajas o gabinetes permanentes (Fig.2.25).

Fig. 2.24. Cajita con alcanfor en gaveta. (E.R.R.)

Fig. 2.25. Gabinete y caja para guardar especímenes en portaobjetos. (E.R.R.)

Mantenimiento y preservación de una colección

El colector de insectos deberá utilizar gavetas especialmente diseñadas para guardar los especímenes que desea preservar. Los animales montados y etiquetados se colocan en estas gavetas en forma organizada, con estética, agrupando los especímenes de acuerdo a sus afinidades y previendo espacios para introducir las nuevas capturas a realizarse en el futuro. Estas gavetas tienen tamaños específicos (l. 330 mm x a. 230 mm x h. 60 mm), siendo las usadas en el trópico más altas (h. 80 mm), a las usadas en el subtrópico (h. 60 mm), porque los especímenes son en general más grandes.

De acuerdo al tamaño de la colección, podrán usarse una o muchas gavetas, las cuales se acomodan en gabinetes diseñados para contener desde seis, hasta cuarenta (Fig.2.26). Existen modelos típicos de gabinetes entre los cuales destacan el tipo Cornell, con doce gavetas. El diseñado por la California Academy of Sciences y el National Museum de los Estados Unidos, que incluye veinticuatro gavetas y son los únicos con gavetas de madera y el mueble fabricado

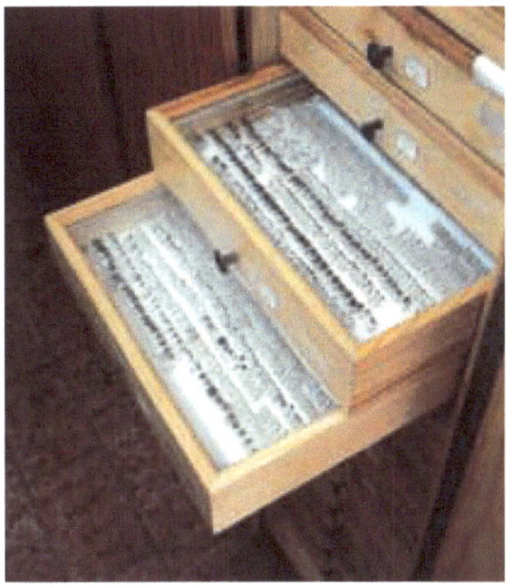

Fig. 2.26. Gabinete y gavetas para el depósito permanente de insectos. (E.R.R.)

con aluminio o Formica®, y los fabricados en Europa, principalmente Alemania, que incluyen un máximo de cuarenta gavetas. Recientemente la Smithsonian Institution utiliza gabinetes modernos de metal, los cuales pueden desplazarse mecánicamente (Fig.2.27).

Fig. 2.27. Gabinetes de la Smithsonian Institution. (M.Q.de G.)

De nuevo, es importante recordar la necesidad de colocar alcanfor triturado en las esquinas de las gavetas en sobrecitos sostenidos con alfileres, para evitar la destrucción de los ejemplares montados por parásitos. Las colecciones deben revisarse periódicamente para reabastecerlas de alcanfor y chequear la posibilidad de contaminación con hongos, para lo cual es indispensable ubicarlas en ambiente con baja humedad relativa. En caso de estar localizadas en ambientes de mucha humedad, el uso de aires acondicionados, deshumidificadores y extractores de aire, será indispensable.

En casos de contaminación con hongos los ejemplares deben tratarse con fenol. Los gabinetes y gavetas pueden fabricarse localmente o adquirirse en casas especializadas de Norteamérica y Europa, donde los fabrican masivamente.

Fig. 2.28. Gaveta de cierre hermético. (E.R.R.)

Un aspecto a tomar en cuenta en la fabricación, además del tamaño de las gavetas, es el diseño para que sean lo más herméticas posible y evitar la entrada de humedad y parásitos; esta situación hace de la construcción un factor muy importante (Fig.2.28).

Los museos entomológicos

Si tomamos en cuenta la relevancia que tienen los artrópodos en la Agricultura, Medicina, Ecología, Veterinaria y otras ciencias, sabremos de su importancia para los seres humanos. Por este motivo, deben estudiarse y para ello resulta indispensable su conservación en colecciones, las cuales al crecer, llegan a conformar museos entomológicos. Hoy en día, los museos son testigos de excepción de lo que existió en un momento determinado y dan fe de ello basados en los especímenes incluidos dentro de sus colecciones. También son los recintos donde se preserva la diversidad que el hombre debería proteger para asegurar su futura existencia.

El ritmo acelerado mediante el cual los seres humanos contaminan y destruyen los ecosistemas naturales, bien sea para buscar espacios donde vivir o para aumentar las áreas de producción y proveerse de alimento, resulta en la extinción de cientos de especies todos los años. La única forma de saber que existieron, es su presencia como especímenes preservados en los museos entomológicos; por otro lado, las colecciones permiten estudiar a los insectos desde muchos puntos de vista, incluso para diseñar medidas para su control o para favorecer su reproducción cuando se trata de insectos beneficiosos.

Desde hace mucho tiempo, el ser humano ha venido coleccionando insectos, plantas y otros animales, la mayoría de las veces, para estudiarlos e identificarlos. Famosas son las colecciones y museos establecidos en Europa desde el siglo XVIII, las cuales representan las bases de la Botánica y Zoología actual. Ejemplos son el British Museum of Natural History (BMNH), el Museum

¿Sabía Usted?

El Museo Británico de Historia Natural incluye más de 28 millones de artrópodos preservados y contiene cerca de la mitad de los conocidos mundialmente. En él trabajan más de cien personas, incluyendo científicos y estudiantes. La colección la preservan en más de 140.000 gavetas.

für Naturkunde en Berlín, destruido parcialmente durante la II Guerra Mundial y reconstruido posteriormente; o el *Linnæi* Museum de la Uppsala Universitet en Suecia, donde reposan los especímenes estudiados por el padre de la Botánica, *Caroli Linnæi* hace más de 250 años.

Hoy en día en América, especialmente en los Estados Unidos y Canadá, se han desarrollado y consolidado grandes colecciones y museos que sirven de base para el mantenimiento de una Agricultura sustentable. Dentro de estos destacan el National Museum of Natural History con sede en la ciudad de Washington, asociado a la Smithsonian Institution con asiento en la misma ciudad y la Canadian National Collection of Insects, Arachnids and Nematodes, ubicada en Ottawa, Canadá.

En la actualidad, los museos son usados desde un punto de vista científico y didáctico y se abren al público con la finalidad de exhibir las particularidades del material conservado. Muchas veces se diseñan con especies vivas, donde los visitantes pueden verlas interactuar en su medio natural. Es increíble como los niños se impactan con este tipo de museos vivientes o zoológico de insectos; y los mensajes que pueden llevarse hasta ellos para estimular aptitudes conservacionistas o de interés por las ciencias naturales.

En el Neotrópico, también tenemos colecciones de importancia, y aunque no tiene un espectro mundial en su conformación como las de Europa y Norte América, sí incluyen muchos especímenes de las faunas locales. Una selección de estas colecciones y museos entomológicos aparece resumida en la lista presentada por Hogue (1993), la cual hemos modificado a nuestros propósitos:

Argentina: Museo Argentino de Ciencias Naturales Bernardino Rivadavia, División Entomología, Buenos Aires. Museo de Ciencias de La Plata, División Entomología, La Plata. Universidad Nacional de Tucumán, Facultad de Ciencias Naturales, Instituto Miguel Lillo, Entomología, Tucumán. Universidad Nacional de Córdoba, Facultad de Ciencias Exactas, Físicas y Naturales, Centro de Entomología, Córdoba.

Bolivia: Museo Nacional de Historia Natural, Sección de Entomología, La Paz.

Brasil: Museo Nacional, Departamento de Entomología, Río de Janeiro. Instituto Oswaldo Cruz, Departamento de Entomología. Río de Janeiro. Universidad de Sao Paulo, Museo de Zoología, Sao Paulo.

Chile: Universidad de Chile, Facultad de Agronomía, Museo Entomológico, Santiago. Museo Nacional de Historia Natural, Sección de Entomología, Santiago. Universidad de Concepción, Facultad de Ciencias Biológicas, Departamento de Zoología, Colección de Insectos. Concepción.

Colombia: Instituto Colombiano Agropecuario, Colección Entomológica Luis María Murillo, Tibaitatá. Universidad Nacional de Colombia, Museo Entomológico Francisco Luis Gallego, Medellín.

Costa Rica: Universidad de Costa Rica, Facultad de Agronomía, Museo de Insectos, San José. Instituto Nacional de Biodiversidad, Heredia.

Cuba: Universidad de La Habana, Facultad de Ciencias, Museo Poey, La Habana. Academia de Ciencias de Cuba, Museo de Historia Natural, Instituto de Zoología, La Habana.

Ecuador: Escuela Politécnica Nacional, Museo de Entomología, Quito. Universidad Pontificia de Ecuador, Museo de Zoología, Quito.

El Salvador: Museo de Historia Natural, Entomología, San Salvador.

Guadalupe: Institut de Recherches Entomologique de la Caribe, Pointe à Pitre.

Guatemala: Universidad del Valle, Colección Nacional de Artrópodos, Ciudad de Guatemala.

Guyana: National Museum of Guyana, Georgetown.

Haití: Musée Nacional, Port au Prince.

Jamaica: Institute of Jamaica. Kingston.

México: Universidad Nacional Autónoma de México, Instituto de Biología, Sección de Entomología, Ciudad de México. Museo de la Ciudad de México, Departamento de Entomología, Ciudad de México. Universidad Nacional Autónoma de México, Facultad de Ciencias, Museo de Zoología, Laboratorio de Acarología, Ciudad de México. Instituto Nacional de Investigaciones Agrícolas, Servicio de Agricultura y Ganadería, Chapingo.

Nicaragua: Universidad Nacional Autónoma de Nicaragua, Facultad de Ciencias, Museo Entomológico, León. Museo Nacional de Nicaragua, Sección de Zoología, Managua.

Panamá: Universidad de Panamá, Facultad de Ciencias Exactas y Naturales, Museo de Invertebrados G.B.

Fairchild, Ciudad de Panamá. Smithsonian Tropical Research Institute, Ciudad de Panamá.

Perú: Universidad Nacional Mayor de San Marcos, Museo de Historia Natural, Departamento de Entomología, Lima. Universidad Nacional Agraria de La Molina, Departamento de Entomología, Lima.

Puerto Rico: Museo de Historia Natural, Sección de Entomología, San Juan. Universidad de Puerto Rico, Facultad de Ciencias y Artes, Laboratorio de Entomología, Mayagüez.

República Dominicana: Museo Nacional de Historia Natural, Santo Domingo.

República Oriental del Uruguay: Museo Nacional de Historia Natural, Montevideo. Universidad de la República de Uruguay, Facultad de Humanidades y Ciencias, Departamento de Artrópodos, Montevideo.

Venezuela: Universidad Central de Venezuela, Facultad de Agronomía, Museo del Instituto de Zoología Agrícola, MIZA, Maracay. Museo de Entomología Agrícola del Instituto Nacional de Investigaciones Agrícolas, Maracay. Universidad del Zulia, Facultad de Agronomía, Departamento Fitosanitario, Museo de Artrópodos de la Universidad del Zulia, MALUZ, Maracaibo. Universidad Centro Occidental Lisandro Alvarado, Facultad de Agronomía, Departamento de Entomología, Barquisimeto. Universidad de Oriente, Departamento de Entomología, Jusepín. Universidad Francisco de Miranda, Facultad de Agronomía, Departamento de Entomología, Coro. Museo Entomológico Universidad Nacional Experimental del Táchira, San Cristóbal.

Existen en varios de nuestros países colecciones privadas o semiprivadas las cuales siendo importantes, no han sido nombradas. Hemos tratado, básicamente, de usar dos parámetros de selección: museos con todos los órdenes y respaldo económico gubernamental. Por este motivo, algunas colecciones de relevancia no han sido mencionadas. De todas formas, hemos incluido un máximo de cinco colecciones, para no hacer tan extensa la lista y porque existen publicaciones especializadas que las mencionan a todas a nivel mundial, con detalles por órdenes, familias y especies.

Un panorama mundial de museos y colecciones de artrópodos pueden consultarse en internet, a través de las URL: www.bishop.hawaii.org/bishop/ento/codens-inst.html y www.fond4beetles.com/collections.html

Las páginas indicadas, dan también la posibilidad de inscribir nuestros museos y colecciones para que aparezcan indexados en la red mundial y se reconozcan como tales, por la comunidad científica y público en general.

Es interesante destacar las restricciones establecidas en América Latina para la protección de su flora y fauna, las cuales conducen a evitar la salida de especímenes autóctonos y ratifican la necesidad de consolidar colecciones y museos locales para conocer y estudiar la entomofauna de cada país.

Referencias

América: suplidores de materiales y equipos entomológicos. http://www.insectnet.com/suppliers.htm

Europa, Alemania: suplidores de alfileres y otros productos. http://www.bionomie.de/ento2/arbeitsmittel.html

Masner, L. & H. Goulet (1981) A new model of flight-interception trap for some hymenopterous insects. Entomological News 92: 199-202.

Museos en el mundo: consulta para estudio de artrópodos. http://www.bishop.hawaii.org/bishop/ento/codens-inst.html http://www.fond4beetles.com/collections.html

Hodges, E.R. (ed) (1989) The Guild handbook of scientific illustrations. Van Nostrand Reinhold, New York. 575 p.

Hogue, C.L. (1993) Latin american Insects and Entomology. University of California Press, Berkeley. 536 p.

Gullan, P. J. & P. Cranston (2010) The insects: An outline of Entomology, 4th edn. John Wiley, New York. 565 p.

Medina-Gaud, S. (1977) Manual de procedimientos para colectar, preservar y montar insectos y otros artrópodos, bol. 254. Universidad de Puerto Rico, Recinto de Mayagüez, Colegio de Ciencias Agrícolas, Rio Piedras, Puerto Rico. 24 p.

Márquez Luna, J. (2005) Técnicas de colecta y preservación de insectos. Boletín Sociedad Entomológica Argonesa (37): 385-408.

Martin, J. (1977) Collecting, preparing and preserving insects, mites, and spiders. The insects and arachnids of Canada, part 1. Ottawa Agriculture, Canada. 182 p.

Schauff, M.E. (ed) (2005) Collecting and preserving insects and mites: technics and tools. Systematics Entomology Laboratory. USDA. National Museum of Natural History, NHB-168. Washington D.C. 69 p. http://www.ars .usda.gov/Main/site-main.htm?docid+10141&page=13

Triplehorn, C.A. & N. Johnson (2005) Borror and DeLong's Introduction to the Study of Insects, 7th edn. Thomson Brooks/ Cole, California. 864 p.

Anatomía externa de los insectos. Estudio del cuerpo, exoesqueleto, cabeza, tórax y abdomen.

El estudio de la Anatomía externa de los insectos es fundamental para identificarlos y contribuir al conocimiento de su Taxonomía, Fisiología, Ecología, Morfología y otros aspectos de importancia para la Entomología. En la Superclase *Hexapoda,* donde se incluyen a los insectos, se observan estructuras con muchas formas producto de su evolución desde que aparecen en la Tierra en el Período Devónico; a partir de ese Período, sufren cambios anatómicos para formar otros grupos. En el Cuaternario terminan de evolucionar los órdenes actuales (Fig. 3.1).

ERAS:	PALEOZOICA					
Períodos	Cámbrico	Ordovícico	Silúrico	Devónico	Carbonífero	Pérmico
Duración aproximada	Comienza hace 540 millones de años (mda), termina hace 248 mda					
	540 - 488 mda	488 - 443 mda	443 - 416 mda	416 - 359 mda	359 - 299 mda	299 - 248 mda
	Diversidad de vida marina. Aparecen los antecesores de algunos grupos de animales existentes hoy. Primeros peces sin mandíbulas y con caparazón. Emergen los primeros artrópodos representados por trilobites. Primera extinción masiva de animales, probablemente por enfriamiento global y vulcanismo.	En este período los días duraban 21 horas y habían pocos animales en tierra firme por falta de oxígeno. Aparecen los peces primitivos con mandíbulas, abundan los trilobites, moluscos bivalvos y escorpiones marinos. Gran extinción de organismos por glaciación.	Aumento en la diversidad de peces: aparecen los tiburones espinosos y los peces cartilaginosos. Escorpiones marinos y otros *Arthropoda* se diversifican en este período. Primeras plantas vasculares terrestres.	Continúa la evolución de *Arthropoda*. Aparecen las Superclases: *Arachnida* y *Hexapoda*, esta última, representada por las Clases *Entognatha* e *Insecta*: *Zygentoma* y *Archaeognatha*. Primeras plantas con semillas. Masiva extinción de animales en los mares por enfriamiento global. No se descartan impactos extraterrestres.	Aparecen los primeros insectos alados tales como *Ephemeroptera*. Desarrollo de los primeros coleópteros. Además, evolucionan: *Diplura*, *Orthoptera*, *Dictyoptera*: *Blattaria* y otros órdenes ya extintos.	Los continentes se encuentran unidos en una súper-masa llamada Pangea. Aparecen los Órdenes: *Plecoptera*, *Embioptera*, *Psocodea s.l.*, *Thysanoptera*, *Hemiptera*, *Mecoptera*, *Diptera* y *Neuroptera*. Gran diversidad en *Coleoptera*. Extinción masiva de plantas y animales por glaciación o vulcanismo.

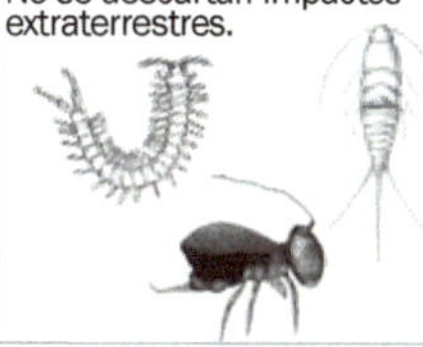

ERAS:	MESOZOICA		CENOZOICA	
Triásico	Jurásico	Cretáceo	Terciario	Cuaternario
Comienza hace 248 millones de años (mda) hasta el presente				
248 - 199 mda	199 - 145 mda	145 - 65 mda	65 - 2,6 mda	2,6 mda - presente
Evolucionan: *Odonata Grylloblattodea*, *Trichoptera*, el Suborden *Isoptera* e *Hymenoptera*. Aparecen los Dinosaurios.	Evolucionan: *Dermaptera*, *Lepidoptera* y *Raphidioptera*. Primeras plantas con flores.	Evolucionan: *Siphonaptera* y *Strepsiptera*. Terminan de separarse los continentes, quedando en su forma actual.	Evoluciona: el Suborden *Mantodea*. Primeros homínidos: *Australopithecus* sp.	Evolucionan: *Protura*, *Zoraptera* y *Psocodea:Phthiraptera*. Últimas glaciaciones. Evoluciona: *Homo sapiens*.

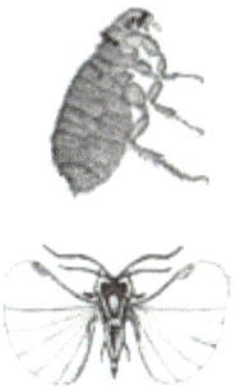

Fig.3.1 Evolución de los artrópodos, los hexápodos y otros grupos (E.R.E.)

CONTENIDO

Una de las razones evolutivas que dio origen a la diversidad de insectos fue la Selección Natural, la cual produjo estructuras con formas adaptadas para efectuar funciones específicas, necesarias para la sobrevivencia de las especies. La diferencia entre estructuras debe entenderse para poder homologarlas en grupos distintos; por este motivo, es conveniente estudiarlas en especímenes que las presenten generalizadas o primitivas y a partir de este estudio, inferir las transformaciones en otros grupos más avanzados.

En nuestro medio es conveniente utilizar como modelo al Langostón azul (Fig.3.2): *Tropidacris collaris* (Stoll), ya que presenta estructuras primitivas, es grande y puede criarse en condiciones de laboratorio; por estos motivos, ilustraciones de diferentes partes del mismo, así como de otros insectos, se han utilizado para facilitar el entendimiento del tópico tratado. La más reciente versión del libro de Snodgrass (1993), edición revisada, y autores contemporáneos como Chapman (1991, 1998), Knowden (2007), Lawrence, *et al.*(1991), Osuna (1995), Triplehorn & Johnson (2005), Elzinga (2003) y otros, han sido útiles para explicar la anatomía de las estructuras estudiadas.

Fig. 3.2 Vista lateral del Langostón azul: *Tropidacris collaris* (Stoll). L. 110 mm. Venezuela hasta Argentina. (A.F.R.)

El glosario de términos al final del volumen I, complementa el conocimiento de las partes mencionadas en este capítulo y parte de los subsiguientes, apoyado en las ilustraciones incluidas en el texto. La terminología utilizada para referirse a las estructuras del cuerpo se citan en Español, aún cuando su origen sea el Latín, el Griego u otro idioma (ejemplos: estigma como sinónimo de espiráculo, oviscapto por ovipositor) y se proponen para su uso en obras que se escriban en el futuro. El diccionario de Borror (1971), ha sido útil en este particular y su utilización fue básica para conseguir las palabras en Español más apropiadas para usarlas como equivalentes.

Estudio del Cuerpo

El cuerpo de los insectos es segmentado (Fig. 3.3) y en él se pueden distinguir tres regiones o tagmas: cabeza, tórax y abdomen. Esta característica, conjuntamente con la presencia de tres pares de patas articuladas, son las más importantes de la Superclase *Hexapoda*, la cual incluye a los insectos.

Para el caso del Langostón y otros saltamontes se podrá distinguir un cuerpo alargado, cilíndrico, dividido en tres regiones, donde es fácil distinguir los segmentos que forman el tórax y los que constituyen el abdomen; sin embargo, hay dificultad en determinar los que integran la cabeza la cual, por evidencias embriológicas, se considera formada por seis segmentos, tres preorales y tres postorales, muy modificados por transformaciones que dieron origen a los aparatos bucales, órganos y apéndices sensoriales, así como los que por fusión, formaron la cabeza propiamente dicha. Esta interpretación de la cabeza se presta a dudas y siempre se ha debatido entre los científicos, conjuntamente con otras hipótesis resumidas por Rempel (1975). Incluso se ha llegado a proponer, basado en

Fig. 3.3 Regiones del cuerpo de *T. collaris*. (E.R.R. y A.F.R.)

estudios embriológicos y de biología molecular, que tanto el labro como las antenas están asociados a segmentos independientes de la cabeza (Triplehorn y Johnson, 2005).

Estudio del exoesqueleto

La superficie externa del cuerpo de los insectos está formada por un exoesqueleto o cubierta exterior. El exoesqueleto en su superficie externa forma áreas endurecidas denominadas esclerites, separadas por zonas membranosas o por líneas delgadas llamadas suturas. Si observamos con un microscopio electrónico un corte de esta cubierta exterior para conocer sus características, nos daremos cuenta que la misma está formada por paredes que pueden separarse en tres estratos principales denominados: cutícula, epidermis y membrana basal (Fig.3.4). La cutícula la forman tres capas: la epicutícula que incluye las subcapas de cera y cemento y las cuales juegan un papel importante en la impermeabilización del insecto, y la procutícula, compuesta por la exocutícula y la endocutícula. La mayor parte de la cutícula está hecha de quitina y de una proteína llamada esclerotina. La quitina es un polisacárido nitrogenado flexible y suave que se encuentra presente sólo en la endo y exocutícula y es fundamental en las articulaciones de los insectos, conjuntamente con otra sustancia de naturaleza elástica llamada reselina. Mientras la reselina y la quitina permiten el movimiento entre las articulaciones, la esclerotina brinda al cuerpo la rigidez necesaria para formar un esqueleto externo.

La esclerotina se forma, cuando cantidades apreciables de proteínas se agregan a la quitina para posteriormente reaccionar con quinonas y unir las cadenas de proteínas; el resultado de éste proceso se traduce en el endurecimiento de la pared del cuerpo, lo cual coincide con el oscurecimiento del mismo después de la muda del insecto. En insectos blandos y pálidos, la concentración de éste componente es baja, mientras que en mandíbulas y otras partes de las piezas bucales está presente en cantidades apreciables.

El segundo estrato del exoesqueleto es la epidermis, formada por células que dan origen a la cutícula cada vez que el insecto muda y por último, debajo de esta, se encuentra la membrana basal, la cual actúa como soporte de los estratos anteriores.

El color observado en el exoesqueleto se debe a pigmentos presentes en la cutícula o a la reflexión diferencial producida por la luz. Además, los colores pueden producirse también por la combinación de las dos circunstancias anteriores.

La naturaleza física de la superficie del exoesqueleto, como por ejemplo las escamas en mariposas y la presencia de estrías finas en la cutícula de algunos escarabajos, permite que ciertas ondas de luz se reflejen y otras se absorban dando origen a la producción de blancos, verdes, azules, violetas, colores iridiscentes y metálicos (Fig.3.5 y 3.6). Por otro lado, la presencia de pigmentos como la melanina en el exoesqueleto y la estructura molecular de ésta, permite la absorción de ciertas ondas de luz que se traduce en los colores marrón y negro. Otros pigmentos como los carotenos, adquiridos con la alimentación, producen coloraciones amarillas, naranjas y rojas.

El exoesqueleto de los insectos puede estar adornado por estructuras de diferentes tipos, las cuales representan proyecciones externas, tales como espinas y cuernos (Figs.3.4 y 3.7). En el Langostón sobre el

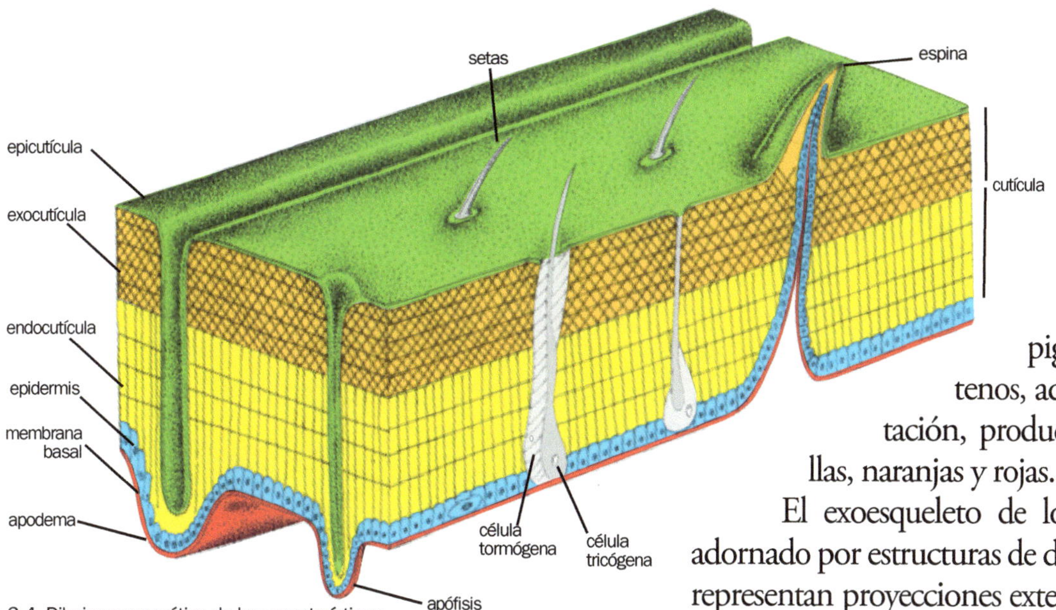

Fig. 3.4 Dibujo esquemático de las características, estratos y estructuras del exoesqueleto. (A.F.R. y E.R.R.)

Fig. 3.5 La combinación de pigmentos y micro estrías en las escamas producen colores en la mariposa *Dasyophthalma rusina*. E. 70 mm. Brasil. (A.F.R.)

Fig. 3.6 El color metálico iridiscente del escarabajo *Chrysophora chrysoclora* es producto de la textura de su exoesqueleto y la reflexión de la luz sobre el mismo. L. 30 mm. Venezuela hasta Perú. (A.F.R.)

exoesqueleto se encuentran insertados ciertos procesos semejantes a pelos que le permiten al animal recibir información del medio ambiente y los cuales se conocen con el nombre de setas o mecanoreceptores. Las setas se originan de células especializadas de la epidermis llamadas tricógenas, mientras otras referidas como tormógenas, se asocian a sus cavidades. Estos pelos presentan terminaciones nerviosas que permiten enviar al cerebro información, por lo que el insecto responde cuando se estimulan.

Cuando el exoesqueleto se invagina, forma un endoesqueleto el cual actúa como esqueleto interno y se utiliza como punto de inserción para músculos, áreas de apoyo para algunos órganos y estructuras protectoras para estos últimos. Estas invaginaciones se denominan apodemas. Existen otras más pequeñas alargadas o tuberculadas del endoesqueleto, denominadas apófisis, las cuales tienen, en esencia, la misma función de las apodemas: fortaleza, protección y puntos de apoyo para la inserción de músculos.

Al observar la cabeza de un insecto se nota que está unida al resto del cuerpo por un cuello membranoso denominado cerviz. En el Langostón, los escleritos cervicales se pueden observar en el cerviz y ayudan a la cabeza en su articulación con el tórax. Se ubican muy cerca de la base de las maxilas, por detrás de las mismas (Fig.3.8A).

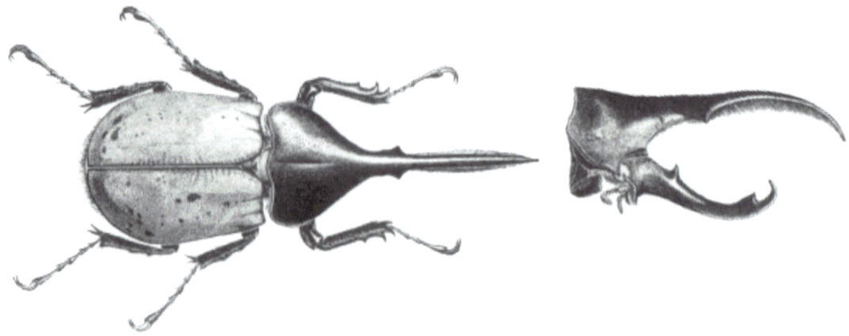

Fig. 3.7 Vista dorsal del cuerpo, lateral de la cabeza y protórax del escarabajo *Dynastes hercules*, mostrando los cuernos del protórax y la cabeza. L. 170 mm. México hasta Bolivia, incluyendo Trinidad & Tobago. (A.F.R.)

Estudio de la cabeza y sus partes

La cabeza (Figs.3.8A-C) está formada por escleritos separados por suturas cuyo número es variable. Existe una sutura en forma de "Y" invertida que se extiende a lo largo de la parte dorsal o vértice de la cabeza hasta la región anterior de la misma, esta sutura recibe el nombre de sutura epicraneal. Por conveniencia, algunos autores prefieren llamar la base de "Y" como sutura coronal y la parte en forma de "V", como suturas frontales. En el Langostón azul adulto es difícil observar las suturas frontales, ya que están disimuladas por estructuras en forma de aristas ubicadas entre los ocelos, sin embargo, estas son notorias en cucarachas, grillos y otros insectos. La sutura coronal es perfectamente visible sobre el vértice, siendo utilizada por el insecto como línea de ruptura del exoesqueleto durante el proceso de muda.

La sutura epistomal se encuentra localizada transversalmente, casi en la parte media anterior de la cabeza, limitando a la frente en su parte inferior. Esta sutura recorre la cabeza de un lado a otro y termina en los extremos en dos ranuras oscurecidas donde desembocan los dos brazos anteriores de un apodema denominado tentorio, el cual le da fortaleza a la cabeza y actúa como un endoesqueleto. Hacia los lados, la sutura epistomal se extiende para formar

¿Sabía Usted?

Tener exoesqueleto, pequeño tamaño y diversidad de hábitos alimenticios son las principales razones del éxito de los insectos en la Tierra.

la sutura subgenal, la cual termina en la región posterior de la cabeza, delimitando por debajo a un esclerite denominado gena. La sutura subantenal puede localizarse formando una arista que se extiende, desde la inserción de la antena, hasta el extremo lateral de la sutura epistomal. Esta sutura delimita lateralmente a la frente; el límite superior de la frente está representado por las suturas frontales ya descritas. La sutura antenal bordea la antena y puede ser observada con facilidad en el Langostón. La sutura ocular es fácilmente visible y se localiza en el borde inferior del ojo compuesto. La sutura occipital se encuentra por detrás de las genas, la cual en el Langostón tiene apariencia de un borde que rodea el límite posterior de la cabeza (Figs.3.8A y C).

Las postgenas, son esclerites posteriores a las genas y tienen forma alargada en el Langostón; las mismas pueden ser observadas sí se coloca la cabeza frente abajo. El esclerite occipital u occipucio, tiene aspecto de arco y une las dos postgenas por su parte superior. El postoccipucio en el Langostón apenas si se observa formando un esclerite muy delgado por detrás de las postgenas y el occipucio. La cavidad que comunica la cabeza con el tórax, y por donde pasa el esófago y otras estructuras hacia la porción media del cuerpo, recibe el nombre de *foramen magnum*. El cuello, por otro lado (Fig.3,8A), une la cabeza con el tórax. La cabeza es el centro de control de numerosas funciones realizadas por los insectos. En ella se destacan, además de los órganos de la visión, las antenas y las partes bucales. Internamente aloja el cerebro, parte de los aparatos digestivo y nervioso y el tentorio. La cabeza tiende a ser una cápsula muy esclerotizada, por lo tanto protectora de los órganos que contiene. Puede variar en su forma y alineación con el cuerpo, dando origen a diferentes opciones en la disposición de las partes bucales; en consecuencia, se distinguen tres tipos generales: cabeza hipognata (Figs.3.9A-B), en ella las partes bucales están dirigidas hacia abajo y la limitan por debajo; esta disposición es característica de los insectos masticadores.

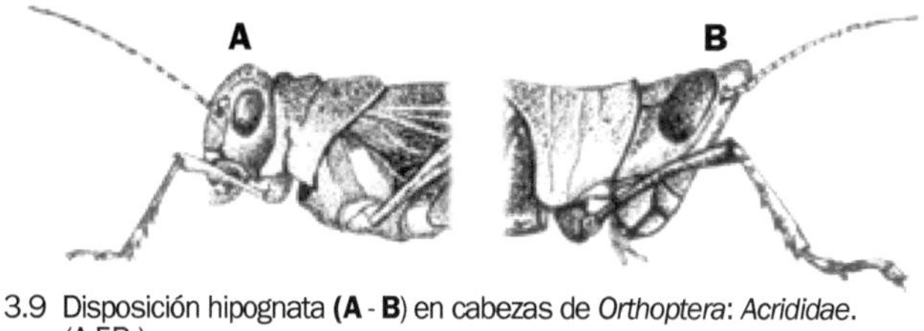

Figs. 3.9 Disposición hipognata (**A** - **B**) en cabezas de *Orthoptera*: *Acrididae*. (A.F.R.)

Prognata (Figs.3.10A-B), proyectada hacia adelante, con las partes bucales dirigidas en el mismo sentido, perpendiculares a las patas; este tipo es por lo general asociado a insectos depredadores, aunque no exclusivamente, como es el caso de los comejenes del Orden *Dictyoptera*, quienes también la presentan, así como otros grupos.

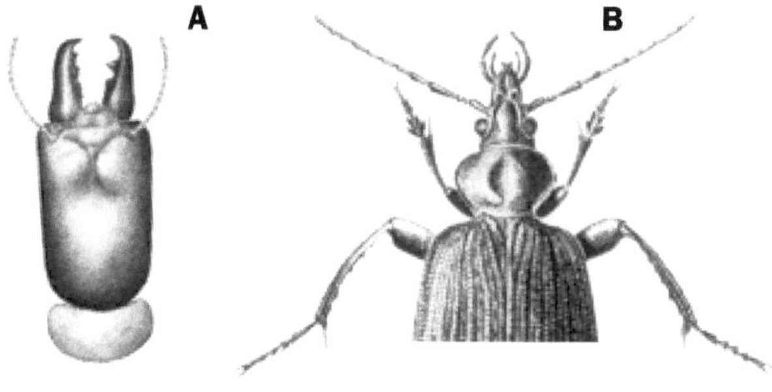

Figs. 3.10 Disposición prognata en cabezas de: (**A**) *Isoptera*: *Kalotermitidae* y (**B**) en el coleóptero *Calosoma* sp. (A.F.R.)

Opistognata (Figs.3.11A y B), propia del Orden *Hemiptera* donde las partes bucales se prolongan en un pico que se acomoda ventralmente al cuerpo y pasa entre las patas anteriores. Una descripción interesante sobre las variaciones en la forma de la cabeza la presenta en detalle Osuna (1995), en su libro sobre Morfología del exoesqueleto de los insectos.

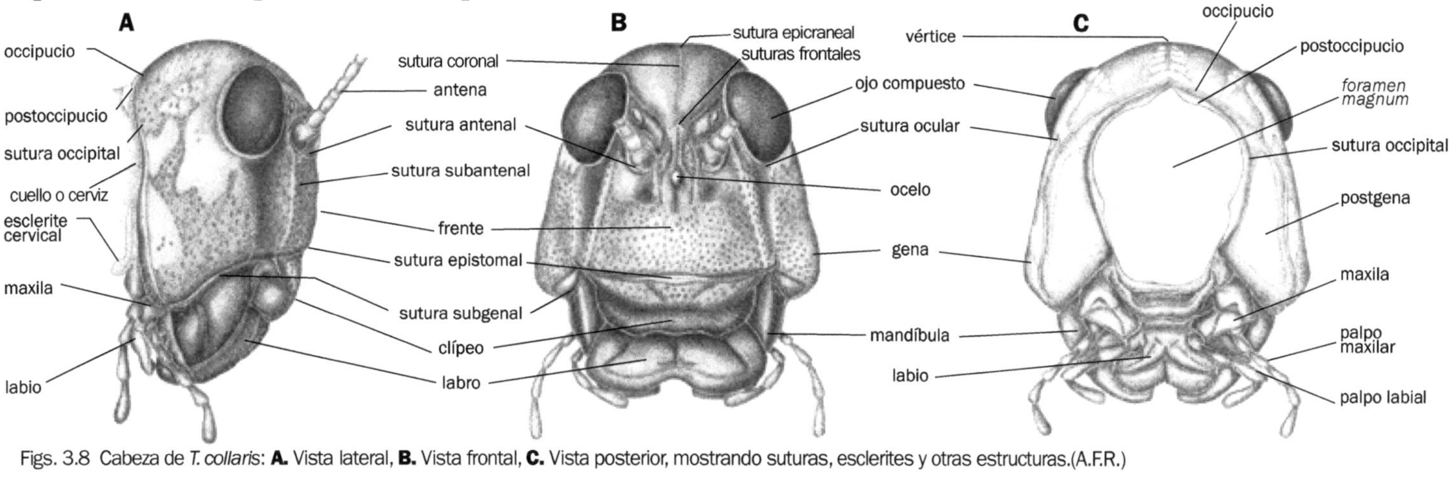

Figs. 3.8 Cabeza de *T. collaris*: **A.** Vista lateral, **B.** Vista frontal, **C.** Vista posterior, mostrando suturas, esclerites y otras estructuras.(A.F.R.)

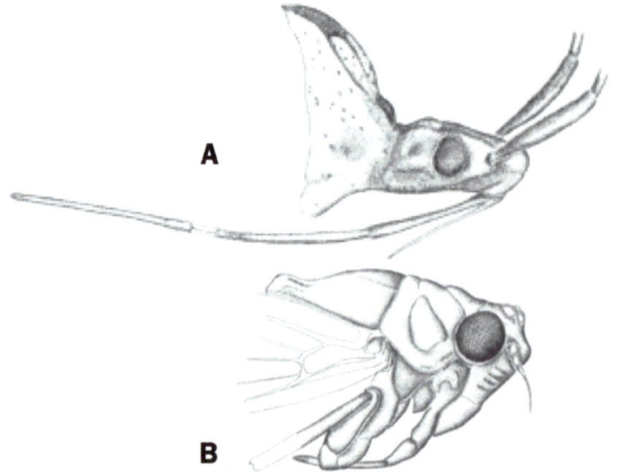

Figs. 3.11 **A-B.** Disposición Opistognata en cabezas de *Hemiptera*:
A. *Pentatomidae*
B. *Cicadidae*. (A.F.R.)

Aparatos bucales

La competencia en los insectos, entre otros factores, ha traído como consecuencia diversidad en sus hábitos alimenticios. Las piezas bucales han sufrido cambios significativos en su morfología para de esta manera, consumir el alimento que existe en el medio ambiente donde habitan. Así pues, algunas especies han adaptado sus partes bucales para penetrar la piel de animales y alimentarse de su sangre, otros se nutren de hojas masticándolas o chupándolas y en fin, pueden utilizar un sin número de recursos para obtener los elementos esenciales y necesarios para nutrirse y lograr su sobrevivencia.

Con el propósito de alimentarse, las piezas que integran el aparato bucal se han transformado para moldear, en esencia, los dos tipos de aparatos bucales existentes: masticador y chupador. El primero es el punto de partida para los cambios evolutivos que permitieron la formación del segundo, y puede presentarse como masticador propiamente dicho o modificarse para ejercer funciones para masticar y raspar, masticar y lamer y otras combinaciones. En el tipo chupador es posible encontrar varias modificaciones, sin embargo, todas tienen una característica común representada por una estructura en forma de tubo denominada probóscide, la cual incluye en la mayoría de los casos, el canal alimenticio y el canal salival.

Aparato bucal masticador

Este tipo de aparato es el más primitivo y en los ortópteros puede ser estudiado con facilidad. Para ello, al observar la cabeza de un Langostón con la frente hacia arriba encontrará el clípeo, representado por un esclerite rectangular fijo (Figs.3.8A-B), luego el labro (Fig. 3.12) como una pieza movible cuya parte ventral, contiene la epifaringe (Fig. 3.13), la cual está representada por una superficie abultada con vellosidades.

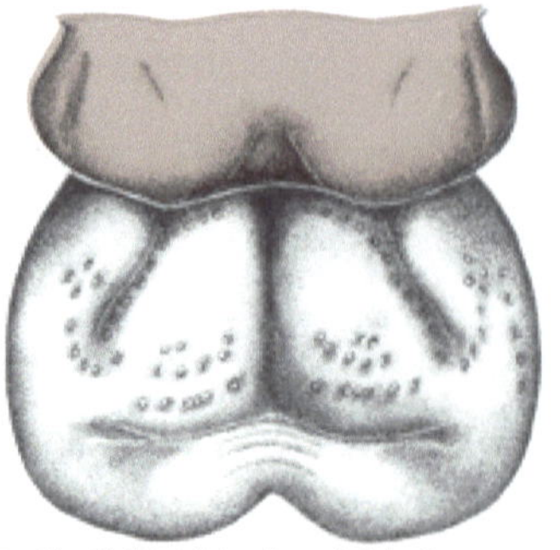

Fig. 3.12 Vista dorsal del clípeo (marrón) y labro de *T. collaris*. (A.F.R. y E.R.R.)

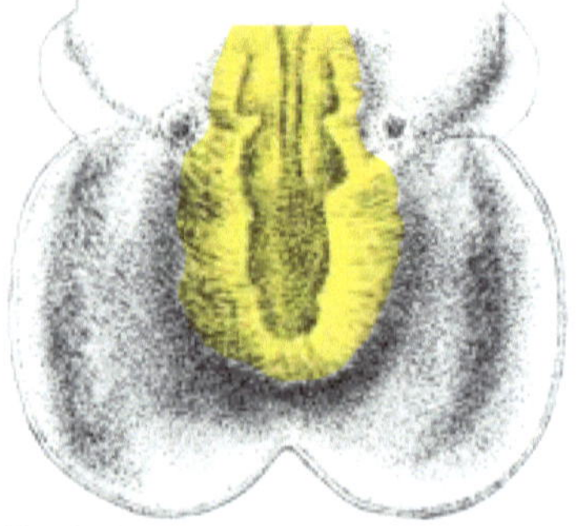

Fig. 3.13 Vista ventral del labro mostrando la epifaringe (área amarilla). (A.F.R. y E.R.R.)

Al levantar el labro, las mandíbulas se hacen visibles, articuladas en la cavidad bucal (Fig.3.14). Si las separamos se podrá notar que tienen forma de cuña, con el borde distal oscurecido, cortante y con dientes.

Si se extraen las mandíbulas, las maxilas quedan expuestas (Fig.3.15). Cada maxila presenta seis

Fig. 3.14 Mandíbula de *T. collaris*. (A.F.R.)

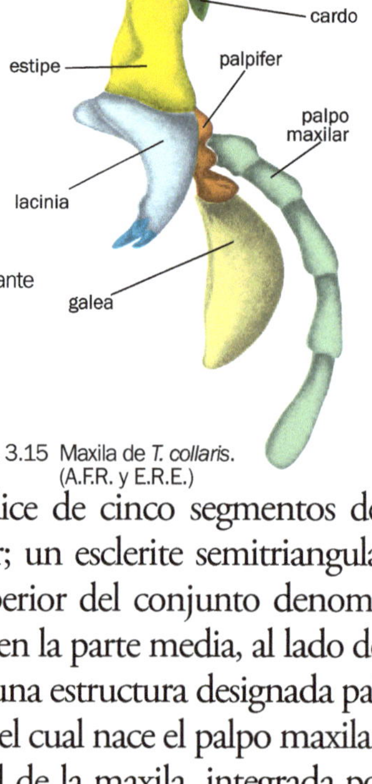

Fig. 3.15 Maxila de *T. collaris*. (A.F.R. y E.R.E.)

componentes: un apéndice de cinco segmentos denominado palpo maxilar; un esclerite semitriangular colocado en la parte superior del conjunto denominado cardo; un esclerite en la parte media, al lado del anterior, llamado estipe; una estructura designada palpifer al lado del estipe y del cual nace el palpo maxilar; la lacinia o porción distal de la maxila, integrada por dientes curvos que terminan en un área oscurecida y cortante y por último la galea, la cual es una estructura situada a un lado de la lacinia y representa la pieza de mayor tamaño en la maxila del Langostón. Si se desprenden las maxilas se observa la hipofaringe como un órgano grande, semejante a una lengua, naciendo desde el labio y formando el lado ventral de la cavidad bucal. La misma tiene función sensorial y percibe sabores.

Al desprender ambas maxilas el labio puede observarse con las siguientes partes: un esclerite grande en forma de media luna denominado submentón, una región casi rectangular, estrecha, llamada mentón y una porción a continuación llamada prementón o posmentón de cuyos lados nacen los palpos labiales de tres segmentos cada uno. La porción distal del prementón termina en dos esclerites redondeados llamados paraglosas (Fig.3.16).

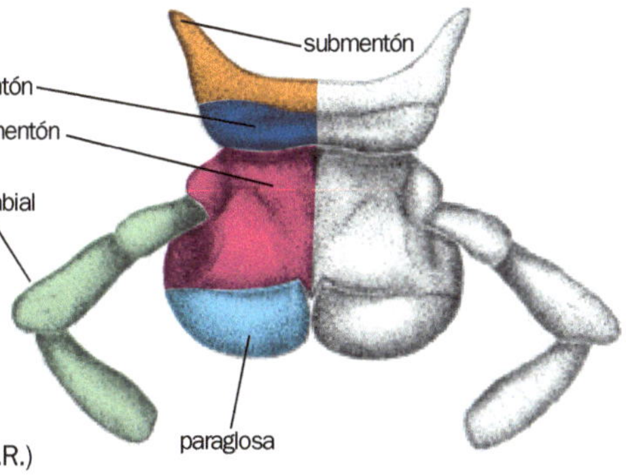

Fig. 3.16 Labio de un acrídido. (A.F.R. y E.R.R.)

Como se indicó al principio, el aparato bucal masticador se ha transformado para realizar funciones específicas de alimentación; así encontramos en los neurópteros y coleópteros modificaciones para además de masticar, agarrar, chupar o inyectar. Hay otras transformaciones, tanto en insectos adultos como en sus estados juveniles; de estas transformaciones, estudiaremos a continuación la de la abeja.

Aparato bucal masticador-lamedor

Los insectos con este tipo de aparato bucal (abejas y otros himenópteros) han adaptado sus mandíbulas para masticar cera, polen y otras sustancias y el resto de las piezas, para ingerir alimentos líquidos. En la cabeza de una abeja (Fig.3.17) el clípeo tiene forma

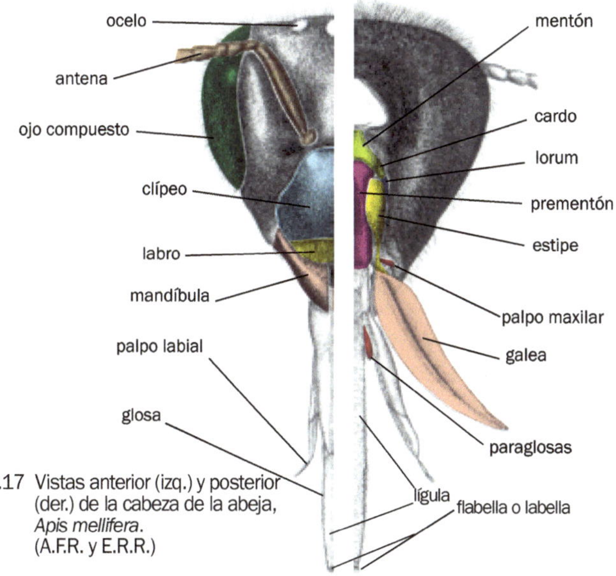

Fig. 3.17 Vistas anterior (izq.) y posterior (der.) de la cabeza de la abeja, *Apis mellifera*. (A.F.R. y E.R.R.)

de campana y a continuación del mismo, se observa un labro pequeño y transverso; en el margen distal del clípeo y a cada lado se observan las mandíbulas, las cuales se cruzan por debajo del labro y son relativamente lisas con forma de espátulas. Si se coloca la cabeza frente abajo, se pueden localizar las siguientes estructuras: las maxilas representadas por dos piezas laterales compuestas por el cardo o esclerite basal bastante delgado, el estipe alargado formando la parte central de la maxila y la galea, de forma más o menos laminada representando la porción distal de la maxila. En el punto de unión del estipe y la galea está el palpo maxilar muy pequeño. En la base del estipe y la porción distal del cardo se encuentra un esclerite pequeño denominado lorum, el cual une a los anteriores al mentón del labio. El palpo labial está formado de cinco segmentos; entre los palpos están las paraglosas, con forma de lengüetas cortas y en el centro las glosas unidas formando otra lengüeta mucho más grande, ambas estructuras forman la lígula, en cuyo ápice está una porción carnosa llamada flabella o labella. El mentón es pequeño y de forma triangular y el prementón es grueso y alargado.

Aparato bucal chupador

Este aparato presenta diferentes modalidades, lo que hace necesario estudiar algunas de ellas separadamente. Los insectos con este aparato bucal consumen alimentos fluidos por lo que evolutivamente han modificado y alargado algunas de sus estructuras para formar un tubo a través del cual, chupan líquidos con la ayuda de una bomba de succión e inyectan saliva con el auxilio de otra de inyección. Existen al menos ocho tipos de variaciones entre los insectos que se alimentan chupando líquidos, de los cuales describiremos e ilustraremos seis de ellas.

Es importante señalar que dentro de este grupo se encuentra la gran mayoría de insectos transmisores de enfermedades, tanto a plantas como a animales, incluyendo seres humanos. En estos casos, cuando el animal se alimenta, inyecta saliva como vehículo para evitar la coagulación de sangre y diluir o predigerir los tejidos. Mediante esta acción, la saliva, sí es portadora de microbios patogénicos, infestan al huésped aumentando el daño producido.

La primera variación es la del tipo perforador-chupador, presente en el Orden *Hemiptera*. Para estudiar el aparato bucal de los hemípteros, se describe el de la cigarra, perteneciente a la Familia *Cicadidae*, Suborden *Cicadomorpha* el cual, por su tamaño y facilidad de disección, se puede separar en sus partes con facilidad. La cabeza de la cigarra tiene forma triangular pudiendo observarse los ojos compuestos, tres ocelos y un gran desarrollo del postclípeo, el cual es abultado y estriado transversalmente. A continuación de este se encuentra un esclerite triangular llamado anteclípeo.

Las partes bucales están representadas por un pico o probóscide, el cual nace debajo de la cabeza para recorrer paralelamente el abdomen. La probóscide es la estructura más alargada, constituida por varios elementos y se encuentra abierta por delante. En la misma encontramos primero el labio y luego el labro representado por una pequeña pieza de forma alargada y puntiaguda, localizado en la base de la probóscide. En este tipo de aparato los palpos están ausentes.

Las mandíbulas y maxilas tienen forma de estiletes o hilos punzantes, los cuales aparentan ser tres por la unión de los dos más delgados o maxilas, mientras que los otros dos más gruesos son las mandíbulas. Las mandíbulas y maxilas se encuentran rodeadas por el labio, el cual se dobla para permitir la salida de los estiletes para perforar y chupar el alimento (Fig.3.18).

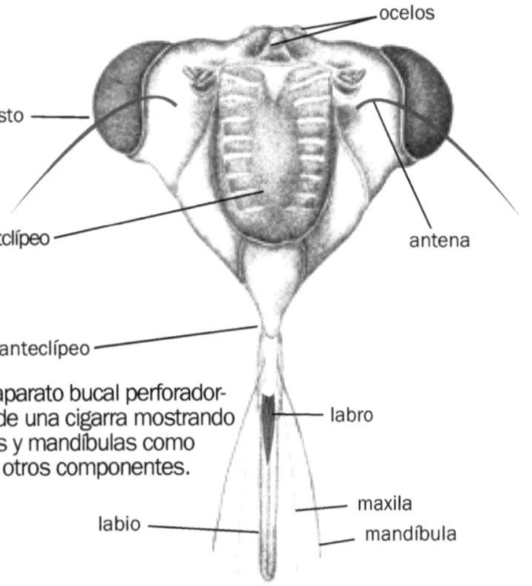

Fig. 3.18 Cabeza y aparato bucal perforador-chupador de una cigarra mostrando las maxilas y mandíbulas como estiletes y otros componentes. (A.F.R.)

Si observamos un corte transversal de la probóscide (Fig.3.19), el labio es la estructura más externa y

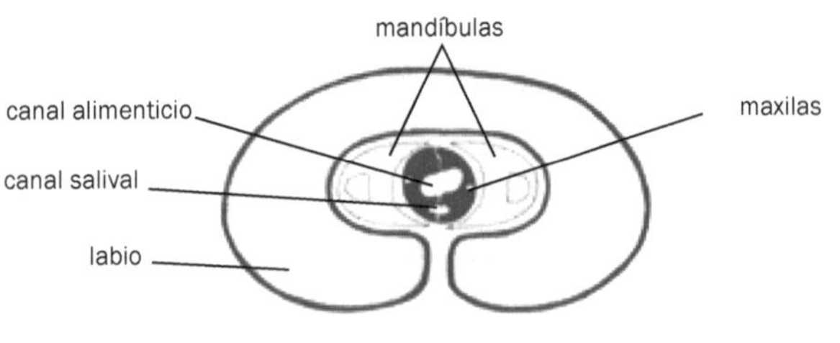

Fig. 3.19 Corte transversal de la probóscide de una cigarra. (E.R.E.)

rodea a las mandíbulas y éstas a su vez, envuelven a las maxilas. La unión de las dos maxilas forma un par de canales: el alimenticio, representado por un agujero grande y el salival por otro más pequeño.

Este tipo de aparato bucal también se presenta en los chinches (Fig.3.20), donde aparece como una segunda variante y es común en el Suborden *Heteroptera*. A diferencia del primero, la probóscide es más alargada y nace en la frente de la cabeza. El clípeo no es abultado ni estriado como el de la cigarra y recibe el nombre de tylus, seguido por el labro.

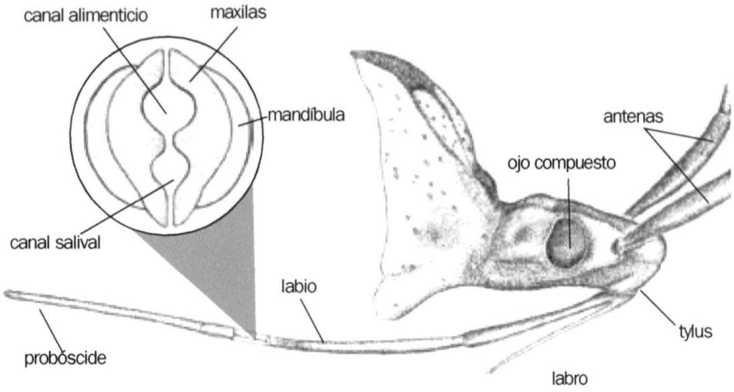

Fig. 3.20 Cabeza y aparato bucal perforador-chupador de un chinche y corte transversal, Suborden *Heteroptera*. (A.F.R.)

La tercera variante del aparato chupador tiene dos tipos, el primero lo observamos en hembras de algunos dípteros, por ejemplo tábanos (Figs.3.21) y se llama cortador-chupador. Aquí vemos los siguientes

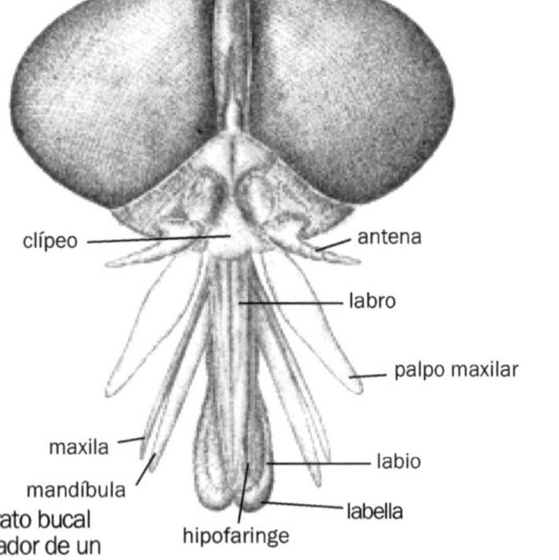

Fig. 3.21 Cabeza y aparato bucal cortador-chupador de un tábano. (A.F.R.)

componentes: el clípeo, algo desarrollado extendiéndose casi hasta las bases de las antenas; el labro, en forma de puñal naciendo del clípeo y sirviendo de punta al conjunto de las estructuras; los palpos maxilares, en forma alargada; cuatro estiletes gruesos formados por dos maxilas y dos mandíbulas; la hipofaringe delgada y un labio sin palpos labiales que termina en dos lóbulos ensanchados denominados labella.

La disposición de estos componentes, en un corte transversal, deja ver los canales alimenticio y salival (Fig.3.22).

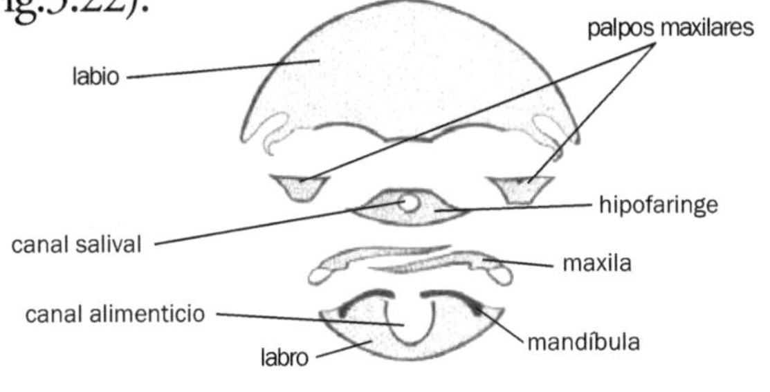

Fig. 3.22 Corte transversal del aparato bucal de un tábano. (E.R.E. y E.R.R.)

El segundo tipo se llama picador-chupador y es característico de zancudos. En este el labio envuelve o rodea al conjunto de estiletes y se retrae para permitir la salida de los mismos cuando la hembra se dispone a picar y chupar la sangre de sus huéspedes; el labro está situado en la parte inferior central formando el canal alimenticio, flanqueado por dos mandíbulas muy delgadas, rodeando en parte a la hipofaringe la cual contiene el canal salival. Estos tres últimos componentes, en conjunto con parte del labro, están ubicadas adyacentes a las dos maxilas (Fig.3.23). Los palpos maxilares son notorios y se ubican por debajo del clípeo, el cual no se muestra en la figura mencionada.

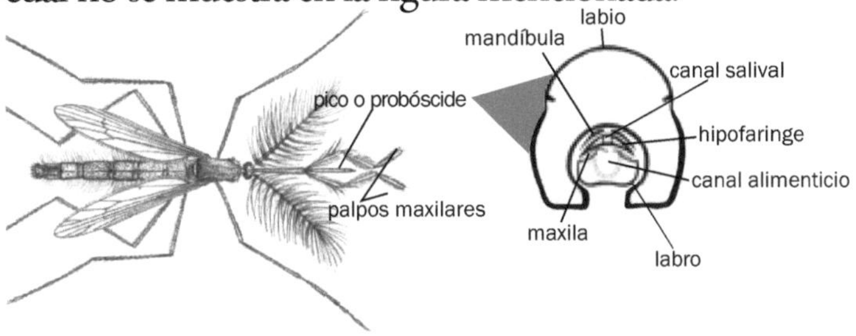

Fig. 3.23 Corte transversal del aparato bucal picador-chupador, ubicación de la probóscide y palpos en un zancudo. (A.F.R. y E.R.R.)

La cuarta variante del aparato bucal chupador es la observada en *Lepidoptera*. Sin embargo en este Orden estudiaremos dos tipos (Figs.3.24A-B).

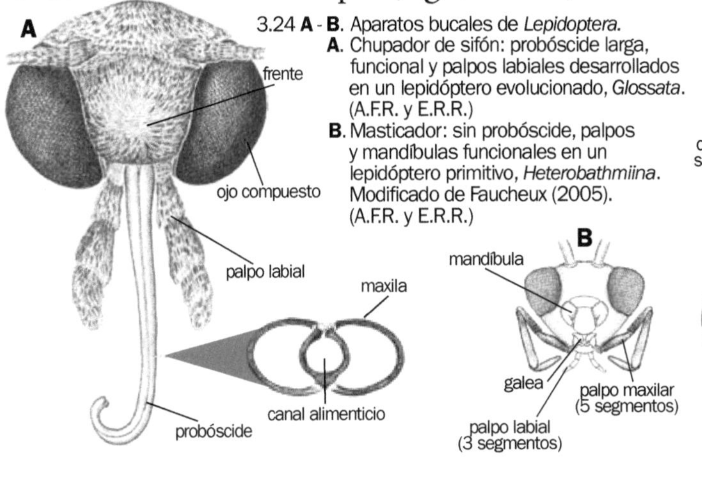

3.24 **A** - **B**. Aparatos bucales de *Lepidoptera*.
A. Chupador de sifón: probóscide larga, funcional y palpos labiales desarrollados en un lepidóptero evolucionado, *Glossata*. (A.F.R. y E.R.R.)
B. Masticador: sin probóscide, palpos y mandíbulas funcionales en un lepidóptero primitivo, *Heterobathmiina*. Modificado de Faucheux (2005). (A.F.R. y E.R.R.)

El primero (Fig.3.24A), llamado chupador de sifón, está presente en lepidópteros evolucionados, Suborden *Glossata*; en este tipo, la probóscide la forman las galeas de las maxilas las cuales experimentan un gran alargamiento y se denominan espiritrompa; las mismas se encuentran unidas longitudinalmente y se acomodan en la parte inferior de la cabeza enrolladas como una cuerda de reloj. En la base de la probóscide está el labro, el cual aparece como un lóbulo triangular pequeño recubierto de escamas, lo cual dificulta su ubicación. La probóscide forma el canal alimenticio, quedando el labio reducido a un par de palpos labiales prominentes dirigidos hacia adelante y ubicados a los lados de la probóscide. El segundo, tipo masticador, presente en lepidópteros primitivos, los palpos labiales pueden observarse como apéndices de tres segmentos, además de un par de mandíbulas maceradoras de polen, palpos maxilares de cinco segmentos y galeas transformadas en pequeñas proyecciones sensoriales que no llegan a formar una probóscide (Fig.3.24B).

La quinta variante es el chupador de esponja (Fig.3.25), observable en los dípteros más evolucionados; en este caso, el más representativo es el de la mosca doméstica. En la mosca, la probóscide está retraída dentro de la cabeza y para observarla es necesario presionarla para que se extienda. En la probóscide se notan el clípeo y el rostro, este último con apariencia carnosa formando el cuerpo central con una porción distal o haustelo en cuyo ápice están las labella formando el disco oral; en el rostro se notan los palpos maxilares, el labro como un estilete corto y la hipofaringe por delante del mismo como un estilete más fino. La parte posterior que envuelve las estructuras anteriores es el labio. El canal alimenticio se forma entre el labro y la hipofaringe, estando el canal salival en esta última pieza.

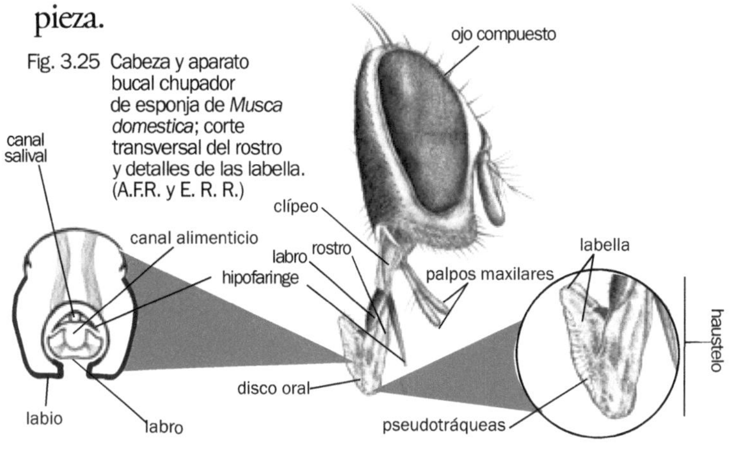

Fig. 3.25 Cabeza y aparato bucal chupador de esponja de *Musca domestica*; corte transversal del rostro y detalles de las labella. (A.F.R. y E. R. R.)

El disco oral o porción terminal de este aparato está formado por dos lóbulos ovalados y carnosos, los cuales se destacan fácilmente y se llaman labella. En la superficie del disco oral se encuentran las pseudotráqueas para la absorción de líquidos.

La sexta variante entre los chupadores es el raspador-chupador (Fig.3.26), el cual resulta atípico en

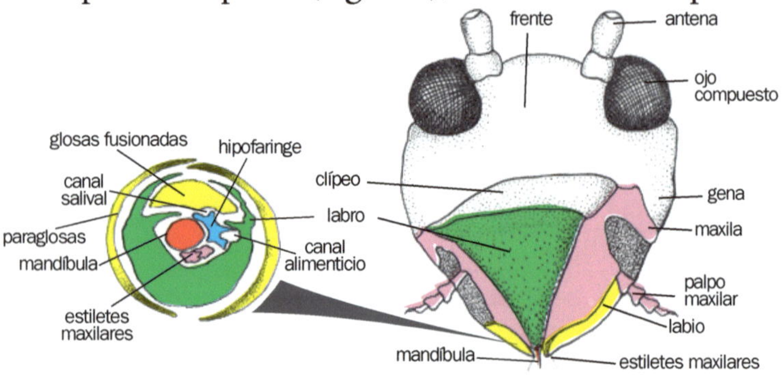

Fig. 3.26 Cabeza y aparato bucal raspador-chupador de un thrip y corte transversal diagramado de las fotos de Childers & Achor, 1991. (A.F.R. y E.R.R.)

el sentido de tener piezas asimétricas y presentar una sola mandíbula. Este aparato lo encontramos en representantes del Orden *Thysanoptera*, llamados comúnmente thrips. En este grupo, la cabeza está proyectada hacia adelante y las piezas bucales dirigidas hacia abajo, casi perpendiculares a la misma. Las estructuras bucales forman un pico o cono para raspar la epidermis de las hojas y chupar la savia que brota de las raspaduras. El pico lo forman el labro, una mandíbula, las paraglosas del labio y sus glosas fusionadas, las maxilas y la hipofaringe; parte de estos componentes se proyectan desde el labro para que el insecto se alimente formando la hipofaringe, el canal alimenticio y el canal salival, mientras que otras estructuras rompen y penetran los tejidos de la planta.

Ojos compuestos y ocelos

En la cabeza además, se encuentran órganos y apéndices sensoriales tales como ocelos, ojos compuestos y antenas. Los ocelos u ojos simples, representan órganos o estructuras con capacidad limitada para procesar imágenes y sólo detectan intensidad de luz y quizás, movimientos. Se observan como pequeñas proyecciones arqueadas de la cutícula, con una superficie transparente llamada córnea. Por debajo de ésta existen dos capas de células, una superior integrada por células corneógenas encargadas de secretar la córnea y otra soportando a la anterior llamada células de la retina. También es posible observar las terminaciones sensoriales. Por lo general los ocelos son tres y se ubican entre los ojos compuestos.

Los ojos de los insectos se denominan compuestos y están formados por facetas que tienden a ser hexagonales o circulares, donde cada una integra la unidad ocular individual llamada omatidio (Fig.3.27B).

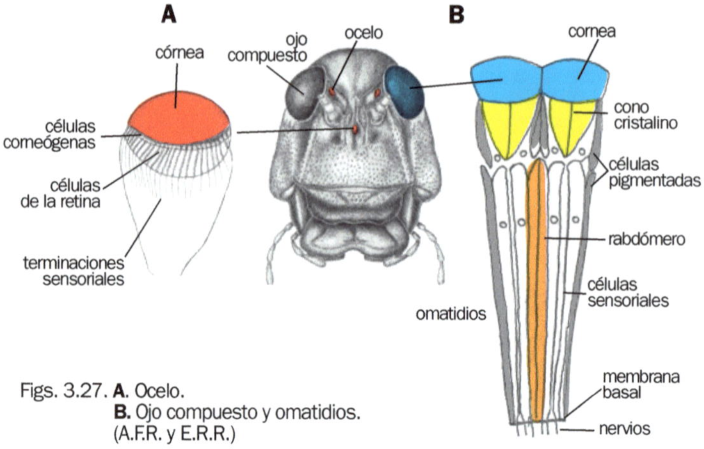

Figs. 3.27. **A.** Ocelo.
B. Ojo compuesto y omatidios.
(A.F.R. y E.R.R.)

El número de facetas no es consistente; por ejemplo, una hormiga obrera puede tener de 6 á 9, mientras que una libélula incluye entre 10.000 y 30.000. Con respecto al tamaño de estas facetas, igualmente pueden presentarse variaciones entre especies, incluso entre individuos de la misma especie, es decir, un ojo compuesto puede estar formado de omatidios de diferentes tamaños como en el caso de los tábanos que tienen los omatidios superiores de cada ojo de mayor tamaño que los omatidios inferiores. La variación en tamaño de las facetas está relacionada con el uso de las mismas durante el día o la noche; las evidencias que existen indican que las facetas más grandes son usadas durante la noche, mientras que las pequeñas se usan en el día.

Los omatidios representan estructuras alargadas formadas por varias capas de células que afloran al exterior en una córnea de forma variable; por debajo de la córnea está el cono cristalino, compuesto por lo general de cuatro células, rodeado por dos células corneógenas pigmentadas. Este conjunto está soportado a su vez, por un grupo alargado de células sensoriales rodeadas también de otras pigmentadas. Las sensoriales, a menudo ocho, al juntarse forman el rabdómero el cual se encarga de llevar el estímulo visual al cerebro por intermedio de los axones de las células nerviosas. Las células pigmentadas varían en concentración y distribución de pigmentos y esta característica, permite a los insectos ver de día o de noche.

En insectos nocturnos, la concentración de pigmentos es menor así como su distribución en el omatidio, esto permite a la luz afectar varias facetas al mismo tiempo, obteniéndose una visión de superposición de imágenes, es decir la luz es aprovechada al máximo pudiendo pasar de un omatidio a otro. En los diurnos, como reciben mucha luz, las células pigmentadas se extienden a lo largo del omatidio y la concentración de pigmentos es mayor, lo cual se traduce en una visión individualizada de cada uno, llamada de aposición o del tipo mosaico, es decir cada omatidio trabaja por sí solo.

En los insectos diurnos los omatidios se orientan con un ángulo de visión levemente diferente entre ellos. Cada una de las facetas es afectada por el color e intensidad de luz que proviene de la dirección donde enfoca, pero no produce en el cerebro una imagen completa. Las facetas están conectadas al cerebro por su propio nervio óptico y en consecuencia, solo contribuye con una pequeña parte del total de la imagen, a semejanza de los píxeles en un monitor. La calidad de la imagen que el insecto ve está determinada por el número de facetas de sus ojos y como en el caso del monitor de un computador, si hay más píxeles, se obtendrá mayor resolución. Las imágenes en los insectos son más nítidas, en la medida que aumenta el número de facetas en los ojos compuestos.

Los insectos pueden ver a distancias cortas, quizás hasta uno ó dos metros y la claridad de la imagen depende, como se indicó, del número de facetas y la distancia al objeto, ya que no tienen mecanismos de enfoque, ni pueden incorporarlos. Sin embargo, el procesamiento de imágenes y su fijación en el cerebro es rápido y eficiente y esto les permite volar con velocidad a través de vegetación densa, sin chocar, para escapar o perseguir a una presa cuando actúan como depredadores.

Los ojos compuestos pueden estar ausentes o atrofiados por la no utilización de los mismos o porque han desarrollado mecanismos especiales para orientarse sin necesidad de ojos. Esto sucede cuando los insectos viven en cuevas donde hay poca luz y no hace falta la visión. En los estados juveniles, cuando son gusanos, carecen también de ojos compuestos y su orientación la ejercen utilizando otras estructuras llamadas ocelos larvales o stemmata (singular, stemma). En la mayoría de las larvas con metamorfosis completa, los stemmata se degeneran al momento de la metamorfosis y son al final reemplazados por los ojos compuestos (Triplehorn & Johnson, 2005).

Antenas

Las antenas son apéndices de la cabeza que nacen entre los ojos, aunque también pueden emerger de los lados de la cabeza, cerca de las mandíbulas. Son muy variables y todas tienen función sensorial; el incremento de su longitud está relacionado con la posibilidad de ubicar un mayor número de órganos para la recepción de estímulos en las mismas (Schneider, 1964). En la actualidad se consideran como apéndices que pueden homologarse con el resto de los que existen en el cuerpo, por ejemplo las patas. Su longitud es variable, llegando a ser, en algunos casos, más largas que el mismo cuerpo o muy reducidas como en algunas larvas. Las antenas se modifican adoptando diferentes formas y tamaños. Están integradas por tres partes principales (Fig.3.28A): la primera, mediante la cual se inserta a la cabeza se denomina escapo, la segunda o pedicelo puede ser más corta y soporta en la mayoría de los insectos un órgano sensorial conocido como órgano de Johnston, el cual es activado al moverse la antena y en algunos casos, actúa como órgano de audición y de orientación en insectos acuáticos (Osuna,1995) y terrestres, así como en larvas; la porción más allá del pedicelo es el flagelo, por lo general largo, con varios segmentos llamados flagelómeros, aunque en algunos casos puede estar reducido o abreviado a una sola pieza, con apariencia de cerda.

En los insectos primitivos las antenas crecen por división de los segmentos terminales y el órgano de Johnston siempre está ausente; en los más evolucionados, el órgano indicado se encuentra presente y el incremento en el número de segmentos ocurre también por divisiones de los flagelómeros.

Muchos insectos con estructuras generalizadas presentan antenas largas, con muchos segmentos y estos son aproximadamente del mismo tamaño. En los más evolucionados, sin embargo, estos apéndices contienen segmentos muchas veces diferentes entre sí y en oportunidades, el flagelo lo forma una cerda desnuda o con pelos.

¿Sabía Usted?

Por intermedio de las antenas algunos insectos son capaces de oler y detectar sabores. Así mismo ayudan a percibir humedad, sonidos, vibraciones, viento, etc.

En la mayoría de los insectos el flagelo no presenta músculos individuales en sus segmentos; el movimiento observado en las antenas ocurre por la presencia de músculos en el escapo, los cuales se insertan en este y en el pedicelo y al contraerse, comunican movilidad al conjunto; sin embargo, en los primitivos como *Diplura*, sí conseguimos músculos en todos los segmentos, con excepción del último (Imms, 1964).

Como se indicó, las antenas varían tanto en tamaño como en forma, por lo que reciben diferentes nombres. Estas variaciones tienen valor taxonómico, por lo que se describen a continuación (Figs.3.28A-Ñ).

Setiformes: antenas como una cerda, en ella los segmentos disminuyen progresivamente de diámetro, desde la base hacia el ápice, por lo general son relativamente cortas o muy largas. Ejemplos: cigarras (Fig.3.28B).

Filiformes: antenas largas, los segmentos son uniformes en tamaño y diámetro, generalmente cilíndricos y sin constricciones prominentes entre ellos. Ejemplos: cucarachas y grillos (Fig.3.28C).

Moniliformes: antenas con segmentos oval-redondeados y constricciones entre ellos. Ejemplos: algunos coleópteros, comejenes y tijeretas (Fig.3.28D).

Aserradas: antenas con segmentos más o menos triangulares, proyectados hacia un lado de su eje central. Ejemplos: algunos coleópteros (Fig.3.28E).

Claviformes: antenas con segmentos que aumentan de diámetro gradualmente hacia su ápice, semejando un garrote. Ejemplos: ciertos coleópteros (Fig.3.28F).

Pectiniformes y **Bipectiniformes**: antenas con la mayoría de los segmentos con procesos laterales largos y delgados de un solo lado o ambos lados (Figs.3.28G-H). También las denominan **Pectinadas**. Ejemplos: algunos coleópteros y ciertos lepidópteros nocturnos.

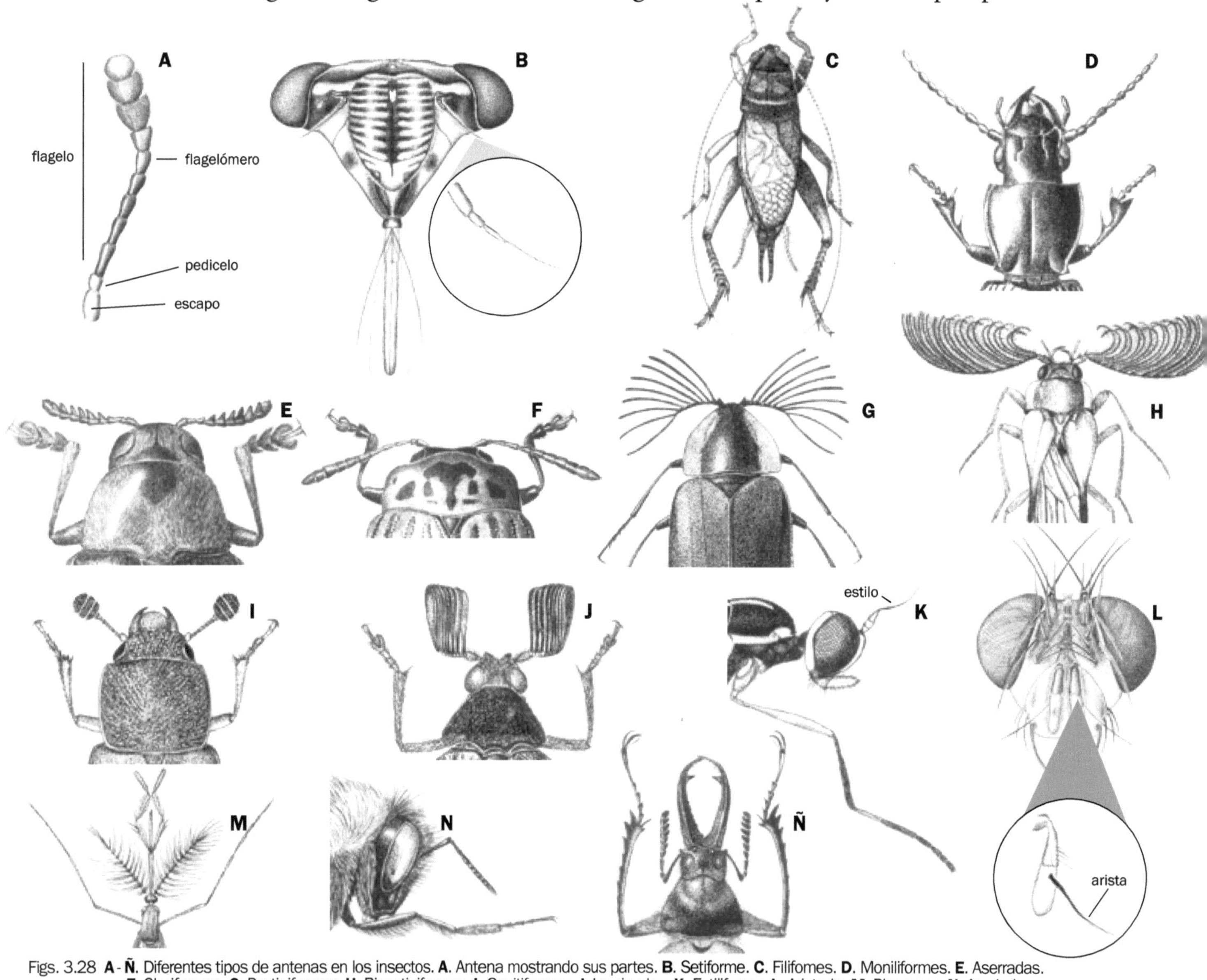

Figs. 3.28 **A - Ñ**. Diferentes tipos de antenas en los insectos. **A**. Antena mostrando sus partes. **B**. Setiforme. **C**. Filifomes. **D**. Moniliformes. **E**. Aserradas. **F**. Claviformes. **G**. Pectiniformes. **H**. Bipectiniformes. **I**. Capitiformes. **J**. Laminadas. **K**. Estiliforme. **L**. Aristada. **M**. Plumosas. **N**. Acodadas. **Ñ**. Combinadas: Acodada - Aserrada. A.F.R. y E.R.R.)

Capitiformes: antenas cuyos segmentos terminales se agrandan abruptamente, formando una maza. Ejemplos: mariposas y algunos coleópteros (Fig.3.28I). Cuando el agrandamiento de la maza se traduce en una expansión lateral de los segmentos para formar láminas redondeadas, las antenas se denominan **Laminadas**. Ejemplos: ciertos coleópteros (Fig.3.28J).

Estiliformes: antenas con el último segmento proyectado en un proceso en forma de estilete o púa. Ejemplos: algunos dípteros (Fig.3.28K).

Aristadas: antenas con el último segmento agrandado soportando en su parte dorsal una cerda, la cual puede ser desnuda o revestida con pelos. Ejemplos: mosca doméstica y otros dípteros (Fig.3.28L).

Plumosas: por lo general es un tipo de antena moniliforme o filiforme con uno o varios manojos de pelos alrededor de cada segmento. Ejemplos: zancudos y mosquitos (Fig.3.28M).

Acodadas: antenas con el escapo largo y los siguientes segmentos pequeños, formando un ángulo casi recto en relación con el primero. Ejemplos: hormigas, avispas y algunos coleópteros (Fig.3.28Ñ).

Algunos insectos presentan antenas combinadas; por ejemplo antenas acodadas, pero con apariencia capitiforme. También pueden tener otras combinaciones y en estos casos se denominan tomando en cuenta la característica más prominente; o simplemente se les da un nombre que represente la combinación de las características presentes (Fig.3.28Ñ). Existen otros órganos sensoriales, además de las antenas, que actúan como indicadores de temperatura, humedad y otros estímulos. Los mismos se conocen como sensilas y se encuentran en la cabeza y a lo largo del cuerpo; su estructura es variable (Altner & Loftus, 1985).

Estudio del tórax y locomoción

El tórax es la parte intermedia en el cuerpo de los insectos; soporta tres pares de patas y dos pares de alas en los insectos alados. La región torácica está dividida en tres segmentos: protórax, mesotórax y metatórax (Fig.3.29), cada uno con un par de patas. Los segmentos a su vez constan de tres áreas, la dorsal o noto, la lateral o pleura y la ventral o esterno. Cada uno de estos términos estará precedido por los prefijos pro, meso y meta, dependiendo del segmento donde se localicen; así se denominará pronoto, al noto del

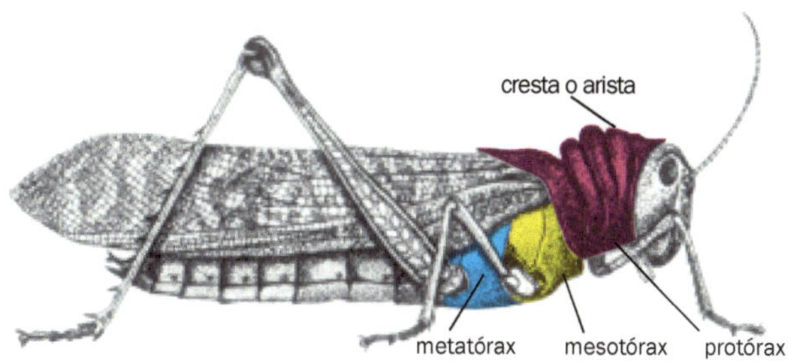

Fig. 3.29 Región torácica de un saltamontes mostrando sus componentes. (A.F.R. y E.R.R.)

protórax. El protórax del Langostón es peculiar en su forma y está representado casi enteramente por el pronoto, el cual se extiende lateralmente hacia abajo y hacia atrás, después de formar una cresta en el área dorsal. La región pleural está notablemente reducida debido al considerable desarrollo de la estructura antes mencionada, pasando a formar un área triangular pequeña, ubicada a continuación del margen inferior del protórax, delante de la inserción del primer par de patas (Fig.3.30).

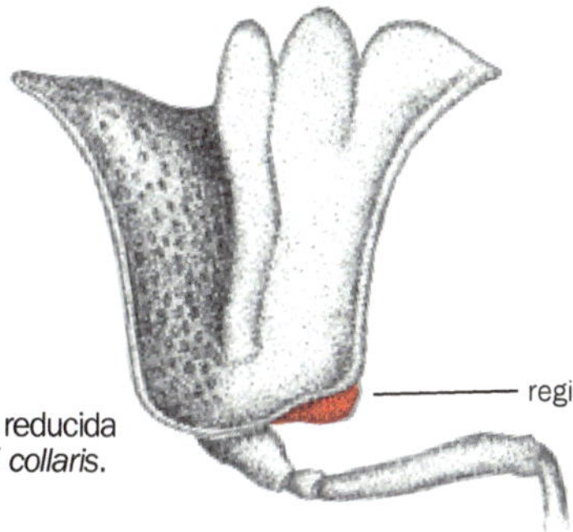

Fig. 3.30 Región pleural muy reducida en el protórax de *T. collaris*. (A.F.R. y E.R.R.)

La porción pleural del meso y metatórax, está dividida por la sutura pleural en una porción anterior o episterno y en una posterior o epimerón (Fig.3.31).

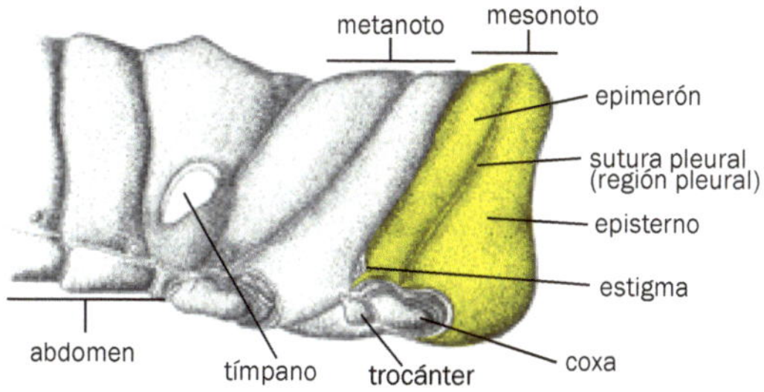

Fig. 3.31 Región pleural del meso y metatórax mostrando sus componentes. (A.F.R. y E.R.R.)

Estos esclerites y la sutura se observan con facilidad en el Langostón. El pterotórax es el término aplicado a los segmentos torácicos que llevan alas, es decir, meso y metatórax en conjunto. Los insectos voladores presentan un pterotórax muy desarrollado con una región pleural bien diferenciada, todo esto para albergar los poderosos músculos que junto con otros componentes controlan el vuelo.

La región ventral del Langostón permite comparar los esternos de cada una de las regiones del tórax.

Los esternos del protórax son muy diferentes a los del meso y metatórax y el primer esterno del abdomen se une firmemente al metaesterno, aparentando ser parte del mismo. Si se observa la morfología de los esternos del tórax, se notará en el proesterno un borde estrecho anterior representado por un esclerite denominado presterno, seguido por otro con un proceso proyectado llamado basiesterno, un tercero a continuación del anterior conocido como esternelo y un cuarto con una sutura longitudinal nombrado espinasterno. En el esterno del mesotórax se observa la presencia del presterno, seguido por el basiesterno y el esternelo, este último representado por dos platos rectangulares, mientras que el espinasterno desaparece. Según la versión revisada de Snodgrass de 1993, todos en conjunto forman el eusterno. En el metaesterno se observa la apófisis espinosa, el basisterno, la apófisis esternal y el esternelo, este último, representado por dos platos triangulares laterales (Fig.3.32).

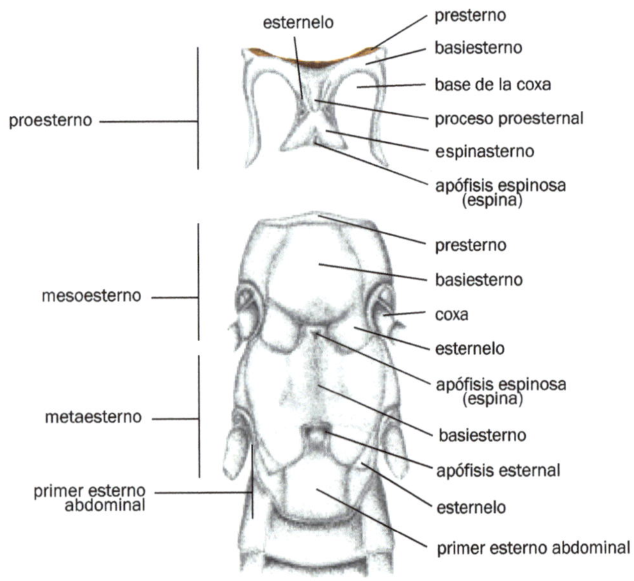

Fig. 3.32 Vista ventral del tórax de *T. collaris* mostrando sus partes. (A.F.R.)

En el Langostón se distinguen invaginaciones en las suturas de unión de los esternos. En el mesoesterno tienen forma de "V" con tres orificios que representan apófisis y en el metaesterno tiene forma de semicírculo con dos apófisis; estas invaginaciones en conjunto forman un apodema denominada furca, la cual da fortaleza al tórax y sirve de punto de inserción para los músculos que intervienen en el vuelo.

Locomoción: patas

Las patas y las alas de los insectos son estructuras esenciales para el movimiento de los adultos, actuando el tórax, los músculos y las articulaciones como elementos de apoyo en los mecanismos de locomoción. Las patas pueden moverse debido a la presencia de músculos en su interior y dentro del tórax, los cuales, al contraerse desplazan una porción del miembro o le imprimen movimiento a la totalidad del apéndice. La activación de los músculos es posible gracias a la llegada de impulsos nerviosos a los puntos de unión músculo-nervio (Chapman, 1998), precipitando el movimiento de contracción de los mismos; por este motivo, el estudio de músculos y las articulaciones donde se apoyan, son determinantes para poder entender los mecanismos de locomoción.

Dos tipos de articulaciones son típicas en los insectos: monocondílicas y dicondílicas. Las primeras caracterizan a coxas y antenas permitiendo diversidad y flexibilidad de movimientos en varias direcciones, apoyándose en un complejo grupo de músculos (Schneider, 1964). La flexibilidad viene asociada con elasticidad, la cual es obtenida de las propiedades elásticas de la reselina en la cutícula y por los ligamentos en las articulaciones. En *Orthoptera* y en consecuencia en el Langostón, el movimiento de las patas caminadoras se debe a los músculos insertados en ellas y en diferentes regiones del tórax. En la coxa encontramos una articulación monocondílica, respaldada por otra en el trocánter que transforma al conjunto en dicondílica, tal cual veremos más adelante. Las articulaciones dicondílicas, a diferencia de las monocondílicas, permiten

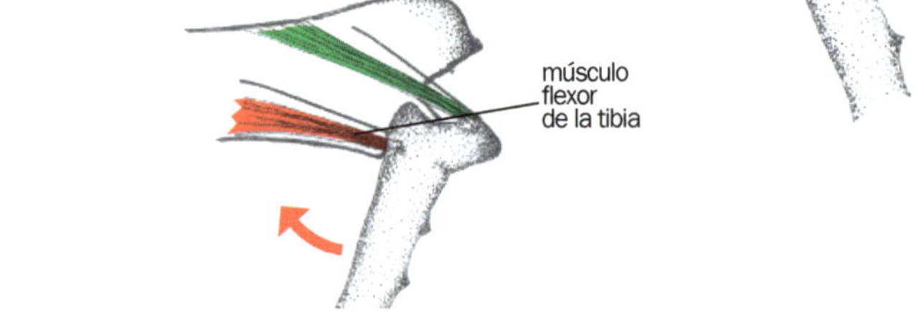

Fig. 3.33 Diagrama basado en una articulación dicondílica, fémur-tibia de la pata del mesotórax de *T. collaris*. Se observan los músculos antagónicos y dos ligamentos para mejorar la elasticidad del apéndice. Los músculos en rojo están contraídos, los verdes permanecen relajados. (E.R.E. y E.R.R.)

movimientos en un solo plano, es decir más restringidos (Fig.3.33).

Los movimientos circulares de las patas se logran gracias a los músculos rotatorios anterior y posterior los cuales, anclados a la coxa y esterno permiten el giro de la misma al contraerse. Los movimientos hacia adelante y hacia atrás, así como los laterales de la coxa se logran gracias a cuatro músculos, tres anclados en ella y otro en el trocánter. Los músculos anclados en la coxa (Fig.3.34) usan además como puntos de apoyo, el esterno y la pleura del segmento torácico correspondiente y se denominan: aductor (movimiento hacia adentro), abductor (movimiento hacia fuera) y retráctil (movimiento hacia atrás) de la coxa. El insertado al trocánter se apoya también en el esterno y se denomina promotor del trocánter (movimiento hacia adelante).

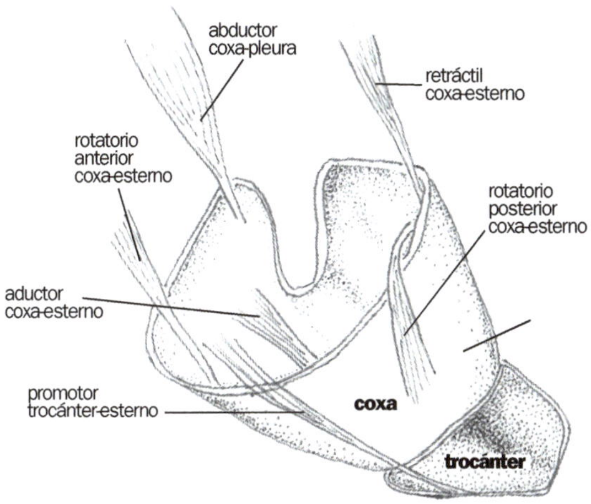

Fig. 3.34 Esquema de inserción de músculos en articulación coxa-trocánter del Langostón. (E.R.E.)

Como puede notarse, las articulaciones monocondílicas requieren un grupo de músculos; las dicondílicas, por lo general, dos músculos antagónicos como se observa en las patas del Langostón a nivel de la articulación fémur-tibia, ya estudiada (Fig.3.33).

Las patas son apéndices del tórax y en los insectos se modifican para adaptarse a condiciones de vida específicas. En los saltamontes se observan dos tipos de patas: caminadoras y saltadoras. En esencia, las patas de los insectos consisten de seis segmentos los cuales podemos observar en una pata del mesotórax del Langostón: la coxa como una estructura globosa insertada en el tórax, seguida sucesivamente por el trocánter, fémur, tibia, tarso (formado por tarsómeros) y el pretarso (Fig.3.35). En insectos como los saltamontes, el pretarso está integrado por un par de uñas y una porción redondeada en forma de lengua denominada arolio. En algunas patas existen otras estructuras en el pretarso nombradas empodio, la cual parece una espina y aparenta ser un arolio modificado (Fig.3.36) y dos almohadillas llamadas pulvilos.

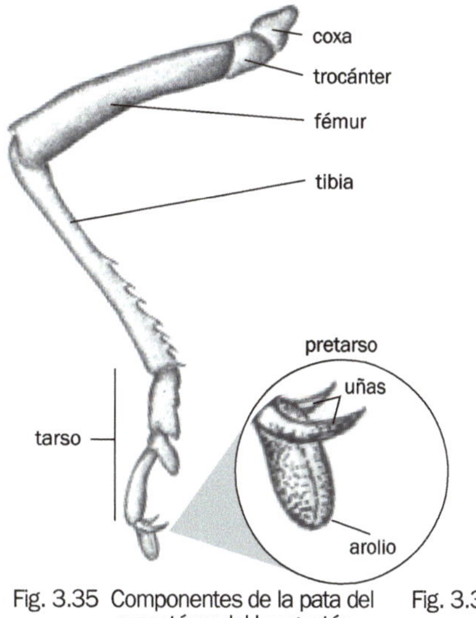

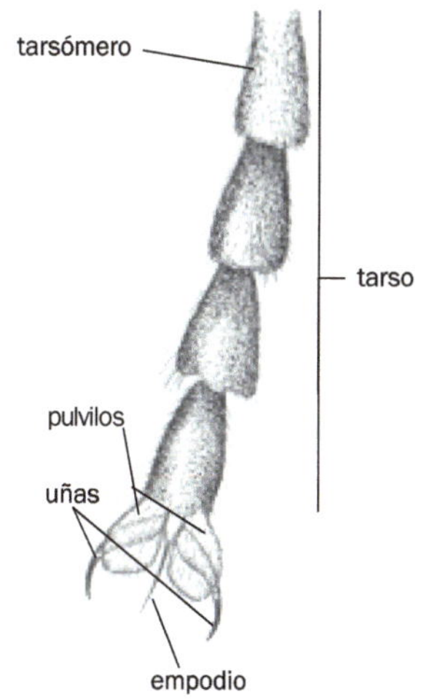

Fig. 3.35 Componentes de la pata del mesotórax del Langostón. (A.F.R.)

Fig. 3.36 Estructuras del pretarso la pata de una mosca. (A.F.R.)

Las patas del Langostón responden a la descripción anterior; sin embargo, en las patas posteriores encontramos una modificación interesante consecuencia de la adaptación del apéndice para saltar. En este caso, el fémur se ensancha para albergar tres músculos voluminosos que actúan sobre la tibia: un flexor y dos extensores de la tibia. Los extensores se anclan en un apodema ubicado en la porción proximal de la tibia (Fig.3.37).

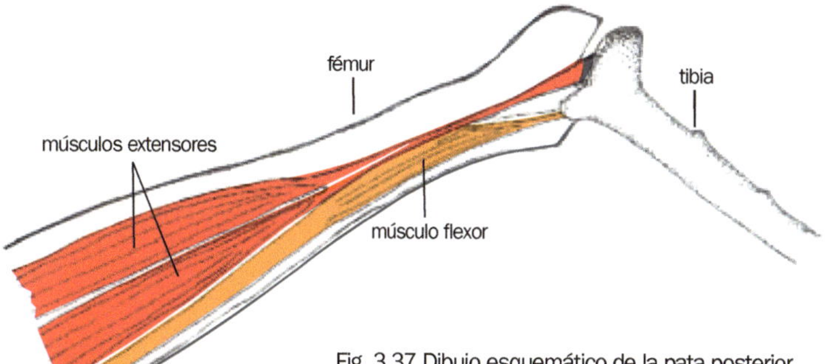

Fig. 3.37 Dibujo esquemático de la pata posterior del Langostón mostrando los músculos necesarios para saltar. (E.R.E. y E.R.R.)

En el Langostón, el salto se logra por la rápida contracción de los poderosos músculos extensores de las tibias y la liberación de la tensión ejercida por ellos en la cutícula de la porción distal de los fémures. Esta acción combinada proyecta al insecto hacia arriba y hacia adelante. En otros animales como la pulga, la energía para el salto es almacenada en una porción de reselina ubicada en las bases de los fémures posteriores (Chapman, 1998).

Las patas, como se ha venido indicando, son apéndices de locomoción para la vida terrestre y acuática, las cuales se transforman para adaptarse a ciertas situaciones especiales. Los insectos presentan en su estado adulto, tres pares de patas subdivididas en segmentos y modificadas para facilitar sus movimientos. Estos apéndices pueden ser similares o muy diferentes entre sí, según la función que realicen. Las patas de los insectos corredores son similares, sin embargo aquellos con patas saltadoras, prensiles, colectoras de polen y en especial nadadoras o cavadoras, son muy diferentes entre ellas, en particular las patas anteriores y las posteriores. A continuación se describen los tipos más importantes (Figs.3.38A-J).

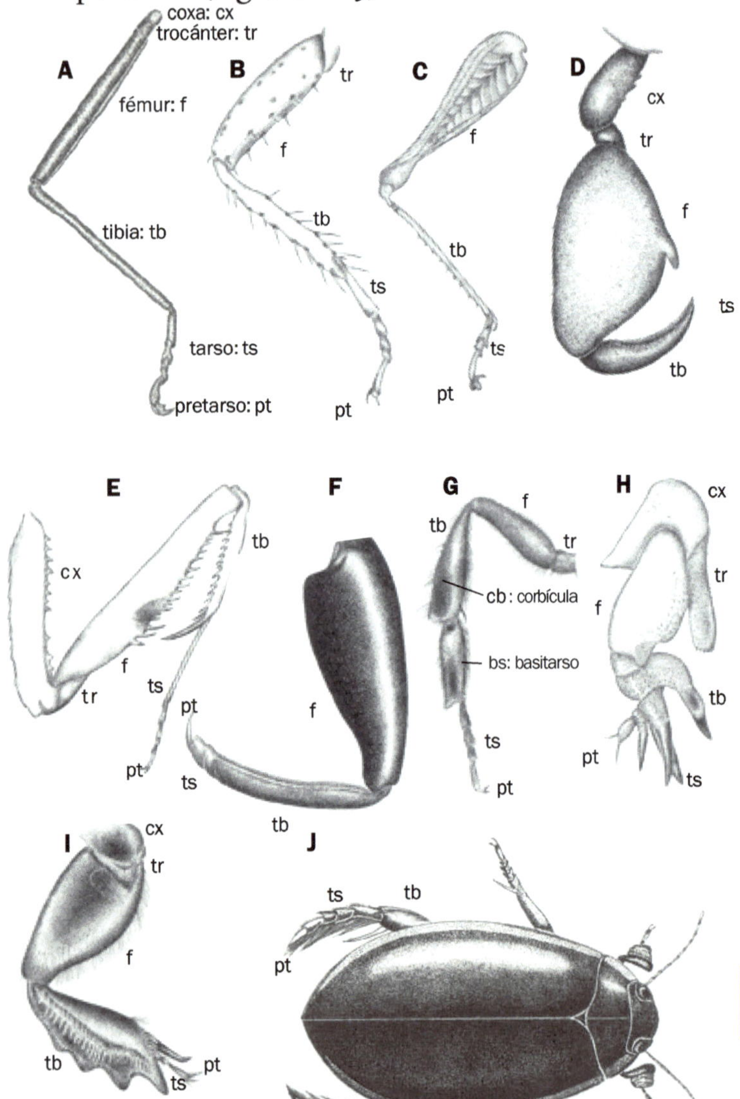

Figs. 3.38 **A - J.** Diferentes tipos de patas y sus componentes.
A. Caminadora. **B.** Corredora (cucaracha).
C. Saltadora (saltamontes). **D.** Prensil terrestre (*Hemiptera: Phymatidae*).
E. Prensil, terrestre (Predicadores). **F.** Prensil, acuática, cucaracha de agua.
G. Colectora de polen (abeja). **H.** Cavadora (grillotopo). **I.** Cavadora (escarabajo). **J.** Nadadora (*Megadytes giganteus: Dytiscidae*. México hasta Sur América y Caribe. L. 40 mm). (A.F.R.)

Caminadoras: se consideran como generalizadas y están presentes en muchos insectos. Son muy similares entre ellas y se ubican en el pro y mesotórax del Langostón. Ejemplos, mariposas, palitos caminadores, chinches y otros (Fig.3.38A).

Corredoras o **Cursorias**: coxas alargadas y aplanadas, fémures largos y gruesos, tibias largas y delgadas con muchas espinas, tarsos largos y delgados. Ejemplos, cucarachas y algunos escarabajos (Fig.3.38 B).

Saltadoras: lo más característico en ellas, es el gran desarrollo de los fémures para albergar los músculos que permiten el salto. Ejemplos, grillos, saltamontes y pulgas (Fig.3.38C).

Prensiles o **raptoras**: son características de insectos depredadores, presentándose bajo dos tipos distintos. En un caso, cuando se trata de insectos terrestres, las tibias son largas, con o sin espinas; en el caso de depredadores acuáticos, las tibias también son largas pero sin espinas para facilitar la acción de nadar. Ejemplos, predicadores y cucarachas de agua (Figs.3.38D,E,F).

Colectoras de polen: típicas de abejas donde las tibias de las patas posteriores se presentan ensanchadas, pulidas y cóncavas en la porción distal, rodeadas de pelos. Esta área representa una estructura para recolectar polen llamada corbícula (cb); además el primer tarsómero es grande y se denomina basitarso (bs). Ejemplos, abejas y cigarrones o abejones (Fig.3.38G).

Cavadoras: comunes en insectos que hacen galerías o túneles en el suelo o tallos. Las tibias son dentadas y adaptadas para cavar, mientras que los tarsos pueden o no ser dentados. Ejemplos, grillotopos o alacranes cebolleros y algunos coleópteros (Figs.3.38H-I).

Nadadoras: presentes en insectos acuáticos, con segmentos aplanados como remos y pelos largos formando flecos, en especial, en las patas posteriores. Ejemplos, familias acuáticas de *Coleoptera* y *Hemiptera* (Fig.3.38J).

Locomoción: alas

La conquista del espacio aéreo por los insectos mediante el desarrollo de alas ha sido una de las principales adaptaciones que han logrado estos organismos. No sólo ocuparon un nicho ecológico disponible, también se les facilitó el escape o su rol como depredadores, de condiciones adversas, y en fin, encontraron una nueva forma de localizar alimentos y protegerse.

Esta adaptación ha sido tan importante que la conquista del aire produjo un sin número de nuevas especies y hoy en día, los órdenes más numerosos son aquellos que tienen la fortuna de desplazarse por medio de alas.

Evolutivamente las alas de los insectos son extensiones del exoesqueleto; estas varían en muchos aspectos obedeciendo a diferentes procesos evolutivos. En el Langostón azul las cuatro alas son del tipo apergaminado, están muy desarrolladas y presentan un gran número de venas. Las alas se encuentran plegadas para facilitar la posición de reposo del insecto y las despliegan al momento del vuelo. En algunos casos, como en *Odonata* y *Ephemeroptera*, las alas no pueden plegarse sobre el cuerpo por no presentar las estructuras necesarias para lograr esa posición.

Las alas, como se indicó, han sido muy importantes en la dispersión de los insectos y la colonización de nuevos nichos ecológicos. Varían en forma y tamaño y en muchos casos pueden desaparecer o reducirse a un par como en los dípteros. Las venas que las recorren le dan rigidez y presentan patrones de distribución característicos en muchos órdenes y familias, lo cual permite su uso con fines taxonómicos.

Los insectos presentan por lo general dos pares de alas, localizadas en el meso y metatórax. En muchos casos, tanto el primer par como el segundo pueden modificarse, incluso desaparecer, para adaptarse a condiciones especiales de vida como el parasitismo, la vida en cuevas, en resumen, situaciones donde su presencia o completo desarrollo se hace innecesario.

Las alas, como se indicó, son extensiones del integumento y están construidas por dos capas unidas entre sí; cada una de ellas está formada por la cutícula y la epidermis. Por otro lado, estas capas dejan espacios vacíos entre ellas dando origen a las venas. Las venas son huecas pudiendo estar recorridas por nervios que le dan sensibilidad a procesos anclados en las mismas: macrotriquias, hamuli, etc. (Fig.3.39).

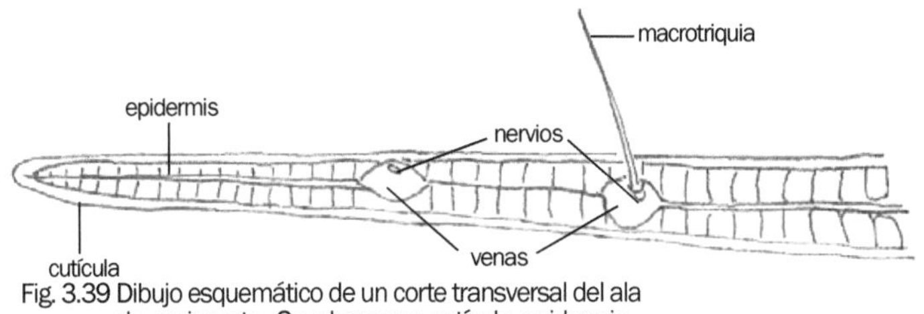

Fig. 3.39 Dibujo esquemático de un corte transversal del ala de un insecto. Se observan: cutícula, epidermis, venas, nervios y macrotriquia. (E.R.E.)

Las venas son espacios vacíos que comunican a las alas con la cavidad del cuerpo y pueden transportar sangre, la cual en los insectos recibe el nombre de hemolinfa. La extensión de venas y alas, en parte, es responsabilidad de la hemolinfa, cuando actúa como líquido hidráulico.

La mayoría de las alas son de contorno algo triangular. Las alas desarrolladas y funcionales son típicas de insectos adultos, es decir, capaces de volar y reproducirse, con una única excepción en el Orden *Ephemeroptera*, en el cual existe un estado con alas funcionales denominada subimago, muy parecida al adulto, pero incapaz de reproducirse.

Teniendo las alas forma triangular, los lados del triángulo representan tres márgenes denominados: margen costal, margen externo y margen anal o interno. Por otro lado, varios ángulos pueden definirse en la intersección de los márgenes, a saber: ángulo humeral, ubicado en la base del margen costal, ángulo apical abarcando el ápice del ala y la intersección de los márgenes costal y externo y el ángulo anal, entre los márgenes externo e interno (Fig.3.40).

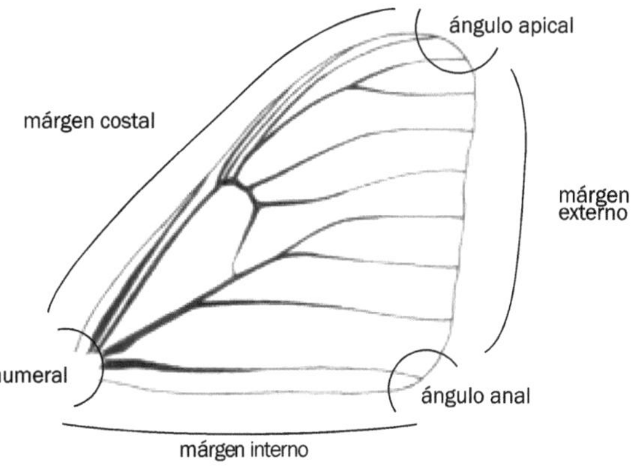

Fig. 3.40 Márgenes y ángulos del ala de un lepidóptero. (E.R.E.)

Cuando las alas se mueven, tanto la anterior como la posterior, lo hacen al mismo tiempo y en la misma dirección; esta sincronización se logra mediante dispositivos que tienden a asegurar una acción coordinada entre ellas con la finalidad de obtener una mayor eficiencia durante el vuelo, actuando así el conjunto como una unidad. En muchos insectos esta acción sincronizada está asegurada por el traslape de parte del ala anterior sobre el margen costal de la posterior (Fig. 3.41); en otros casos, estructuras especiales han evolucionado para mantenerlas unidas durante el vuelo, entre estas cabe destacar las mencionadas a continuación: **Traslape**: se superponen dos márgenes alares (Fig.3.41).

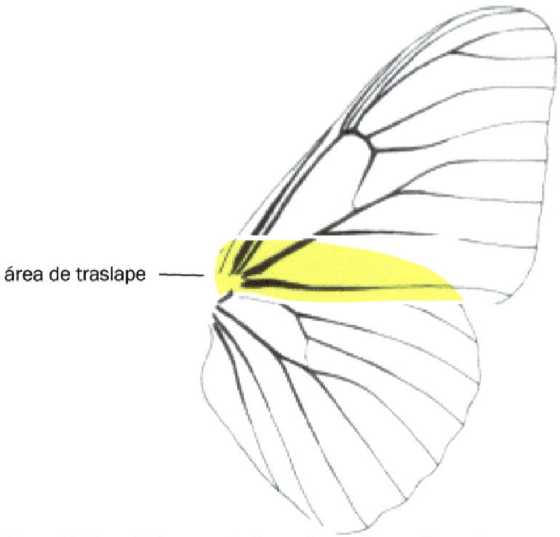

Fig. 3.41 Traslape del ala anterior y posterior en la mariposa *Hamadryas amphinome*, *Lepidoptera*: *Nymphalidae*. México hasta Norte de Sur América. (A.F. R.)

Hamuli: en los insectos himenópteros (avispas), el margen costal del ala posterior lleva una diminuta hilera de ganchos, los cuales se adaptan para sostener un pliegue del margen interno del ala anterior. Estos ganchos son denominados hamuli (Fig.3.42).

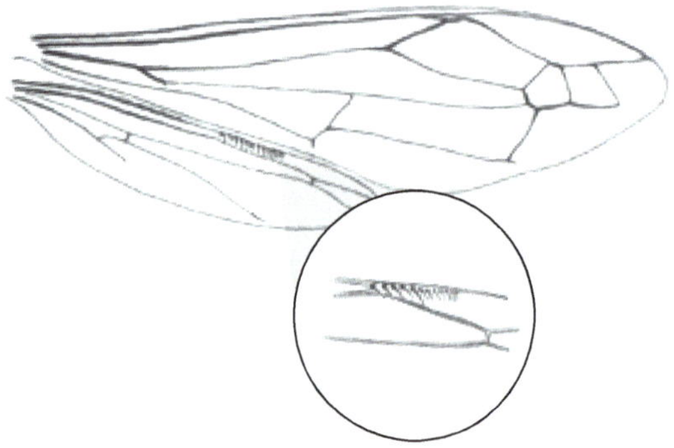

Fig. 3.42 Hamuli del ala posterior de una avispa. (E.R.E. y E.R.R.)

Freno y su enganche: en muchas polillas existe una cerda gruesa o manojo de cerdas naciendo justo en el ángulo humeral del ala posterior, este es el freno. Como regla general, en la hembra consiste de varias cerdas, en los machos una sola. También, en machos de algunos lepidópteros, donde el freno está muy desarrollado, evolucionaron ganchos o pliegues membranosos en el ala anterior para recibir parte del mismo y sincronizar ambas alas. Este pliegue o gancho se denomina enganche del freno (Fig.3.43).

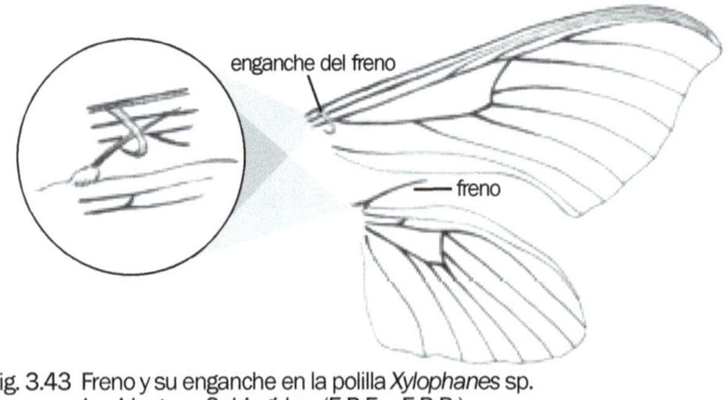

Fig. 3.43 Freno y su enganche en la polilla *Xylophanes* sp. *Lepidoptera*: *Sphingidae*. (E.R.E. y E.R.R.)

Yugo: en la Familia *Hepialidae* del Orden *Lepidoptera*, evolucionó un lóbulo delicado en forma de dedo en la base del margen interno del ala anterior, llamado yugo. Este se proyecta por detrás del margen costal del ala posterior para unir ambas ala y sincronizarlas durante el vuelo (Fig.3.44). Este tipo de sincronización es dudosa, por cuanto las alas en este grupo, actúan en forma semindependiente (Mallet, 1984).

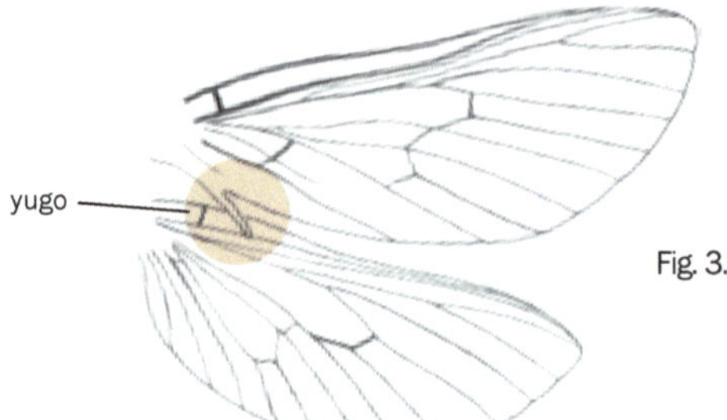

Fig. 3.44 Polilla de la familia *Hepialidae* mostrando el yugo para el acople del ala anterior y posterior. (E.R.E.)

La mayoría de las alas son de textura membranosa, sin embargo, ocurren modificaciones que las transforman en estructuras de protección o que ayudan en el equilibrio durante el vuelo. Las alas **membranosas** son delicadas, de textura suave y en general transparentes. Este tipo de ala puede presentarse recubierta de escamas como en mariposas y zancudos, o bordeadas de pelos como en el Orden *Thysanoptera* (thrips); también pueden ser oscuras o con diseños característicos como en muchos dípteros. En algunos insectos con alas membranosas (Fig.3.45), se observa en el margen costal de las alas un área engrosada y opaca que son los estigmas alares. Estos engrosamientos son comunes en libélulas y en algunas avispas.

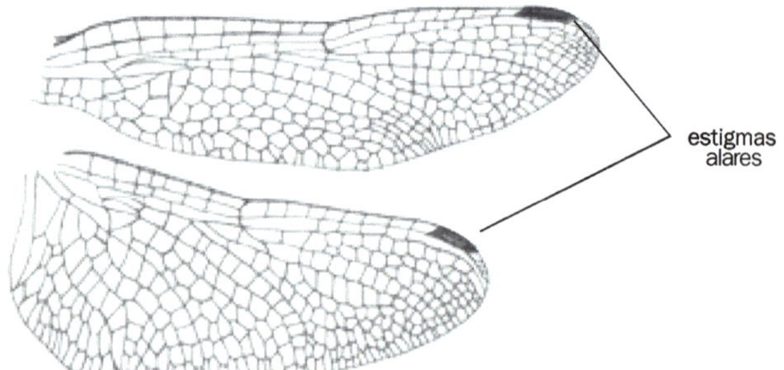

Fig. 3.45 Alas anterior y posterior de la libélula *Sympetrum illotum*, *Odonata*: *Cordulegastridae*. Cosmopolita. L.40 mm. (A.F.R.)

Tegminas: son alas de textura apergaminada, presentes en saltamontes, cucarachas (Fig.3.46) y grillos, entre otros. Algunas de éstas, por su dureza y flexibilidad, son usadas por el insecto para emitir sonidos cuando se frotan entre ellas o contra las tibias.

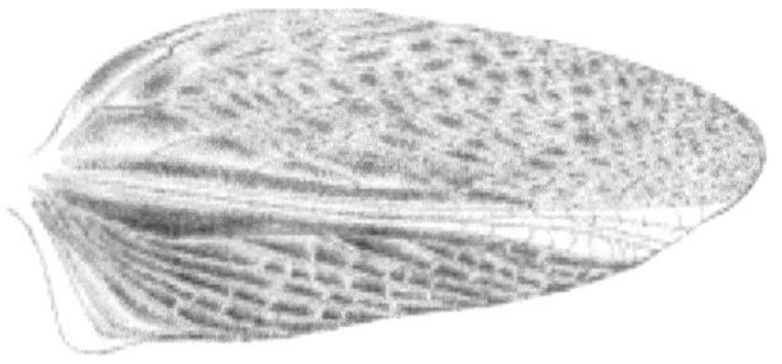

Fig. 3.46 Ala apergaminada, tipo tegmina de una cucaracha. (A.F.R.)

Élitros: son alas anteriores bastante duras y sin venas visibles, ni nervios; no funcionan durante el vuelo y tienen como fin la protección del insecto. Los élitros son exclusivos del Orden *Coleoptera,* aunque algunos autores se los atribuyen, por error, también a *Dermaptera,* siendo las de este último grupo de características coriáceas, es decir como cuero y sería mejor nombrarlas del tipo **Coriáceas**. Ambas estructuras van acompañadas de alas posteriores membranosas (Fig.3.47).

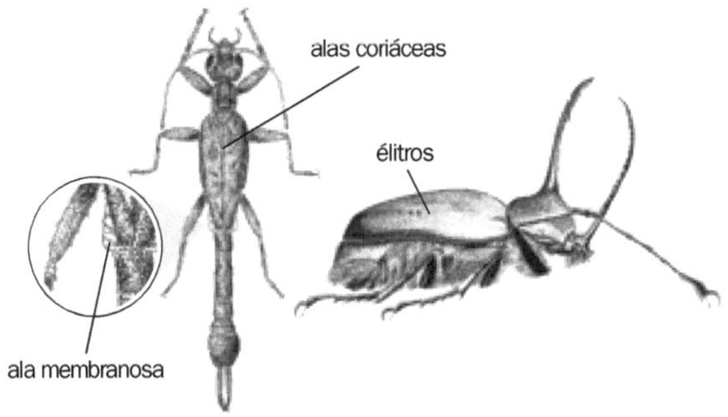

Fig. 3.47 Alas coriáceas y élitros en *Dermaptera* y *Coleoptera*, respectivamente. (E.R.E.)

Hemiélitros: característicos del Orden *Hemiptera.* Representan a las alas anteriores donde la mitad basal es coriácea y la mitad apical membranosa, casi siempre con venas (Fig.3.48).

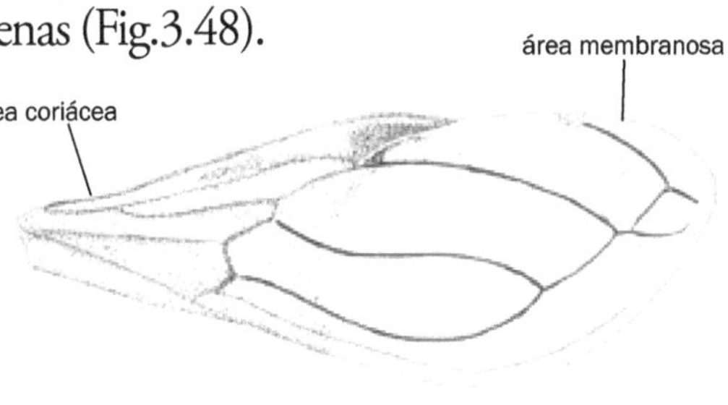

Fig. 3.48 Ala anterior de un hemíptero de la familia *Reduviidae* mostrando la porción basal coriácea y la apical, membranosa. (E.R.E.)

Balancines: hacen referencia a las alas posteriores de los dípteros, transformadas en órganos estabilizadores del vuelo. Parecen pequeños mazos en el metatórax (Fig.3.49), también se denominan halteres.

Las venas dan rigidez a las alas y tienen un patrón de distribución que desde el siglo XIX, viene usándose para identificar insectos. Existen varias terminologías para definir la venación, sin embargo, la más usada es la de Comstock & Needham (1898, 1899), donde se reconoce una venación hipotética, (Fig.3.50), integrada por seis venas longitudinales prin-

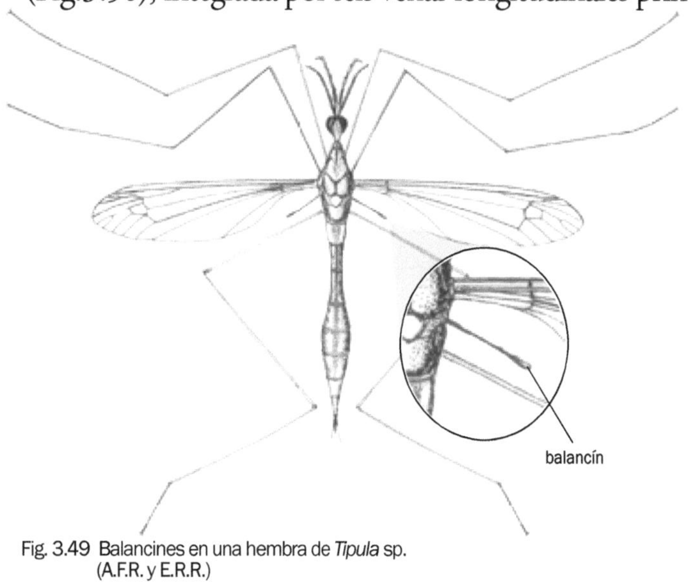

Fig. 3.49 Balancines en una hembra de *Tipula* sp. (A.F.R. y E.R.R.)

cipales, escritas en mayúscula, llamadas: Costa (C), Subcosta (Sc hasta con dos ramas, Sc_1 y Sc_2), Radio (R hasta con cinco ramas, R_1, R_2, R_3, R_4 y R_5, de estas venas, las cuatro últimas forman el sector Radial: sR), Media (M hasta con cuatro ramas, M_1, M_2, M_3 y M_4), Cubital (Cu hasta con tres ramas, Cu_{1a}, Cu_{1b} y Cu_2) y Anal (A hasta con tres ramas, 1A, 2A y 3A).

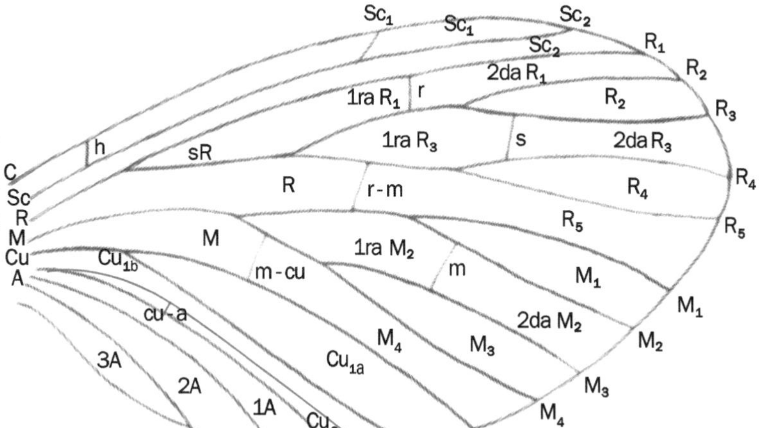

Fig. 3.50 Venación hipotética adaptada del sistema Comstock & Needham, mostrando las venas longitudinales, transversales y celdas del ala. (Luís Robles, L.R.)

El sistema de Comstock reconoce homologías en la venación de los diferentes órdenes tomando en cuenta la distribución de las tráqueas, las cuales, según este sistema, determinan la posición de las venas. Las apreciaciones de Comstock se basan en numerosos estudios sobre la distribución de las tráqueas en diferentes grupos para llegar a un tipo de venación hipotético, a partir del cual, se presume, se derivaron todos los grupos. Sistemas adicionales propuestos como el de Tillyard & Fraser (1938-1940), enfocan hacia órdenes en particular, como el caso de *Odonata*, usado en otros países fuera de las Américas.

Otro sistema utilizado, incluso más reciente, es el de Kukalová-Peck (1983,1987), este último, usado en textos australianos, donde se reinterpreta la venación de las alas proponiendo otra nomenclatura basada en ocho venas longitudinales: Precosta, Costa, Subcosta, Radio, Media, Cubital, Anal y Jugal. La proposición de Kukalová-Peck está basada en evidencias de fósiles y estudios anatómicos, en especial de los Órdenes alados más primitivos: *Ephemeroptera* y *Odonata*. Por otro lado, este sistema considera que las venas se distribuyen a lo largo del ala en pares formando lazos basales y apicales. La superficie del ala semejaría entonces a un acordeón, donde las aristas de los pliegues forman venas convexas y las ubicadas en la depresión, venas cóncavas. El hecho de que en los órdenes primitivos la condición cóncavo-convexa es constante para venas individuales, ayuda a determinar su homología. La condición cóncavo-convexa de las venas ya había sido discutida por Imms (1964), quien también observó en órdenes más evolucionados, que esta condición se presenta oscura por lo aplanado de las alas y por la formación de curvaturas secundarias impuestas por la mecánica del vuelo.

Además de las venas longitudinales principales, el sistema Comstock incluye venas transversales que empalman las longitudinales y se nombran de acuerdo a las venas que unen (Fig.3.50). Se escriben en minúscula y se designan como sigue: m-cu ó vena transversal que articula la Media con la Cubital. Existen venas transversales que tienen nombres especiales, por ejemplo: h, ó vena humeral uniendo la Costa y la Subcosta y s, ó vena sectorial, acoplando la R_3 y R_4. Cuando en las alas aparecen venas transversales, quedan espacios encerrados denominados celdas, las cuales pueden ser abiertas si llegan hasta el margen del ala y cerradas si quedan encerradas completamente por las venas. Las celdas se designan de acuerdo al nombre de la vena principal que las bordean por arriba y se distinguen con la inicial de la vena en mayúscula, por ejemplo R es la celda bordeada por el sR (sector Radial), la Media y la vena transversal r-m. Si varias celdas tienen la misma vena bordeándolas por arriba, se denotan de la base hacia fuera como primera (1ra), segunda (2da), etc. Por ejemplo si la vena común es la M_2, tendríamos 1ra M_2 , 2da M_2 y así sucesivamente. En algunos grupos como *Lepidoptera,* algunas celdas tienen nombres especiales, ejemplo: celda discal.

La venación está sujeta a muchos cambios, pero su patrón de distribución tiende a ser constante en los diferentes grupos y en consecuencia su uso se hace relevante al momento de clasificarlos. Las venas pueden ser en extremo numerosas como en *Odonata* (caballitos del diablo y damiselas) y *Ephemeroptera* (taritas de mayo), o muy escasas, como en algunas familias de los Órdenes *Hymenoptera* y *Diptera*.

Estudio del abdomen

El abdomen de los insectos tiene un número variable de segmentos. En los menos evolucionados, la tendencia es a tener diez u once. Los esclerites dorsales se denominan tergos, tal como aparece en la figura de un representante del Orden *Archaeognatha* (Fig.3.51).

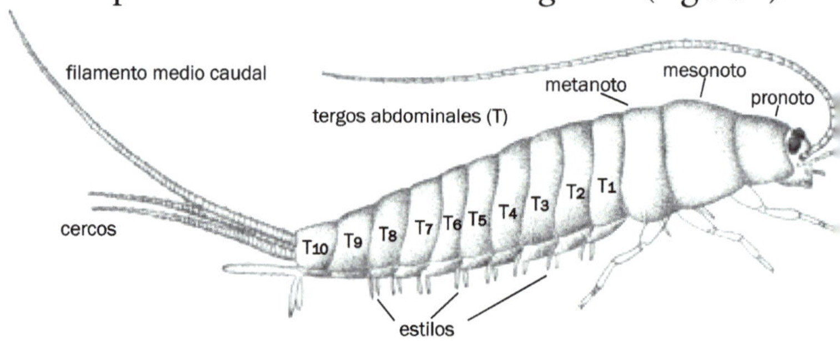

Fig. 3.51 Ilustración de un representante del Orden *Archaeognatha*: *Machilidae*, mostrando algunas de sus partes. (L.R.)

En la hembra del Langostón, el abdomen lo forman once segmentos, pudiéndose diferenciar en la región dorsal los tergos de cada uno de ellos con relativa facilidad. Los esternos, por otro lado, aparecen reducidos a ocho, habiéndose modificado el resto para formar el aparato genital externo denominado oviscapto.

En el abdomen la reducción del área pleural es grande y no existen apéndices locomotores. La presencia del tímpano u órgano auditivo puede verse en el tergo del primer segmento (Fig.3.52); en otros insectos,

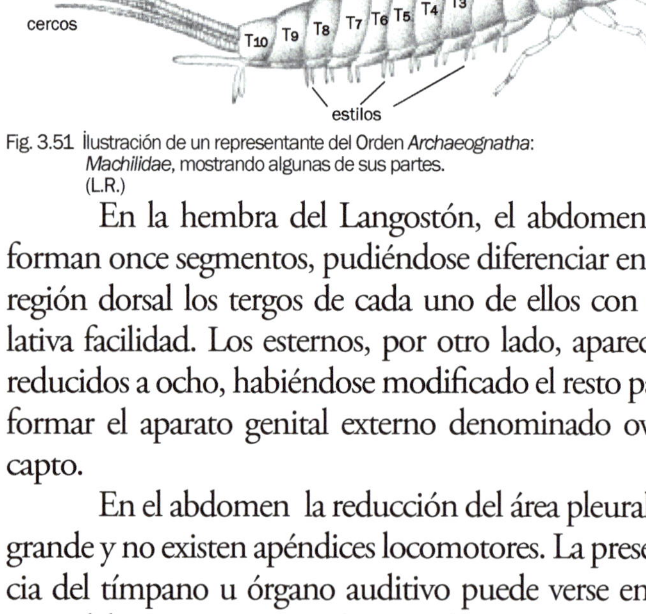

Fig. 3.52 Porción anterior del abdomen de *T. collaris*, mostrando: tímpano y estigmas. (A.F.R.)

puede observarse en sitios distintos, por ejemplo en las patas, a nivel de las tibias (Fig.3.53).

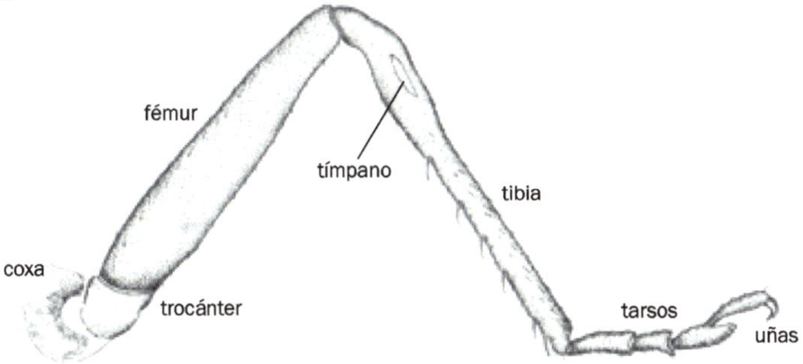

Fig. 3.53 Pata de una tarita verde, *Orthoptera*: *Tettigoniidae*, mostrando el tímpano en la tibia y otros componentes. (L.R.)

Además, se encuentran los estigmas a los lados de cada tergo; estos forman parte del aparato respiratorio del Langostón, por donde entra el oxígeno y sale el dióxido de carbono durante el proceso de respiración.

El aparato genital externo del Langostón es fácil de estudiar y son diferentes el de la hembra y el del macho. En la hembra, este aparato incluye las valvas ventrales y dorsales y la guía de los huevos, esta última representada por una pequeña extensión triangular del octavo esterno que se proyecta adyacente a las valvas ventrales. En los machos, a diferencia de las hembras, el noveno esterno tiene forma de cápsula.

Al final del abdomen se pueden encontrar dos apéndices, muchas veces segmentados, los cuales corresponden a los cercos. En el Langostón los cercos son muy pequeños y no son segmentados; en otros insectos sí lo son, pudiéndose extender varios centímetros como en el caso del Orden *Ephemeroptera*, también conocido como náyades, donde se observan dos cercos muy largos y un tercer apéndice central llamado filamento medio caudal (Fig.3.54).

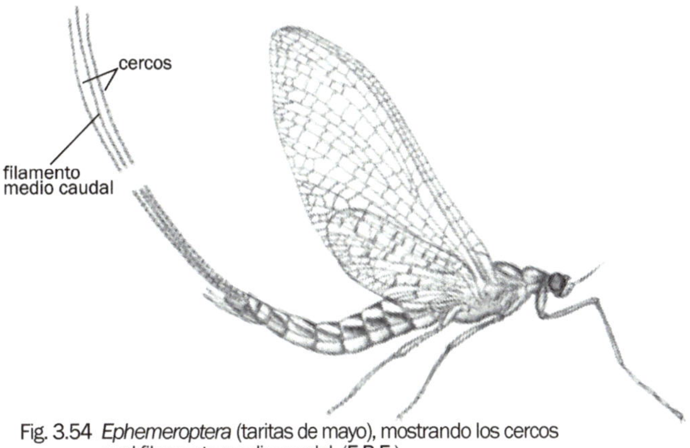

Fig. 3.54 *Ephemeroptera* (taritas de mayo), mostrando los cercos y el filamento medio caudal. (E.R.E.)

También en el Orden *Archaeognatha* se observan tres proyecciones: dos cercos laterales y el filamento medio caudal. Asimismo, en este grupo se ven pares de proyecciones en el área ventral de algunos segmentos del abdomen llamadas estilos, los cuales se suponen vestigios de apéndices locomotores (Fig.3.55).

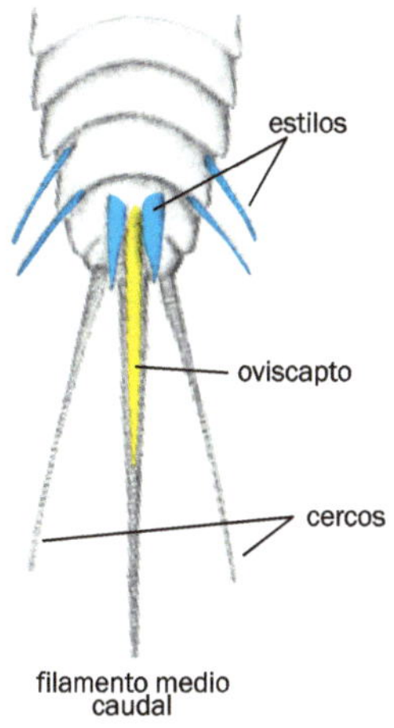

Fig. 3.55 Porción terminal del Orden *Archaeognatha*: *Machilidae*, mostrando cercos, filamento medio caudal y estilos. (E.R.R.)

Los cercos en general, tienen funciones sensoriales, pero en otros casos sirven de defensa, apareamiento o para agarrar presas como en el Orden *Dermaptera*, conocidos popularmente como tijeretas o cortapicos, donde los cercos semejan pinzas (Fig. 3.56).

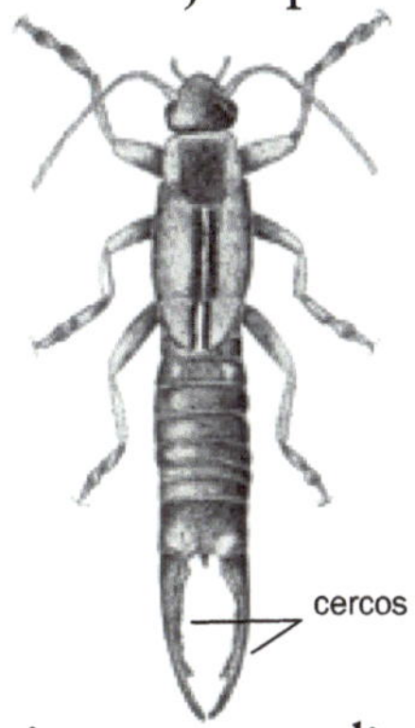

Fig. 3.56 Cortapico o tijereta del Orden *Dermaptera*: *Forficulidae*, mostrando los cercos en forma de pinzas. (A.F.R.)

Algunos insectos evolutivamente perdieron los cercos, por lo que algunos científicos los ubican dentro de un taxón llamado *Acercaria*. En el Langostón, al lado de cada cerco se encuentra un esclerite triangular que aparenta ser la base de estos apéndices denominado paraprocto, el cual conjuntamente con el epiprocto en la parte dorsal, forman el onceavo tergo del abdomen (Fig.3.57).

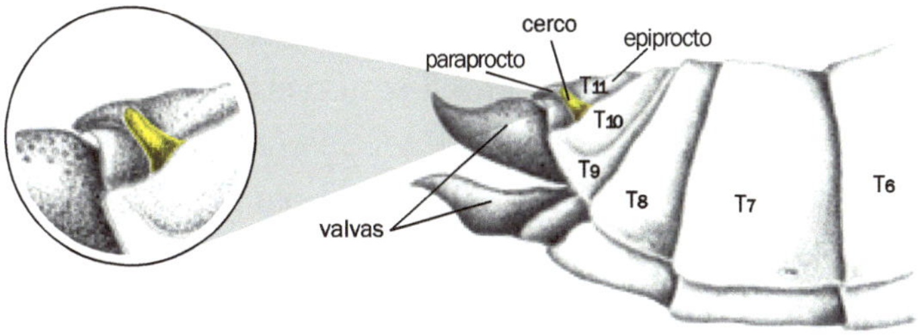

Fig. 3.57 Vista lateral de la porción terminal del abdomen de la hembra del Langostón mostrando: cercos, epiprocto, paraproctos y valvas. (A.F.R. y E.R.R.)

El abdomen, en conjunto, puede sufrir modificaciones en su forma y función. Por ejemplo, en el Orden *Hymenoptera*, donde incluimos abejas, avispas y hormigas, entre otros, se observa una constricción entre el tórax y abdomen y se incorpora el primer segmento abdominal al tórax. Esta pieza se denomina propódeo y caracteriza al Suborden *Apocrita*. El resto del abdomen, o parte globosa del mismo, se denomina gáster y a sus lados se pueden ver los estigmas o ventanillas para la respiración. Por otro lado, en himenópteros como las hormigas y bachacos, la constricción esta representada por segmentos alargados, muchas veces con nódulos en el dorso, llamados en conjunto pecíolo (Fig.3.58) el cual precede al gaster.

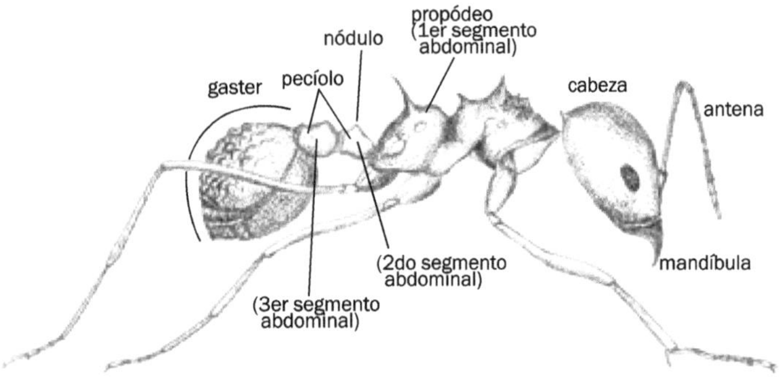

Fig. 3.58 Bachaco de la Subfamilia *Attinae, Hymenoptera*: *Formicidae*, mostrando propódeo, pecíolo, gaster y otras estructuras. (A.F.R.)

En la abeja obrera, hormigas y avispas, el oviscapto está modificado y junto a otras estructuras, forman el aguijón (Fig.3.59), el cual es un órgano

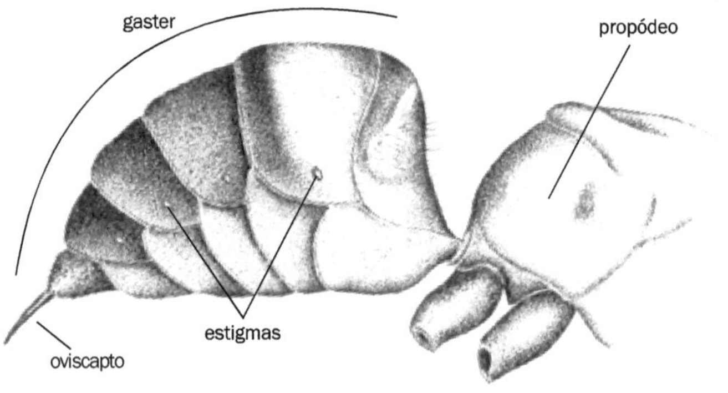

Fig. 3.59 Abdomen de una avispa, mostrando sus partes. (A.F.R.)

presente en las hembras que ejercen la defensa de la colmena o colonia. En otros insectos, el oviscapto no es un órgano de defensa y puede ser observado en la hembra de la mosca común retraído al final del abdomen, con forma de telescopio de tres segmentos (Fig.3.60). El oviscapto puede modificarse y formar una estructura más larga que el mismo insecto; este es el caso de las avispas parásitas del Orden *Hymenoptera*, las cuales

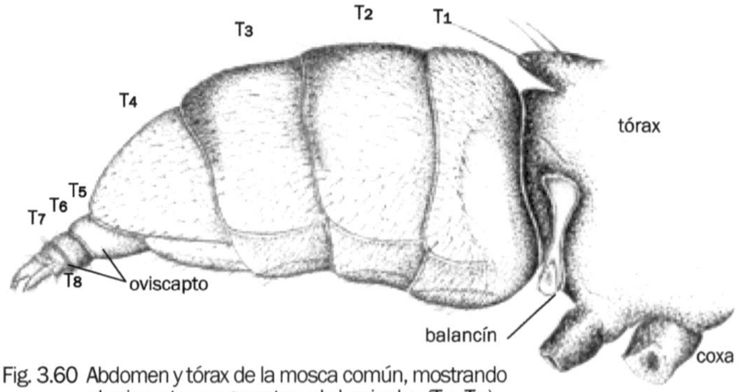

Fig. 3.60 Abdomen y tórax de la mosca común, mostrando el oviscapto y segmentos abdominales (T_1 - T_8). (A.F.R.)

depositan sus huevos en larvas que viven en troncos y otros productos vegetales, necesitando un oviscapto muy largo para poder alcanzarlas y parasitarlas (Figs. 3.61A-E).

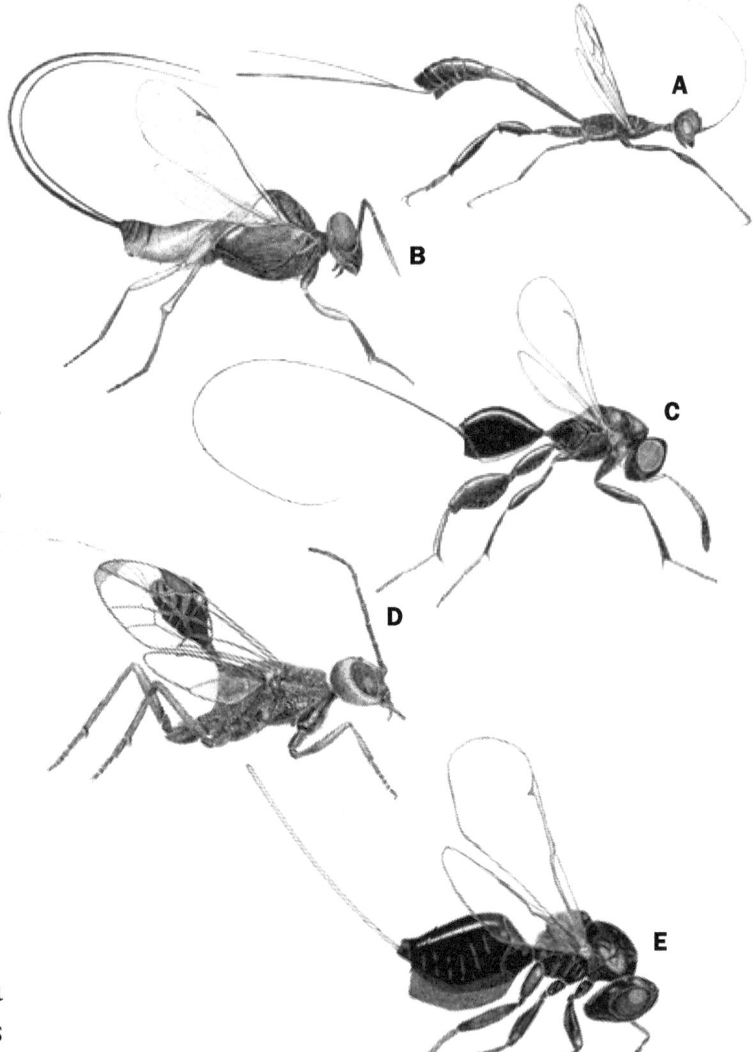

Figs. 3.61 **A** - **E**. Oviscaptos en diferentes Familias de *Hymenoptera* parasítica. **A**. *Stephanidae*. **B**. *Eupelmidae*. **C**. *Torimidae*. **D**. *Aulacidae*. **E**. *Torimidae*. (A.F.R.)

El vuelo de los insectos

Los insectos son los únicos artrópodos capaces de volar y aunque se originaron en el período Devónico, 400 millones de años atrás, fue en el Carbonífero cuando se detectaron los primeros fósiles con alas. Existen muchas teorías para explicar el origen y evolución de este grupo de animales, así como el desarrollo del vuelo como mecanismo de dispersión. En cuanto a la primera parte, recientemente ha tomado vigencia la teoría de que los insectos derivan de crustáceos terrestres como lo afirma Labandeira (1999) y otros investigadores, lo cual echa por tierra su posible origen trazado a partir de gusanos segmentados del grupo de los anélidos, popularizado hasta finales del siglo XX.

Si bien ha resultado difícil demostrar el origen de los insectos, más aún será entender los detalles sobre la evolución de las alas, el desarrollo del vuelo y las particularidades del mismo. Existen dos teorías aceptadas sobre el origen de las alas, lo cual representa un primer paso a considerar para entender el vuelo. La primera es la teoría paranotal, la cual explica que las alas se originaron de proyecciones laterales de los notos del tórax que luego crecieron, y finalmente desarrollaron articulaciones que eventualmente condujeron al movimiento de las alas sin necesidad de planear. La otra teoría llamada epicoxal, más aceptada, apunta hacia el crecimiento de estructuras como agallas que pudieron haber crecido con el tiempo para luego ser reemplazadas en los adultos por tráqueas, llegando a formar alas (Labandeira, 1999).

Las primeras especies voladoras, similares a los caballitos del diablo actuales, tenían dos pares de alas movidas por músculos directamente articulados en sus bases, las alas no podían plegarse sobre el abdomen y yacían perpendiculares al cuerpo; volaban planeando y sólo eran capaces de realizar leves cambios de dirección moviendo el cuerpo. Las especies actuales del Orden *Odonata* (Subórdenes *Anisoptera*, *Zygoptera* y *Anisozygoptera*), también tienen músculos insertados en las bases de sus alas, pero mediante otros mecanismos las pueden mover separadamente, cada par en dirección opuesta al otro, lo cual les permite volar en cualquier sentido sin necesidad de mover el cuerpo.

Sólo los grupos incluidos en *Paleoptera*: *Ephemeroptera* y *Odonata* y uno de los *Neoptera*, a saber *Dictyoptera* poseen músculos directos para desplazarse en el aire insertados en las bases de las alas y/o esclerites basalares o axilares del tórax, los cuales al contraerse, hacen que las alas suban o bajen (Fig.3.62).

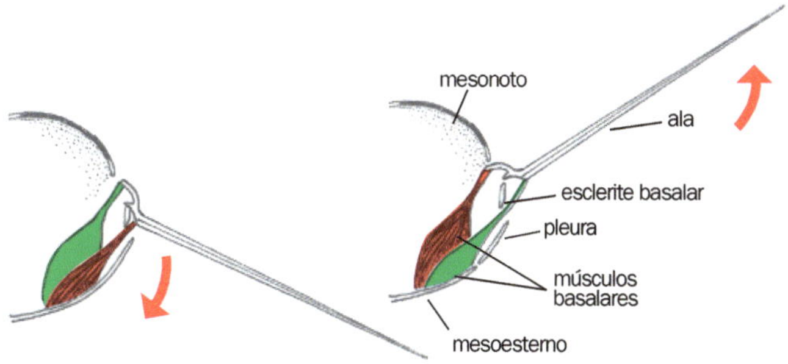

Fig. 3.62 Diagrama teórico de los músculos directos del vuelo. Los músculos en rojo están contraídos, en verde relajados. (E.R.E. y E.R.R.)

Los movimientos en este tipo de vuelo se logran porque que el cerebro instruye a los músculos a contraerse o relajarse con cada aleteo y las alas, trabajando independientemente la una de la otra, deben sincronizar el movimiento con el cerebro para mantener un vuelo estable. En consecuencia, las especies que usan este sistema de músculos, poseen bajas frecuencias de aleteo para evitar vuelos erráticos y la posibilidad de chocar.

El resto de los órdenes utilizan el mecanismo de músculos indirectos para volar y las alas se reducen a un solo par o actúan en conjunto por medios de acoples (hamuli, freno y otros). Esta forma de volar, se piensa, evolucionó una sola vez y es el carácter avanzado que comparten todos los grupos incluidos en *Neoptera*. Este esquema de vuelo surgió, muy cerca de la modificación que permite doblar las alas sobre el abdomen, perdido posteriormente en las mariposas.

En *Neoptera*, los músculos dorsoventrales se insertan en las caras internas de los notos y los esternos del pterotórax para deformarlos al contraerse, en esas condiciones las alas suben (Fig.3.63).

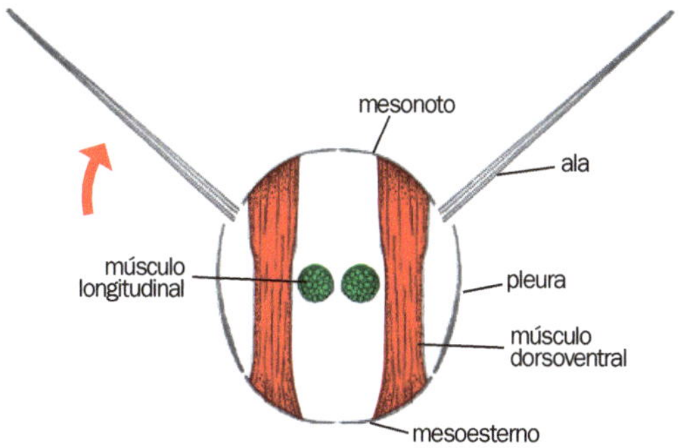

Fig. 3.63 Diagrama teórico de los músculos indirectos del vuelo. Los músculos en rojo están contraídos, en verde relajados. (E.R.E. y E.R.R.)

Por otro lado, los músculos longitudinales se insertan en apodemas del tórax denominadas fragmas, y lo recorren longitudinalmente; estos músculos al contraerse, hacen que las alas bajen por la nueva deformación del tórax (Fig.3.64).

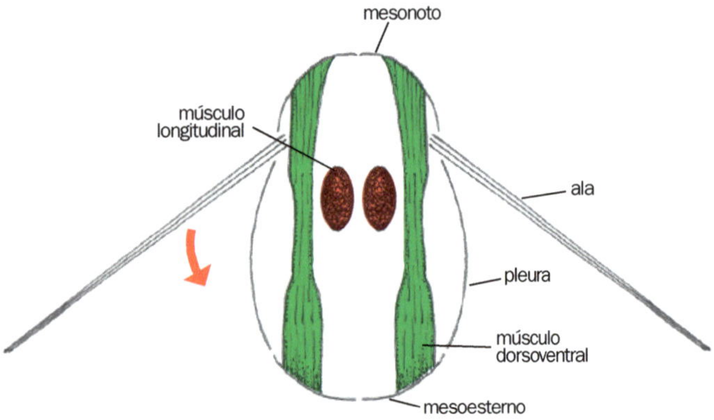

Fig. 3.64 Diagrama teórico de los músculos indirectos para el vuelo. Los músculos en rojo están contraídos, en verde relajados. (E.R.E. y E.R.R.)

En algunas especies, el movimiento hacia abajo también puede lograrse por la elasticidad del tórax al volver a su posición de origen, después que se relajan los músculos dorsoventrales. En el Langostón existen cinco pares de músculos dorsoventrales y un par de longitudinales asistiendo el vuelo. Otro aspecto importante en el vuelo son los músculos insertados en esclerites ubicados en las bases de las alas los cuales, al contraerse, ajustan detalles en el vuelo: ángulo de ataque de las alas, amplitud en la frecuencia de vuelo y otros.

Un refinamiento final en la evolución del vuelo fue la aparición de una adaptación neuromuscular en los Órdenes más avanzados: *Coleoptera*, *Diptera* e *Hymenoptera*, mediante la cual, un impulso nervioso puede producir varias contracciones en la fibra muscular, permitiendo frecuencias de aleteos que sobrepasan la rata a la cual los impulsos son enviados desde el cerebro, llegando en algunos dípteros a alcanzar varios cientos de aleteos por segundo. Esta especialización la producen los llamados músculos asincrónicos indirectos del vuelo, los cuales además, permiten obtener movimientos particulares: vuelos estáticos o de suspensión, de retroceso y otros, imposibles de lograr con los músculos directos del vuelo.

La energía requerida para el vuelo, por lo general, es a base de carbohidratos y lípidos; sin embargo, algunos coleópteros y ciertas moscas utilizan aminoácidos o la combinación de varias fuentes. En algunas polillas como el Cachudo del tabaco, *Manduca sexta*, el uso de carbohidratos es más común cuando vibran las alas y el cuerpo, previo al inicio del vuelo.

Para finalizar, las investigaciones sobre el desplazamiento aéreo de los insectos han originado estudios de ingeniería relacionados con el diseño de micro vehículos de vuelo (MVV). En la actualidad, el tamaño de los MVV es similar al de los pájaros, sin embargo, vehículos más pequeños pudieran volar a velocidades variables y serían más apropiados para desempeñar tareas mucho más diversas. En 1993, la Corporación Rand indicó que el desarrollo de máquinas voladoras o caminadoras del tamaño de los insectos eran factible a través de la Nanotecnología; una máquina de esta naturaleza, podría ser usada en funciones de rescates, búsquedas y salvamentos, militares, policiales, diversiones y otras.

Referencias

Altner, H. & R. Loftus (1985) Ultrastructure and function of insect thermo and hygroreceptors. Annual Review of Entomology 30: 273-295.

Andersen, S.O. (1979) Biochemistry of insect cuticle. Annual Review of Entomology 24: 29-69.

Apablaza, J.U. (2000) Introducción a la entomología general y agrícola, 3ra edn. Universidad Católica de Chile, Santiago 339 p.

Arnett, Jr., R.H. (2000) American Insects: A handbook of the insects of America North of Mexico, 2nd edn. CRC Press, Florida. 1024 p.

Arrese, E.L. & J.L. Soulages (2010) Insect fat body: Energy, metabolism and regulation. Annual Review of Entomology 55: 207-225.

Barton-Browne, L.B. (1964) Water regulation in insects. Annual Review of Entomology 9: 63-82.

Borror, D.J. (1971) Dictionary of word roots and combining forms. National Press Books, California, 134 p.

Burnie, D. (2007) DK Insects. Serie E guides. DK Publishing, New York, 96 p.

Chapman, R.F. (1991) General anatomy and function, Chapter 2. In: The insects of Australia. (CSIRO), pp. 33 -77, Cornell University Press, New York.

Chapman, R.F. (1998) The insects: Structure and function, 4th edn. Harvard University Press, Cambridge 788 p.

Chapman, J.W., V.A Dake & D.R. Reynolds (2011) Recent insights from radar studies of insect flight. Annual Review of Entomology 56: 337-356.

Childers, C.C. & D.S. Anchor (1991) Structure of the mouthparts of *Frankliniella bispinosa* (Morgan) (*Thysanoptera: Thripidae*). In: Toward understanding *Thysanoptera* (eds B.L. Parker, M. Skiner, and T. Lewis), pp. 71-94. U.S. Department of Agriculture Forest Service, General Technical Report NE-147.

Comstock, J.H. & J.G. Needham (1898) The wings of insects. American Naturalist 32: 43-48, 81-89, 231-257, 335-340, 413-424, 561-565, 768-777, 903-911.

Comstock, J.H. & J.G. Needham (1899) The wings of insects. American Naturalist 33: 117-126, 573-582, 845-860.

Dethier, V.G. (1963) The Physiology of insect senses. John Wiley, New York. 266 p.

Eberhard, W.G. (1985) Sexual selection and animal genitalia. Harvard University Press, Cambridge. 224 p.

Elzinga, R.J. (2003) Fundamentals of Entomology, 6th edn. Prentice Hall, New Jersey. 512 p.

Faucheux, M.J. (2005) *Heterobathmia pseuderiocrania* (*Heterobathmiina*): Mouthparts, mouthpart sensilla, and comparison with other non-glossatan suborders (*Insecta, Lepidoptera*). Revista del Museo Argentino de Ciencias Naturales 7(1): 57-65.

González, R.H. (1989) Insectos y ácaros de importancia agrícola y cuarentenaria en Chile. Ograma, Santiago. 310 p.

Gullan, P.J. & P. S. Cranston (2010) The insects: An outline of Entomology, 4th edn. John Wiley, New York. 565 p.

Hepburn, H.R. (ed.) (1976) The insect integument. American Elsevier, New York. 572 p.

Horridge, G.A. (ed.) (1975) The compound eye and vision of insects. Clarendon Press, New York. 595 p.

Imms, A.D. (1964) A general textbook of entomology. Including the Anatomy, Physiology, Development, and Classification of Insects, 9th edn. Methuen. London. 886 p.

Knowden, M.J. (2007) Physiological systems in insects, 2nd edn. Elsevier, Amsterdam. 688 p.

Kukalová-Peck, J. (1983) Origen of the insect wing and wing articulation from the arthropodan leg. Canadian Journal of Zoology 61: 1618-1669.

Kukalová-Peck, J. (1987) New Carboniferous *Diplura, Monura*, and *Thysanura*, the hexapod ground plan and the role of thoracic side lobes in the origen of wings *(Insecta)*. Canadian Journal of Zoology 65: 2327- 2345.

Labandeira, C.C. (1999) Insects and other hexapods. In: Encyclopedia of Paleontology (ed R. Singer), pp. 603-624. Fritzroy & Dearborn, Chicago.

Lawrence, J.F., E.S. Nielsen & I.M. Mckerras (1991) Skeletal anatomy and key to orders. In: The insects of Australia, 2nd edn. vol. 1 (CSIRO), pp. 3-32. Melbourne University Press, Carlton.

Mallet, J. (1984) Sex roles in the ghost moth *Hepialus humuli* (L.) with a review of mating in the *Hepialidae* (*Lepidoptera*). Zoological Journal of the Linnean Society 79: 67-82.

Manton, S.M. (1977) The *Arthropoda* , habits, functional morphology and evolution. Clarendon Press , Oxford, U.K. 527 p.

Matheson, R. (1951) Entomology for introductory courses. Comstock Publishing Company Inc, Ithaca, N.Y. 600 p.

Matsuda, R. (1951) Morphology and evolution of the insect thorax. Memoirs Entomological Society of Canada No. 76, 431 p.

Matsuda, R. (1970) Morphology and evolution of the insect abdomen, with special reference to developmental patterns and their bearing on systematics. Pergmon Press, New York. 532 p.

Monteresino, E., M.M. de Brewer (2001) Diccionario Entomológico. Universidad Nacional de Río Cuarto. Córdoba, Argentina. 155 p.

Osuna, E. (1995) Morfología del exoesqueleto de los insectos, vol. 1 Origen y evolución. Universidad Central de Venezuela, Caracas. 282 p.

Pannabecker, T. (1995) Physiology of the malpighian tubule. Annual Review of Entomology 40: 493-510.

Paulus, H.F. (1979) Eye structure and the morphology of *Arthropoda*. In: Arthropod phylogeny (ed A.P. Gupta), pp. 299-383. Van Nostrand Reinhold, New York. 762 p.

Rainy, R.C. (ed) (1976) Insect flight: Proceedings of a symposium, Halsted, New York. 288 p.

Rempel, J.G. (1975) The evolution of the insect head: The endless dispute. Questions on Entomology 11:7-25.

Romoser, W.S. (1973) The science of Entomology. Macmillan, New York. 499 p.

Ross, H. (1967) Introducción a la entomología general y aplicada. Omega, Barcelona. 536 p.

Rothschild, M., Y. Schlein & S. Ito (1986) A colour atlas of the insect tissues via the flea. Wolfe, London. 184 p.

Schneider, D. (1964) Insect antennae. Annual Review of Entomology 9: 103-122

Shultz, J.W. (transcriber) The Snodgrass tapes. Facts and theories on the insect head. Part 1. (en línea). Maryland, USA. http://www.life.umd.edu/entm/shultzlab/snodgrass/transcript01b.pdf

Schwalm, F. (1988) Insect morphogenesis. Monographs in developmental biology, vol. 20. Krager, New York. 356 p.

Snodgrass, R.E. (1993) Principles of insect morphology. Cornell University, New York. 768 p.

Terra, W.R. (1990) Evolution of the digestive system of insects. Annual Review of Entomology 35: 529-551.

Tillyard, R.J. & F.C. Fraser (1938-1940) A reclassification of the order *Odonata* based on some new interpretations of the venation of the dragonfly wing. Australian Zoology 9: 125-129, 195-221, 359-396.

Triplehorn, C.A. & N. Johnson (2005) Borror and DeLong's Introduction to the Study of Insects, 7th edn. Thomson Brooks/Cole, California. 864 p.

Wang, Z.J. (2005) Dissecting insect flight. Annual Review of Entomology 37: 183-210.

Wigglesworth, V.B. (1984) Insect physiology, 8th edn. Chapman & Hall, New York. 191 p.

Tuxen, S.L. (ed) (1970) Taxonomist's glossary of genitalia in insects. Munksgaard, Copenhagen. 359 p.

Usherwood, P.N.R. (1975) Insect muscle. Academic Press, New York. 622 p.

Wootton, R.J. (1979) Function, homology and terminology in insect wings. Systematic Entomology 28: 81-93.

Wootton, R.J. (1992) Functional morphology of insect wings. Annual Review of Entomology 37: 113-140.

Yeager, J.F. & G.O. Hendrickson (1934) Circulation of the blood in the wings and the wind-pads of the cockroach, *Periplaneta americana*. Annals of the Entomological Society of America 27: 257-272.

Anatomía interna y generalidades sobre la Fisiología de los insectos

Los insectos poseen órganos, glándulas, nervios, músculos y otras estructuras indispensables para garantizar su existencia. Estos componentes, integrados en sistemas y relacionados entre sí, permiten al animal realizar funciones de digestión, excreción, respiración, circulación de la hemolinfa, reproducción, desarrollo y metamorfosis, comunicación, movimiento, control hormonal y otras, necesarias para desempeñarse durante las diferentes etapas de su vida. Los sistemas y sus partes varían en forma y número, además de organización y localización, respondiendo a la especie de insecto y a los hábitos de vida de los mismos. Cada sistema cumple actividades específicas, las cuales han permitido la sobrevivencia de este grupo de animales durante millones de años. La figura 4.1 representa un esquema de la anatomía interna de una cucaracha, *Periplaneta americana*, considerada como un insecto con estructuras poco modificadas. En la misma se pueden observar, parcialmente, estructuras correspondientes a los sistemas: digestivo, excretor, respiratorio, reproductivo, nervioso y muscular.

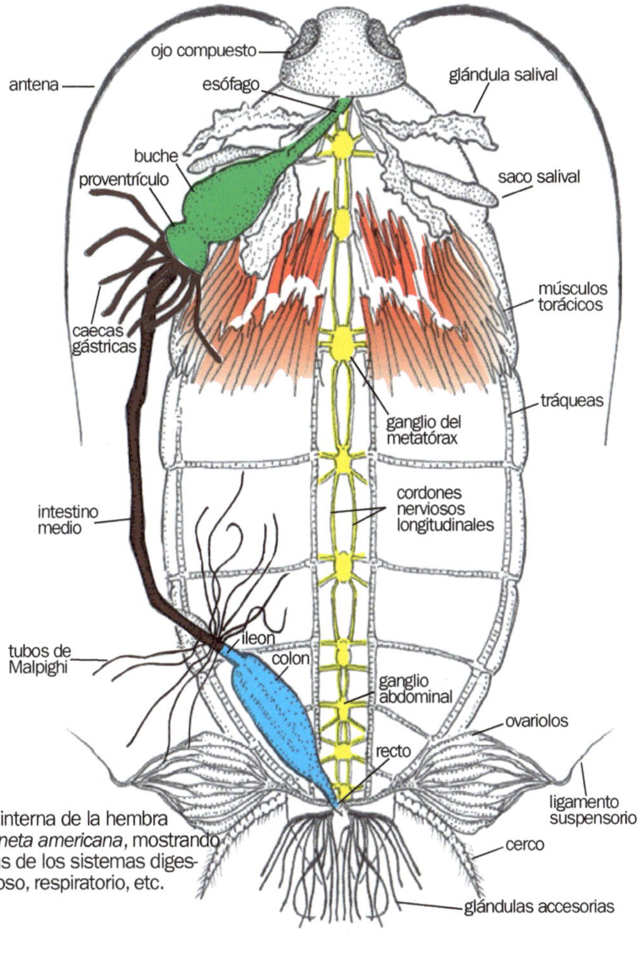

Fig. 4.1. Anatomía interna de la hembra de *Periplaneta americana*, mostrando estructuras de los sistemas digestivo, nervioso, respiratorio, etc. (E.R.E.)

CONTENIDO

Sistema digestivo

El sistema digestivo o canal alimenticio de los insectos se ha transformado consecuencia del tipo de alimento ingerido, hábitos y comportamiento de las especies, y por las diferentes adaptaciones desarrolladas por ellos durante el transcurso del tiempo. Se puede representar como un tubo o canal, muy variable en sus partes, forma y tamaño, el cual se inicia con la cavidad bucal y termina en el ano. Se localiza cerca del centro de la cavidad del cuerpo o hemocele, fijado en su porción anterior por músculos anclados en los apodemas de la cabeza y tórax, y en su parte posterior por los músculos insertados en las paredes internas de la porción terminal del abdomen; también se sostiene gracias a ligamentos de tejido conectivo distribuidos a lo largo del mismo, fijados en diferentes partes del cuerpo. En el canal alimenticio se llevan a cabo los procesos de:

1. Deglución o ingestión, predigestión y almacenamiento de los alimentos (intestino anterior).
2. Digestión y absorción de nutrientes (intestino medio).
3. Eliminación de las sustancias de desecho y de otras no utilizadas por el insecto (intestino posterior).

Componentes del sistema digestivo

El sistema digestivo (Figs. 4.1 y 4.2), comienza a continuación o en conjunto con el aparato bucal; en él se distinguen tres regiones:

1. Estomodeo o intestino anterior (verde).
2. Mesenterio o intestino medio (marrón).
3. Proctodeo o intestino posterior (azul).

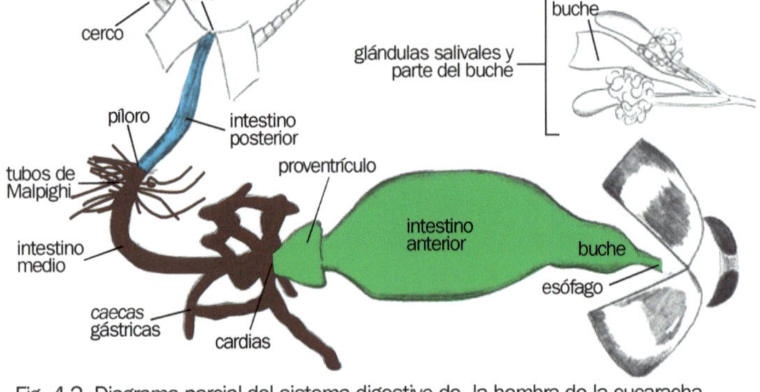

Fig. 4.2. Diagrama parcial del sistema digestivo de la hembra de la cucaracha americana mostrando sus componentes y detalles de las glándulas salivales. (E.R.E.)

En esta obra, algunas de las observaciones estarán referidas a los sistemas digestivos de la cucaracha y del Langostón, ya que los mismos presentan estructuras poco modificadas y su tamaño facilita su observación. En oportunidades, sin embargo, mencionaremos otros grupos o especies en particular, por cuanto las mismas pueden presentar modificaciones importantes facilitando el entendimiento del tópico en estudio.

Estomodeo

El estomodeo del Langostón es la porción anterior en forma de saco, encargada de recibir el alimento, razón por la cual se encuentra protegido internamente por una capa de cutícula denominada intima, la cual se desprende junto con el exoesqueleto cada vez que el insecto muda. Tanto el intestino anterior como el posterior están recubiertos internamente por tejidos de origen ectodérmico, iguales a los que dan origen al exoesqueleto (ver Capítulo 5, pág. 71). Además, por ser ambos intestinos impermeables, el anterior no permite la absorción de alimentos, mientras que el posterior la permite parcialmente en forma de agua, sales y otras moléculas (Gullan & Cranston, 2010).

Las partes más comunes del estomodeo de los insectos menos evolucionados son: boca, faringe, esófago, buche y válvula estomodeal o cardias; dentro de estos, en insectos que consumen alimentos sólidos como la cucaracha, termitas y otros, un componente adicional evolucionó llamado proventrículo. El proventrículo se localiza después del buche y contiene en su interior pliegues de cutícula formando lóbulos carnosos y ganchos o dientes, los cuales ayudan en la trituración y maceramiento del alimento (Fig. 4.3).

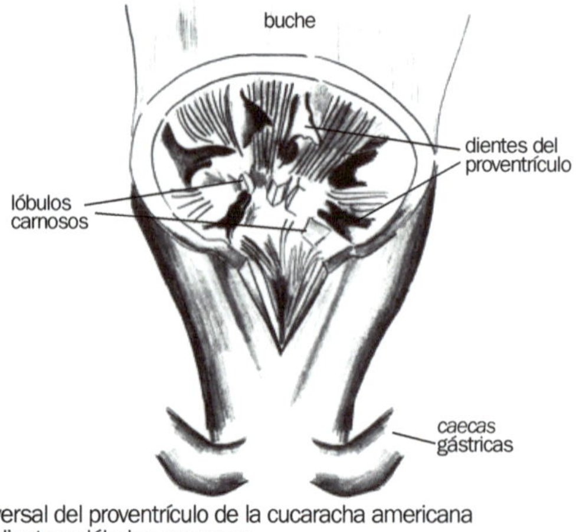

Fig. 4.3. Corte transversal del proventrículo de la cucaracha americana mostrando dientes y lóbulos carnosos. (E.R.E.)

En la cucaracha y otros insectos, la boca representa la puerta de entrada del alimento al sistema digestivo. En el Langostón está formada por la cavidad preoral, donde nacen las partes bucales. Esta cavidad es a menudo subdividida en un área superior o cibario y otra inferior llamada salivario, donde llega el ducto que conduce la saliva (Fig. 4.4). En la boca puede ocurrir predigestión, tanto de carbohidratos como de grasas, gracias a las enzimas producidas por las glándulas salivales ubicadas ventralmente en la porción anterior del sistema digestivo y cuyos ductos, conducen la saliva hacia un tubo común para finalmente llegar al salivario.

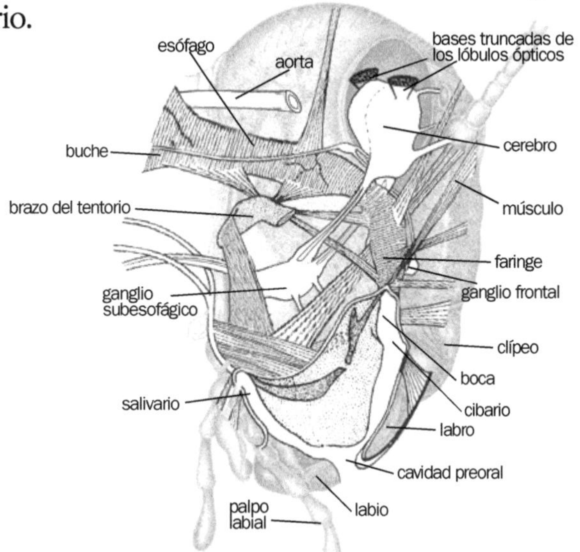

Fig. 4.4. Cavidad preoral: cibario, salivario y otros componentes internos de la cabeza de *T. collaris*. (J. C. y E.R.R.)

En algunos lepidópteros, las glándulas salivales se modifican en labiales para producir seda y mandibulares para la secreción de la saliva propiamente dicha. Otras modificaciones importantes pueden observarse en hemípteros, los cuales presentan digestión extra intestinal resultado de la inyección de saliva para licuar el alimento y luego ingerirlo (Figs. 4.5 A-C). Sin embargo no hemos notado modificaciones anatómicas importantes en las disecciones de Baptist (1941), aparte del número de lóbulos salivales. Tampoco las hemos observado en insectos hematófagos, donde la saliva contiene anticoagulantes, agentes de dilución y probablemente anestésicos, para facilitar la ingesta de sangre y atenuar la molestia causada por la picada.

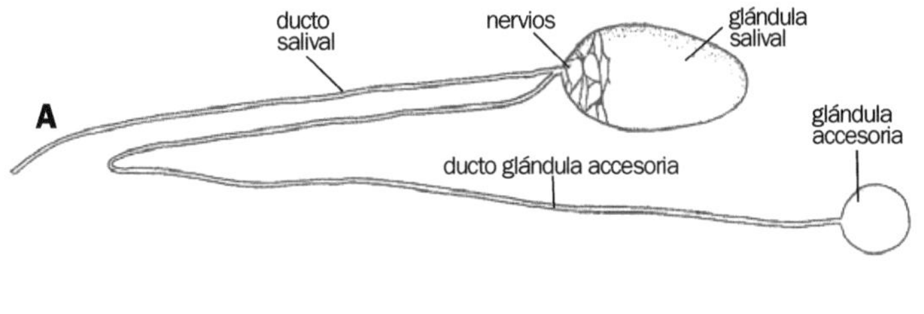

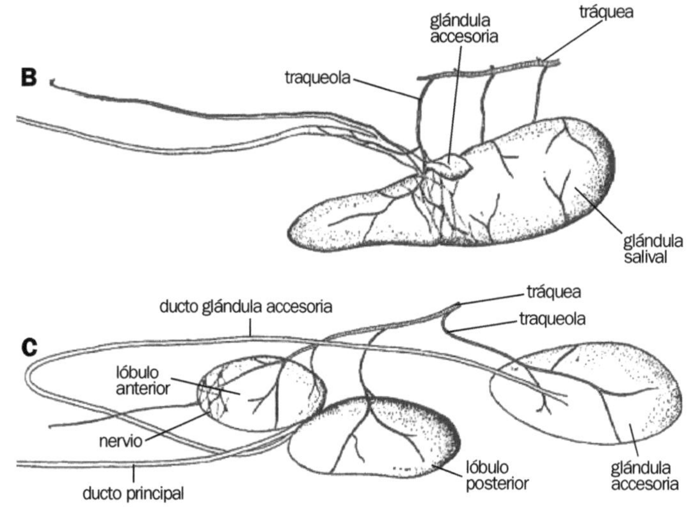

Figs.4.5 **A** - **C** Glándulas salivales de varias familias de *Hemiptera*, según Baptist (1941). **A**. *Cimex lectularius*. **B**. *Rhodnius prolixus*. **C**. *Triatoma sp.* (Redibujado de Baptist, 1941).

A continuación en el estomodeo se encuentra la faringe, la cual conduce el alimento desde la boca hacia el esófago. En insectos chupadores y picadores, la faringe sirve de bomba de succión de fluidos de manera muy eficiente, ya que los músculos dilatadores que la sostienen, complementan su acción con los que expanden el cibario de la boca; el conjunto muscular al contraerse, aumenta el volumen de la faringe y de esa forma el alimento es transportado más adentro, en dirección al esófago.

El esófago conduce el alimento desde la faringe hacia la porción posterior del estomodeo o buche. El buche, en la mayoría de los casos, es un ensanchamiento del estomodeo donde se almacena alimento, pero puede ocurrir que en el lugar del ensanchamiento, el buche no se agrande pero anexe varios proventrículos, tal cual sucede en el mosquito patas blancas, *Aedes aegypti* (Fig. 4.6) y otros insectos que ingieren importantes cantidades de líquidos.

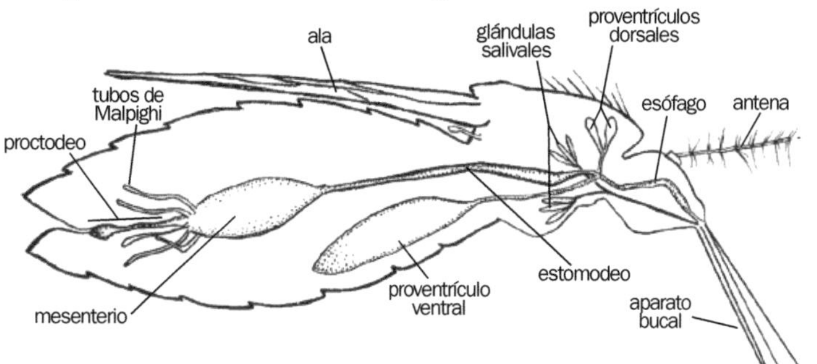

Fig. 4.6. Dibujo esquemático de los proventrículos y otros componentes del sistema digestivo de *Aedes aegypti*. (E.R.E.)

En el buche no ocurre absorción ni secreción de enzimas. La presencia de la cutícula impermeable evita estos procesos; sin embargo, puede ocurrir digestión gracias a las enzimas salivales que llegan desde la boca a este reservorio, o por regurgitación enzimática desde el mesenterio.

La forma del proventrículo varía según el tipo de insecto; para el caso de los chupadores es una simple válvula (Fig.4.7), sin embargo en otros como cucarachas y grillos la intima o cutícula del mismo se modifica formando dientes y varios lóbulos carnosos, tal cual se mencionó antes (Fig.4.3).

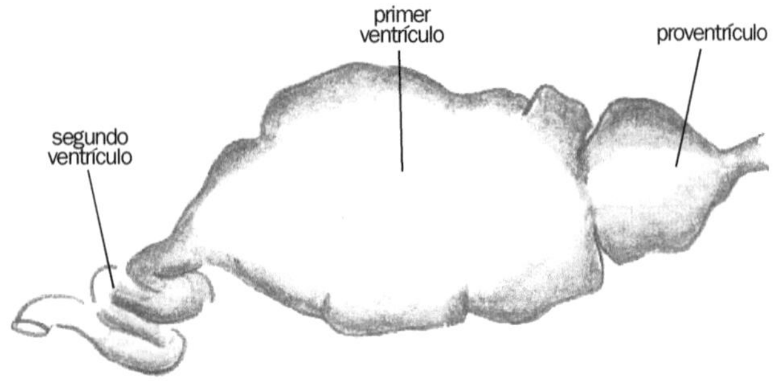

Fig. 4.7. Proventrículo y ventrículos de *Oncopeltus fasciatus*. (E.R.E.)

Por lo general, el proventrículo regula el paso del alimento del buche hacia el mesenterio y permite la regurgitación de enzimas hacia el estomodeo. En abejas por ejemplo, el proventrículo se modifica en una especie de filtro con espinas el cual retiene los granos de polen y actúa además en la formación de un bolo alimenticio que pasa al intestino medio, mientras se conserva en el buche el néctar de las flores que dará origen posteriormente a la miel. Entre el estomodeo y el mesenterio se encuentra la válvula estomodeal o cardias, la cual también ayuda a regular el paso del alimento de la región anterior a la región media del sistema digestivo.

Mesenterio

El mesenterio es de origen endodérmico (ver Capítulo 5, pág. 71), en consecuencia, no presenta internamente capa cuticular, pero sí tiene una membrana llamada peritrófica, permeable a enzimas y productos absorbibles y reabsorbibles de la digestión. Por otro lado, también es protectora del epitelio intestinal por cuanto impide el roce del bolo o masa alimenticia con las células epiteliales. Además, sirve de barrera a la microflora infecciosa que entra al sistema con el alimento.

La membrana peritrófica es una especie de malla compuesta de quitina y proteínas, la cual es producida por las células epiteliales y cambia cada vez que el insecto excreta, generándose una nueva de manera simultánea. Algunos insectos como los thrips, hemípteros y adultos de otros órdenes, no evolucionaron membrana peritrófica; probablemente, el tipo de dieta consumida, el diseño del sistema digestivo o la evolución de otros mecanismos de protección, impidieron el desarrollo de esta membrana.

El intestino medio en la cucaracha tiene forma de tubo alargado y comienza inmediatamente después del cardias para terminar en la válvula pilórica. Las partes del mesenterio son: *caecas* gástricas, ventrículo, válvula pilórica y los tubos de Malpighi. El ventrículo, por lo general es simple, sin embargo en el hemíptero *Oncopeltus fasciatus,* puede diferenciarse en dos o más porciones (Fig. 4.8), y en todos los insectos, es responsable de gran parte de la digestión y de la absorción de nutrientes en conjunto con los tubos de Malpighi, considerados por algunos autores como parte del proctodeo. Gracias a la permeabilidad de la membrana peritrófica, el paso de nutrientes es posible desde el mesenterio hacia la hemolinfa y viceversa.

Las *caecas* en los insectos pueden variar en forma y número, pero todas nacen en el extremo anterior del mesenterio. En ellas ocurre una importante producción de enzimas digestivas al tiempo que aumentan la superficie de digestión y absorción del sistema. Entre las enzimas que actúan en esta región están las amilasas, las maltasas, las lipasas y las proteasas; las dos primeras actúan sobre carbohidratos y las dos últimas sobre lípidos y proteínas, respectivamente.

En las termitas, consumidores de madera seca, la digestión de la celulosa ocurre gracias a los microorganismos que viven en simbiosis en el interior del sistema digestivo. En general, los insectos consumidores de alimentos sólidos tienden a presentar mesenterios cortos, mientras los consumidores de líquidos, al-

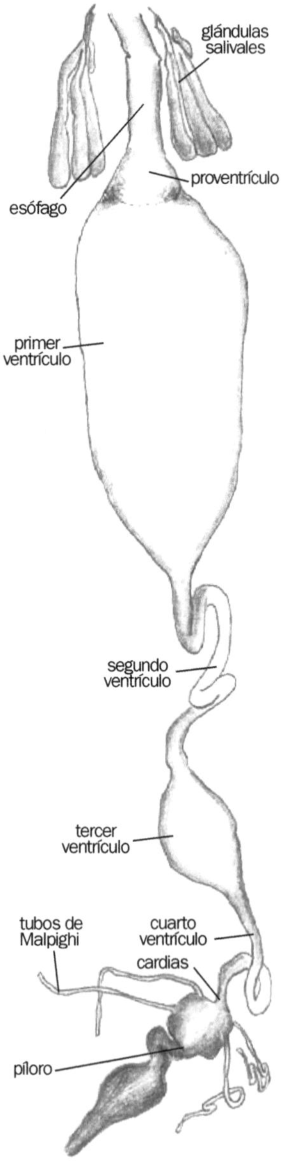

Fig. 4.8. Porciones del ventrículo del aparato digestivo de *Oncopeltus fasciatus.* (E.R.E.)

canzan mayor volumen y son más largos.

Proctodeo

El proctodeo así como el estomodeo es de origen ectodérmico y en consecuencia, se encuentra rodeado internamente por una capa cuticular más delgada y algo permeable sí se compara con la del estomodeo. Esta región es sostenida por músculos que se insertan en la pared abdominal. En cuanto a su forma, es algo más sinuosa que la porción anterior y se extiende desde el píloro hasta el ano. En las cucarachas y el Langostón se caracteriza por ser un saco relativamente simple, el cual recibe el nombre de intestino posterior, formado por el íleon, el colon más ensanchado y el recto. En termitas, el primero de ellos forma una especie de bolsillo donde viven protozoarios flagelados encargados de digerir la celulosa de la cual se alimentan; en otros casos, como en algunas larvas de la Superfamilia *Scarabaeoidea*, en lugar de protozoarios se alojan bacterias capaces de desdoblar la celulosa para alimentarse de sus componentes.

Después del colon se encuentra el recto, representado por un tubo generalmente alargado, de paredes delgadas, el cual desemboca en el ano. En algunos insectos el recto está provisto de estructuras en forma de almohadillas gruesas que ejecutan la extracción del agua de las heces, lo cual es importante para aquellos insectos que viven donde la disponibilidad de agua es limitada. En otros casos, como en las ninfas del Suborden *Zygoptera* o damiselas, el recto presenta extensiones aplanadas llamadas agallas, las cuales sirven para nadar con movimientos rápidos, mientras el ano propulsa al insecto gracias a la salida del agua de manera forzada.

En esta región del sistema ocurren procesos metabólicos importantes tales como reabsorción de agua, sales, ciertos nutrientes de las heces y orina; absorción de nutrientes y por último, excreción de orina y material fecal.

En insectos consumidores de dietas líquidas del xilema o del floema de las plantas como los *Hemiptera*: *Cicadomorpha* podemos encontrar una cámara filtro asociada al mesenterio y al proctodeo. Esta cámara se encarga de regular el exceso de agua, osmoregulando las concentraciones de nutrientes que llegan al mesenterio y controlando de manera rápida el pase del agua hacia el proctodeo. La mencionada cámara, dependiendo de la especie, varía en forma, siendo en la Familia *Cercopidae* fácilmente reconocible (Fig.4.9).

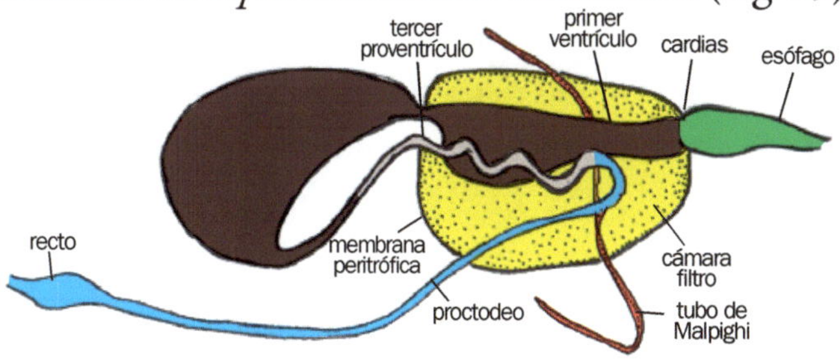

Fig. 4.9. Dibujo esquemático de la cámara filtro de la Familia *Cercopidae*. (E.R.R. y E.R.E.)

Digestión, absorción y nutrición

El sistema digestivo está diseñado para realizar las funciones de digestión y absorción de los alimentos, los cuales son usados para vivir y nutrir al insecto. Las mencionadas funciones ocurren en las diferentes partes del sistema digestivo. En algunos insectos chupadores, la digestión puede comenzar antes de entrar el alimento a la cavidad bucal, como consecuencia de la inyección de enzimas salivales a través de las piezas bucales a los tejidos vegetales o animales del organismo usado como dieta. Miembros de la Familia *Reduviidae* inyectan a la presa y mediante el proceso de histólisis enzimática, destruyen sus tejidos hasta licuarlos, para luego ingerirlos como alimento; sin embargo, la mayor parte del proceso digestivo ocurre en el mesenterio, lugar donde se produce gran parte de las enzimas digestivas y donde el alimento es transformado en sustancias más simples. El alimento transformado pasa a la hemolinfa para luego nutrir a las células de los tejidos irrigados por dicha hemolinfa.

Los carbohidratos son desdoblados a monosacáridos, las grasas se transforman en ácidos grasos o glicerol aunque puede ocurrir que no se degraden, y las proteínas, pasan a polipéptidos. El tipo de enzima que prevalece en el sistema digestivo del insecto va a depender de la dieta que éste consuma; por ejemplo, las moscas de la Familia *Calliphoridae* tienen una dieta rica en proteína como es la carne; por lo tanto, las proteasas son importantes en su sistema digestivo. En áfidos o pulgones, las invertasas son fundamentales, ya que catalizan la hidrólisis de la sacarosa, la cual es transformarla en glucosa y fructosa para ser utilizada.

La producción de enzimas, por lo general, es continua mientras el animal se está alimentando, o mientras tenga disponibilidad permanente de alimento; sin embargo, también puede ser intermitente e inclusive, puede depender del estado de desarrollo del insecto y época del año. El cerebro es el responsable de producir en sus células neurosecretoras una hormona que estimula a las células epiteliales del mesenterio para que secreten enzimas digestivas como las proteasas; este es el caso de las moscas de la Familia *Calliphoridae*, ya mencionado. En los mosquitos, igualmente el cerebro interviene para que se produzcan enzimas digestivas, ya que la alimentación con sangre implica la asimilación de grandes cantidades de proteínas, las cuales son muy importantes para la viabilidad y producción de huevos.

El valor del pH en el mesenterio es fundamental para la digestión del alimento. Por lo general debe ser cercano a 7, aunque a veces, en insectos fitófagos puede alcanzar valores alcalinos de hasta 12, consecuencia de la extracción de la hemicelulosa de las células de las plantas. La alcalinidad del pH está relacionada con la digestión de proteínas no unidas a los taninos de las plantas. Este tipo de proteínas aumenta la digestibilidad del alimento consumido y evita la toxicidad que producen los taninos sí se ingieren. En otros casos el pH puede ser ácido, lo cual ayuda a una mejor digestión del alimento, particularmente en muchos dípteros.

En cuanto a la absorción de los alimentos, ocurre principalmente en el mesenterio, aunque algo de reabsorción de agua y sales sucede en el proctodeo a nivel del recto. Algunos insectos absorben agua y otras moléculas a través de las *caecas* gástricas, tal como sucede en los mosquitos del Género *Aedes*.

El proceso de absorción va a depender de la concentración de iones y moléculas dentro y fuera del sistema digestivo y en la hemolinfa. Por lo general habrá difusión desde el lado de mayor concentración hacia donde exista menor concentración y con este movimiento de iones y moléculas, se logra el equilibrio químico en el sistema. Por otro lado, el movimiento pasivo de agua involucra también traslado de la misma, pero en este caso, desde donde exista menor presión osmótica, hacia el sitio de mayor presión, hasta lograr homeostasis.

Como en todos los animales, los insectos tienen requerimientos nutricionales para poder vivir. Estos requerimientos son los diez aminoácidos esenciales; las vitaminas del complejo B (Tiamina, Riboflavina, Piridoxina y Ácido nicotínico); los minerales entre los cuales se destacan calcio, potasio, cloro, fósforo, hierro, cobre y cobalto; sales inorgánicas; esteroles (colesterol y estigmaesterol) y derivados de los ácidos nucléicos, aunque estos últimos puede ser sintetizados por gran parte de los insectos.

La habilidad para sintetizar los requerimientos nutricionales es variable y en ciertas oportunidades, necesitan complementarla con una dieta adecuada durante el ciclo de vida del insecto. La acumulación de reservas de nutrientes también ocurre en estos animales. Las mismas se depositan en los cuerpos grasos, principalmente en los estados larvales para que los adultos no las procuren en esta última etapa de su vida.

Cuerpos grasos

En insectos, los estados de ninfa, larva o adulto, acumulan nutrientes en los cuerpos grasos. Los mismos se consideran esenciales para los procesos metabólicos del animal y están formados de tejidos de color blanco o amarillo, a veces teñidos de verde en insectos fitófagos. En conjunto con la hemolinfa, llegan a representar el 75 por ciento del peso de las larvas, disminuyendo este valor cuando llegan al estado de adulto.

Las células principales de estos tejidos se llaman adipositos y están dispuestas en el hemocele en láminas, cintas o formando gránulos distribuidos por debajo de la cutícula y alrededor del sistema digestivo. Los cuerpos grasos intervienen en un conjunto de actividades complejas: metabolismo de carbohidratos, grasas y proteínas; síntesis y regulación de azúcares y proteínas relacionadas con la hemolinfa, como por ejemplo, hemoglobina y nucleoproteínas. Cuando el animal lo requiere, suplen de energía y nutrientes al adulto y a los estados inmaduros en forma de glicógeno y triglicéridos. Las funciones pueden cambiar en respuesta a requisitos nutricionales y por las señales que envía el sistema endocrino a través de las hormonas. Por ejemplo, ciertas proteínas son sintetizadas por los cuerpos grasos de larvas holometábolas para acumularlas en la hemolinfa y posteriormente, usarlas al momento de pupar, acción coordinada por las hormonas que intervienen durante la metamorfosis.

La utilización de aminoácidos y otros compuestos a partir de la síntesis y acumulación de proteínas, es una característica interesante presente en los artrópodos, la cual no es compartida con vertebrados ya que estos últimos, excretan a corto plazo los aminoácidos que no tienen uso inmediato. Mediante este mecanismo, los insectos son capaces de sobrevivir largos períodos de tiempo sin necesidad de alimentarse, ya que la energía necesaria es suplida por los triglicéridos acumulados en los cuerpos grasos, los cuales sirven además de fuente para la obtención de otros compuestos celulares (Arrese & Soulages, 2010).

Sistema excretor

El funcionamiento de los diferentes componentes del cuerpo de los insectos depende de un conjunto de condiciones. Algunas de estas condiciones se logran gracias al sistema excretor, el cual se encarga de la eliminación de los productos de desecho metabolizados durante la digestión de los alimentos, especialmente, compuestos nitrogenados tóxicos como el ácido úrico, sales y exceso de agua en la hemolinfa. Sustancias útiles también pueden eliminarse cuando se encuentran en exceso, o cuando su excreción es ventajosa para la sobrevivencia de la especie. Este es el caso de la glucosa y ciertos aminoácidos eliminados por algunos hemípteros que sirven para atraer y alimentar hormigas, las cuales los protegen de parásitos y depredadores.

Componentes del sistema excretor

Por lo general, el proceso de excreción se lleva a cabo por intermedio de los tubos de Malpighi (Fig. 4.10); los mismos se han considerado como evaginaciones de la porción posterior del mesenterio, aunque algunos lo consideran como parte del proctodeo. Con excepción de los áfidos y grupos primitivos, todos los insectos poseen tubos de Malpighi, los cuales varían en número desde dos, como en ciertos cóccidos, a más de 200 como en las langostas. Son tubos cerrados distalmente, delgados y permeables; además tienen movimientos lo cual les permiten absorber los metabolitos de desechos dispersos en la hemolinfa. Existe duda en cuanto a la ubicación de estos tubos, ya que tradicionalmente se han considerado como parte de la porción anterior del proctodeo; sin embargo, su origen endodérmico los ubican dentro de la porción posterior del mesenterio, y en consecuencia, forman parte del intestino medio (Nüesch, 2005).

¿Sabía Usted?

Los tubos de Malpighi, nombrados en honor a su descubridor, el médico italiano Marcello Malpighi, fueron observados por primera vez en 1668 por el mencionado anatomista estudiando al gusano de la seda. Estos tubos son muy importantes en el aparato excretor de los artrópodos, sin embargo, están ausentes en *Collembola*, *Archaeognatha*, *Zygentoma* y *Aphididae*, por lo que estos grupos excretan a través del integumento, cada vez que mudan, o lo hacen por medio de glándulas tubulares en la cabeza.

Además de la excreción y osmoregulación, pueden cumplir otras funciones como la producción de seda por algunas larvas de neurópteros para la construcción de capullos al momento de pupar, o la observada en dípteros de la Familia *Mycetophilidae* cuyos tubos se inflan y adquieren un color azulado brillante, capaz de atraer a otros insectos al resaltar dentro del exoesqueleto transparente.

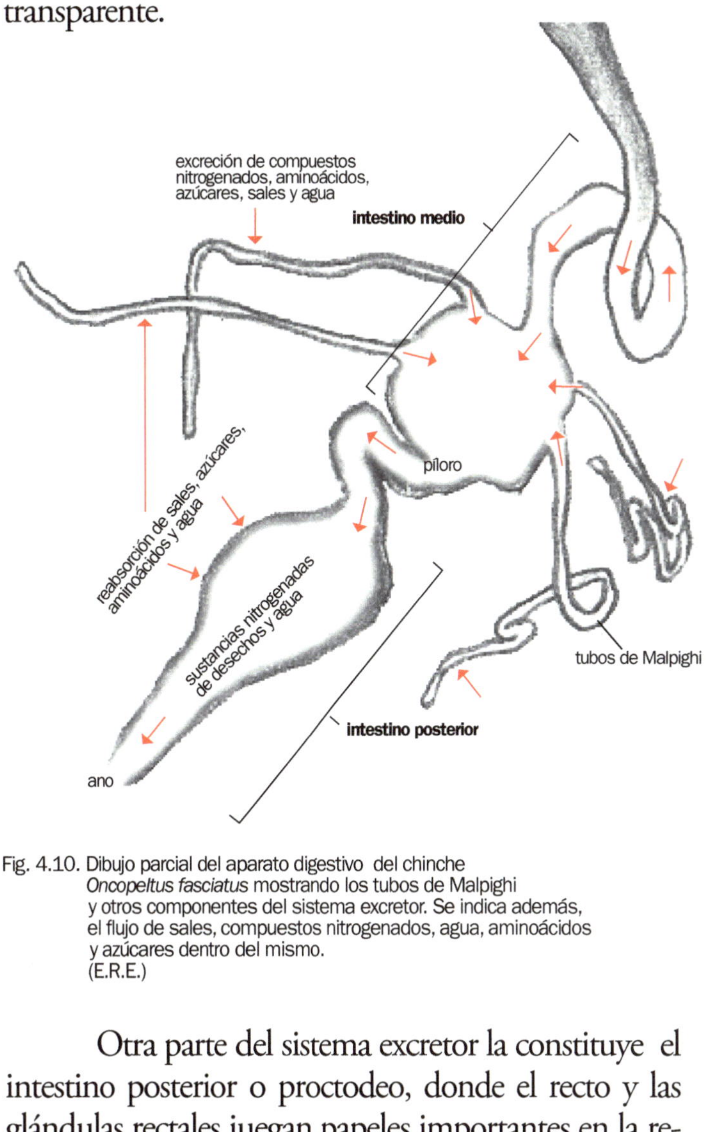

Fig. 4.10. Dibujo parcial del aparato digestivo del chinche *Oncopeltus fasciatus* mostrando los tubos de Malpighi y otros componentes del sistema excretor. Se indica además, el flujo de sales, compuestos nitrogenados, agua, aminoácidos y azúcares dentro del mismo. (E.R.E.)

Otra parte del sistema excretor la constituye el intestino posterior o proctodeo, donde el recto y las glándulas rectales juegan papeles importantes en la regulación homeostática de la hemolinfa del insecto. En casos de necesidad, debido a que el insecto se encuentra en un hábitat pobre en agua, o su dieta es baja en el vital líquido, el sistema excretor reabsorbe el agua por medio de las glándulas rectales, dejando pasar el material de desecho casi seco hasta el recto.

Sistema respiratorio

El sistema respiratorio de los insectos carece de pulmones y el oxígeno no llega a los tejidos por medio de la sangre en los vasos capilares. El oxígeno en este grupo de animales entra utilizando ventanillas laterales en el cuerpo denominadas estigmas, y es llevado a las diferentes partes del organismo a través de un complejo sistema de tráqueas y traqueolas, las cuales permiten el movimiento del mismo hasta llegar a los tejidos y finalmente a las células por difusión; por otro lado, el dióxido de carbono, como material de desecho, sale por las traqueolas, pasa luego a las tráqueas, hasta eventualmente ser expulsado vía los estigmas.

Componentes del sistema respiratorio

El sistema respiratorio evolucionó formando una red de troncos traqueales, tráqueas, traqueolas y estigmas (Fig. 4.11). En insectos como el Langostón, la cucaracha y los grillos, se distribuye de la siguiente manera: troncos laterales que recorren el cuerpo por ambos lados, derecho e izquierdo, conectados directamente a los estigmas para la entrada o salida del oxígeno y dióxido de carbono, respectivamente, conjuntamente con dos troncos medios que recorren al insecto a lo largo de la línea dorsal. Los troncos laterales y medios se interconectan entre sí para transportar oxígeno, el cual finalmente llega a órganos y tejidos por medio de las ramificaciones finales del sistema llamadas traqueolas, cuyo diámetro no excede a una micra. Dependiendo de la especie y la etapa de su desarrollo, existen modificaciones en el sistema descrito.

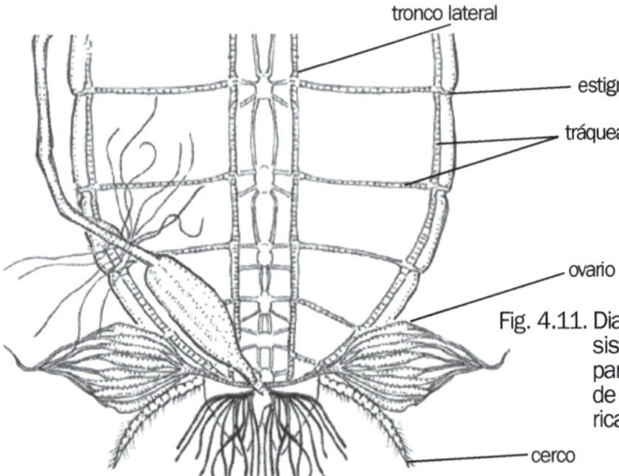

Fig. 4.11. Diagrama parcial del sistema respiratorio y parte del reproductivo de una cucaracha americana hembra. (E.R.E.)

Las tráqueas son invaginaciones de la epidermis y en consecuencia, están recubiertas en su interior por cutícula la cual cambia cuando el insecto muda y se desprende con el viejo exoesqueleto. Las mismas forman tubos cuticulares, interconectados con otros y comunicados al exterior por medio de los estigmas. Los estigmas son aberturas al exterior (Figs. 4.12 A-B) integrados por una cámara o *atrium* y una válvula que abre o cierra dentro o fuera de la cámara; los mismos varían en número, un par por segmento, pero nunca exceden los 10 pares; dos en el tórax y ocho en el abdomen. Algunos insectos, dependiendo de la especie o su estado de desarrollo, pueden tener de uno a tres pares y en larvas acuáticas, uno abriendo donde hace contacto con el aire.

> **¿Sabía Usted?**
>
> Los insectos no tienen sangre; la misma es sustituida por otra sustancia llamada hemolinfa, la cual tiene poca capacidad para transportar oxígeno. El sistema respiratorio es el responsable de llevar oxígeno hasta los tejidos, mediante tráqueas y traqueolas.

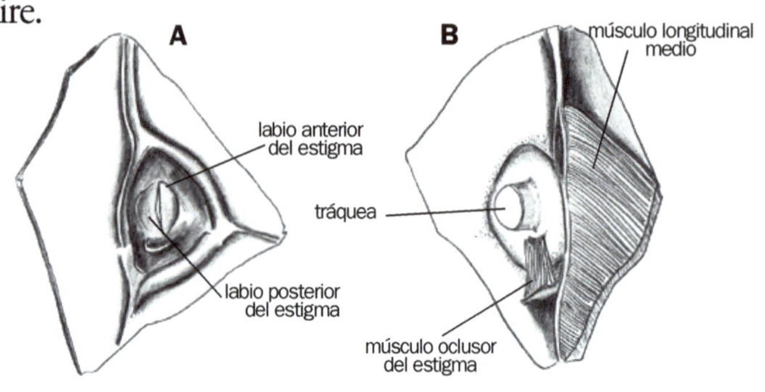

Figs. 4.12 **A - B.** Vista externa (**A**) e interna (**B**) de un estigma mostrando sus partes. (E.R.E.)

Las tráqueas tienen forma de tubos y están reforzadas en su interior por anillos en espiral que las recorren generados de material cuticular. Estos anillos se denominan taenidias y por sus características, evitan el colapso de los tubos cuando se comprimen. Las tráqueas se ramifican en traqueolas y estas últimas, representan tubos capilares que hacen contacto con los tejidos, siendo por lo tanto responsables del intercambio gaseoso, el cual pasa por difusión de las traqueolas a los tejidos. La difusión puede ser activa o pasiva dependiendo del estado de actividad del insecto (movimiento o reposo). Adicionalmente en insectos como las abejas y dípteros de vuelo rápido, el sistema respiratorio presenta sacos de aire, los cuales resultan de las dilataciones de las tráqueas. Estos sacos se comprimen o expanden a medida que el insecto lo demanda para suplir el oxígeno requerido por los tejidos. En insectos con alas, los sacos son también utilizados como reservorio de aire durante el vuelo.

> **¿Sabía Usted?**
>
> Los estigmas abren en respuesta a la baja concentración de oxígeno o alta concentración de dióxido de carbono en los tejidos.

La entrada del oxígeno y salida del dióxido de carbono se cumplen a través de este intrincado sistema de tráqueas y traqueolas y se denomina, sistema traqueal abierto por presentar estigmas, característico de insectos terrestres. En insectos acuáticos y larvas endoparásitas, el sistema es cerrado con ausencia de estigmas. El intercambio de gases se efectúa gracias a una malla de traqueolas debajo de ciertas áreas del integumento por donde entra oxígeno y sale dióxido de carbono, aunque en otros grupos han evolucionado agallas traqueales por donde ocurre el intercambio gaseoso o estigmas en ciertas regiones del cuerpo (zancudos) o adaptaciones especiales para respirar.

Sistema circulatorio

En los insectos, el sistema circulatorio es abierto y está formado por el corazón, representado por un tubo o vaso dorsal que recorre el cuerpo desde la cabeza hasta la porción posterior del abdomen y la hemolinfa, la cual circula libremente dentro del corazón y sobre los órganos y estructuras internas distribuidas en el hemocele o cavidad interna del animal.

Componentes del sistema circulatorio

El sistema está dividido en dos porciones, una anterior o aorta que va desde la cabeza hasta el tórax y la posterior, integrada por cámaras comunicadas entre sí, representando al corazón propiamente dicho (Figs. 4.13 A-B).

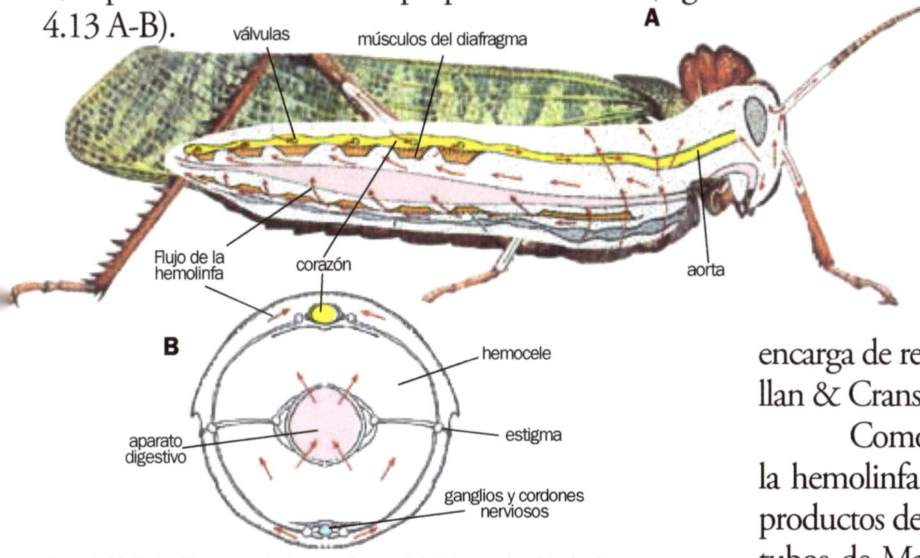

Figs. 4.13 **A - B.** Diagrama de las porciones del sistema circulatorio de *T. collaris. Se* indica además el flujo de la hemolinfa (**A**) y corte transversal con la representación parcial de los sistemas digestivo, respiratorio y nervioso (**B**). (E.R.R. y A.F.R.)

La hemolinfa es un fluido acuoso, contentivo de iones, moléculas y células nucleadas o hemocitos, muy variables en forma, suspendidos en la misma. Su coloración varía desde casi incolora, hasta verde, amarilla y raramente rojiza; esta última coloración presente en algunos insectos con estados acuáticos o larvas de ciertas moscas endoparásitas, cuya hemolinfa contiene pigmentos de hemoglobina, la cual comunica el color rojo.

La hemolinfa representa cerca del 40 % del peso de las larvas y significa para ellas un esqueleto hidrostático el cual mantiene la forma del cuerpo; sin embargo en ninfas y adultos apenas llega al 20%. Durante el proceso de circulación, la hemolinfa entra al corazón a través de orificios pares de válvulas, presentes a los lados de cada cámara. La misma es bombeada hacia la cabeza mediante pulsaciones o movimientos peristálticos, iniciados desde la parte posterior del vaso hacia la aorta. El número de pulsaciones o latidos del corazón es variable según la especie, aunque también influye la etapa de desarrollo y la actividad del organismo. Las pulsaciones oscilan entre 14 y 160 latidos por minuto. Por otro lado, el movimiento interno de la sangre es auxiliado, para el caso de los insectos alados, por órganos pulsátiles ubicados en las bases de patas y alas.

El sistema circulatorio de los insectos es particular, en el sentido de no intervenir en el intercambio gaseoso oxígeno-dióxido de carbono, como sucede en vertebrados. En su lugar, participa en el transporte de sustancias tales como: nutrientes, hormonas y todos aquellos metabolitos que se encuentran dispersos en la hemolinfa, los cuales son necesarios para el funcionamiento de órganos, tejidos y células que conforman al organismo. Sin embargo, la hemolinfa no llega directamente a las células debido a que los órganos internos están recubiertos por la membrana basal, la cual se encarga de regular el intercambio de materiales (Gullan & Cranston, 2010), a través de la misma.

Como se explicó, en el sistema circulatorio la hemolinfa también participa en el transporte de productos de desecho los cuales son recogidos por los tubos de Malpighi, con el fin de ser eliminados vía proctodeo. Otras funciones importantes de la hemolinfa son: balancear la concentración de sales y agua en el interior del hemocele conjuntamente con los tubos de Malpighi y el recto, contribuir en la expansión alar durante la última muda del insecto, función fagocítica contra los microorganismos que invaden el cuerpo, ayudar en la cicatrización consecuencia de heridas, función termoreguladora, servir de reservorio de agua, grasas y carbohidratos, entre otras.

De especial interés son las regulaciones fisiológicas inducidas por la hemolinfa, cuando actúa conjuntamente con el sistema endocrino en el transporte de neurohormonas dentro del cuerpo del insecto para lograr cambios radicales de hábitos, forma y comportamiento.

El sistema circulatorio incluye también un diafragma dorsal, constituido por bandas musculares en forma de abanicos que protegen y aíslan al corazón del resto del hemocele. Dichos músculos salen de la parte inferior del corazón y se conectan a los lados internos de las paredes de los tergos. El diafragma dorsal, junto con los órganos pulsátiles, suplementan la actividad del vaso dorsal para la mejor circulación de la hemolinfa.

Sistema reproductivo

Los insectos por lo general se reproducen sexualmente, lo cual significa la existencia de sexos separados; sin embargo, algunos grupos se multiplican por partenogénesis, proceso mediante el cual los óvulos se dividen formando nuevos individuos sin ser fertilizados. En insectos como las abejas, los óvulos no fertilizados producen machos, mientras los fertilizados dan origen a hembras. Los huevos son usualmente depositados en sitios protegidos, y a partir de ellos, emergen los nuevos individuos (ver Capítulo 5).

Componentes del sistema reproductivo

En la hembra ocurre la fecundación y formación del huevo y se genera el embrión de la especie, generalmente, después de puesto el huevo. El sistema reproductivo femenino de las cucarachas (Figs. 4.14 - 4.15), Géneros *Periplaneta* y *Nauphoeta*, está integrado por un par de ovarios, cada uno con un ligamento suspensorio en el extremo apical para unirse a la pared del cuerpo o al diafragma dorsal. Cada ovario está compuesto por un número variable de ovariolos, ocho en la cucaracha americana, los cuales darán origen a óvulos maduros (células sexuales haploides). En *Oncopeltus fasciatus* (Fig. 4.16), los ovariolos llegan a una cámara o cáliz por donde pasan los óvulos hasta llegar a los oviductos. Ambos oviductos se unen más adelante formando un oviducto común, asociado con la espermateca en la cámara genital. Esta cámara representa el reservorio donde se almacena el líquido seminal, junto con fluidos de la glándula espermática, encargados de mantener viables a los espermatozoides, dicha cámara recibe el nombre de *bursa copulatrix* (Fig.4.15).

Otras glándulas presentes en el sistema son las glándulas coleteriales, izquierda y derecha, encargadas de elaborar coleterio con dos propósitos principales: adherir los huevos al sustrato y quitina con esclerotina, para la fabricación de la ooteca o caja protectora de los huevos.

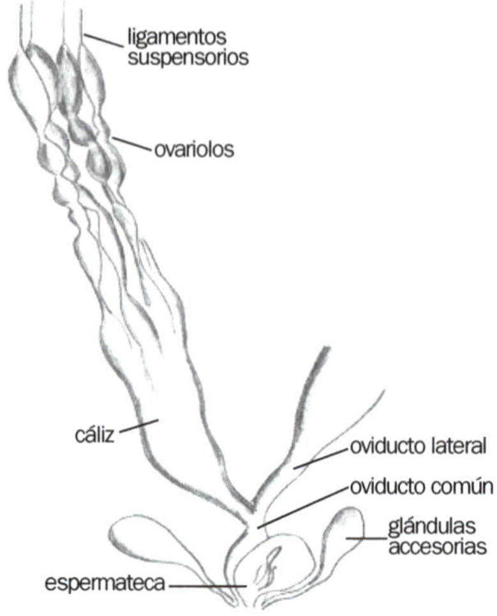

Fig. 4.16. Diagrama del sistema reproductivo femenino en el hemíptero, *Oncopeltus fasciatus*. (E.R.E.)

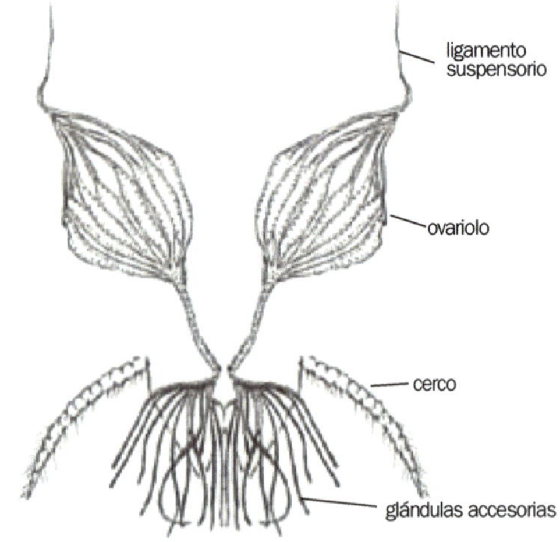

Fig. 4.14. Diagrama del sistema reproductivo de una hembra de *Periplaneta americana*, mostrando sus componentes. (E.R.E.)

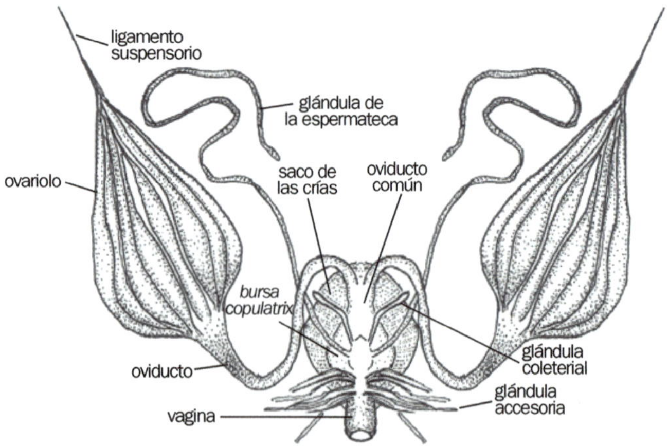

Fig. 4.15. Diagrama del sistema reproductivo de una hembra de *Nauphoeta cinerea*, mostrando sus componentes. (E.R.E.)

La cucaracha *Nauphoeta cinerea* es ovovivípara y en consecuencia, no produce ooteca; en otras cucarachas como la americana, los huevos son puestos protegidos dentro de la ooteca, la cual como se indicó, se forma por secreciones de las glándulas coleteriales; estas últimas confluyen en una abertura común en la porción terminal del abdomen (Fig. 4.17), donde puede ser observada en conjunto con otros componentes de su sistema reproductivo. La cucaracha americana hembra puede reconocerse, principalmente, por la ausencia de estilos en el ápice del abdomen, los cuales están presentes en los machos. En la Fig. 4.18 pueden notarse los estilos, los cercos, falómeros, titilador y otras estructuras del sistema reproductivo externo de los machos.

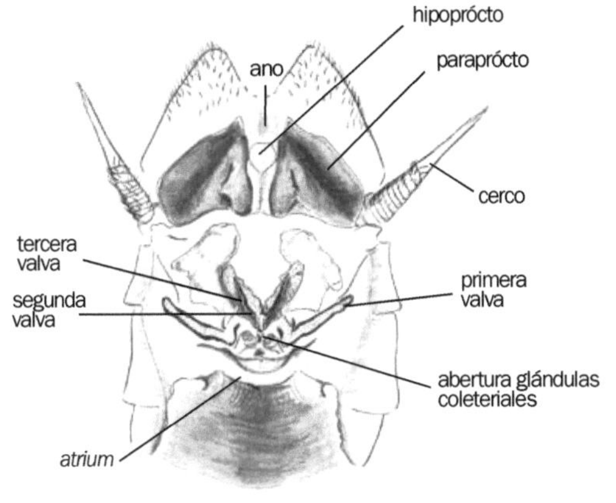

Fig. 4.17. Vista interior del extremo apical del abdomen de una cucaracha americana hembra mostrando sus partes. (E.R.E.)

El sistema reproductivo masculino (Figs. 4.19 y 4.20), tiene ciertas homologías con el de la hembra. Está compuesto por dos gónadas o testículos, un par de vasos deferentes, un par de vesículas seminales, un par de glándulas accesorias, un ducto eyaculador común y el órgano copulador o *aedeagus*. Los testículos están formados por tubos espermáticos o folículos, rodeados por una cubierta peritoneal en cuyo interior se producen los espermatozoides. Cada folículo abre en el vaso deferente a través del cual pasan los espermatozoides maduros hacia la vesícula seminal. La espermatogénesis o formación de espermatozoides, generalmente coincide con el estado adulto del insecto; o unos días después de alcanzar dicho estado. En las vesículas seminales se almacena el líquido espermático y las glándulas accesorias, secretan el fluido que le sirve de transporte a los espermatozoides. En otros casos, esa glándula secreta una cápsula denominada espermatóforo, la cual contiene a los espermatozoides. A continuación, algunas modificaciones observadas en el sistema reproductivo de los machos de *Oncopeltus fasciatus* y la cucaracha americana, *Periplaneta americana*.

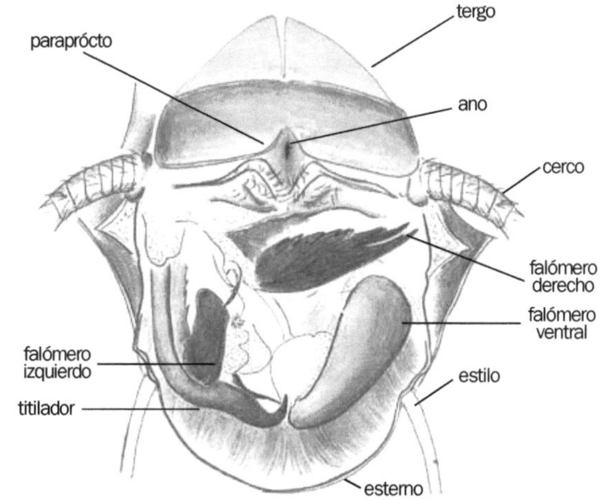

Fig. 4.18. Vista interior del extremo apical del abdomen de una cucaracha macho, mostrando estilos y componentes del aparato reproductivo externo. (E.R.E.)

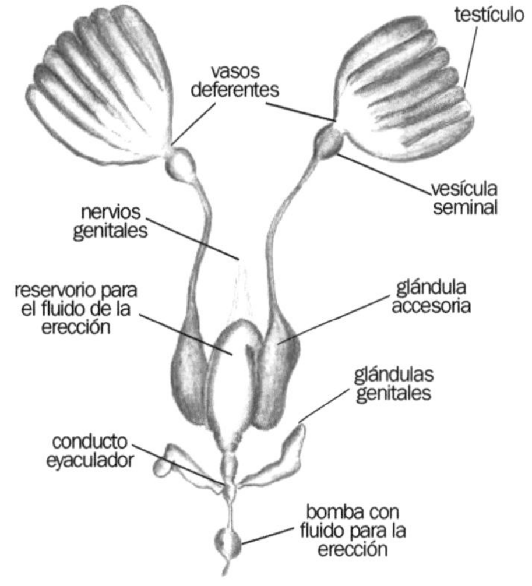

Fig. 4.19. Diagrama del sistema reproductivo masculino interno en *Oncopeltus fasciatus*. (E.R.E.)

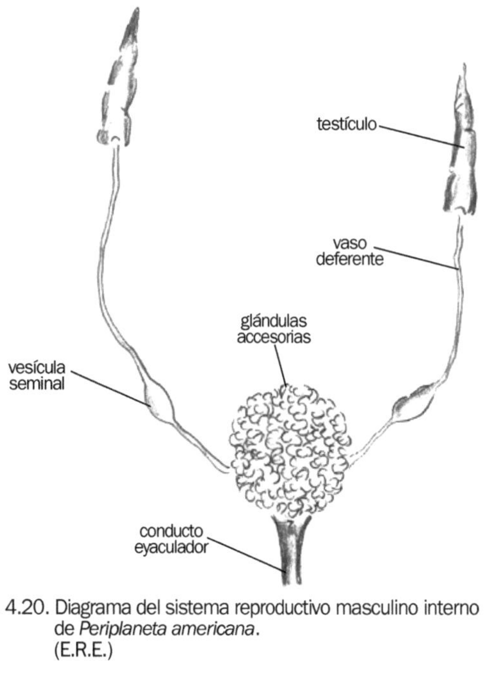

Fig. 4.20. Diagrama del sistema reproductivo masculino interno de *Periplaneta americana*. (E.R.E.)

Los insectos tienen gran variedad de apéndices, estructuras y órganos externos e internos los cuales reciben estímulos de su entorno. Estos componentes responden de manera coordinada y eficiente, gracias al sistema nervioso que los asisten. El sistema nervioso tiene la función de actuar en la transmisión de los estímulos recibidos y responder a estos según el caso, con una acción o respuesta. Además, coordina todas las actividades biológicas del cuerpo, regulando el movimiento y funcionamiento de los órganos así como el crecimiento, metamorfosis y la reproducción, entre otros aspectos.

Componentes del sistema nervioso

El sistema nervioso de los insectos es complejo, razón por la cual se subdivide en cinco componentes y para complementarlo, agregaremos al final una sección dedicada a la transmisión del impulso nervioso:

1. **Células nerviosas o neuronas**.
2. **Nervios**.
3. **Ganglios**.
4. **Sistemas nerviosos**.
5. **Órganos sensoriales**.

1. **Células nerviosas**: forman una red especializada y funcional la cual sirve de autopista para transmitir, utilizando impulsos nerviosos, información dentro del cuerpo. Las neuronas presentan, al menos, dos proyecciones recubiertas por mielina: la que recibe el estímulo llamada dendrita y el axón, encargado de llevar el estímulo a otra neurona ó a los músculos, apéndices, ganglios y otros componentes del insecto. Según el número de axones presentes, las neuronas pueden ser unipolares (un axón solamente, o un axón con una fibra colateral); bipolares (2 axones); o multipolares, más de 2 axones o dos axones y varias dendritas (Figs.4. 21A-C). Además, las neuronas se comunican entre ellas y con los sitios receptores del impulso nervioso mediante una acción electroquímica, usando espacios diminutos denominados sitios de sinapsis, a explicarse más adelante. En el proceso electroquímico intervienen iones, moléculas y enzimas, estas últimas, específicas de los compuestos responsables de la transmisión del impulso nervioso.

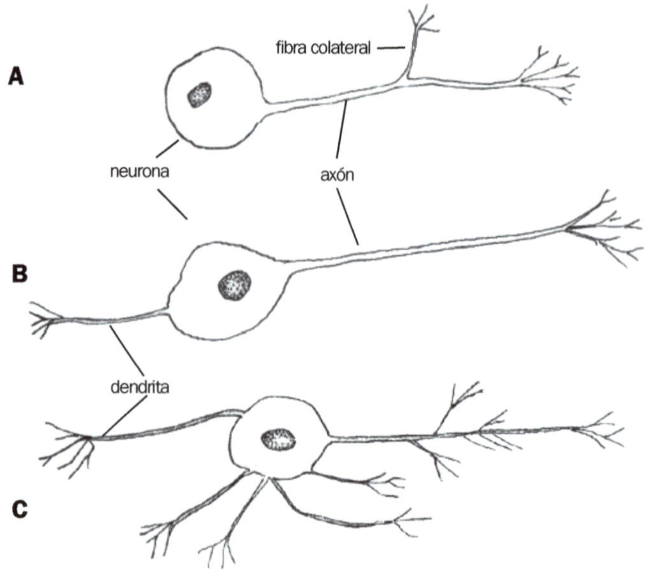

Figs. 4.21 **A - C.** Células nerviosas, dendritas y axones. **A.** Unipolar. **B.** Bipolar. **C.** Multipolar. Se omitieron las envolturas de mielina que rodean a dendritas y axones. En insectos, las bipolares son más comunes con dendritas cortas y axones largos. En vertebrados las dendritas son largas, los axones cortos y las multipolares son más comunes. (E.R.E.)

Por otro lado, se distinguen cuatro tipos de células nerviosas las cuales se describen según su función, indicando la forma como transmiten el impulso nervioso y los sitios de recepción:

A. Sensoriales: aquellas que reciben el estímulo del medio ambiente donde se encuentra el insecto y lo transmiten al sistema nervioso central.

B. Interneuronas: reciben información y la transmiten a otras neuronas.

C. Motoras: reciben información de interneuronas y la transmiten a los músculos.

D. Neuroendocrinas: aquellas neuronas localizadas en todo el sistema nervioso, principalmente en el cerebro y productoras de la mayoría de las hormonas, con excepción de la ecdisona y la hormona juvenil; aunque estas últimas están reguladas en su síntesis y secreción por células neuroendocrinas (Gullan & Cranston, 2010).

2. **Nervios**: son manojos de axones y células nerviosas, concentrados para formar los ganglios del sistema.

3. **Ganglios**: representan centros nerviosos integrados por interneuronas y neuronas motoras, en conjunto con fibras nerviosas de todo tipo.

4. **Sistemas nerviosos**: los ganglios forman tres centros o sistemas nerviosos, a saber:

A. Sistema nervioso central.
B. Sistema nervioso visceral.
C. Sistema nervioso periférico.

A. Sistema nervioso central: integrado por un grupo de ganglios fusionados, los cuales forman en la cabeza el cerebro y el ganglio subesofágico (Fig.4.22). Además, en el tórax y abdomen, integran pares unidos, uno por cada segmento, comunicados por cordones nerviosos longitudinales (Fig.4.23), tal como aparece en la larva de la Familia *Sphingidae*, utilizada como modelo.

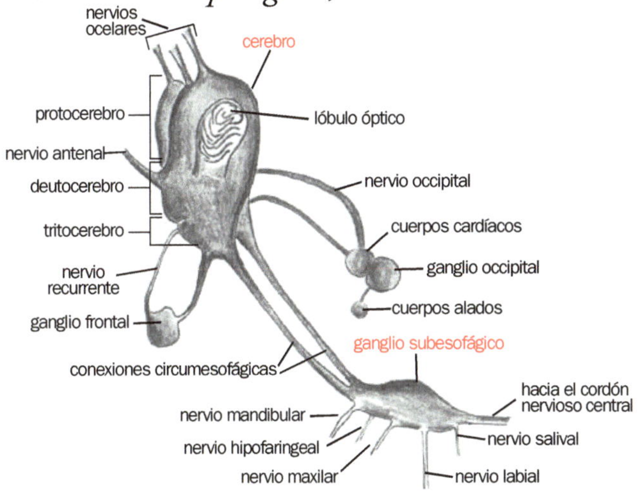

Fig. 4.22. Dibujo esquemático del cerebro de los insectos mostrando algunos de sus componentes. (E.R.E.)

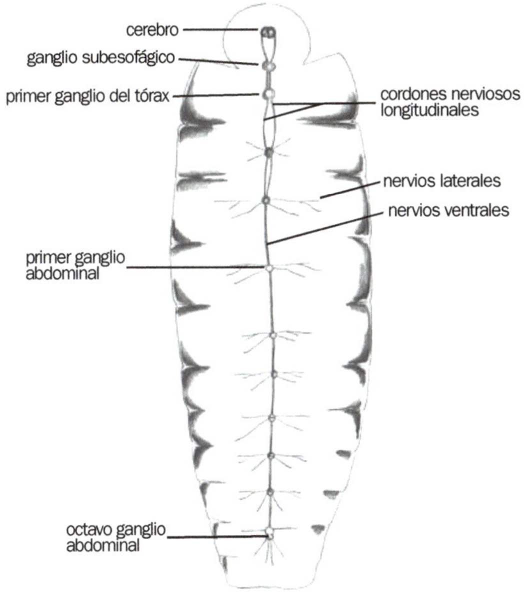

Fig. 4.23. Distribución de ganglios en el sistema nervioso de una larva de la Familia *Sphingidae*. (E.R.E.)

Como se explicó, el cerebro está integrado por tres pares de ganglios fusionados, los cuales corresponden a los tres primeros segmentos de la cabeza: protocerebro, asociado con ojos, ocelos y visión; deutocerebro relacionado con la información recogida por las antenas; y tritocerebro, afín con el manejo de la información proveniente de los ganglios frontal y subesofágico y otras partes del cuerpo. Además, sirve de puente de enlace al cerebro con la cadena de ganglios que recorren tórax y abdomen. El ganglio subesofágico inerva al resto de las partes bucales, glándulas salivales y los músculos del cuello. En algunos insectos, los ganglios tienen relación con la inhibición o estimulación del movimiento y mantienen cierta independencia entre ellos, ya que algunos adultos son capaces de moverse, incluso copular, a pesar de haber sido decapitados.

B. Sistema nervioso visceral, incluye tres subsistemas:

1. Estomogástrico.
2. Visceral ventral.
3. Visceral caudal.

Los subsistemas mencionados forman ganglios y nervios, de estos, el estomogástrico inerva al estomodeo y glándulas salivales; el ventral al mesenterio, estigmas y corazón; el caudal al proctodeo y aparato reproductivo. El primero de ellos también estimula órganos endocrinos o centros endocrinos como los cuerpos alados y los cuerpos cardíacos.

C. Sistema nervioso periférico incluye a las células motoras asociadas con músculos y ganglios del sistema nervioso central y el subsistema estomogástrico; también está relacionado con los mecanoreceptores de la epidermis, capaces de reaccionar ante estímulos visuales, térmicos, mecánicos, químicos, sexuales y de otros tipos.

5. **Órganos sensoriales**, todos los insectos presenta órganos sensoriales los cuales permiten: ver, oler, tocar, saborear, oír, sentir cambios de temperatura o humedad y otros estímulos (Fig.4.24). El Capítulo 3 presenta

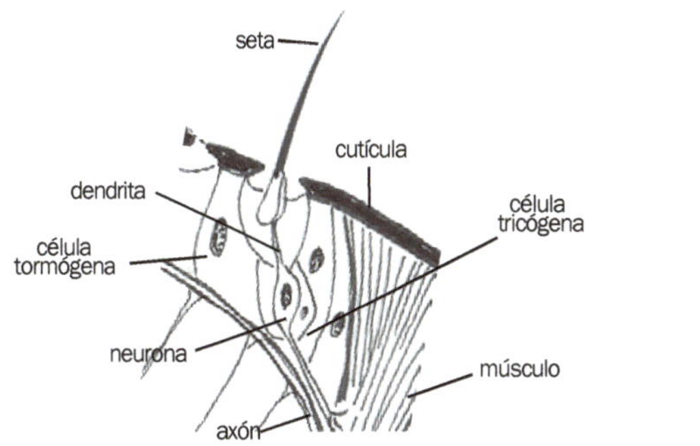

Fig. 4.24. Órgano sensorial (seta), mostrando las células asociadas, incluyendo la neurona del sistema nervioso. Dibujo modificado de Chapman (1998). (E.R.E.)

algunos de ellos y su ubicación en el exoesqueleto. Estos órganos pueden ser visibles a simple vista, mientras otros son microscópicos; también pueden estar dentro del cuerpo como sensores que responden a estímulos internos o externos, en ambos casos, los órganos sensoriales son muy específicos y se agrupan en:

A. Quimioreceptores
B. Mecanoreceptores,
C. Fotoreceptores

A. Los quimioreceptores: son órganos sensoriales capaces de captar estímulos químicos (Fig.4.25). Estos detectan la presencia de sustancias químicas en el aire en bajas y altas concentraciones, o sobre el sustrato donde el insecto se encuentre.

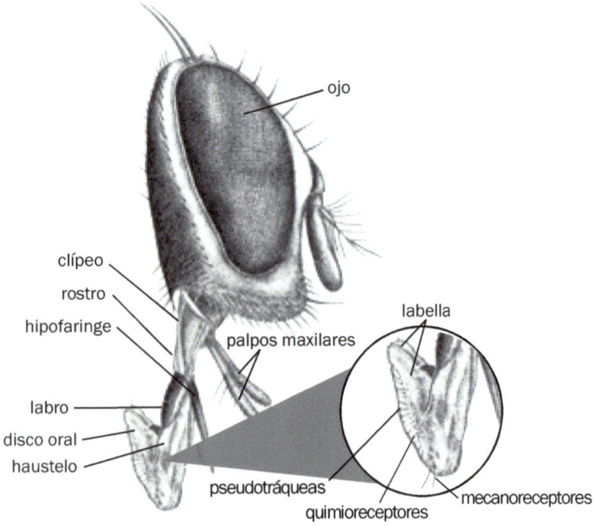

Fig. 4.25. Cabeza y aparato bucal de la mosca doméstica mostrando las labella donde se ubican los quimioreceptores del disco oral. (A.F.R. y E.R.R.)

Los quimioreceptores son estructuras relacionadas con el sentido del gusto y olfato, los cuales a su vez se asocian con los hábitos alimenticios, copulación, parasitismo y otras actividades. Los receptores del gusto se encuentran en mayor cantidad en las partes bucales, antenas, tarsos y están representados por pelos, conos y poros, capaces de diferenciar entre lo dulce, salado, ácido, etc. Las antenas presentan también abundantes células receptoras del olfato, por lo que se consideran como quimioreceptoras y son importantes para detectar moléculas de compuestos químicos que inducen a ciertos tipos de comportamientos, como por ejemplo, la búsqueda del sexo opuesto.

B. Los mecanoreceptores regulan el comportamiento del animal en función de estímulos provenientes del ambiente y de otros que se originan dentro del cuerpo. Pueden identificarse varios tipos de mecanoreceptores, de los cuales mencionaremos tres tipos:

1. Táctiles: representados por pelos o setas (Fig.4.26), provenientes de células tormógenas y tricógenas, ubicadas aisladamente o localizadas en grupos llamados platos pilosos. En el primer caso, cuando el estímulo cambia la orientación de una seta, se produce un acomodo o movimiento del cuerpo, o de una de sus partes. En el segundo, el plato piloso puede hacer contacto con un esclerite y de acuerdo a la intensidad del contacto, se produce la respuesta apropiada.

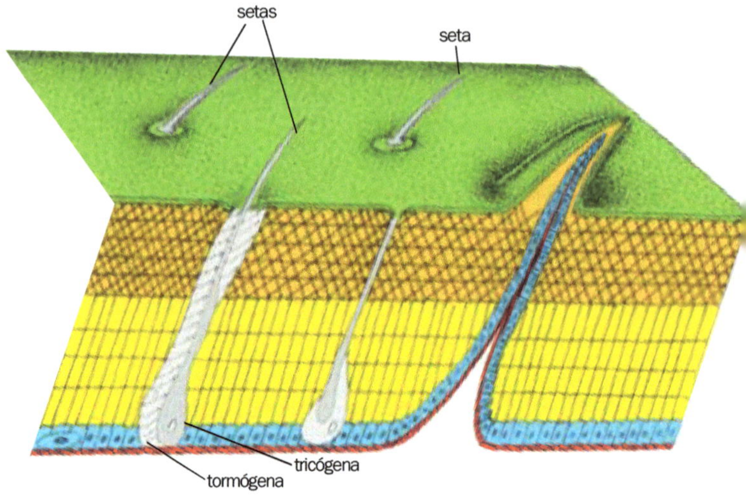

Fig. 4.26. Dibujo del integumento de los insectos mostrando mecanoreceptores táctiles. (E.R.E. y E.R.R.)

2. Posición o proprioreceptores: facilitan la orientación y movimiento del insecto o una de sus partes (Fig.4. 27). Se encuentran en áreas de contacto entre articulaciones, a saber, en el cuello o entre segmentos.

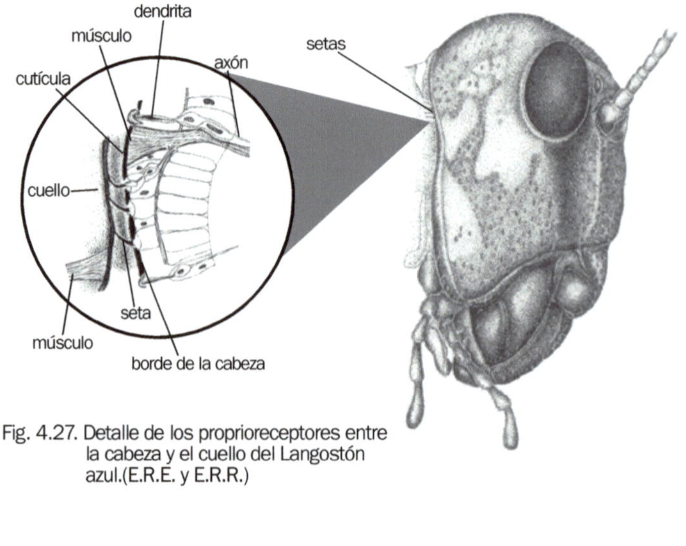

Fig. 4.27. Detalle de los proprioreceptores entre la cabeza y el cuello del Langostón azul.(E.R.E. y E.R.R.)

3. Los receptores y transmisores acústicos: evolucionaron en los insectos durante el Jurásico, siendo los primeros animales terrestres en comunicarse mediante señales acústicas, principalmente para conseguir pareja, y en algunos casos, para defenderse al detectar sonidos emitidos por depredadores. La comunicación evolucionó como un mecanismo que se perfeccionó a través del tiempo para ser recibido, en lo posible, por organismos de la misma especie del emisor. Durante el transcurso del tiempo se desarrollaron otros mecanismos de comunicación representados por la emisión y detección de vibraciones del sustrato, por ejemplo para detectar presas por parte de insectos depredadores, y en grupos más evolucionados como las abejas, bailes con vibraciones y producción de sonidos de baja frecuencia (250 ciclos/seg.), para indicar posibles sitios para la obtención de alimento (Wenner, 1964).

La emisión y captación de sonidos se ha estudiado con mayor énfasis en cigarras, grillos y varias especies de saltamontes de la familia *Tettigoniidae*; más recientemente en polillas, moscas de las frutas y otros grupos. Los estudios sobre la comunicación utilizando sonidos en insectos son amplios y variados, existiendo libros completos sobre estos aspectos (Elsner & Popov, 1978) y variadas publicaciones de otros investigadores.

La emisión de sonidos puede tener diferentes orígenes; los más conocidos son los producidos por estridulación, es decir, acción mecánica mediante el roce de apéndices en el grupo de los ortópteros; también emiten sonidos la mayoría de los insectos alados haciendo vibrar el sustrato donde habitan o mediante la vibración de membranas del cuerpo consecuencia de la acción de músculos asociados a ella como en los machos de cigarras. Por último emiten ultra sonidos tipo clic, algunas polillas para advertirle al depredador que la presa es incomible; lo curioso del caso es que otras polillas, palatables o no, imitan el sonido para escapar del atacante.

La emisión de sonidos va siempre acompañada por el desarrollo de estructuras para captarlos, tales

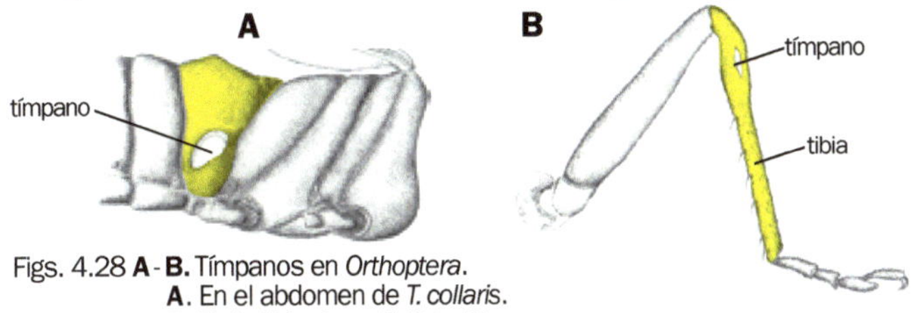

Figs. 4.28 **A - B.** Tímpanos en *Orthoptera*.
A. En el abdomen de *T. collaris*.
B. En la tibia de un *Tettigoniidae*.
(A.F.R. y E.R.R.)

como los tímpanos, los órganos de Johnston y otros. Para los objetivos de esta obra haremos una breve referencia a los tímpanos (Figs.4.28 A-B) y a los órganos de Johnston (Fig.4.29).

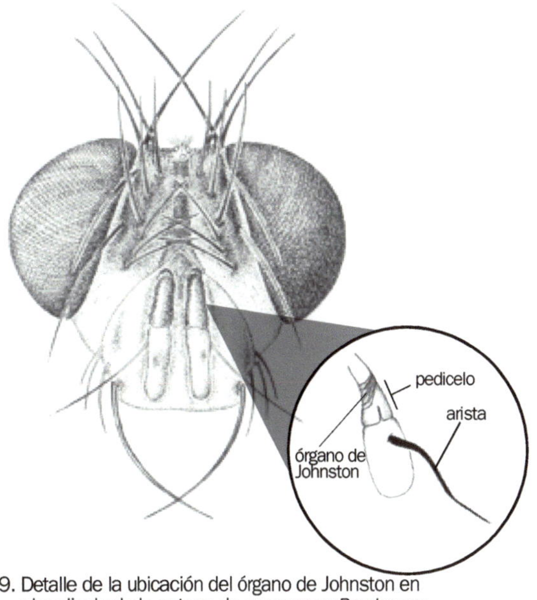

Fig. 4.29. Detalle de la ubicación del órgano de Johnston en el pedicelo de la antena de una mosca *Brachycera*. (A.F.R. y E.R.R.)

Los tímpanos actúan emitiendo o captando sonidos según la especie. Los *Tettigonidae* machos, cuando buscan pareja, producen sonidos por estridulación los cuales son captados por los tímpanos de las hembras ubicados en las tibias anteriores, previo al apareamiento. Otras especies como los machos de cigarras, emiten sonidos haciendo vibrar infinidad de veces los tímpanos, en este caso llamados timbales, ubicados en pares en la base del abdomen. Los sonidos producidos por las cigarras son los más intensos y conocidos entre los insectos.

Los órganos de Johnston están ubicados en el pedicelo de las antenas en la gran mayoría de los insectos; consisten en un grupo variable de mecanoreceptores dispuestos en forma radial dentro del segmento, unidos a la pared del pedicelo y terminando en la membrana que separa al segundo segmento con el flagelo. Con esta ubicación, los mecanoreceptores pueden registrar cambios en la posición del flagelo en relación con su base, y en consecuencia, producir gran variedad de respuestas: en insectos acuáticos, responden a cambios en la curvatura de la superficie del agua; en dípteros, ajustan el batido de las alas en relación a la velocidad del viento; en hormigas, interviene en la respuesta del insectos a la gravedad; sin embargo, su principal función es oír captando sonidos transmitidos por el aire. Los órganos de Johnston son exclusivos de los insectos, estando ausentes en otros artrópodos.

C. Los fotoreceptores captan la presencia o ausencia de la luz y las características de la misma: están representados por los ojos compuestos y los ocelos, ya estudiados en el Capítulo 3, conjuntamente con algunos aspectos sobre la visión. Por otro lado, también existen células dermales, distribuidas sobre la superficie del cuerpo, sensibles a los cambios de intensidad de luz llamadas células fotoreceptoras extraoculares, las cuales están posiblemente asociadas al cerebro y al cordón nervioso ventral y son comunes en los estados larvarios de *Lepidoptera* y otros grupos. Otras evidencias interesantes de percepción de luz sin la utilización de los ojos compuestos se ha observado en cucarachas decapitadas o en insectos ciegos habitantes de cuevas, donde el fenómeno de captación de luminosidad no está claro en cuanto a las conexiones con los centros nerviosos.

Aparte de las estructuras mencionadas para la captación de luz, se han reportado células cerebrales que pueden precisar la longitud del día en *Aphididae* (Gullan & Cranston, 2010), y mediante este mecanismo de captación, es posible controlar la reproducción, sexual o partenogenética en esta Familia. La determinación de la cantidad de luz disponible en el medio ambiente (fotoperíodo), induce a los insectos a realizar cambios en su fisiología, especialmente los relacionados con la reproducción, alimentación, procesos de estivación, diapausa y otros.

Existen muchos aspectos desconocidos en el funcionamiento de los fotoreceptores, los cuales requieren investigación. Los mismos están principalmente asociados a los efectos de la luz sobre la fisiología de los insectos en las regiones tropicales, donde las características del clima y la longitud de los días, son diferentes a las del subtrópico. En una mayor escala, el ritmo circadiano en estas criaturas, entendido como el ciclo de 24 horas, día-noche y los cambios bioquímicos y fisiológicos que se producen durante ese lapso de tiempo, es reflejo de la habilidad de los insectos para precisar cambios en el fotoperiodo.

La detección del fotoperiodo no es exclusiva de fotorreceptores, también puede estar relacionada con lóbulos particulares del cerebro, como se ha demostrado en el gusano de la seda, incluso se sospecha de la posibilidad de múltiples sitios diseminados en otras partes del cuerpo, relacionados o no entre sí.

Impulso nervioso: cuando la neurona, en conjunto con la membrana que la rodea o mielina, está desactivada o en reposo, no transmiten impulsos nerviosos y se dice que está polarizada. Esto significa que las cargas eléctricas en el exterior de las neuronas, provenientes de iones de sodio son positivas, mientras las del interior son negativas. Las cargas negativas se originan de iones de potasio, los cuales siendo positivos, actúan en conjunto con moléculas de ácidos nucléicos y proteínas cargadas negativamente, lo que comunica al conjunto un carácter negativo. Por ese carácter positivo-negativo, se dice que la neurona está polarizada (Fig.4.30A), y no transmite los impulsos nerviosos.

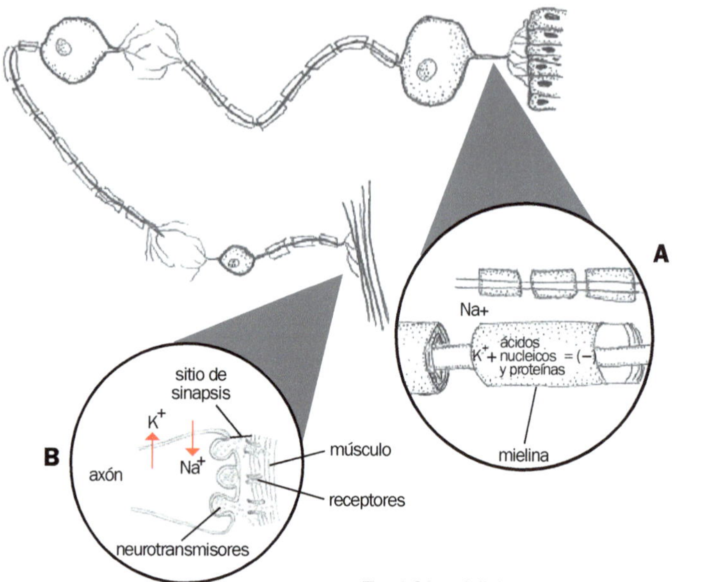

Fig. 4.30. **A.**Célula nerviosa polarizada. **B.**Despolarización de la célula nerviosa. (E.R.E. y E.R.R.)

La membrana celular permite el paso de iones a través de ella (Fig.4.30B), tanto de sodio como de potasio; gracias a este tránsito, se crea un potencial eléctrico (potencial de acción) y la célula se despolariza consecuencia de la entrada de un exceso de sodio a su interior, el cual la hace positiva. La despolarización hace que el impulso nervioso se transmita a lo largo del axón. Este fenómeno de despolarización es seguido por otro de repolarización, consecuencia de la salida de potasio hacia el exterior y la entrada de sodio al interior, pero no con las mismas características de la polarización inicial, donde el potasio prevalecía en mayor cantidad en el interior. Posteriormente, sigue un período de hiperpolarización producto de la acumulación de potasio en el exterior y de menos sodio en el interior. Este período en la transmisión es corto, termina de pasar el impulso nervioso y los niveles de sodio-potasio vuelven a su normalidad y ubicación en la célula, lo que se traduce en la polarización inicial de la misma; este último período se denomina refractario. Cada impulso transmitido tarda menos de 7 milisegundos y es siempre unidireccional. Gráficamente, la transmisión del impulso nervioso puede observarse en el trabajo animado de Keeley (2004), publicado en internet en la URL: http://entochem.tamu.edu/

Los impulsos no llegan a su sitio de acción utilizando solamente una célula nerviosa, todo por el contrario, la transmisión envuelve muchísimas células las cuales se interrumpen infinidades de veces para pasar el impulso de célula a célula a través de los espacios que las interconectan o sitios de sinapsis. La conducción es de naturaleza electroquímica y envuelve detalles explicados en la página web ya mencionada, sin embargo, podemos resumirla mencionando la intervención de varios neurotransmisores, entre ellos acetilcolina (ACo), el cual sirve de enlace para la transmisión del impulso de célula a célula; y la enzima colinesterasa, responsable de desactivar el acetilcolina por cuanto al desdoblarlo en sus componentes, acetíl y colina, es removido del sitio de sinapsis y la transmisión cesa, y otro impulso puede transmitirse. Un aspecto práctico sobre la transmisión del impulso nervioso lo podemos ver en el uso de insecticidas fosforados y carbamatos, los cuales inhiben la acción de la colinesterasa en el insecto al formar con ella un complejo que inhibe la enzima. En estas condiciones, el éster acético (ACo), continua actuando en los sitios de sinapsis, sobrexcitando las fibras nerviosas lo que produce temblores, convulsiones y eventualmente la muerte del insecto. Este mecanismo de acción, también puede duplicarse en vertebrados incluyendo a los seres humanos, con las consecuencias ya descritas.

Sistema muscular

El sistema muscular en los insectos incluye muchos músculos; además, tratándose de tantas especies distintas, con estados diferentes e infinidad de adaptaciones, su estudio se hace por demás extenso. Basados en estas premisas, consideraremos algunos insectos en particular, y en ellos, ciertas regiones del cuerpo. Hemos estimado iniciar las observaciones anatómicas con la cabeza de un tábano, por cuanto la misma presenta músculos claramente separados y la inserción de lo mismos está bien definida. Debe tomarse en cuenta que la mayoría de los músculos en la cabeza y otras partes del cuerpo son pares (Fig.4.31), por lo que su observación se basa en la mitad de la cápsula cefálica.

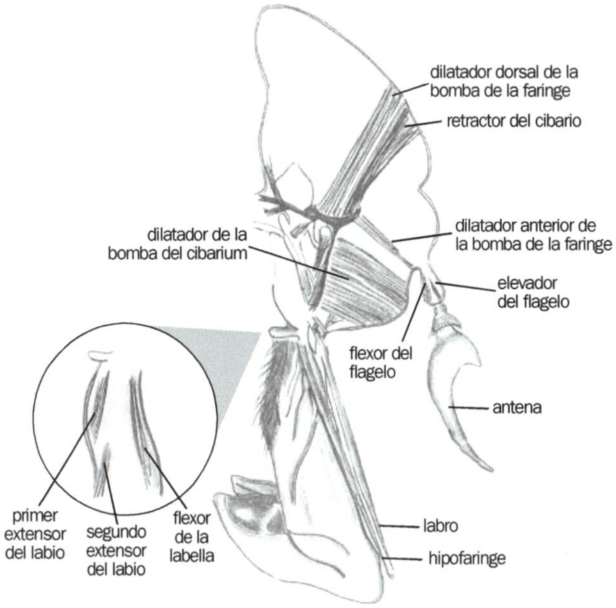

Fig. 4.31. Vista de algunos músculos de la cabeza de un tábano, incluidos los del labio y antena. (E.R.E.)

Por otro lado, sí las observaciones se realizan exponiendo la porción facial interna de la cabeza, veremos otros 6 pares de músculos, tal cual aparece en la figura 4.32.

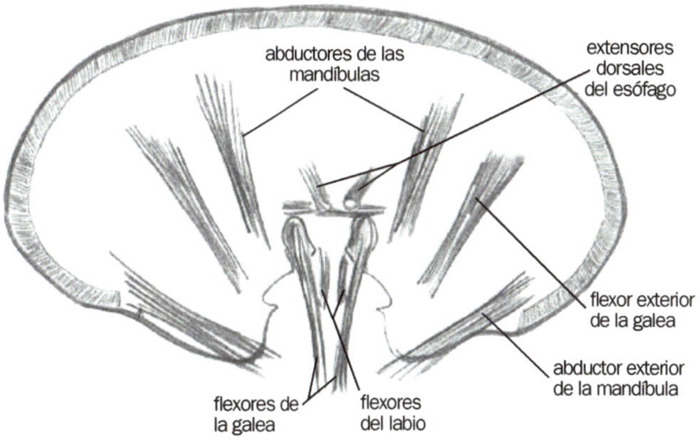

Fig. 4.32. Músculos observables en un corte transversal de la porción facial de la cabeza de un tábano. (E.R.E.)

De los músculos la cabeza, solamente dos son individuales y no están dibujados: el extensor de la bomba de las glándulas salivales y el constrictor de la bomba esofágica. La función y nombres de la musculatura de la cabeza está relacionada con las estructuras y órganos sobre los cuales actúan. No creemos necesario estudiar en detalle esta musculatura y en consecuencia, solamente la identificaremos y la ubicaremos en las figuras anteriores y en las que aparecen a continuación.

En el tórax, los músculos están modificados para cumplir funciones de locomoción: movimientos de patas y alas. En el Capítulo 3 se estudiaron algunos músculos de las patas y alas referidos al Langostón azul y a otros modelos. A continuación, revisaremos los músculos del mesotórax de un tábano (Figs.4.33 A-D) y algunos puntos o superficies de inserción (Fig. 4.34), tales como apodemas, apófisis y fragmas. No observaremos los del pro y metatórax porque los mismos se encuentran poco desarrollados. Los principales músculos del tórax pueden separarse en cuatro grupos, y su estudio debe realizarse utilizando diferentes planos de observación; su denominación es la siguiente:

1. Músculos indirectos del vuelo, responsables de la elevación y depresión del tórax. Mueven las alas en forma indirecta (Fig.4.33A-B).
2. Músculos de las bases de las patas, mueven las patas o sus partes (Fig.4.33B-C).

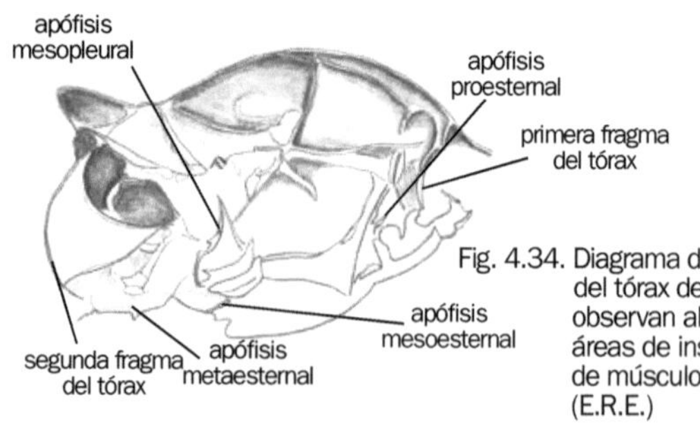

Fig. 4.34. Diagrama de un corte tangencial del tórax de un tábano. Se observan algunos apodema y áreas de inserción de músculos. (E.R.E.)

3. Músculos de las patas, mueven segmentos del apéndice (Figs.4.33B-C).
4. Músculos directos del vuelo, se insertan en las bases de las alas y ayudan en el movimiento de las mismas (Fig.4.33D).

Haciendo referencia al Langostón azul, es posible distinguir en el meso y metatórax los estigmas del sistema respiratorio y parte de las tráqueas, en conjunto con los estigmas y músculos, de un modelo teórico (Fig.4.35 y Figs.4.36A y B).

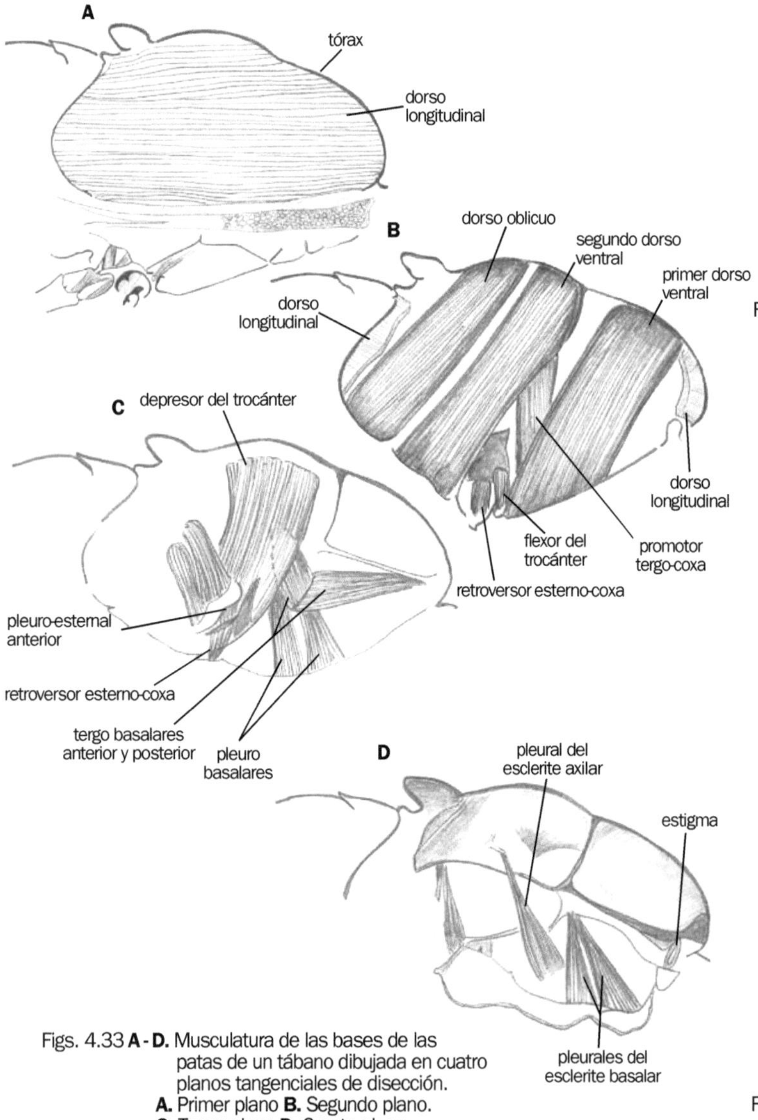

Figs. 4.33 **A - D.** Musculatura de las bases de las patas de un tábano dibujada en cuatro planos tangenciales de disección.
A. Primer plano **B.** Segundo plano.
C. Tercer plano **D.** Cuarto plano.
(E.R.E.)

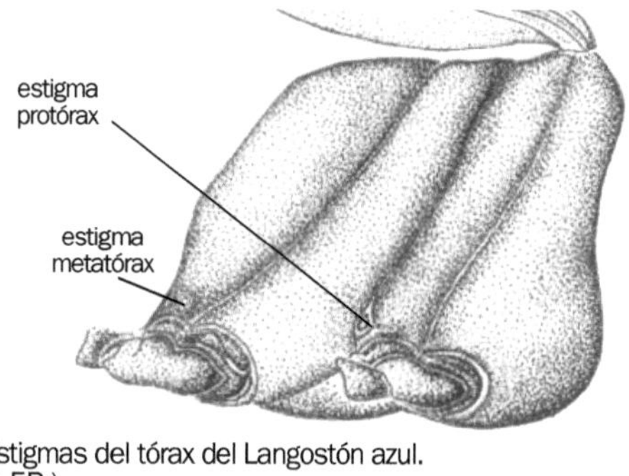

Fig. 4.35. Estigmas del tórax del Langostón azul. (A.F.R.)

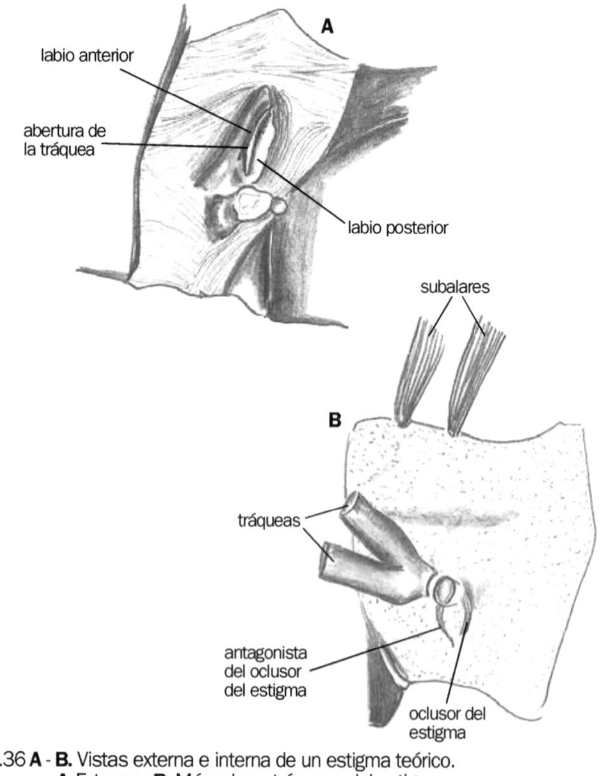

Figs. 4.36 **A - B.** Vistas externa e interna de un estigma teórico.
A. Exterrna. **B.** Músculos y tráqueas del estigma.
(E.R.E.)

Por último, en el abdomen del Langostón los músculos están bien desarrollados porque ayudan en la contracción y expansión del mismo durante el proceso respiratorio, de apareamiento o de postura de huevos por parte de las hembras.

Sistemas endocrino y exocrino

El sistema endocrino o de secreción hormonal está representado por neuronas, órganos, ganglios, la combinación de estos y sustancias de composición química compleja llamadas hormonas. En algunos casos, órganos como los ovarios y los testículos pueden producir hormonas o ser estimulados por las mismas, pero esta función no es su rol principal, sin embargo, ciertos órganos, ganglios y algunos tejidos en particular, sí se especializan en la función endocrina. Los mencionados componentes se encargan de producir hormonas cuya función primordial es inducir cambios importantes dentro y fuera del individuo o en su comportamiento, con el fin de garantizar su desarrollo y sobrevivencia. Las hormonas son transportadas por la hemolinfa hasta las células, tejidos, ganglios y órganos donde actúan.

El sistema exocrino o de secreción de feromonas está integrado por glándulas y centros celulares que abren en el integumento en células epiteliales y por sustancias químicas denominadas feromonas, las cuales al ser liberadas y captadas por individuos de la misma especie y en oportunidades, por especies diferentes, inducen una respuesta. Ambos sistemas pueden actuar independientemente o en coordinación.

Componentes de los sistemas endocrino y exocrino

El sistema endocrino en los insectos está formado por las células neuroendocrinas o neurosecretoras, un par de cuerpos cardíacos, un par de cuerpos alados, un par de glándulas protorácicas y las hormonas.

Las células neuroendocrinas se encuentran distribuidas en todo el sistema nervioso, pero la principal concentración la vamos a encontrar en el cerebro. Estas células son responsables de producir la mayoría de las hormonas en los insectos donde juegan papel fundamental en el crecimiento, la metamorfosis, la reproducción y en algunos casos el comportamiento (Fig.4.37).

El cerebro, a través de las células neuroendocrinas, estimulan a los cuerpos cardíacos a producir la hormona protoracicotrópica, la cual estimula a las glándulas protorácicas a producir otra hormona llamada ecdisona. La ecdisona induce en los insectos y otros artrópodos los fenómenos de apólisis (separación de la epidermis) y ecdisis o muda. Los cuerpos cardíacos son ganglios o agregados pares ubicados a cada lado de la aorta, cerca del cerebro, mientras las glándulas protorácicas son agregados bilaterales ubicados entre el protórax y el mesotórax, al menos, en las larvas de *Cecropia* sp. (Williams 1948, 1952). Una vez alcanzado el estado adulto, las glándulas protorácicas se atrofian o desaparecen y el insecto deja de mudar.

Por otro lado, los cuerpos alados son también ganglios pares, ubicados muchas veces a los lados del estomodeo o vecinos de los cuerpos cardíacos, cuya función es la producción de la hormona juvenil, indispensable para el crecimiento y la inhibición de la metamorfosis. Esta hormona también es responsable de algunos aspectos de la función reproductiva y el comportamiento sexual, además interviene para activar la producción de feromonas y en la diapausa, por ello su producción se incrementa en el estado adulto de los insectos.

La producción de hormona juvenil es de suma importancia para los insectos y su funcionamiento siempre va coordinado con la presencia de la hormona de la muda. En los primeros estados, el suministro de ambas hormonas es significativo, pero a medida que el individuo envejece su producción disminuye. En ese

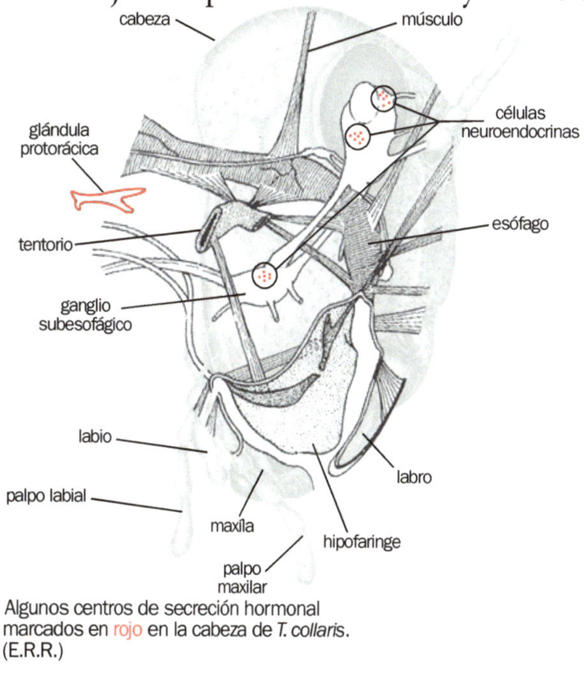

Fig. 4.37. Algunos centros de secreción hormonal marcados en rojo en la cabeza de *T. collaris*. (E.R.R.)

momento se inicia la metamorfosis, el insecto muda al estado de pupa, luego pasa a adulto y la producción de ecdisona desaparece, mientras la de hormona juvenil vuelve a aumentar.

El estudio de la estructura y funcionamiento de la ecdisona y la hormona juvenil son considerados como áreas de potencial para el combate de insectos. En los actuales momentos, algunos compuestos se han sintetizado para su uso comercial, especialmente para el control de larvas de mosquitos. Sin embargo, su uso se ha visto limitado porque actuando sobre un proceso generalizado dentro de los artrópodos, su efecto no está restringido a los mosquitos únicamente, con el consecuente impacto negativo en los ecosistemas acuáticos.

Además de las hormonas mencionadas, existen otras de importancia en el sistema endocrino de los insectos, cuyo estudio está más allá de los objetivos primarios de esta obra, por este motivo, no profundizaremos en su estudio.

El sistema exocrino está integrado por las glándulas exocrinas y sus feromonas. Las glándulas forman centros celulares distribuidos en varias regiones del cuerpo y sus células abren al exterior directamente a través de la cutícula o por medio de ductos. Se distinguen diferentes tipos de células exocrinas, siempre asociadas con la cutícula, interviniendo, por lo general, en funciones de comportamiento; de estas, Billen (2004,2009), distingue dos tipos principales de acuerdo a su organización: secretoras individuales o epiteliales, abren al exterior directamente aprovechando la porosidad parcial de la cutícula (Figs.4.38A-B) y bicelulares, donde existe una célula secretora y otra encargada de formar el ducto (Figs.4.38C-D).

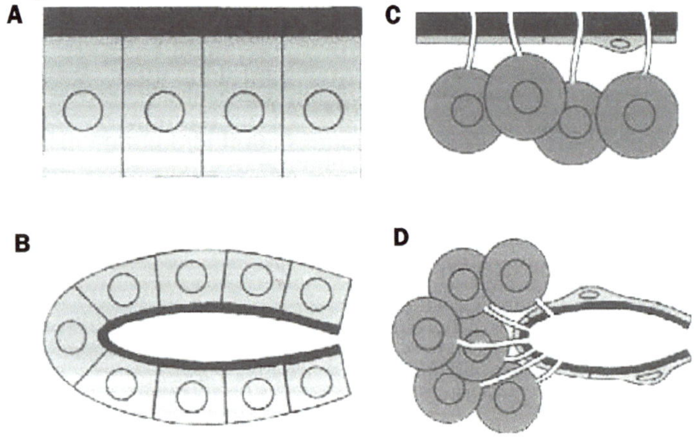

Figs. 4.38. Tipos de células exocrinas según Billen (2009). **A.** Secretoras individuales. **B.** Secretoras individuales a través de una depresión. **C.** Secretoras bicelulares. **D.** Secretoras bicelulares a través de una depresión del integumento. Basado en Billen (2009).

En hormigas, la mayoría de las glándulas exocrinas están distribuidas en las patas, abdomen y otras partes del cuerpo; en estos animales se han detectado, al menos, 40 centros de secreción. En insectos como la abeja se han reconocido varios tipos de glándulas y sus feromonas, como por ejemplo la glándula de Nasonov, presente en el ápice del abdomen de las obreras y cuya feromona, las orienta a regresar a la colonia; las glándulas hipofaringeas, también en las obreras, encargadas de producir la jalea real y sus feromonas para alimentar reinas y larvas de obreras, estas últimas, durante unos días; las glándulas de las mandíbulas de la reina, cuyas feromonas afectan varias funciones en la colmena y otras más.

El sistema exocrino es básicamente para el control del comportamiento entre miembros de la misma especie, aunque en oportunidades, especies diferentes pueden ser afectadas en su fisiología y comportamiento. Existen además de los ya mencionados, más de un centenar de centros exocrinos para la producción de feromonas, la mayoría, presentes en insectos de comportamiento social (Fig.4.39). Por otro lado, se han identificado feromonas de agregación, alarma, atracción sexual, orientación, búsqueda de alimento, territoriales, identificadoras de sitios de postura y muchas otras. Por último, se han estudiado sustancias que mimetizan las feromonas, las cuales son producidas por flores de orquídeas para atraer a la avispa o abeja que las polinizan; de la misma forma, hay arañas que liberan compuestos volátiles con el fin de atraer a los macho de ciertas polillas; estos lepidópteros, al responder al químico, terminan como alimento del arácnido.

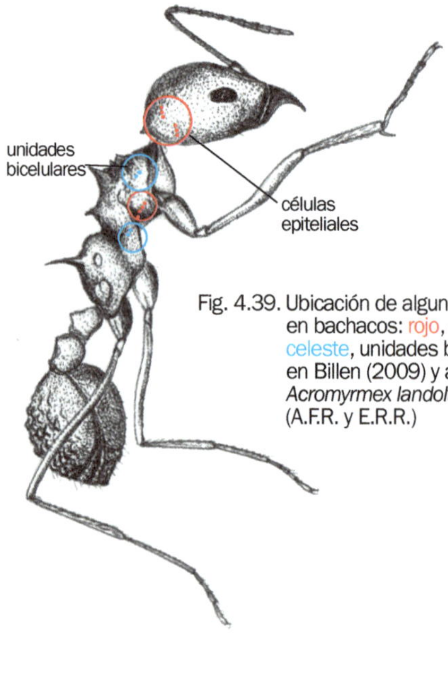

Fig. 4.39. Ubicación de algunos centros exocrinos en bachacos: rojo, células epiteliales; celeste, unidades bicelulares. Basado en Billen (2009) y adaptado para *Acromyrmex landolti* (A.F.R. y E.R.R.)

Arrese E. & J. Soulages (2010) Insect fat body: Energy, metabolism and regulation. Annual Review of Entomology 55: 207-225.

Baptist, B. A. (1941) The morphology and physiology of the salivary glands of *Hemiptera - Heteroptera*. Journal of Microscopical Science 2(83): 91-139.

Barbechenn, R. (2001) Role of peritrophic membranes in protecting herbivorous insects from ingested plant allelochemicals. Archives of Insect Biochemistry & Physiology 47: 86-99.

Billen, J. (2004) Morphology of exocrine glands in social insects with special emphasis on the contributions of italian researches. Insects Social Life 5: 69-75.

Billen, J. (2009) Occurrence and structural organization of the exocrine glands. Journal of Arthropod Structure & Development 38: 2-15.

Bonhag, P. F. (1949) The thoracic mechanism of the adult horsefly. Cornell University Agricultural Experimental Station Memoirs No. 285. 39 p.

Bonhag, P. F. & J. Wick (1953) The functional anatomy of the male and female reproductive system of milk weed bug, *Oncopeltus fasciatus* (Dallas). Journal of Morphology 93: 177-284.

Chapman, R.F. (1998) The insects: Structure and Function, 4th edn. Cambridge University Press, Cambridge. 770 p.

Dow, J.A.T. (1986) Insects midgut function. Advances in Insect Physiology 19: 187-328.

Elsner, N. & A. Popov (1978) Neuroethology of acoustic communication. Advances in insect Physiology 13: 229-357.

Greenfield, M.D. (2002) Signalers and receivers: Mechanisms and evolution of arthropod communication. Oxford University Press, New York. 414 p.

Gullan, P. J. & P. S. Cranston (2010) The insects. An outline of Entomology, 4th edn. JohnWiley, New York. 565 p.

Keeley, L.L. (2004) Neuron structure and nervous information transfer. Department of Entomology, Texas A&M University, Texas HTTP//:entochem,tamu.edu/

Leal, W. S. (2005) Pheromone reception. Topics in Current Chemistry 240: 1-36.

Nation, J.L. (2008) Insect Physiology and Biochemistry, 2nd edn. CRC, Florida. 496 p.

Nijhout, H.F. (1998) Insects Hormones. Princeton University Press, Princeton. 208 p.

Nüesch, H. (2005) Development of the malpighian tubules in *Cloeon dipterum* (*Ephemeroptera*). Journal of Morphology 197(2): 241-247.

Snodgrass, R.E. (1935) Principles of Insect Morphology. McGraw-Hill, New York. 667 p.

Wenner, A.M. (1964) Sound communication in honey bees. Scientific American 210: 116-124.

Williams, C. (1948) Physiology of insect diapause III. The prothoracic glands in the *Cecropia* silkworm, with special reference to their significance in embryonic and postembryonic development. Biology Bulletin 94: 60-65.

Williams, C. (1952) Physiology of insect diapause. IV. The brain and the prothoracic glands as an endocrine system in the *Cecropia* silkworm. Biology Bulletin 103(1):120-138.

Wyatt, T.D. (2003) Pheromones and animal behavior: Communication by smell and taste. Cambridge University Press, Cambridge. 408 p.

Reproducción, desarrollo embrionario, postembrionario y metamorfosis

Casi todas las especies de insectos tienen sexos separados y la reproducción se inicia con la formación de células sexuales masculinas y femeninas. Cuando se aparean (Fig.5.1), los machos aportan espermatozoides y las hembras óvulos. Las células sexuales masculinas fecundan los óvulos para dar origen a huevos diploides en cuyo interior se desarrollan los embriones. El embrión, al nutrirse de la yema del huevo fertilizado, hace que sus células se diferencien morfológicamente hasta formar un nuevo insecto que al nacer se denomina inmaduro, ninfa o larva. Estas formas juveniles pasan por un período postembrionario para alcanzar el estado adulto, capaz de reproducirse e iniciar así un nuevo ciclo. En los insectos, tanto el desarrollo embrionario como el postembrionario obedecen a la genética y a la capacidad de adaptación de los mismos a los cambios del ambiente. La reproducción puede ser también por partenogénesis y por paedogénesis. En el primer caso las hembras originan individuos sin la intervención de los machos y

Fig.5.1. Apareamiento de *Apatelodes sp.*, plaga del plátano. Raúl Ramírez (R.R.)

CONTENIDO

en el segundo, estados con apariencia de inmaduros son capaces de reproducirse, tales como en ciertas larvas de *Coleoptera*, *Strepsiptera* y otros órdenes.

Huevos y desarrollo embrionario

Los huevos de los insectos representan el inicio de sus ciclos de vida; dentro de estos ocurren todos los procesos embriológicos que darán origen al primer estado juvenil, el cual como se indicó y dependiendo del tipo de metamorfosis de la especie, se denominará inmaduro, larva o ninfa.

Los huevos fertilizados son depositados por las hembras generalmente en grupos y varían en apariencia y tamaño con tendencia a ser esféricos, ovalados, alargados o cilíndricos (Figs.5.2A-C).

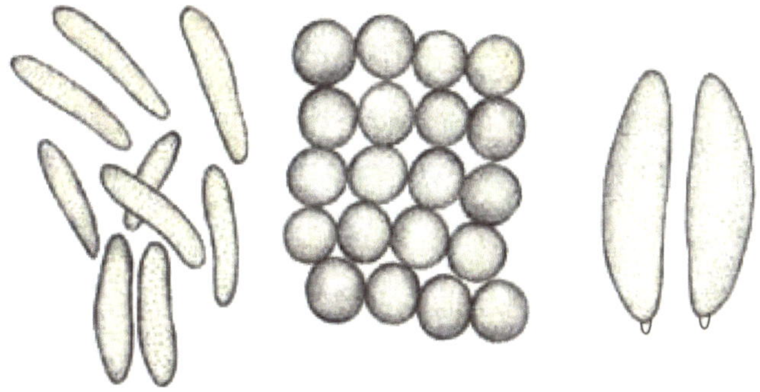

Figs. 5.2. **A-C**.Diferentes tipos de huevos.
A. *Aedes aegypti*.
B. *Spodoptera frugiperda*.
C. *Ceratitis capitata*.
(L.R.)

En su exterior presentan una membrana denominada corión que puede exhibir diferentes formas, colores y texturas. Debajo del corión se encuentra la membrana vitelina que envuelve al citoplasma. El núcleo fecundado se ubica en el citoplasma, mientras la yema o vitelo, integrada por nutrientes y grasa, forma la mayor parte del citoplasma y ocupa casi la totalidad del huevo (Fig.5.3).

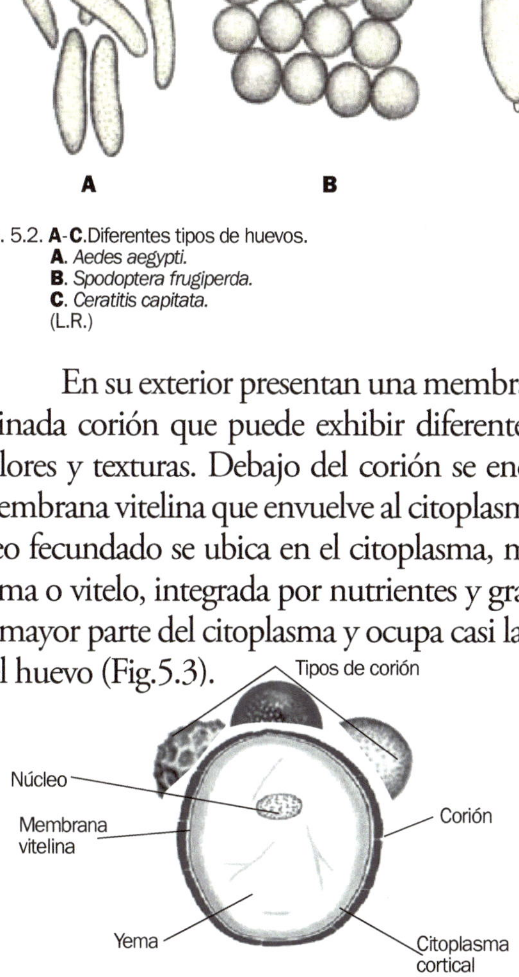

Fig. 5.3. Representación esquemática del huevo de un insecto mostrando sus partes y diferentes tipos de membranas exteriores (coriones). (E.R.R.)

Por último, el micrópilo o los micrópilos se encuentran en alguno de los extremos del óvulo o rodeando sus polos cuando son numerosos. Los mismos sirven de puertas de entrada para los espermatozoides y varían en número desde uno (*Diptera*), hasta varias decenas como en hemípteros y algunos ortópteros. Los micrópilos, en ocasiones, pueden asociarse con aerópilos integrando proyecciones en los óvulos de algunas moscas del género *Calliphora*; sin embargo, en la mayoría de los insectos se distribuyen en todo el corión formando bolsas de aire las cuales se utilizan en el intercambio gaseoso cuando llega a la fase de huevo (Fig.5.4).

Por ser la etapa de huevo tan importante y vulnerable para el desarrollo del insecto, las especies cuentan con estrategias de protección para sus posturas. En algunos saltahojas la protección se logra agregando una capa espumosa sobre el corión (extra corión) cuando el huevo es puesto; esta espuma les sirve de protección y es producida por células del oviducto y no por células propias de los huevos. *Blattodea* y *Mantodea* los resguardan elaborando una ooteca o cápsula envolvente. Ciertos *Noctuidae* preservan la masa de huevos con una capa cerosa, mientras otros lo hacen con escamas de su cuerpo.

Algunos insectos entierran sus posturas en el suelo o los insertan en tejidos vegetales; otros los depositan en el agua para asegurar hábitat y alimento a las ninfas y larvas que emergen de ellos. Según la especie, los huevos pueden ser puestos solos o en masas, pero siempre en lugares seguros cerca o dentro del futuro alimento de los primeros estados juveniles del insecto. En general, si las posturas son de uno o pocos huevos la hembra tendrá precaución en el sitio de ubicación, pudiendo tener, incluso, cuidados maternales o paternales. Cuando se disponen en masas, las especies tienden a ser menos cuidadosas.

El desarrollo embrionario o embriogénesis es un proceso que comienza con la fertilización del óvulo, seguido de la multiplicación, migración, crecimiento y diferenciación de células para dar origen al blastodermo, al mesodermo, al ectodermo y por último al endodermo. Al completar la embriogénesis los huevos eclosionan y el insecto nace rompiendo el huevo con sus partes bucales o con estructuras ubicadas en el dorso de la cabeza. También pueden inhalar aire y ejercer presión sobre el corión lo que ocasiona su ruptura.

Los mecanismos genéticos que controlan la embriogénesis en los insectos apenas se conocen, pero se sabe que los genes responsables de esos mecanismos, guardan estrecha relación con los encargados de gobernar estos procesos en otros invertebrados, incluso en vertebrados donde se ubican a los seres humanos.

La secuencia de eventos durante la embriogénesis se describe a continuación y en la mayoría de las especies, comienza con la entrada de uno o varios espermatozoides a través del micrópilo para fertilizar al núcleo del óvulo (primera fase); el óvulo una vez fecundado, se transforma en huevo. La fertilización da inicio a divisiones tempranas del núcleo y a la formación de muchos núcleos hijos llamados enérgidos, los cuales se dispersan en el citoplasma (Figs.5.4 y 5.5).

A continuación, la mayoría de esos núcleos hijos se dividen y emigran hacia la periferia del citoplasma dando origen a la blástula. En la blástula se generan células individuales y membranas que terminan formando una capa gruesa celular llamada blastodermo que rodea la yema, iniciándose una segunda fase (Fig. 5.5).

El resto de enérgidos no viajan hacia la periferia y no forman parte del blastodermo, más bien permanecen dispersos en el citoplasma sin dividirse, para finalmente emigrar formando parte de las gónadas y eventualmente transformarse en las primeras células sexuales: óvulos o espermatozoides del embrión.

Las células del blastodermo, ubicadas en la porción ventral del huevo se agrandan, originando un plato medio o banda germinal de donde se formará el embrión (Figs.5.6A-D). El resto de las células dan origen a dos membranas, una externa denominada serosa y otra interna o amnión, las cuales encierran y protegen al embrión en formación (Figs.5.7A-B). En este estado de la blástula, un grupo de genes controladores del desarrollo (genes HOX), se activan y actúan sobre otros genes localizados en diferentes células de la banda germinal para participar en la diferenciación y organización del cuerpo del insecto. Paralelamente la banda germinal se transforma en un plato medio y dos laterales, dando inicio al estado de gástrula y origen del mesodermo utilizando cualquiera de los caminos que constituyen la tercera fase (Figs.5.6B-D):

B. Invaginación del plato medio.

C. Los platos laterales crecen por debajo del plato medio.

D. Multiplicación de células de la parte interior del plato medio.

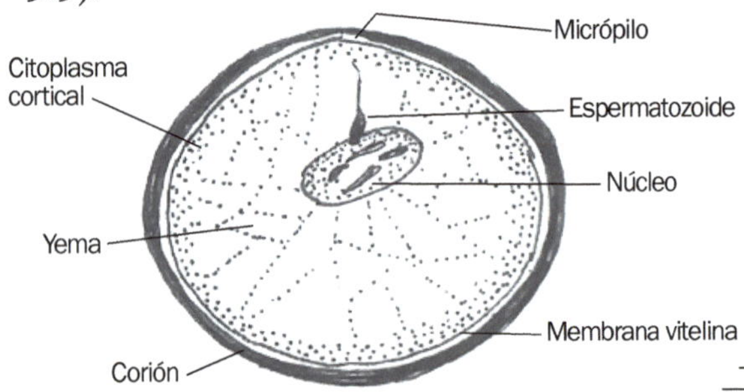

Fig. 5.4. Desarrollo embrionario, primera fase. (E.R.E.)

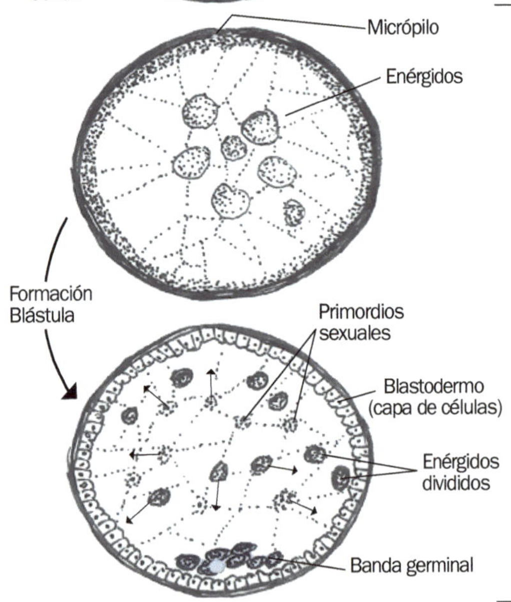

Fig. 5.5. Desarrollo embrionario, segunda fase. (E.R.E.)

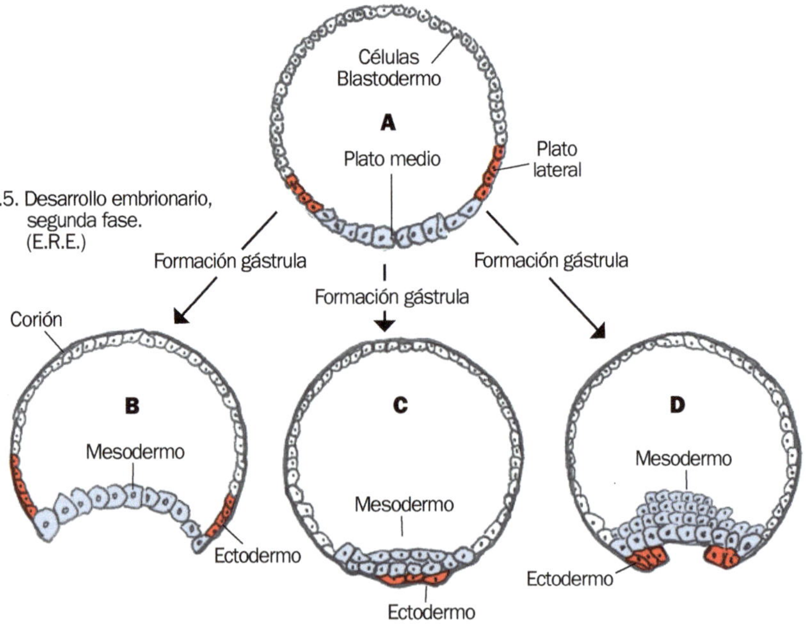

Figs. 5.6. **A** - **D**. Desarrollo embrionario, tercera fase. (E.R.R.)

La multiplicación y diferenciación de células, incluyendo la formación de la serosa y el amnión, representan la cuarta fase, la cual continúa a partir del mesodermo para formar al endodermo y terminar rodeando la yema o vitelo del huevo (Figs.5.7A-D).

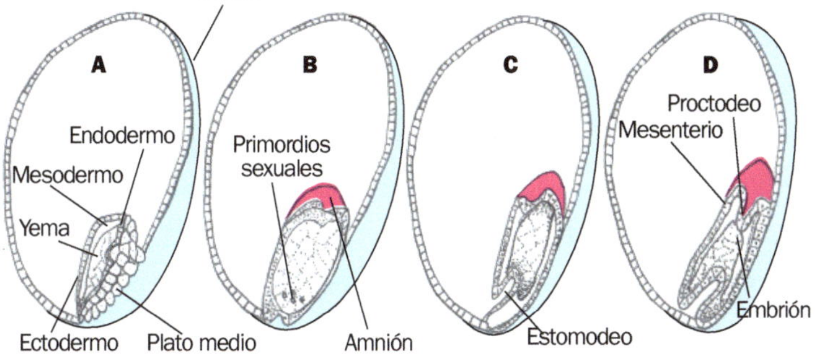

Figs. 5.7. **A - D.** Desarrollo embrionario, cuarta fase. (E.R.R.)

El ectodermo se establece en conjunto con el mesodermo, probablemente a partir de la diferenciación de los platos laterales y viene a representar la pared celular que envuelve todo el conjunto. Las tres capas germinales: ectodermo, mesodermo y endodermo, producen los tejidos, órganos, sistemas, glándulas y otros componentes del insecto, a saber:

1. Ectodermo: integumento y alas, sistema respiratorio, cerebro y sistema nervioso, glándulas exocrinas, tubos de Malpighi, órganos de los sentidos, intestinos anterior y posterior, genitales externos.

2. Mesodermo: músculos, corazón, hemolinfa, sistema circulatorio, glándulas endocrinas, cuerpos grasos, células sexuales o gónadas.

3. Endodermo: intestino medio.

El cuerpo del insecto se inicia con la formación de regiones, luego la segmentación de las mismas y por último la formación de apéndices y otras estructuras. Al principio, el embrión tiene forma alargada y empieza a diferenciarse en regiones comenzando por la parte anterior (protocéfalo). Las regiones a su vez se segmentan y cuando la segmentación es evidente, aparecen los apéndices en una quinta fase (Figs.5.8A-D).

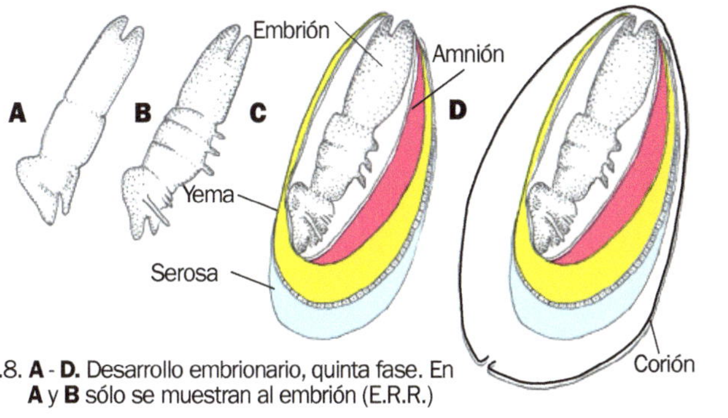

Figs. 5.8. **A - D.** Desarrollo embrionario, quinta fase. En **A** y **B** sólo se muestran al embrión (E.R.R.)

El embrión en formación queda rodeado de dos membranas, una interna o amnión y otra externa o corión, inicialmente llama serosa la cual se origina cuando se forma el blastodermo, al final de la tercera fase.

Desarrollo postembrionario y metamorfosis

Los insectos provenientes de la eclosión de los huevos en el medio ambiente (Figs.5.2A-B), o los nacidos directamente de las hembras (vivíparos), alcanzan el estado adulto a través de un proceso biológico llamado desarrollo postembrionario o metamorfosis.

El desarrollo postembrionario se caracteriza en su etapa inicial por el nacimiento del insecto y su crecimiento hasta convertirse en adulto, alcanzando la madurez sexual. Para transformarse en adulto, el insecto debe pasar por un proceso de metamorfosis. Esta puede ser de tres tipos: incompleta, completa e intermedia. La metamorfosis representa la etapa final del desarrollo postembrionario.

La metamorfosis se caracteriza por una acelerada actividad hormonal en el individuo, la cual se traduce en cambios importantes de forma, estructuras, tamaño e inclusive de hábitat y comportamiento. La actividad hormonal acciona, entre otros, dos procesos: histólisis e histogénesis. En el primero, material de las etapas juveniles se desintegra o transforma para luego, mediante el proceso de histogénesis, generar nuevas estructuras para el adulto.

En resumen, el crecimiento y la metamorfosis son controlados por hormonas sintetizadas en las glándulas endocrinas ubicadas, principalmente, en las células neuroendocrinas del cerebro, próximas a la aorta en el protórax, pero su acción se refleja en todo el cuerpo.

Las células neurosecretoras del cerebro producen la hormona cerebral o protoracicotrópica (HPTT), la cual es transportada a través de axones, hasta los cuerpos cardíacos donde se almacena para luego liberarla en tiempos específicos en la hemolinfa, induciendo a las glándulas protorácicas a secretar ecdisona u hormona de la muda.

Paralelamente los cuerpos alados (*corpora allata*), producen una tercera hormona llamada juvenil o neotenina, cuyo efecto resulta en el mantenimiento de los estados inmaduros del insecto previniendo la aparición de características de adulto.

Bajo estas condiciones, la ecdisona continúa operando y el insecto sigue mudando hasta que cesa la producción de hormona juvenil, se produce la última muda y el insecto pasa al estado adulto.

La coordinación y equilibrio en la producción de estas hormonas y su actuación deben ser perfectos para que los cambios se produzcan como genéticamente están programados y los insectos, alcancen el estado adulto. La comprobación de la acción de estas hormonas ha sido demostrada removiendo algunas de las glándulas mencionadas para evitar la producción de una hormona o inyectando hormonas para acelerar o retardar una fase del desarrollo. Los resultados son predecibles, por ejemplo sí se eliminan los cuerpos alados, no se produce hormona juvenil y las larvas tienden a pupar, mientras que las ninfas pasan al estado adulto. Mucha investigación se viene realizando en estos tópicos con la finalidad de manipular el equilibrio hormonal y buscar alternativas para el control de las plagas.

¿Sabía Usted?

La palabra metamorfosis es de origen Griego, donde meta significa cambio y morfosis forma. El 90% de los insectos tienen metamorfosis completa.

La metamorfosis no es exclusiva de los insectos; otros grupos como crustáceos, anfibios y moluscos, por nombrar algunos, también la presentan. En la Clase *Insecta* se caracteriza por los estados que aparecen en las figuras 5.9A-B, los cuales integran el ciclo de vida de la especie.

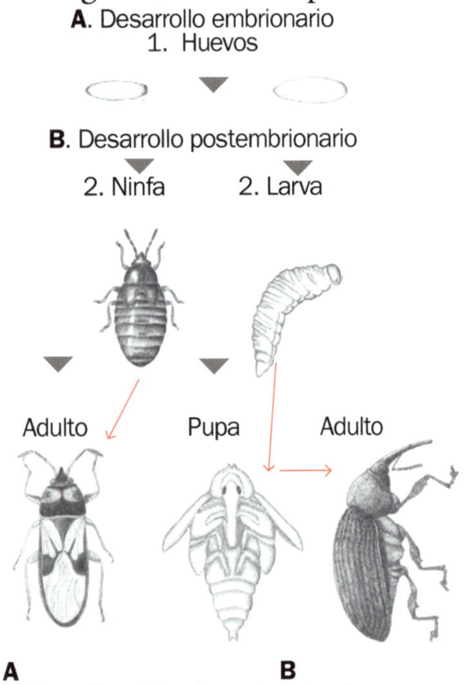

Figs. 5.9. **A** - **B.** Desarrollo embrionario y postembrionario:
1. Huevos: *Blissus leucopterus* y *Anthonomus sp.*
2. **A.** Ninfa y adulto, *Blissus* 2. **B.** Larva, pupa y adulto, *Anthonomus sp.* (L.R.)

El exoesqueleto representa un obstáculo para que el insecto aumente de tamaño y desarrolle las estructuras necesarias para la formación del estado adulto. En consecuencia, debe desprenderse y para lograrlo se inicia un proceso llamado muda o ecdisis mediante el cual, el insecto se desprende del exoesqueleto viejo generando al mismo tiempo uno nuevo.

Los insectos crecen hasta llegar al estado adulto, a partir de ese momento, dejan de crecer y no mudan más. El número de mudas es variable y tiende a ser menor en los órdenes más evolucionados. Los estados previos al adulto incluyen fases o instares, los cuales representan períodos de tiempo entre mudas, tal como aparece a continuación (Fig.5.10).

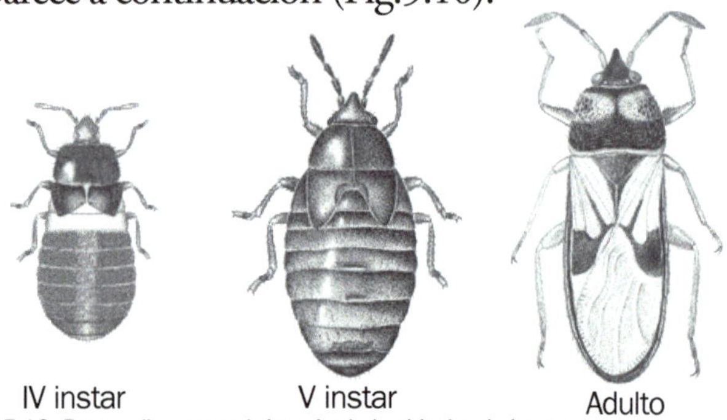

Fig. 5.10. Desarrollo postembrionario de la chinche de los pastos, *Blissus leucopterus*, mostrando los instares IV, V y el adulto. (E.R.E.)

La mayoría de los insectos necesitan de 3 a 6 instares para alcanzar el estado adulto; sin embargo, el tiempo requerido para completar una generación o ciclo de vida es variable, desde 15 días como en las moscas *Drosophila* spp., hasta más de 13 años en algunas cigarras.

Tipos de metamorfosis

La metamorfosis, como se indicó, puede presentar variaciones, pero básicamente se distinguen tres tipos:

1. Simple o incompleta.
2. Completa.
3. Intermedia o combinada

La evolución de diferentes tipos de metamorfosis en los insectos y otros organismos ha sido muy importante para su sobrevivencia en la Tierra. Por ejemplo, los insectos con metamorfosis completa, en climas templados, entran en un estado llamado diapausa como respuesta a cambios climáticos, pudiendo soportar de esa forma las condiciones frías del invierno. La diapausa es característica de climas fríos y se inicia como consecuencia de estímulos que afectan el sistema hormonal del insecto, una vez iniciada, no se detiene, a menos que estímulos muy particulares la contrarresten. En zonas tropicales, en lugar de la diapausa existe el fenómeno de estivación o dormancia, el cual representa una respuesta al calor y a la sequía. Por ejemplo, algunos coleópteros taladradores de madera entran en estivación y no se reproducen por falta de árboles caídos durante la estación seca, pero cuando empiezan las lluvias, los árboles caídos aumentan, así como el estímulo de apareamiento, lo cual se traduce en sitios para poner huevos y disponer de parejas para reproducirse. Tanto la diapausa como la estivación pueden presentarse en cualquier estado de la vida del insecto, pero la estivación es más común en huevos y adultos, mientras la primera es notoria en huevos y pupas. Más información al respecto puede verse en el capítulo 6, subtítulo: Migración y dispersión de insectos.

1. Los insectos con metamorfosis simple se conocen con diferentes nombres; los mismos reflejan características del cuerpo y tipos de hábitos:

A. Paurometábolos.
B. Hemimetábolos.
C. Ametábolos.

En los insectos paurometábolos los cambios son graduales, los instares juveniles son terrestres, se denominan ninfas y desarrollan alas externamente; por lo general viven y consumen el mismo alimento de los adultos. Este tipo está presente en los Órdenes:

Orthoptera	*Hemiptera*
Embioptera	*Dermaptera*
Isoptera	*Psocoptera*
Phasmatodea	*Phthiraptera*
Zoraptera	*Dictyoptera*

En los hemimetábolos los cambios son radicales, los instares juveniles son acuáticos, se llaman ninfas o náyades y respiran a través de expansiones de las tráqueas, denominadas agallas, ubicadas en diferentes partes del cuerpo. Los adultos presentan vida libre, siendo los estados juveniles muy diferentes a los adultos, tanto en forma como en hábitos. A semejanza con los paurometábolos, no presentan estado de pupa entre el último instar ninfal y el adulto (Figs.5.11A-C). Este tipo de insecto y metamorfosis están presentes en los Órdenes: *Odonata, Plecoptera* y *Ephemeroptera.*

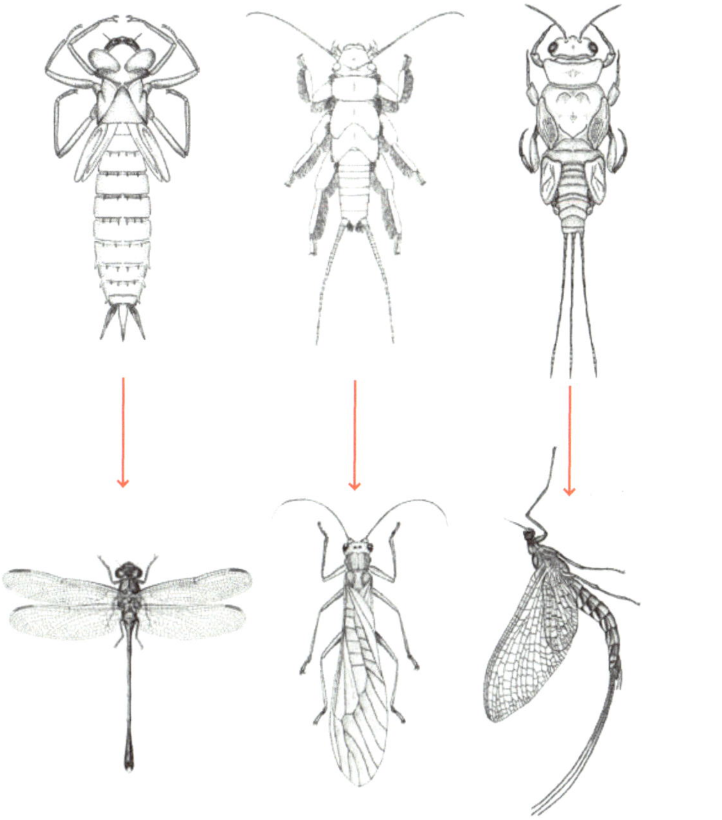

A **B** **C**

Figs. 5.11. **A - C.** Insectos hemimetábolos. **A.** Ninfa y adulto de *Odonata.* **B.** Ninfa y adulto de *Plecoptera*. **C.** Ninfa y adulto de *Ephemeroptera*. (E.R.E.)

En los ametábolos no se presentan cambios morfológicos notables entre inmaduros y adultos, excepto por el tamaño (Fig.5.12). Este tipo de metamorfosis está presente en los Órdenes:

Archaeognatha *Zygentoma*

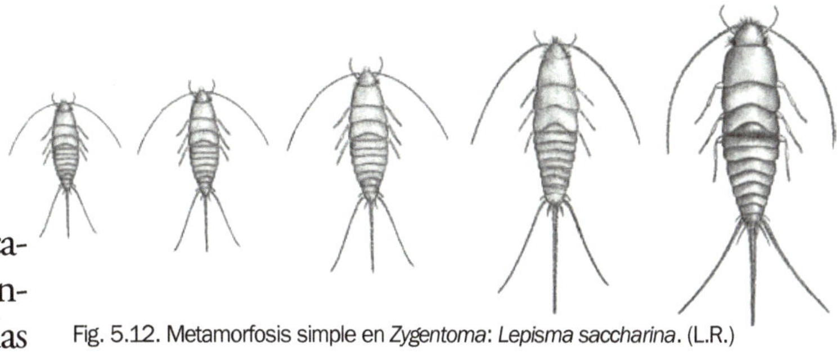

Fig. 5.12. Metamorfosis simple en *Zygentoma*: *Lepisma saccharina*. (L.R.)

2. Los insectos con metamorfosis completa son llamados holometábolos y pasan por un ciclo de vida compuesto de 4 estados o fases: huevo, larva, pupa y adulto. Las larvas comienzan a desarrollar alas internamente (endopterigoto), viviendo y alimentándose en lugares distintos al adulto; incluso pueden presentar aparatos bucales diferentes o modificados. La pupa es un estado inactivo en el sentido de no alimentarse ni desplazarse, pero fisiológicamente muy activo internamente; se presenta entre el último instar larval y el adulto. Los insectos con metamorfosis completa están presentes en los Órdenes:

Neuroptera *Mecoptera* *Lepidoptera*
Trichoptera *Diptera* *Siphonaptera*
Hymenoptera *Coleoptera* *Strepsiptera*
Raphidioptera

3. Los insectos con metamorfosis intermedia o combinada tienen representantes con instares y estados distintos a los referidos en las metamorfosis ya descritas, dando la impresión de haber evolucionado independientemente del orden al cual pertenecen, o ser adaptaciones en sus hábitos de vida. En este sentido, podemos mencionar la hipermetamorfosis en coleópteros de la Familia *Meloidae* (Fig.5.13), donde encontramos larvas que cambian de forma en sus diferentes instares. En el primer instar la larva es campodeiforme (ver más adelante, tipos de larvas), y se mueve (triungulín) para buscar al huésped, entra en él y alimentarse del mismo, muda y se transforma en una larva menos activa, de otro tipo, hasta completar el ciclo asociada al huésped. Este tipo de hipermetamorfosis la podemos encontrar, al menos, en familias de cinco Órdenes:

Hymenoptera *Diptera* *Strepsiptera*
Coleoptera *Neuroptera*

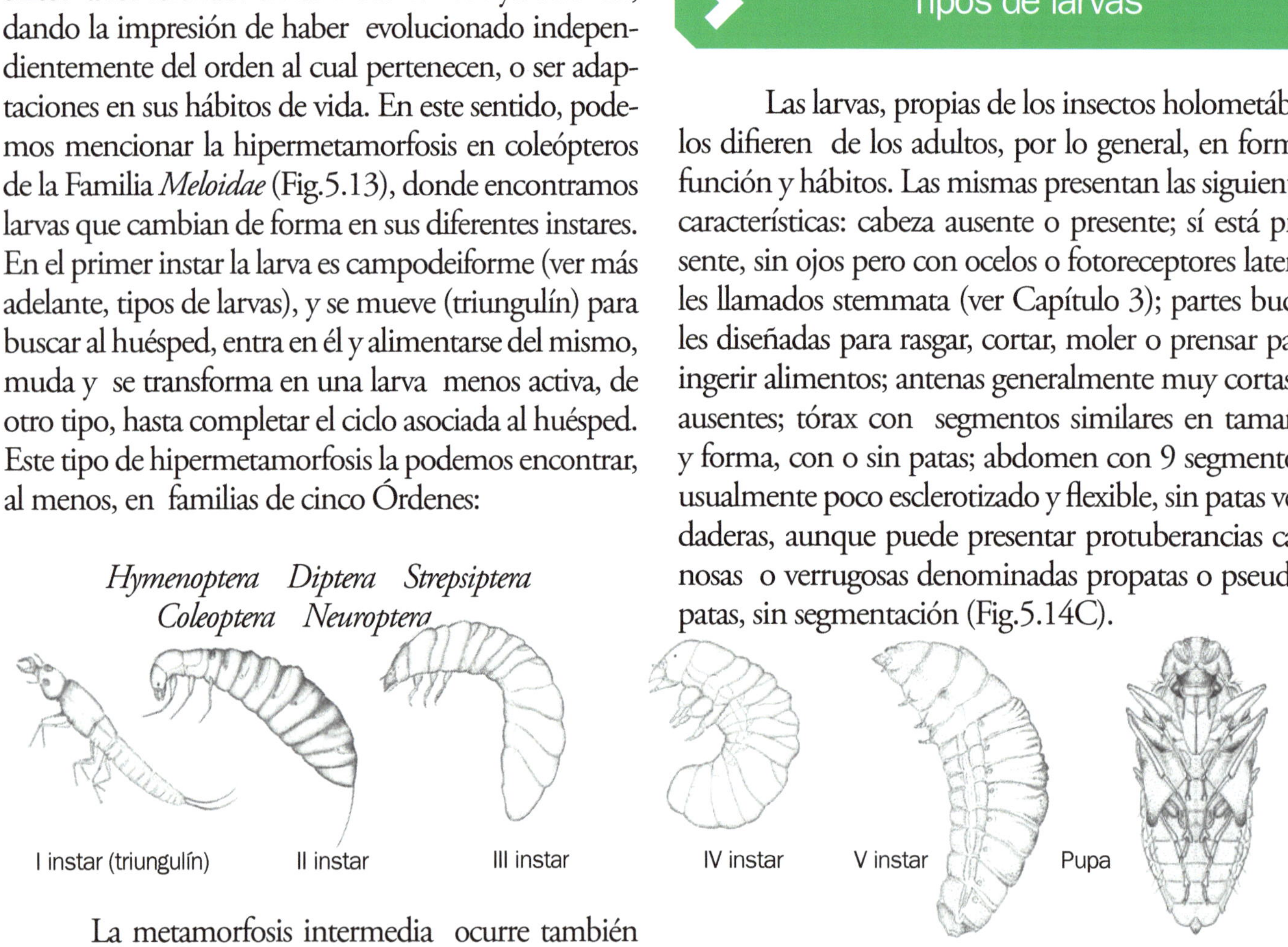

Fig. 5.13. Fases de la hipermetamorfosis en *Meloidae*. Se observan cinco instares larvales diferentes precediendo al estado de pupa. (E.R.E.)

La metamorfosis intermedia ocurre también en moscas blancas y machos de algunas escamas, ambos de *Hemiptera*, así como en *Thysanoptera*. En el caso de las moscas blancas, el primer instar es activo, sin vestigios de alas, mientras los siguientes tres son inactivos (semejan escamas) y tienen alas desarrolladas internamente. El quinto instar, llamado pupa, despliega alas externamente, muda y pasa al estado adulto. En los thrips (*Thysanoptera*), después de la eclosión se originan dos instares llamados larvas, muy activos y sin alas externas; luego pasan por dos o tres instares inactivos con alas externas denominados prepupa y pupa, para finalmente mudar al estado adulto. La hipermetamorfosis la discutiremos, adicionalmente, cuando se describan las familias en las cuales ocurre este tipo de metamorfosis.

Por último es interesante mencionar el caso de las taritas de mayo (*Ephemeroptera*), donde el adulto aparece precedido de un preadulto (subimago), capaz de volar pero sin capacidad reproductiva. Las dos formas en conjunto, sobreviven poco tiempo, de allí el nombre del Orden.

Tipos de larvas

Las larvas, propias de los insectos holometábolos difieren de los adultos, por lo general, en forma, función y hábitos. Las mismas presentan las siguientes características: cabeza ausente o presente; sí está presente, sin ojos pero con ocelos o fotoreceptores laterales llamados stemmata (ver Capítulo 3); partes bucales diseñadas para rasgar, cortar, moler o prensar para ingerir alimentos; antenas generalmente muy cortas o ausentes; tórax con segmentos similares en tamaño y forma, con o sin patas; abdomen con 9 segmentos, usualmente poco esclerotizado y flexible, sin patas verdaderas, aunque puede presentar protuberancias carnosas o verrugosas denominadas propatas o pseudopatas, sin segmentación (Fig.5.14C).

La larva representa el estado juvenil activo del ciclo de vida del insecto y su función principal es alimentarse para aportar nutrientes y tejidos que participarán en cambios importantes durante los estados de pupa y adulto.

Existen en la naturaleza diferentes tipos de larvas, las cuales han evolucionado adaptando formas y características siguiendo patrones relacionados con sus hábitos de vida. A continuación se presentan y describen los tipos más comunes de larvas (Figs.5.14A-D):

A

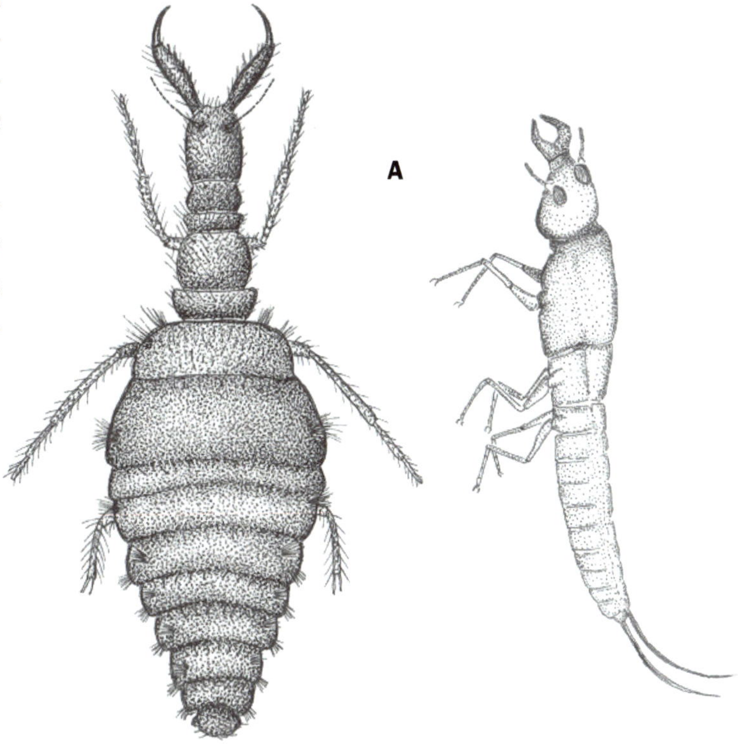

B

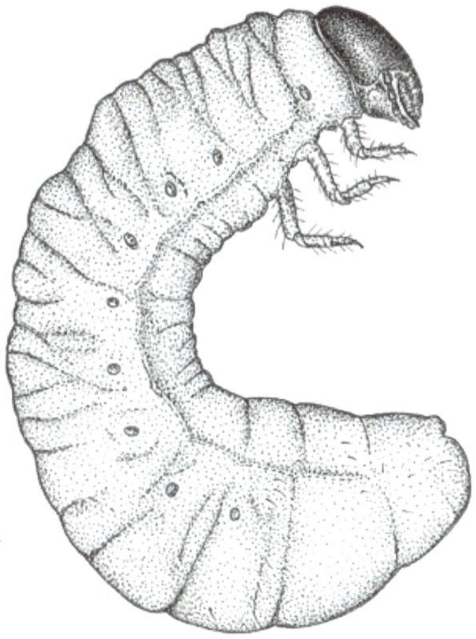

D

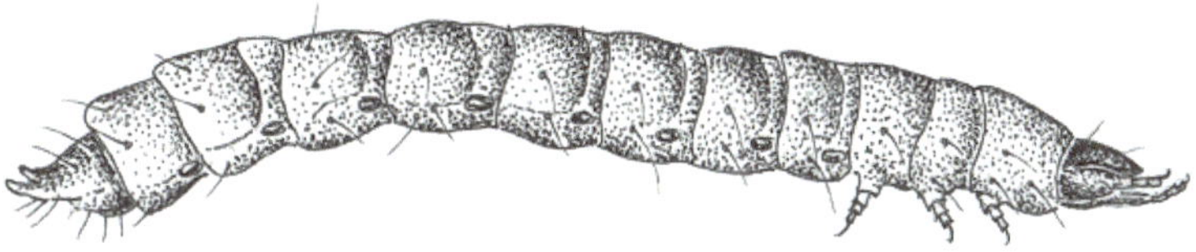

Figs. 5.14 **A** - **D.** Diferentes tipos de larvas. **A.** Campodeiforme, *Neuroptera* y *Meloidae.* **B.** Scarabaeiforme, *Scarabaeidae.* **C.** Eruciforme: *Sacadodes pyralis, Spodoptera* sp. y *Trichoptera.* **D.** Elateriforme, *Tenebrionidae.* (L.R.)

C

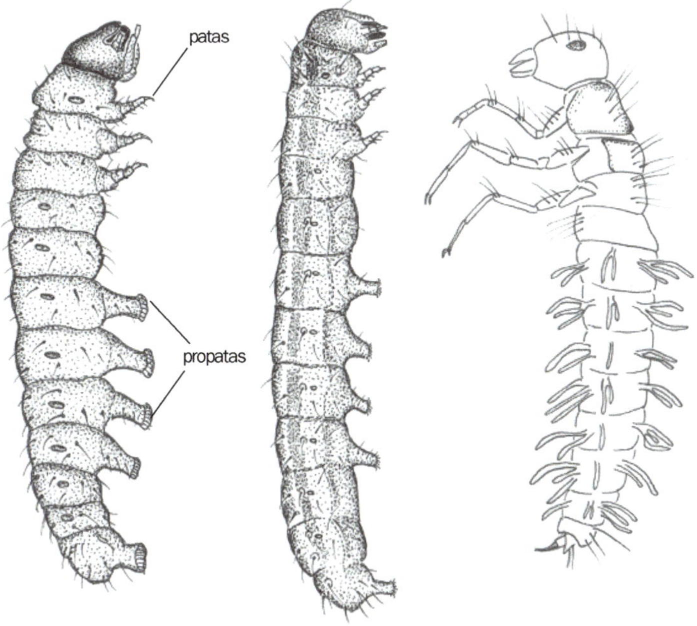

¿Sabía Usted?

La palabra larva proviene del Latín y ha tenido, con el correr del tiempo, varios significados. Al principio era sinónimo de demonios o espíritus malignos; sin embargo, en 1768 el famoso botánico sueco *Caroli Linnæi* la definió como máscara, ya que de alguna forma, ocultaba los estados finales de la vida del insecto: pupa y adulto.

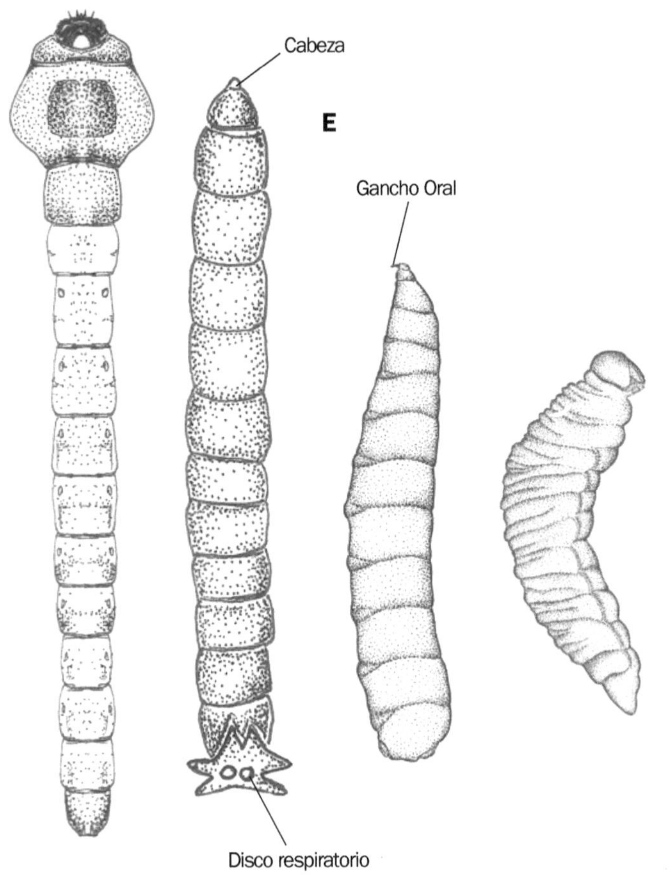

Fig. 5.14 **E.** Diferentes tipos de larvas. **E.** Vermiforme: *Buprestidae*, *Tipulidae*, *Anastrepha* sp. y *Anthonomus* sp. (L.R.)

Campodeiforme: cuerpo alargado y algo aplanado o globular, mandíbulas bien desarrolladas, antenas presentes. Tórax bien marcado. Patas largas, de movimientos rápidos, presentes en: *Neuroptera*, *Trichoptera*, *Strepsiptera* y algunos coleópteros. Larvas depredadoras o parásitas (Fig.5.14 A).

Scarabaeiforme: cuerpo curvo, robusto, poco esclerotizado y de movimientos lentos. Cabeza bien formada. Tórax con tres pares de patas cortas, más pequeñas que en campodeiforme; o ápodas. Este tipo de larva distingue a la Superfamilia *Scarabaeoidea* y a otros coleópteros (Fig.5.14 B).

Eruciforme: cuerpo cilíndrico, alargado, poco esclerotizado, a veces adornado con setas, espinas, tubérculos y otras proyecciones. Cabeza bien definida con mandíbulas y antenas cortas. Tórax con tres pares de patas y abdomen con pseudopatas o propatas. Caracteriza a *Lepidoptera*, *Mecoptera*, *Trichoptera* (cuerpos metidos en una funda portátil construida por ellos mismos) y algunos himenópteros del Suborden *Symphyta* (Fig.5.14 C).

Elateriforme: cuerpo alargado, cilíndrico; blando y de movimientos lentos en *Elateridae*, más esclerotizadas y rápidas en *Tenebrionidae*; con pocas setas. Cabeza bien desarrollada, esclerotizada. Tórax con tres pares de patas cortas. Este tipo de larva caracteriza a *Elateridae* y otros coleópteros como *Tenebrionidae* (Fig.5.14 D).

Vermiforme: cuerpo alargado, con o sin cabeza desarrollada, sin patas (Fig.5.14E). Según Chapman (1998), estas larvas son ápodas y se subclasifican de acuerdo al grado de esclerotización de la cabeza y otras características en:

Eucéfala: cuerpo alargado, cabeza desarrollada, presentes en *Diptera*: *Nematocera*; *Hymenoptera* : *Aculeata*; *Coleoptera*: varias familias.

Hemicéfala: cuerpo alargado, poco desarrollo de la cabeza, la cual se retrae dentro del tórax. Caracteriza a *Tipulidae* y otros dípteros.

Acéfala: cuerpo alargado, extremo posterior más voluminoso que el anterior; cápsula cefálica ausente. Se puede observar en *Tephritidae* y en el Orden *Siphonaptera*.

Por otro lado, se observan formas alejadas de las descritas, las cuales son consecuencia de adaptaciones a hábitos de vida, especialmente acuáticos (Figs.5.15 A-B). Estas adaptaciones tienen mucho que ver con la forma de respirar, alimentarse y de moverse en los ambientes acuáticos.

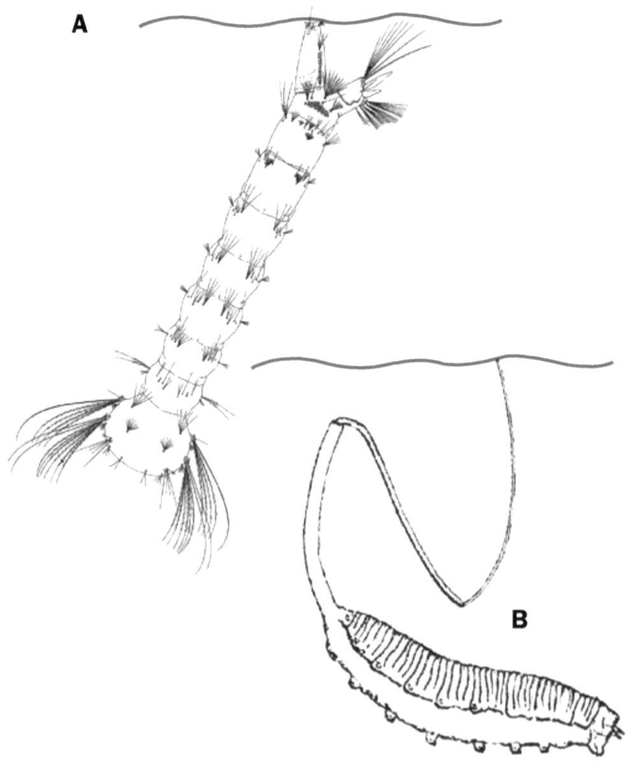

Fig. 5. 15 **A - B.** Larvas con adaptaciones especiales. **A.** *Culicidae* (zancudos) **B.** *Diptera*: *Syrphidae*. (E.R.R.)

Tipos de pupas

La pupa es el estado que antecede al adulto en los insectos holometábolos o endopterigotos, también la denominan crisálida en mariposas. Se inicia con una fase de prepupa donde el insecto no se alimenta, disminuye sus movimientos y comienza a buscar un sitio para pupar. El estado de prepupa dura unos dos o tres días (Chapman, 1998), después de ese tiempo el insecto muda y pasa a la fase de pupa. Durante el estado de pupa y prepupa la actividad interna se acelera, ocurre histólisis de tejidos y transformación de los mismos por histogénesis para ser usados en la formación de estructuras y órganos necesarios para alcanzar la fase adulta. Sí el insecto es alado, las alas comienzan a desarrollarse internamente al final de los últimos instares larvales, para luego aparecer en el estado de pupa.

La pupa, entre otros aspectos, es importante desde el punto de vista de la formación de los músculos del adulto y su inserción a la nueva cutícula y el desarrollo final de las alas, por lo tanto, es el estado en el cual ocurren el mayor número de transformaciones en el insecto.

Como en las larvas, los insectos presentan varios tipos de pupas (Figs.5.16A-E), las cuales aparecen descritas a continuación:

Obtecta: compactas con los apéndices pegados o fusionados al cuerpo del insecto. Este tipo es característico de *Lepidoptera* (Figs.5.16A-B) y algunos dípteros.

En algunos lepidópteros se observa la formación de un capullo sedoso construido por la larva antes de pupar; el capullo le da protección a la misma. Por otro lado, la protección se potencia con la formación de una capa de oxalato de calcio que la recubre, secretada por la larva, la cual actúa como repelente para los depredadores y parasitoides.

Algunas pupas ***obtecta*** pueden tener mandíbulas inmóviles, fijas a la cabeza; esto las clasifica, según Chapman (1998), como *obtecta* ***adecticous***. Este es el caso de la mayoría de los lepidópteros, ciertos dípteros, unos pocos coleópteros y algunos *Chalcididae* de *Hymenoptera* parasítica.

Exarate: poco esclerotizada, con apéndices parcialmente pegados al cuerpo y libres. Casi todas las pupas de este tipo tienen mandíbulas móviles por lo que se clasifican, siguiendo a Chapman (1998), como *exarate* ***decticous*** (Fig.5.16 C). Las pupas *exarate* caracterizan a los coleópteros, pero la condición *exarate decticous* está generalizada en *Neuroptera* y *Trichoptera*. Las mandíbulas, fijas o movibles, juegan un papel importante en la emergencia del adulto.

Coarctate: apéndices libres, no fusionados al cuerpo del insecto. La pupa es del tipo *exarate*, pero está recubierta externamente por una capa de cutícula que representa la última muda de la larva y se denomina pupario, la cual le da al conjunto apariencia de un barrilito. Esta pupa es característica del Suborden *Brachycera* de *Diptera* (Figs.5.16D-E).

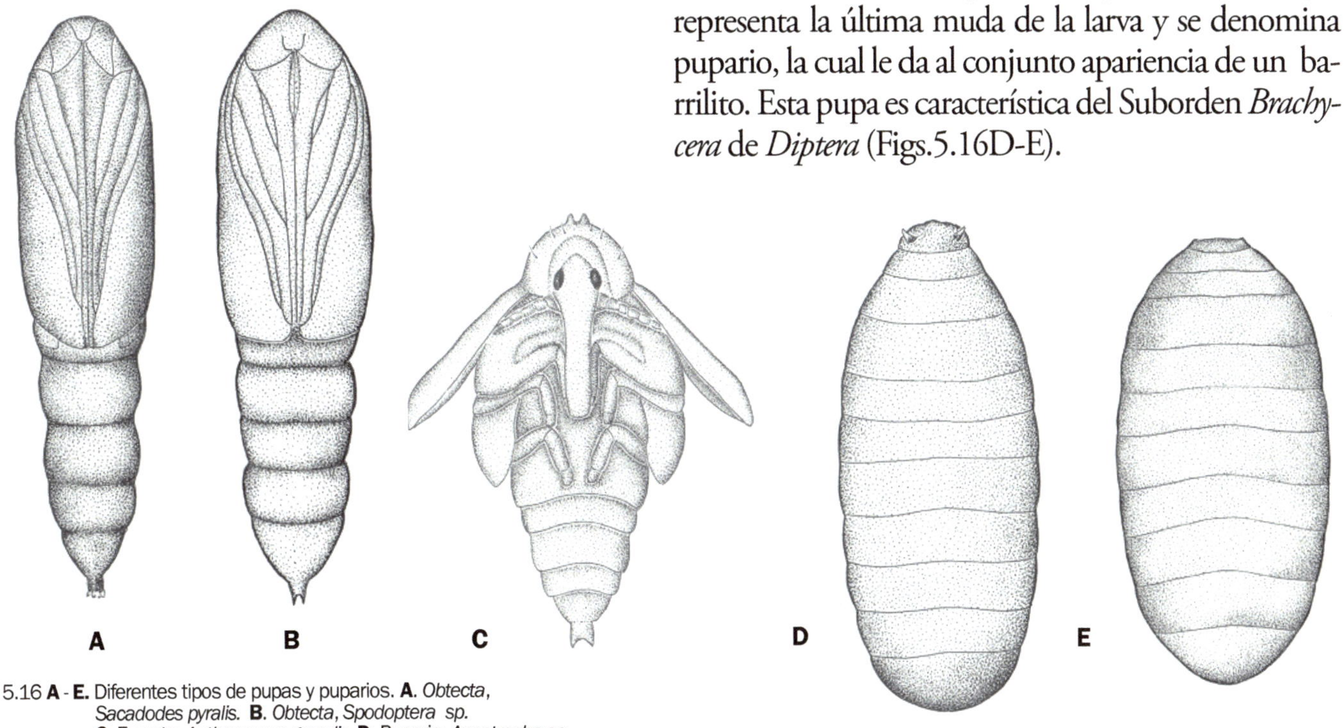

Figs. 5.16 **A - E.** Diferentes tipos de pupas y puparios. **A.** *Obtecta, Sacadodes pyralis.* **B.** *Obtecta, Spodoptera sp.* **C.** Exarate, *Anthonomus grandis.* **D.** Pupario, *Anastrepha sp.* **E.** Pupario, *Ceratitis capitata.* (L.R.)

Anderson, H & R. Loftus (1985) Ultrastructure and function of insect therm- and hygroreceptors. Annual Review of Entomology 30: 273-295.

Barnes, R.D. (1987) Invertebrate zoology, 5th edn. Saunders College Publishing, Philadelphia. 893 p.

Binnington, K. & A. Retnakaran (1991) Epidermis: A biologically active target for metabolic inhibitors. In: Physiology of insect Epidermis (eds K. Binnington & A. Retnakaran), pp. 307-334. CSIRO Editorial Services, Melbourne, Australia.

Buszczak, M. & W.A. Segraves (2000) Insect metamorphosis: Out with the old, in with the new. Current Biology 10(22): R830-R833.

Chapman, R.F. (1998) The insects: Structure and Function, 4th edn. Harvard University Press, Cambridge. 788 p.

Costa, C.S. & C.S. Simonka (eds) (2006) Insectos inmaduros, metamorfosis e identificación. Sociedad Entomológica Aragonesa (SEA), CYTED, RIBES. Serie Monografías Tercer Milenio, vol. 5. Zaragoza, España. 233 p. http://www.sea-entomologia.org/Publicaciones/M3M/Insectos Inmaduros/InsectosInmaduros.htm

Daly, H., J.T. Doyen & P.R. Ehrlich (1978) An introduction to insect biology and diversity. New York, McGraw-Hill. 564 p.

Davey, K.G. (1965) Reproduction in insects. Freeman, San Francisco. 96 p.

Denlinger, D.L. (1986) Dormancy in tropical insects. Annual Review of Entomology 31: 239-264

Dethier, V.G. (1963) The physiology of insect senses. Wiley, New York. 266 p.

Dingle, H. (2002) Hormonal mediation of insect life histories. In: Hormones, brain and behavior. vol. 3 (eds D.W. Pfaff, A.P. Arnold, A.E. Etgen, S.E. Fahrbach & R.T. Rubin), pp. 237-279. Academic Press, California.

Domínguez, O., R. Ramírez, E. Inciarte, M. Burgos & O. Liscano (2002) *Apatelodes* sp. (*Lepidoptera*: *Apatelodidae*), defoliador del plátano (*Musa* AAB, subgrupo platano cv. Harton), en el Sur del Lago de Maracaibo, Zulia, Venezuela. Entomotrópica 17(3): 303-307.

Gilbert, L.I. (1976) The juvenil hormone. Plenum Press, New York. 572 p.

Gilbert, L.I. & H.A. Schneiderman (1961) Some biochemical aspects of insect metamorphosis. American Zoologist 1: 11-51.

Gullan, P.J. & P. Cranston (2010) The insects. An outline of Entomology, 4th edn. John Wiley, New York. 565 p.

Hahn, D.A. & D.L. Denlinger (2011) Energetics of insect diapause. Annual Review of Entomology 56: 103-121.

Heming, B.S. (2003) Insect development and evolution. Cornell University Press, New York. 464 p.

Hinton, H.E. (1981) Biology of insect eggs, vols. 1-3. Pergamon Press, New York. 1125 p.

Horn, D.L. (1976) Biology of the insects. Saunders, Philadelphia. 439 p.

Jacobson, M. (1972) Insect sex hormones. Academic Press, New York. 382 p.

Jollès, P. & R.A.A. Muzzarelli (eds) (1999) Chitin and Chitinases. Birkhäuser Verlag, Basel, Switzerland. 349 p.

Karlson P. (1996) On the hormonal control of insect metamorphosis. A historical review. International Journal of Developmental Biology 40: 93-96.

Manton, S.M. (1977) The *Arthropoda*: Habits, functional morphology and evolution. Clarendon Press, Oxford, U.K. 527 p.

Menn, J.J. & M. Beroza (1972) Insect juvenil hormones, chemistry and action. Academic Press, New York. 341 p.

Mulanovich, A.J. (2007) Mariposas. Guía para el manejo sustentable de las mariposas del Perú. PROMPEX, IIAP & GTZ, Lima, Perú. 98 p.

Novak, V.J.A. (1975) Insect hormones, 2nd edn. Halsted, New York. 600 p.

O'Rand, A.M. & M.L. Krecker (1990) Concepts of the life cycle: Their history, meanings, and uses in the social sciences. Annual Review of Entomology 16: 241-262.

Raabe, M. (1986) Insect reproduction: Regulation of successive steps. Advances in Insect Physiology 19: 29-154

Resh, V.H. & R.T. Cardé (eds) (2003) Encyclopedia of insects. Academic Press, California. 1266 p.

Riddiford, L. (1980) Insect endocrinology: Action of hormones at the cellular level. Annual Review of Entomology 42: 511-528.

Roeder, K.D. (1967) Nerve cells and insect behavior. Harvard University Press, Cambridge. 238 p.

Ruppert, E.E. & R.D. Barnes (1994) Invertebrate Zoology, 5th edn. Saunders College Publishing, Fort Worth, Texas. 1056 p.

Scudder, G.G.E. (1971) Comparative morphology of insect genitalia. Annual Review of Entomology 16: 379-406.

Sehnal, F. (1985) Morphology of insect development. Annual Review of Entomology 30: 89-109.

Snodgrass, R.E. (1957) A revised interpretation of the external reproductive organs of male insects. Smithsonian Miscellaneous Collection 135(6): 1-60

Triplehorn, C.A. & N. Johnson (2005) Borror and Delong's Introduction to the Study of Insects, 7th edn. Thomson Brooks/Cole, California. 864 p.

Truman, J.W. & L.M. Riddiford (1999) The origen of insect metamorphosis. Nature 401: 447-452.

Truman, J.W. & L.M. Riddiford (2002) Endocrine insights into the evolution of metamorphosis in insects. Annual Review of Entomology 47: 467-500.

University of Minnesota. (2009) How a Brain Hormone Controls Insect Metamorphosis. Science Daily. http://www.sciencedaily.com / releases/2009/12/091203141859.htm

Stehr, F. (ed) (1987) Immature insects. Kendall/Hunt, Dubuque, Iowa. 754 p.

Wigglesworth, V.B. (1973) The principles of insect physiology. Methuen, London. 827 p.

Nociones sobre Ecología y Comportamiento de los insectos

CONTENIDO

Ecología de insectos

La Ecología de los insectos es una de las ramas de la Biología que ha permitido comprender el fascinante y complejo mundo de estos artrópodos, a fin de lograr beneficios de los mismos y/o contrarrestar sus efectos perjudiciales. La palabra Ecología fue inventada por el profesor alemán Ernst Haeckel en 1869, definiéndola como la ciencia de los organismos y su ambiente; sin embargo, fue el botánico danés Eugen Warming,

Ernst H. Haeckel (1834 - 1919) (Wikipedia)

Eugen Warming (1841 - 1924) (Wikipedia)

¿Sabía Usted?

El Dr. Robert F. Denno fue un destacado especialista en Ecología de insectos a nivel mundial. A pesar de morir prematuramente, publicó más de 100 artículos científicos y participó en la elaboración de varios libros en su especialidad. El distinguido científico fue amigo personal de los autores de esta obra y colaboró con ellos en el dictado de un curso sobre Ecología de Artrópodos Tropicales en Venezuela.

Dr. Robert F. Denno
(1945 - 2008)
(Barbara Denno)

quien la generalizó en su uso al escribir el primer texto universitario sobre esta ciencia, y por ello, se le reconoce como el padre de esta disciplina.

La Ecología describe y analiza las razones por las cuales ocurren adaptaciones y patrones ecológicos en la naturaleza. Estas adaptaciones, en la mayoría de los casos, tienen impacto en los seres vivientes. Además, da a conocer las complejas interrelaciones entre las diferentes especies, así como entre éstas y el ambiente donde viven. Definiciones más modernas como la de Price (1997), consideran a la Ecología como el estudio de los ambientes para los procesos evolutivos. Esta última definición enfoca su atención en la dinámica presente dentro del ambiente y las relaciones existentes entre los organismos y el análisis de los mecanismos de control del ecosistema.

Dr. Peter W. Price
(1938 -)
Northern Arizona University

La Ecología formaliza sus análisis a través de subespecialidades, algunas de ellas son: Ecología Evolutiva, Ecología Genética, Ecología Fisiológica, Ecología Química, Ecología del Comportamiento (Etología), Ecología de Poblaciones y Comunidades. Además, es una disciplina que está relacionada con otras ramas de las ciencias para interpretar los fenómenos ecológicos, tales como Botánica, Genética, Fitopatología, Geología, Geografía, Zoología y Bioquímica, por mencionar algunas.

Por conveniencia, se consideran dos tipos de estudios ecológicos para entender las relaciones de los organismos con el medio ambiente; el primero llamado Ecología descriptiva, describe los fenómenos involucrados en el estudio, mientras el segundo, nombrado Ecología analítica, da respuesta a las preguntas de cómo y por qué ocurren las transformaciones en los organismos y ambientes estudiados. Este último nivel de estudio demuestra que los ecosistemas cambian con el tiempo y no deben ser tratados como entidades estáticas. Sin la ayuda de la Ecología, el ser humano estaría muy distante de entender los múltiples enlaces existentes entre los seres vivos que conviven en nuestro planeta, en particular, los insectos y sus relaciones con el medio ambiente, la agricultura, la salud humana y la salud animal.

Factores y componentes del ecosistema

La abundancia y distribución de los insectos en un ecosistema, visto de una manera simple, depende de varios tipos de factores: físicos o abióticos, entre los cuales destacan, temperatura, lluvia, viento, humedad, sequía y luz, por nombrar algunos y los denominados bióticos, donde se incluyen, desde el potencial genético de cada individuo, hasta las complejas interacciones presentes entre las especies coexistentes en el medio ambiente, tales como competencia, depredación, parasitismo, etc. Por otro lado, existen en los ecosistemas numerosos nichos ecológicos, los cuales permiten a los animales adaptarse, seleccionando y ocupando el más apropiado para su sobrevivencia. Las adaptaciones y cambios evolutivos observados en la naturaleza dan origen a patrones ecológicos, moldeados consecuencia de las interacciones de los factores bióticos y abióticos ya citados, a lo largo del tiempo. Estos patrones son estudiados por los ecólogos para describir y analizar, por ejemplo: ¿Por qué en los bosques del Trópico Americano existe mayor diversidad y abundancia de insectos y plantas que en los bosques de clima templado? ó ¿Por qué aparecen las plagas en un momento determinado en un cultivo?

La Ecología analiza, desde el más complejo, hasta el más simple de los componentes incluidos en la Biosfera y esto lo hace porque la misma integra a todos los seres vivientes del planeta Tierra. La Biosfera se subdivide en regiones denominadas Biomas, compuestas a su vez de ecosistemas, tales como desiertos, bosques, selvas y otros. Además, cada ecosistema incluye a los organismos que viven en él y están bajo la influencia de los factores imperantes en el mismo. Los ecosistemas incluyen comunidades integradas por poblaciones de especies dependientes o no entre ellas, las cuales coexisten en un área determinada pudiendo estar asociadas a un micro hábitat o recurso alimenticio en particular, por ejemplo: poblaciones de lepidópteros, moscas de las frutas y coleópteros en plantas de níspero, (*Manilkara zapota*), en un huerto cualquiera de las regiones semiáridas de Centro y Sur América (Fig.6.1).

Fig. 6.1 Especies de: *Zamagiria laidion* (*Lepidoptera*), *Ceratitis capitata* (*Diptera*) y *Euriscopa cingulata* (*Coleoptera*), interactuando en el mismo recurso alimenticio: cogollos, frutos y hojas de níspero. (E.R.E. y E.R.R.)

En este sentido, las poblaciones están integradas por especies, las cuales representan el sujeto final de los estudios ecológicos cuando se estudian en relación al medio ambiente donde interactúan. El entendimiento de lo que ellas significan fue analizado por Mayr (1963) y Hamilton (1967), quienes fueron los primeros en proponer el concepto biológico de especie, desechando las definiciones tipológicas de la misma, vigentes hasta bien entrado el siglo XX. En este sentido explicaron, que la especie está representada por una población de organismos, los cuales se entrecruzan para dar origen a descendientes y están reproductivamente aislados de otras especies. Por ejemplo, una población de moscas se entrecruza para dar origen a una progenie, la cual garantiza la existencia de la especie, *Musca domestica.* Asimilando el concepto biológico se puede demostrar que las especies son unidades sujetas a transformaciones, donde los individuos que las integran, al cruzarse intercambian genes, lo que se traduce en caminos para la evolución y consecuente especiación, aspectos fundamentales en los estudios ecológicos. Además, cada individuo de una población es único en cuanto a su genética y fenotipo, representando el componente más simple del ecosistema.

¿Sabía Usted?

La revolución industrial, a finales del siglo XIX en Inglaterra, aumentó el uso del carbón. Esto trajo como resultado el oscurecimiento de muchos árboles por contaminación. Bajo esas condiciones, la polilla *Biston betularia*, esencialmente blanca, fue arrasada por sus depredadores prevaleciendo el fenotipo oscuro. La diversidad genética evitó la extinción de la especie.

Selección Natural

En un ecosistema es fundamental entender, que el fenotipo de cada individuo es el resultado de la interacción entre su genética y el ambiente en el cual ha vivido. Como los individuos a su vez constituyen el genotipo de la población, el ambiente tendrá efecto sobre la población y en consecuencia, sobre su genética. Estos componentes: genética y ambiente, tendrán por tanto influencia en el comportamiento de la especie, lo cual determinará, entre otros: tamaño, evolución, sobrevivencia y extinción de la población.

Aquellos genotipos favorecidos por el ambiente (por ser más aptos), proveerán elementos direccionales hacia la combinación genética más apropiada para la perpetuación de la especie. Por otro lado, las poblaciones pueden cambiar su genética y formar nuevos genotipos, presionados por la Selección Natural, siendo esta la fuerza más importante. Otra vía, como la producida por las mutaciones, si bien son alternativas viables para la obtención de especies diferentes o nuevos genotipos, pudieran conllevar a la formación de individuos incapaces de sobrevivir en el tiempo.

De acuerdo con Price (1997), la Selección Natural se puede aceptar como la perpetuación diferencial de los genotipos de la población consecuencia de la acción de los componentes del ambiente. Este comportamiento de la población por medio de la Selección Natural conlleva además a dos definiciones ecológicas importantes, como son: Adaptación, entendida como la condición de un organismo o población de incrementar el chance de sobrevivir en el tiempo; y la Aptitud, considerada como la habilidad de un individuo para preservar su descendencia con respecto a la habilidad de otra especie.

En relación a la primera, un ejemplo importante es la adaptación para volar en los insectos y lo que el vuelo significó para la sobrevivencia de las especies aladas, hasta el punto de poder concluir, que los grupos con alas tienen más especies que los grupos sin alas. Por otro lado, en la familia *Blattellidae* del orden *Dictyoptera*, donde se incluyen a las cucarachas, evolucionó una estructura para proteger los huevos denominada ooteca, la cual les da a estos insectos más habilidad o aptitud en relación a otros grupos, para perpetuarse en el tiempo. Probablemente esta característica los ha mantenido sobre la Tierra desde la época del Carbonífero, es decir, desde la aparición de los primeros insectos alados hace 350 millones de años.

Si consideramos estos principios ecológicos en relación a los mecanismos de defensa que los insectos han desarrollado consecuencia de la presión de selección, tal como la depredación de un determinado fenotipo de individuos por la coloración de sus alas, esa combinación genética que origina un individuo apetitoso para el depredador disminuirá, predominando otro fenotipo que para el depredador no luce apetitoso o no ve. En consecuencia, la segunda combinación genética predominará, lo que se traduce en un incremento de su población. Este proceso natural tiene una connotación importante ya que no ocurre la desaparición de la especie gracias a la diversidad genética presente, la cual es esencial para que la Selección Natural ocurra.

Otro aspecto ecológico en los seres vivos que explica la Selección Natural se refiere a la obtención de alimento, por lo que se puede indicar, que ninguna especie sobrevive sí se hace tan numerosa que agota su sustento y en este sentido, a través de factores diversos, elimina el exceso de individuos lo que da origen a un equilibrio en la naturaleza. Profundizando en el asunto, existen factores y mecanismos de control que se modifican así mismos para dar origen a la retroalimentación, positiva o negativa, del proceso ecológico, de tal forma que las adaptaciones son mejoradas, eliminándose los caracteres deletéreos, en función de la preservación de la especie.

La retroalimentación origina la estabilidad del ecosistema y puede incluir, ajustes de corto plazo en la comunidad, por ejemplo cuando la presa A de un depredador escasea, el depredador puede cambiar su comportamiento buscando y comiendo otra presa B. Al ocurrir esto, la presa A incrementa su densidad al no tener la presión del depredador, mientras que la presa B disminuye en densidad. Por otro lado, en la naturaleza observamos casos que dan origen a cambios o ajustes evolutivos de largo plazo, consecuencia de presiones selectivas que se traducen en alteraciones en las poblaciones de forma permanente y traen como consecuencia, la evolución de nuevas especies.

Flujos de energía, relaciones tróficas y hábitos alimenticios

Un concepto importante en Ecología se refiere a la energía que fluye en los ecosistemas, cuya fuente principal e inicial es la producida por el Sol. La energía se transforma paso a paso debido a que los alimentos se transfieren de un organismo a otro, hasta que toda la energía en el sistema se disipa como calor.

Abundando en este aspecto, la segunda ley de la Termodinámica establece que las transformaciones de energía son unidireccionales y siempre habrán pérdidas en forma de calor, es decir, la energía se reduce en los procesos que ocurren en el ecosistema cuando la misma pasa de un nivel a otro con la transformación de los alimentos y siempre se produce en una dirección. Esta ley ha ayudado a entender el funcionamiento de los ecosistemas, donde la energía es parte esencial para que los organismos puedan vivir ya que ellos, por sí solos, no pueden producirla.

Los entomólogos han contribuido notablemente con el desarrollo de conceptos e hipótesis sobre la naturaleza de los procesos ecológicos para poder entender las características y factores que afectan los flujos de energía, comenzando con la recibida desde el Sol, la cual pasa luego a las plantas, herbívoros y así sucesivamente.

Todas las especies dependen de alimento para poder subsistir, estableciéndose una relación íntima entre estos dos componentes: especie-alimento. Este binomio se ha estudiado en diferentes grupos de animales observándose que los alimentos consumidos se distribuyen en niveles denominados tróficos, los cuales, por las perdidas de energía sufridas en cada nivel, pueden representarse en forma de pirámides.

Los tipos de alimentos y hábitos alimenticios conducen a esquemas predecibles en las relaciones dentro de las comunidades y entre los diferentes niveles de alimentación o tróficos. En las comunidades, la producción y consumo de alimentos está representado por lo producido por unos organismos, y lo consumido por quienes se comen a estos organismos. Esta situación se traduce en una relación alimenticia la cual puede analizarse en conjunto para obtener la estructura trófica de la comunidad. El conjunto de relaciones pueden hacerse complejas y por ello los ecólogos, han podido trazar patrones o esquemas para entenderlas en la naturaleza y los cuales, Charles Elton, definió como cadenas alimenticias o niveles tróficos de alimentación, cuando publicó el primer libro sobre Ecología Animal en Inglaterra en el año 1927.

En el Trópico Americano existen muchos ejemplos documentados sobre cadenas alimenticias, entre los cuales destacaremos, de manera simple, la representada por los manglares, ya que esta es una vegetación extendida ampliamente en los trópicos caribeños (Fig. 6.2). En este ecosistema, el primer nivel trófico está representado por los manglares y la hojarasca que de este se desprende y que luego se transformará en detritus por acción de hongos y bacterias. Esta biomasa sirve de alimento para ácaros, moluscos, camarones, gusanos y cangrejos; este grupo a su vez es consumido por carnívoros inferiores que luego son devorados por peces más grandes y aves de caza; y finalmente el hombre, el cual se alimenta de peces o utiliza la madera de los mangles con diferentes propósitos.

Sí se observan estas cadenas alimenticias en cada nivel se pueden construir pirámides ecológicas de: individuos, biomasa y energía (Fig.6.3), llamadas también Eltonianas en honor a su proponente inicial. La de individuos, destaca el número de organismos en cada nivel trófico y muestra grandes diferencias en las cantidades envueltas en cada eslabón de la cadena, y donde los depredadores son siempre menos numerosos que los animales de los cuales se alimentan. Por otro lado, las pirámides de biomasa analizan la masa total de organismos en cada nivel trófico, declinando la misma en cada transferencia o nivel trófico. El tercer tipo, la pirámide de energía, establece la rata del flujo de energía entre niveles. Esta última pirámide nunca es invertida ya que la energía transferida de un nivel a otro es cada vez menor a medida que se asciende en la misma, igual sucede en las dos primeras pirámides.

Como se indicó, la fuente inicial de energía viene del Sol, la cual es aprovechada a través del proceso de fotosíntesis por las plantas, consideradas éstas como especies autótrofas o productoras primarias del ecosistema.

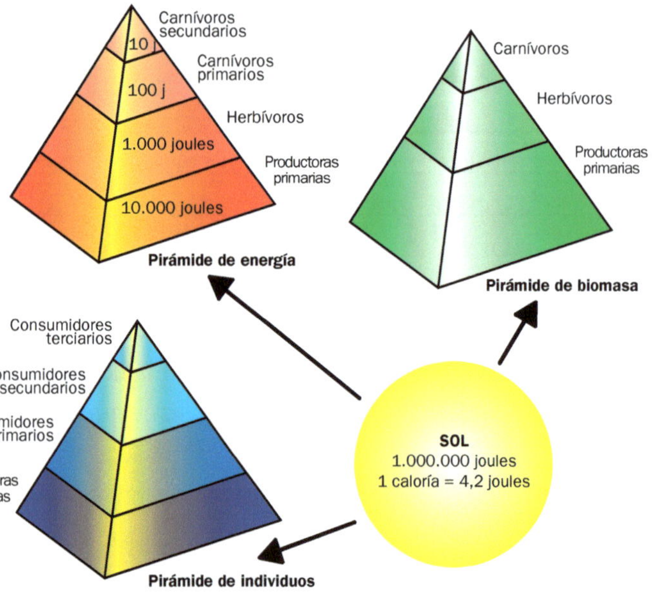

Fig. 6.3 Representación gráfico - teórica de las pirámides ecológicas. (E.R.R.)

Fig. 6.2 Representación simple de los niveles tróficos de un manglar, incluyendo al hombre. (M.Q. de G. y E.R.R.)

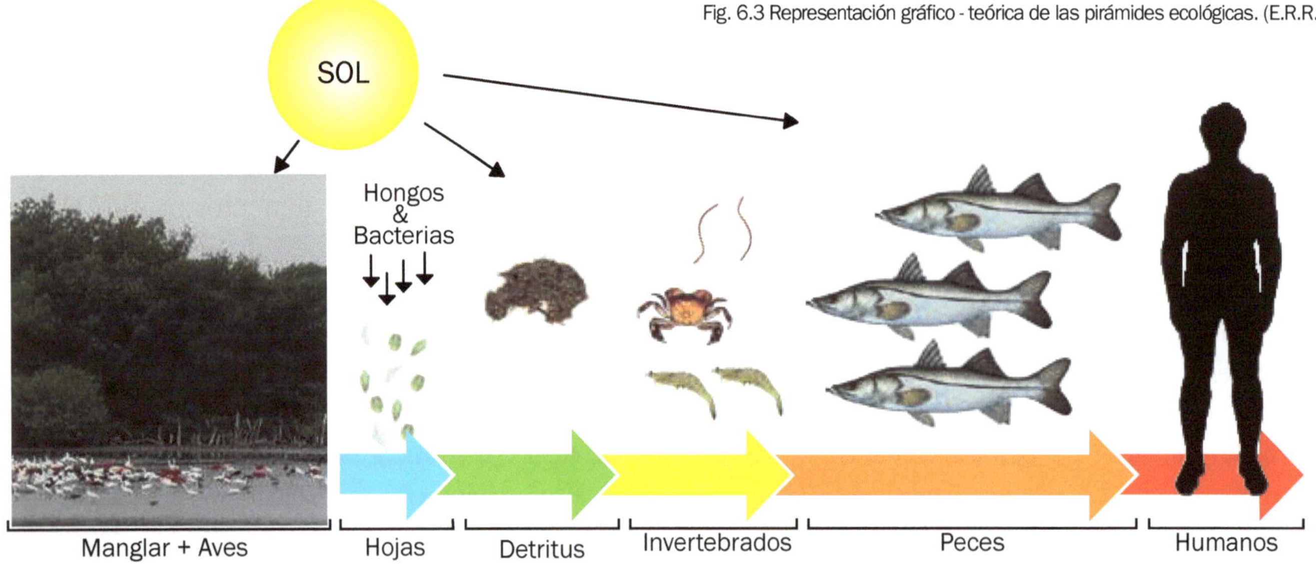

Un segundo tipo de interacción biótica lo representan las especies consumidoras de plantas y de animales, las cuales se denominan especies herbívoras o carnívoras respectivamente. Las herbívoras son fitófagas y se alimentan de vegetales. Dentro de las carnívoras destacan los depredadores (capturan, matan y se comen a la presa), los parásitos (viven sobre o dentro del hospedero vivo consumiendo sus nutrientes, por lo general, sin llegar a eliminarlo) y los parasitoides (matan lentamente al hospedero, asegurando el alimento de sus descendientes al poner sus huevos dentro o sobre éste y donde el hospedero no muere hasta asegurar la sobrevivencia del parasitoide). La complejidad de estas relaciones puede potenciarse, ya que se presentan insectos omnívoros, los cuales consumen diferentes tipos de alimentos durante su ciclo de vida, o sea, su alimento proviene de diferentes niveles tróficos o de más de un nivel trófico, siendo el caso más común el representado por algunos grupos con metamorfosis completa, como los himenópteros. En algunos de ellos, las larvas son parasitoides sobre otras especies de insectos, pero en el estado adulto se alimentan del néctar de flores; otro ejemplo común son los mosquitos hematófagos cuyas larvas se alimentan de materia orgánica en ambientes acuáticos, y las hembras, chupan sangre de vertebrados, mientras que los machos se alimentan de néctar. Estas adaptaciones son ventajosas para las especies porque reducen la competencia por alimento, contribuyendo a la abundancia y sobrevivencia de las mismas. Lo contrario ocurre en los insectos paurometábolos, donde ninfas y adultos consumen el mismo alimento y viven en un mismo hábitat.

En los ecosistemas también se encuentran los organismos saprófagos o descomponedores, los cuales juegan un papel importante en el reciclaje orgánico de nutrientes al alimentarse de materia orgánica en descomposición, la cual incorporan al sistema en forma de minerales y otros productos.

Debido a la diversidad de hábitos alimenticios entre las diferentes especies que conforman las comunidades en un ecosistema se presentan mallas o redes alimenticias, las cuales están representadas por grupos de cadenas alimenticias interrelacionadas, tal como aparecen en la figura 6.4.

De lo explicado hasta ahora se puede indicar, que las relaciones entre las especies son complejas y la

Fig. 6.4 Redes alimenticias en las cuales se muestran las interrelaciones entre diferentes especies en varios niveles tróficos. (E.R.E. y E.R.R.)

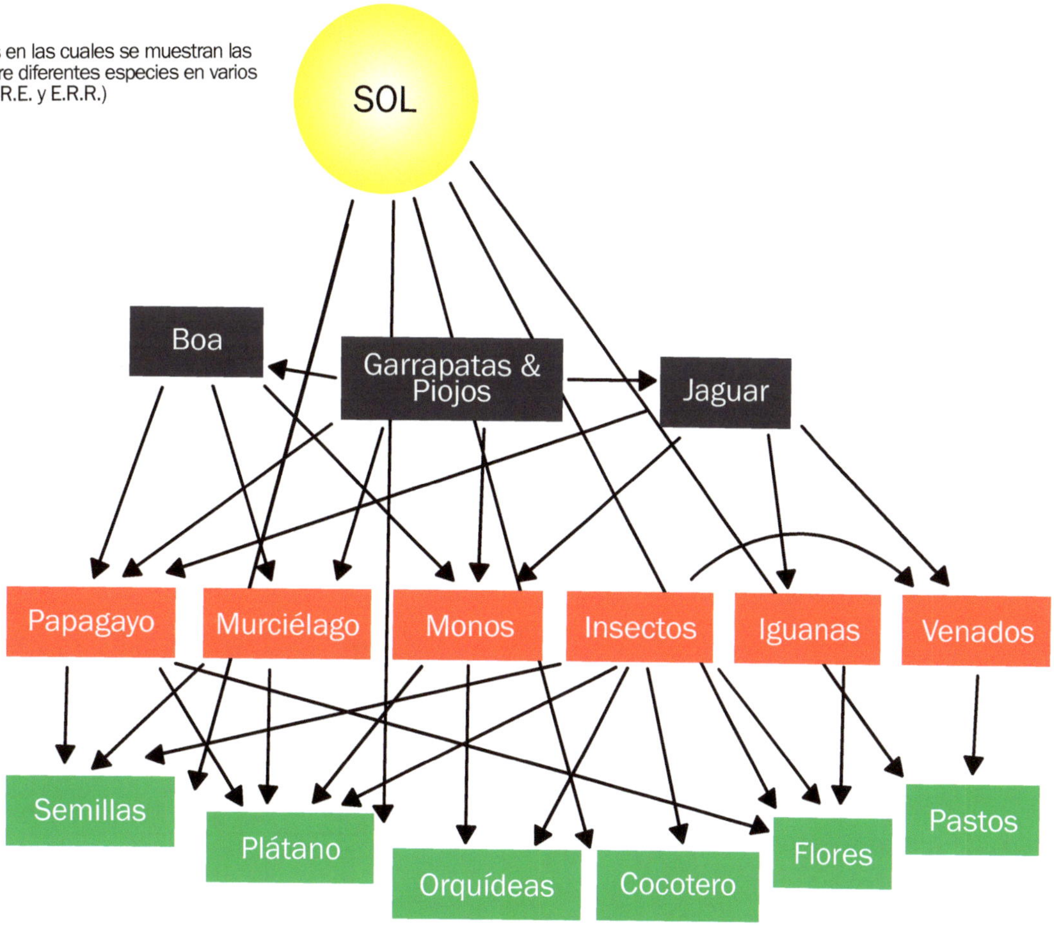

complejidad se debe a la existencia, en el primer nivel trófico, de diferentes tipos de plantas como productoras primarias y de las cuales se alimentan especies ubicadas en el segundo nivel trófico, estas últimas, pueden ser fitófagas específicas o no de un tipo de planta. En los siguientes estratos, los consumidores secundarios y terciarios pueden ser específicos o no en sus hábitos alimenticios, lo que entrama las relaciones entre las diferentes especies de herbívoros y carnívoros.

Poblaciones: crecimiento, dinámica y factores reguladores de las poblaciones de insectos

Desde épocas remotas, el ser humano se ha interesado por conocer su crecimiento poblacional y el de otras especies animales, en especial la de los insectos. En este último caso, para beneficiarse de ellos o para aminorar sus daños. Uno de los primeros postulados sobre el crecimiento de las poblaciones fue presentado por Malthus en su famoso ensayo del año 1798. En ese año, este autor, prediciendo futuras hambrunas, escribió que la población humana crecía indefinidamente. El rápido crecimiento de la población defendido por Malthus fue prontamente refutado por otros científicos, los cuales observaron interrupciones en el crecimiento de las poblaciones por efecto de enfermedades, climas adversos, reducción de la fertilidad y guerras, entre otros factores. Estos nuevos elementos a tomar en cuenta en el crecimiento poblacional fueron propuestos, posteriormente, por Verlhulst (1838) y Liebig (1840).

Por otro lado, cuando se trata de animales, la situación es diferente y la dinámica poblacional puede ser modificada por otros factores que la disminuyen o aumentan. El máximo poblacional, por lo general, dependerá de los alimentos disponibles, así como de factores que veremos más adelante.

El máximo poblacional lo determina el ambiente y se denomina capacidad de sustentación del ecosistema. Las poblaciones de insectos en un medio ambiente natural fluctúan en el tiempo y esa fluctuación se representa por una curva, cuyo valor promedio es la rata de reemplazo poblacional (Rr), la cual es igual a 1; es decir, cada hembra es sustituida por otra hembra en el tiempo (Fig. 6.5). Sí la rata de reemplazo es menor a 1, la población tiende a extinguirse y si sobrepasa la unidad, la tendencia es a la sobrepoblación.

Las poblaciones naturales fluctúan debido a los nacimientos, a las muertes, a las migraciones y a las inmigraciones de los insectos que se producen o llegan al ecosistema. Estos parámetros a la vez son afectados por el alimento disponible, el hábitat, los cambios climáticos y otros factores. Los insectos de vida corta son más sensibles a las variaciones en número y a menudo sus poblaciones fluctúan drásticamente; sin embargo, no todas las especies responden de igual forma a los procesos mencionados. Así mismo, existen factores reguladores de los cambios poblacionales, los cuales convencionalmente, según Price (1997), se han clasificado como:

A. Procesos Exógenos de la población:

1. Factores dependientes de la densidad de la población como:
   a. Alimento.
   b. Depredación y parasitismo.
   c. Combinación entre depredación y alimento.
   d. Espacio o hábitat,
   e. otros.
2. Factores independientes de la densidad de la población como:
   a. Clima.
   b. Cambios casuales en las poblaciones debido a influencias del azar.
3. Factores Intermedios entre 1 y 2.

B. Procesos Endógenos de la población:

1. Efectos patológicos consecuencia de la sobrepoblación.
2. Procesos con componentes genéticos.
3. Interacciones sociales (Competencia, Comportamiento, etc.)
4. Dispersión.

En resumen, la dinámica o fluctuación poblacional representa cambios relacionados con el número de individuos. También puede reflejar variaciones en la composición por edad, así como en el peso de las especies integrantes de la población. Los cambios son el resultado de los factores que afectan la dinámica, es decir bióticos, abióticos y sus interacciones.

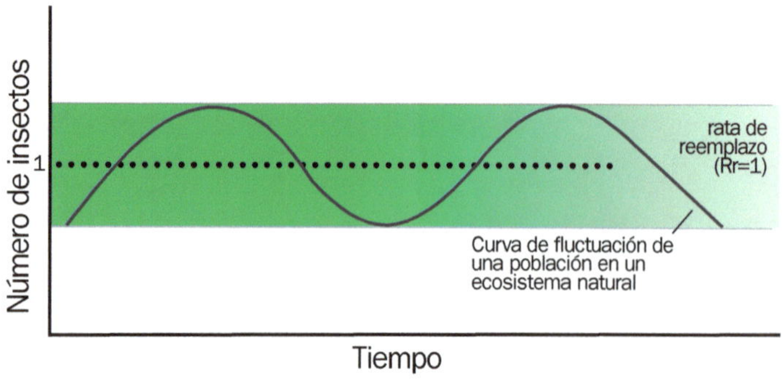

Fig. 6.5 Modelo teórico de la fluctuación de una población en el tiempo y rata de reemplazo de la misma (Rr). (E.R.E.)

En el subtrópico, la dinámica poblacional es afectada por el fenómeno de diapausa, la cual es ocasionado como respuesta a estímulos fisiológicos y no necesariamente a condiciones ambientales desfavorables. Una vez iniciada no cesa, hasta la aparición de estímulos fisiológicos particulares. En el trópico, la diapausa es sustituida por la estivación, la cual consiste en reducción de la actividad del organismo, consecuencia de sequías y altas temperaturas, pero la actividad se normaliza al terminar las condiciones que la provocaron, En ambos casos, ocurre una disminución en el número de individuos de la población.

Competencia

En las comunidades biológicas pueden faltar recursos para satisfacer a todos los miembros de las mismas, lo que genera competencia entre ellos. Los recursos pueden ser: alimento, agua, lugar donde vivir, refugios, pareja y otros que son indispensables para sobrevivir. La competencia es un factor dependiente de la densidad de la población y puede expresarse en los insectos como:

A. Intraespecífica
(entre individuos de una misma especie).

B. Interespecífica
(entre individuos de dos o más especies).

En ambos casos existe una regulación natural de la densidad poblacional de los insectos por diferentes factores. En la primera de ellas, cualquier adaptación que la reduzca, contribuye a la disminución de la competencia y en consecuencia, es favorecida por la Selección Natural. Además, la competencia intraespecífica seleccionará un rango amplio de cualidades en la población para minimizarla, como por ejemplo la variación fenotípica, lo cual permite a esa población explotar un amplio rango de situaciones.

En la naturaleza se presenta una reducción en la competencia intraespecífica al observarse el desarrollo de poblaciones polimórficas en las especies, este caso es frecuente en insectos holometábolos. En insectos, como en otros animales, se observa comúnmente dimorfismo sexual (Fig. 6.6), tanto morfológicos como de comportamiento, lo cual minimiza la competencia por alimento al adaptarse cada sexo a nichos diferentes.

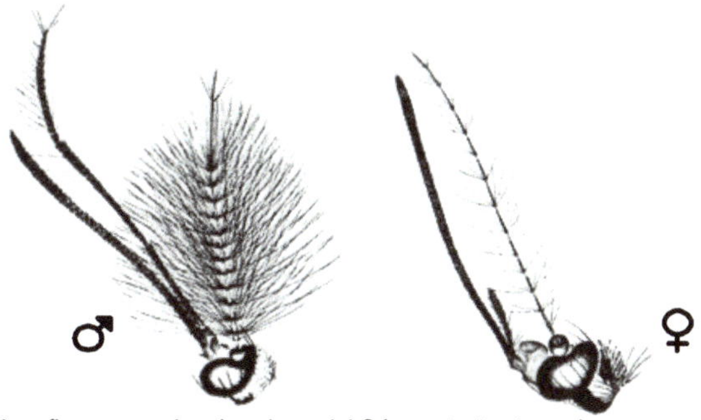

Fig. 6.6 Dimorfismo sexual en la cabeza del Género *Aedes*, tomado de Reinert (1976). Las hembras son hematófagas y los machos se alimentan de néctar y otros exudados.

Si se analiza dentro de la especie, la competencia intraespecífica puede ser de dos tipos: equitativa y excluyente. En el primer caso, sí todos los miembros de una población comparten recursos limitados, el resultado es que ningún miembro de dicha población obtiene cantidad adecuada del recurso cuando la densidad de la población es alta. Mientras que en la competencia excluyente, algunos miembros dominantes de la población adquieren suficiente cantidad de los recursos limitados a expensas de otros menos competitivos.

En otro orden de ideas, la competencia interespecífica o entre especies, puede ser directa o indirecta; la primera se conoce como competencia por interferencia y ocurre cuando una especie ataca o interfiere a otra para obtener el recurso en disputa, mientras en la segunda o de oportunidad, una especie llega primero al recurso y la otra no logra obtenerlo porque se agotó. En cualquiera de los casos, sí la especie A es más competitiva, el crecimiento de la población de la especie B disminuirá, debido a que una parte de la población no logra obtener la cantidad óptima del recurso en disputa, lo que trae como consecuencia el desplazamiento o exclusión de la especie menos competitiva.

La evolución, por otro lado, ha permitido a especies distintas competir eficientemente por el mismo recurso, en especial sí se alimentan de diferentes partes del mismo. Ejemplos concretos fueron estudiados por Rubio (1969), cuando reportó varias especies fitófagas en árboles frutales alimentándose de diversas partes de los mismos. Su estudio abarcó un período cercano a los 10 años.

Por mucho tiempo la competencia se ha reconocido como una fuerza ecológica real y persistente, influyente en la dinámica y estructura de las comunidades de todos los organismos de los ecosistemas, además de jugar un papel fundamental en la adaptación de las especies involucradas.

Un caso interesante dentro de la competencia interespecífica puede observarse cuando varias especies compiten por el mismo recurso y donde una prevalece sobre las otras. En este caso podríamos estar ante la presencia de homólogos ecológicos, es decir, individuos que usan el mismo recurso y donde la sustitución de uno es rápidamente cubierta por el otro. Los homólogos ecológicos (DeBach & Sundbay, 1963), interactúan en el ecosistema utilizando idénticos recursos y pueden participar en las comunidades como plagas, como parásitos o como parasitoides. Es interesante destacar, que cuando se elimina una plaga, el nicho ecológico ocupado por esta puede ser cubierto por otra que representaría su homólogo ecológico y podría darse el caso de ser esta nueva plaga, más perjudicial que la sustituida ya que en la práctica, no existen nichos ecológicos vacíos. En el caso de los parasitoides, la situación es irrelevante por cuanto sí son desplazados por sus homólogos, eso significa que los nuevos son más eficientes que los sustituidos.

Depredación, aspectos ecológicos

La depredación implica interacciones entre organismos ubicados a partir del segundo nivel trófico de la cadena alimenticia, es decir, entre los fitófagos que ocupa el segundo nivel y son consumidos por los depredadores o zoófagos que vendrían a ocupar eslabones superiores. Un insecto depredador, también llamado entomófago cuando come insectos, devora a la fuerza a otro organismo de otra especie a la cual se denomina presa. En oportunidades la presa puede ser de la misma especie, transformándose el fenómeno en canibalismo. Al estudiar la relación depredador-presa se piensa que el primero es el beneficiado; sin embargo, al analizar el asunto en detalle ambos se benefician ya que la depredación tiende a practicarse sobre organismos enfermos, viejos, débiles o muy jóvenes que no contribuyen al aumento de la población pero sí se alimentan. Como resultado, la población de la presa también se beneficia al eliminarse a los no aptos para reproducirse o los menos apropiados para sobrevivir, dejando más alimento disponible para los sobrevivientes.

La depredación, en general, ha estado sujeta a controversias desde principios del siglo pasado y algunas especies depredadoras casi se extinguen, porque se alimentan de herbívoros en los cuales el ser humano tiene interés. Este es el caso de los lobos, los cuales utilizan como presas a diferentes especies de venados, incluso ganado vacuno, ovejas, etc. Hoy en día se sabe, que la depredación es un fenómeno natural, donde hay beneficios mutuos para las especies involucradas y donde el depredador, muchas veces actúa consecuencia de la invasión de su territorio por el ser humano.

Entre artrópodos, la mayoría de las arañas, incluyendo a los ácaros, todas las libélulas y damiselas (*Odonata*), rezadoras o mantis (*Mantodea*), casi todos los *Neuroptera*, unos cuantos hemípteros, algunos coleópteros, himenópteros y dípteros, por nombrar algunos de ellos, son depredadores. Todos presentan cuerpo con una o varias de las siguientes características: ojos grandes, piezas bucales masticadoras, patas anteriores adaptadas para atrapar y desgarrar a la presa; o estiletes perforadores y chupadores que succionan el contenido interno de la presa, en muchos casos, previamente digerida por las enzimas salivales del depredador.

Por lo general los depredadores son de movimientos rápidos y pueden ser generalistas, cuando se alimentan de cualquier presa que encuentren en el hábitat donde frecuentan; o en su defecto especialistas, cuando se nutren de ciertas especies en particular. En este último caso, la coevolución entre la presa y el depredador está íntimamente asociada a la forma de cacería del depredador y ambientes donde frecuentan o habitan ambas especies. Se conocen depredadores que prefieren presas sedentarias o de movimientos lentos, así como otros que prefieren a las rápidas, a las cuales esperan, luego las observan para finalmente devorarlas.

La coevolución es un patrón evolutivo donde tanto la presa como el depredador evolucionan en el sentido de perpetuarse ambos en el tiempo y aunque uno se alimente del otro, alcanzan siempre un equilibrio que les permite a los dos sobrevivir.

Podemos complementar este tópico diciendo que el depredador juega un papel importante en los niveles tróficos de las comunidades, ya que regula las poblaciones de las especies de las cuales se alimenta. Este aspecto se ha estudiado y utilizado al manejar los agroecosistemas y sus insectos plagas cuando se acude al control biológico como estrategia de combate. Ejemplo exitoso de este control es el uso del coccinélido *Rodolia cardinalis* para la regulación de las poblaciones de la escama algodonosa de los cítricos, *Icerya purchasi*, ambas especies introducidas en América.

Parasitismo, aspectos ecológicos

Así como en la depredación, el parasitismo afecta a los organismos del segundo nivel trófico o insectos fitófagos y se ubica a partir del tercer nivel de la cadena alimenticia. El organismo involucrado en el parasitismo se denomina parásito y sí ocurre en el cuarto nivel trófico, es decir, un parásito alimentándose de otro parásito, la relación se llama hiperparasitismo.

A diferencia del depredador, el cual tiende a matar la presa a corto plazo, el parásito consume lentamente los nutrientes de su huésped vivo. Sí el parásito vive dentro de su huésped se denomina endoparásito, pero sí existe sobre su cuerpo es llamado ectoparásito. Este último, con ayuda de algún tipo de adaptación morfológica puede anclarse o fijarse sobre su huésped para completar parcial o totalmente su ciclo de vida, alimentándose de los nutrientes que extrae y consume del mismo, sin matarlo. Por otro lado, el término parasitoide hace referencia a la especie que al parasitar, termina finalmente matando al hospedero, lo cual coincide con el pase al estado adulto del parasitoide.

Diversos ectoparásitos pueden chupar la hemolinfa de otros artrópodos o la sangre de vertebrados de manera continua (hematófagos), tal es el caso de piojos y pulgas. También pueden visitar periódicamente a su huésped como lo hacen los chipos, mosquitos, simúlidos y jejenes, cuando parasitan al ser humano.

Según el caso, los parásitos pueden desarrollar mecanismos para reconocer el estado físico de su víctima (estado de salud, gravidez, etc.) y de esta forma, depositar sus huevos cuando la condición del huésped garantice mejor la posibilidad de vivir. En algunos casos, la reproducción del parásito se sincroniza con la del huésped y son las hormonas de este último las que disparan el mecanismo de coordinación con el parásito, el cual al chupar sangre, obtiene también la hormona del huésped que predispone su reproducción.

Algunos parásitos, evolutivamente, sufren pérdida de alas, patas y hasta ojos para adaptarse mejor a su condición de parásitos. Por otro lado, desarrollan estructuras adicionales para colgarse o sostenerse del cuerpo del huésped, bien sea usando sus partes bucales o sus patas (Fig. 6.7).

Los parásitos también pueden modificar el desarrollo embrionario, como en el caso de algunos himenópteros parasitoides de la familia *Braconidae*, en los cuales se observa el fenómeno de poliembrionía, consistente en la producción de más de un embrión a partir de un sólo huevo. Los parásitos como los depredadores han influido significativamente, aunque de diferentes maneras en la Ecología y evolución de los grupos con los cuales se relacionan; sin embargo en el caso del parásito y su huésped, la relación es íntima y de especialización, resultado de la coevolución alcanzada por ambos.

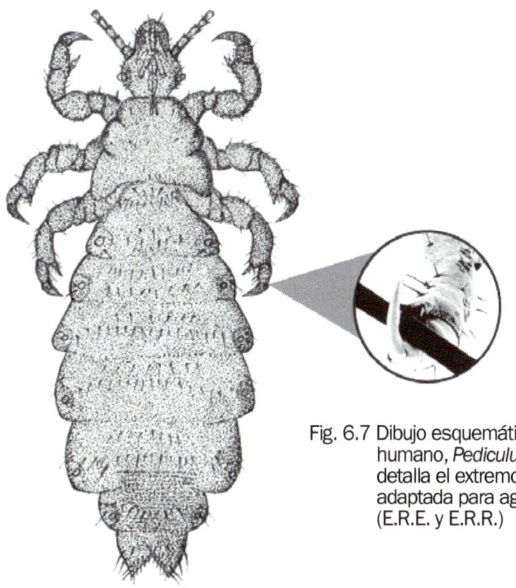

Fig. 6.7 Dibujo esquemático de un piojo humano, *Pediculus humanus*. Se detalla el extremo de una pata adaptada para agarrar cabellos. (E.R.E. y E.R.R.)

La mayoría de los insectos descritos como parasitoides se encuentran en los órdenes *Hymenoptera* y *Diptera*; sin embargo, los verdaderos parásitos los observados en *Strepsiptera*, *Siphonaptera*, *Psocodea*, *Coleoptera* y *Diptera*.

Biodiversidad

Una inmensa diversidad de especies animales y plantas viven en la Tierra. Esta biodiversidad llega a su máxima expresión en el mundo de los insectos los cuales son los más abundantes y variables de todos los seres vivos, evolucionando para formar nuevas especies desde hace más de 400 millones de años.

El ser humano, en su afán y necesidad por conocer la biodiversidad de los seres vivos, ha ideado métodos e índices que sirven para evaluarla en diferentes situaciones, en especial en tiempo y en determinadas área de estudio; o como parte de la combinación de estos dos parámetros. Para facilitar sus propósitos y alcances, la biodiversidad se ha dividido según Whittaker (1972), en tres tipos:

A. Biodiversidad alfa, (α): se refiere a la diversidad de especies en una comunidad o hábitat; se expresa con un valor numérico.

B. Biodiversidad beta, (ß): se refiere a la diversidad de especies entre diversos hábitats de una misma área geográfica. Mide además la rata y grado de cambios y se expresa con un valor numérico y una dirección o vector.

C. Biodiversidad gamma, (ɣ): se refiere a la riqueza total de especies existentes en los diferentes ecosistemas de una región.

Por la relevancia de sus resultados, los ecólogos han preferido darle mayor uso a los tipos α y ß, quedando restringido el uso de ɣ por lo complejo de su utilización.

El método más simple para medir la diversidad en una comunidad o ecosistema es contar el número de especies en ese ecosistema; sin embargo, contar todas las especies de una región se hace difícil, por lo que se utilizan fórmulas para estimar la abundancia de cada especie, así como parámetros para determinar otras características de la comunidad y establecer de esa forma, la biodiversidad total del ecosistema. Por otro lado, la biodiversidad está afectada por otros elementos y en ese sentido sí dos especies no son equitativamente abundantes, la diversidad en esa comunidad es menor que cuando ellas son igualmente abundantes. Incluso al agregarse especies a una comunidad la diversidad, como es obvio, aumenta y en consecuencia una comunidad con tres especies es más diversa que otra con dos especies, así ésta última tenga esas dos especies igualmente distribuidas. El número de especies o riqueza de especies en una comunidad y la igualdad de distribución o patrón de distribución de los individuos entre las especies, son dos parámetros importantes que definen la biodiversidad de un ecosistema.

Existen métodos y fórmulas matemáticas para expresar las particularidades que pueden medirse en los estudios de biodiversidad los cuales han sido ampliamente comentados por autores como Whittaker (1972), Pielou (1969,1975), Stiling (1996) y otros.

Los estudios de biodiversidad son relevantes por la importancia que tienen para la sobrevivencia del planeta. Mayor biodiversidad es indicativa de buena salud en las redes ecológicas regionales y globales y esto significa, mejor calidad de vida para el ser humano. La biodiversidad está relacionada directamente con la salud de estas redes, las cuales de una forma u otra, incluyen al ser humano.

Biogeografía y separación de los continentes

La Biogeografía es la ciencia que estudia la distribución de los seres vivos en la Tierra, así como los procesos que intervienen o modifican dicha distribución. Entre las principales necesidades de los seres vivientes se encuentran: oxígeno, alimento, agua, humedad, temperatura y otras, las cuales determinan su distribución en el planeta Tierra. Adicionalmente, elementos que producen aislamiento de las zonas geográficas tales como montañas, ríos, valles, océanos y continentes, influyen en la evolución y distribución de la flora y fauna de las diferentes regiones del mundo. En consecuencia, podemos observar perfiles particulares de animales y plantas en sectores determinados, con sus propias características, diferentes a otros de regiones distintas. Estos perfiles particulares, determinan la Biogeografía de la zona, la cual referida a animales, es designada como Zoogeografía.

Estudiando los períodos de evolución por los cuales ha pasado la Tierra, un acontecimiento fundamental afectó la formación de nuevas especies (Capítulo 3, Fig. 3.1). Este se refleja en la Era Paleozoica, durante el Pérmico, cuando gigantescas masas de tierra emergen de las aguas como un supercontinente llamado Pangea, el cual comienza a separarse en porciones más pequeñas en el período Jurásico y eventualmente, después de 140 millones de años, a finales de la Era Mesozoica, da origen a los continentes actuales (Figs. 6.8 y 6.9), los cuales todavía continúan moviéndose.

Fig. 6.8 Supercontinente Pangea y su separación en otros continentes, desde el período Jurásico. (E.R.R.)

La información más antigua sobre la separación de los continentes se infiere del trabajo de Bacon, el cual data del año 1620, donde sugiere como hipótesis, que Norte América y Sur América, estuvieron

Fig. 6.9 Continentes en la actualidad. (E.R.R.)

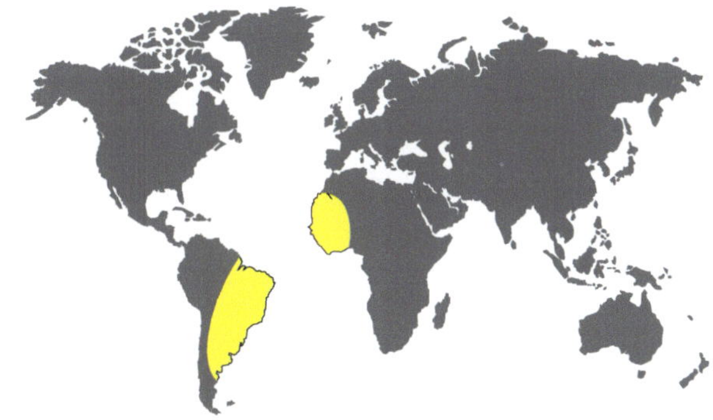

Fig. 6.10 Distribución del Género *Odontosphex*, área amarilla, en dos continentes. (E.R.R.)

unidas; sin embargo fue el alemán Alfred Wegener (1880-1930), quien por primera vez en 1915 propuso la teoría de la separación de los continentes (Continental drift), en su libro: "On the origen of Continents and Oceans". Esta teoría se hizo incuestionable después de muchos estudios y centenares de evidencias, desde 1965.

Paralelamente a la separación de los continentes, los nuevos nichos ecológicos formados favorecieron la evolución de nuevas especies, tanto de plantas como de animales, y por supuesto, de insectos. Apareciendo nuevos ecosistemas con características propias distribuidos en las seis regiones principales del planeta, las cuales hoy día reciben los nombres de: Región Neártica y Región Neotropical, en las Américas; Región Paleártica, en Europa, Noráfrica y Norasia; Región Etiopiana, en África; Región Oriental, en India y Sur de Asia; Región Australiana, en Australia y Nueva Zelandia. Ver Capítulo 1, Fig.1.2.

Existen infinidad de casos para demostrar la separación de los continentes y es así como Rubio (1975), al estudiar la distribución de las avispas del género *Odontosphex,* señaló que este género presenta especies irregularmente distribuidas, de las cuales cuatro habitan en Argentina y Brasil y dos en el Oeste de África. Esta situación sólo puede explicarse por la separación de los continentes (Fig.6.10), lo cual aisló las especies del género en dos continentes diferentes.

Por otro lado, la formación de nuevas especies y su separación también puede documentarse de observaciones del mismo autor, cuando estudió la Subfamilia *Philanthinae* de la Familia *Sphecidae.* En este grupo, el Género *Philanthus* evolucionó en varias regiones, pero en las Américas ocupó la Región Neártica, hasta México, mientras *Trachypus,* de la misma subfamilia, lo sustituyó en la Región Neotropical, llegando hasta Argentina y Chile (Rubio, 1975).

Migración y dispersión de insectos

La migración es el movimiento de un gran número de animales de una o varias especies en una época del año, en una dirección determinada. En la zona templada, el inicio de las migraciones está generalmente asociado a temperaturas bajas. En estas condiciones, se presume el acercamiento del invierno y la escasez de alimento; prevaleciendo estos parámetros, los insectos pueden migrar hacia zonas más apropiadas para su reproducción y desarrollo; o su fisiología se modifica y entran en un estado de inactividad o quiescencia denominado diapausa, característica de los artrópodos, especialmente insectos.

El estado de diapausa ocurre en un determinado estado de la metamorfosis del insecto y dispara estímulos neurohormonales que se traducen en la disminución de la rata metabólica del organismo, reducción del proceso de morfogénesis y alteración en su comportamiento. Una vez iniciada, no cesa y son ciertos estímulos los que pueden suspenderla; en este sentido, se diferencia de la hibernación, la cual va precedida de la ingesta de grandes cantidades de alimento y su acumulación en los cuerpos grasos del animal. La hibernación ha sido muy estudiada en roedores, murciélagos, reptiles y osos en Norte América y Europa.

Los insectos que emigran desde zonas templadas, se desplazan hacia regiones más benignas al comienzo del invierno, muchas veces viajando miles de kilómetros, tal es el caso de los millones de mariposas monarca: *Danaus plexippus* (Fig.6.11), las cuales viajan unos 4.000 kilómetros, desde el Sur de Canadá y Norte de los Estados Unidos, hasta el centro de México, donde permanece hasta finalizado el invierno e inicios de la primavera, para luego regresar a su punto de origen en Canadá o Estados Unidos. En ese viaje de regreso, copulan y ponen sus primeros huevos al Norte de México y Sur de Texas, los cuales eclosionan y completan su ciclo hasta hacerse adultos. De allí, los adultos emigran hacia el sur de Canadá, para iniciar su nuevo ciclo de regreso en la próxima temporada de invierno. Este fenómeno en otras especies puede ser de una sola vía, donde los individuos no regresan a su punto de origen.

Fig. 6.11 La monarca, *Danaus plexippus*, se usa como ejemplo clásico para ilustrar las migraciones. En esta mariposa existen varias subespecies, las cuales se distribuyen desde Canadá hasta Argentina. (E.R.E.)

En el Neotrópico y Trópico en general, existen un conjunto de factores que estimulan las migraciones. Osuna (2000), revisó datos sobre este fenómeno recopilados por varios científicos y entomólogos aficionados durante más de 50 años en el Parque Nacional Henri Pittier, ubicado en la Cordillera de la Costa en Venezuela, 90 km al Oeste de Caracas. De sus observaciones, inicialmente tabuladas por Beebe (1949), se concluye que las migraciones son típicas de la estación lluviosa y las favorecen los días calmos, con sol y vientos suaves de hasta 32 km/h, poca neblina y temperatura superior a los 17,7 º C. El mismo autor indica como importante la dirección del viento, aclarando que para *Lepidoptera* los vientos en contra estimulan el comienzo del vuelo del emigrante, mientras que para insectos de menor tamaño como los dípteros, los vientos a favor la aumentan. Como dato curioso, en las migraciones observadas en el citado parque, para el caso de lepidópteros, las hembras de las especies estudiadas prevalecían en número sobre los machos y para el piérido *Krigonia lysidae*, sólo hembras han sido capturadas.

Las migraciones son variables y dependientes de la especie y como se indicó, en la mayoría de los casos están asociadas a las condiciones climáticas, más que a la falta de alimento. Sin embargo, en el parque Henry Pittier, Osuna (2000), hace la salvedad de que la saturación del ambiente por exceso de individuos, unido a la menor disponibilidad de recursos y la llegada del verano costero, se estimulan las migraciones, las cuales se producen en el sentido Norte-Sur, sin retorno. Esta situación se repite en otros países del Neotrópico, como veremos más adelante.

La migración se considera un fenómeno estratégico de las especies por lo que usualmente se desarrollan polimorfismos en las poblaciones, teniendo las formas emigrantes características determinadas que les permiten mayor eficiencia en el gasto de energía después de miles de kilómetros de vuelo.

En Argentina, también se observan migraciones de *Danaus plexippus,* la cual viaja unos 1.500 km desde el Sur, en la costa atlántica y Punta Lara, hasta el Noroeste, pasando por Buenos Aires. En Septiembre y Octubre de cada año, cuando las temperaturas suben, regresan de nuevo al Sur de ese país.

Steven Reppert, neurobiólogo de la Universidad de Massachusetts y su equipo de trabajo después de dos décadas de estudios, descubrieron a principios del 2008, que el fenómeno de migración estaría guiado por un intrincado mecanismo molecular localizado en las monarcas. Dicho mecanismo dirige el reloj biológico de esa especie, pero igualmente orienta el vuelo con respecto a la posición del Sol, como si el mismo fuera una brújula.

Existen otros tipos de migraciones, entre ellas, Taylor (1986) cita la migración dinámica, en la cual la especie no requiere de habilidades de navegación dependientes de la luz solar como ocurre en las monarcas, pero sí para orientarse con las corrientes de vientos.

Otros insectos que emigran son los áfidos, las langostas y los noctuidos como *Spodoptera frugiperda,* por mencionar algunos.

En Centro América y Sur América, *S. frugiperda* es considerada una plaga y sus poblaciones se dejan llevar por corrientes de vientos de un área poco favorable, para colonizar otras donde ha llovido y donde tienen mayor posibilidad de encontrar alimento y sitios de reproducción. Esta especie tiene la habilidad de escapar de condiciones adversas, utilizando mecanismos que le permiten detectar la dirección del viento y viajar durante la noche. Igualmente, el saltahojas *Tagasodes orizicolus,* plaga del cultivo del arroz en Costa Rica, presenta hembras de alas rudimentarias con gran capacidad reproductiva; estas hembras permanecen en la plantación, mientras las aladas, representan las formas migratorias de la especie, capaces de colonizar nuevos campos.

El registro documentado sobre la mayor distancia recorrida por un insecto al emigrar es de 4.500 kilómetros y corresponde a la langosta *Schistocerca gregaria.* Poblaciones de esta especie emigraron en el otoño de 1988 desde las costas occidentales de África, atravesando el océano Atlántico para llegar a la isla caribeña de St. Croix y las costas de Surinam y Guyana al Noreste de Sur América, probablemente llevadas por vientos subtropicales originados en una zona de baja presión, los cuales se transformaron en un huracán.

Informaciones de varios países latinoamericanos indican que las migraciones ocurren en los Órdenes: *Lepidoptera, Odonata, Hymenoptera, Diptera* y ocasionalmente, en *Hemiptera.* En estos grupos pueden presentarse, tanto en especies diurnas como en nocturnas. Por otro lado, las mismas han venido disminuyendo paulatinamente con los años. El entomólogo venezolano Carlos Julio Rosales, dedicado al estudio de los insectos por más de 50 años le señaló a Osuna (2000), que las mismas han disminuido hasta en un 80%, quizás un 90% dentro del parque Henri Pittier. Este último científico sospecha que los desarrollos turísticos en la zona costera del Norte de Venezuela, podrían ser los responsables de esta disminución al alterarse los sitios naturales de cría de los insectos que emigran.

En nuestra experiencia, en la zona Noroccidental de Venezuela, hemos observado una considerable reducción en las migraciones de piéridos de los Géneros *Ascia* y *Anteos,* los cuales eran comunes durante los meses de Junio y Julio en las décadas comprendida desde los años 1950 hasta 1980. No cabe duda que los desarrollos habitacionales y agrícolas emprendidos dentro de esta geografía, han eliminado hospederas y sitios de cría de estas mariposas, lo que se traduce, hoy en día, en la ausencia casi total de ellas en esta región.

En los insectos también se habla de dispersión, para referirse al movimiento de poblaciones en crecimiento de una especie, por ejemplo dentro de un agroecosistema o en un área en particular. Algunos ecólogos definen a la dispersión como movimientos que no sobrepasan los 5 kilómetros. Esos movimientos naturales hacia nuevas áreas ocurren para aliviar competencia y condiciones adversas. La dispersión de insectos a escala local ha sido estudiada extensamente en áfidos, demostrándose que los mismos se mueven de un lugar a otro, utilizando el viento como medio de transporte colonizando así nuevas plantas hospederas. Estos movimientos, además de preservar la especie, permiten el intercambio de genes entre poblaciones, promoviendo la diversidad genética, lo cual en el tiempo, es beneficiosa para la especie.

Los agroecosistemas

Desde tiempos inmemoriales, el ser humano ha dejado de ser nómada para congregarse en pueblos y ciudades, lo que ha generado necesidades de alimentos que solo pueden ser suplidas estableciendo los llamados agroecosistemas de producción. Estos agroecosistemas son vulnerables al ataque de insectos, nematodos, malezas, etc., que compiten o consumen los productos alimenticios que los seres humanos necesitan para vivir y por ello deben ser manejados.

A partir de 1945, con el desarrollo de los insecticidas sintéticos (biocidas), los agrotécnicos enfatizaron el control químico como elemento fundamental en la lucha contra los insectos, enfermedades y malezas, las cuales afectaban sus cultivos y ganados. Sin embargo, después de muchas décadas de uso de agroquímicos y batallas perdidas por la aparición del fenómeno de resistencia por parte de las plagas a los biocidas y contaminación del medio ambiente, el hombre ha tenido que aplicar estrategias efectivas, económicas y amigables, tanto para el medio ambiente, como para la salud humana y animal, con el fin de reprimirlas y eliminar su competencia y daños.

Las causas por la cuales el control químico ha sido inadecuado para la supresión de plagas se debe, principalmente, a la alteración de los ecosistemas naturales al establecer monocultivos y al uso de biocidas. En los ambientes naturales existen interacciones entre los diversos niveles tróficos (muchos individuos de especies diferentes interactuando entre ellas), lo cual da origen a un equilibrio natural. Los agroecosistemas y la aplicación de biocidas, como se sabe, producen comunidades menos heterogéneas o sea con pocas especies, lo que trae como consecuencia la alteración del equilibrio natural y la posibilidad del surgimiento de pestes.

La falta de variabilidad genética en un agroecosistema puede favorecer a ciertas especies de esa comunidad, lo que se traduce en el aumento de poblaciones particulares. Un caso típico lo podemos ver en cualquier renglón de la Agricultura tradicional: se deforesta una superficie de 300 hectáreas de bosque para sembrar maíz. La deforestación y consecuente siembra del cereal homogeneiza esa comunidad y pone en bandeja de plata a los insectos fitófagos, alimento en abundancia para incrementar su capacidad y velocidad de reproducción. Sí bajo este esquema, factores bióticos actúan para aumentar sus poblaciones, por ejemplo, ausencia de parasitoides y depredadores, estas especies crecen en número y se transforman en insectos plagas. En este sentido, el uso de prácticas ecológicas apropiadas ayuda en el manejo de estos agroecosistemas para que se alteren lo menos posible, y la aparición de pestes se minimice.

Las pérdidas ocasionadas por las plagas son cuantiosas a nivel mundial; sin embargo el uso de productos químicos no ayuda a reducir los inconvenientes causados por ellas. Se dice, que el 30% de los alimentos se pierden como consecuencia del ataque de plagas, enfermedades y malezas; al mismo tiempo, los registros de uso de pesticidas han sido astronómicos, ya que para 1976 se aplicaron 2,25 millardos de kilogramos de biocidas a nivel mundial (Pimentel & Levitan, 1986), lo cual no trajo una solución al control de pestes, ni siquiera a mediano plazo, además de generar problemas de contaminación ambiental de gran importancia. Se podría argumentar que la cifra anterior debió haber disminuido con el auge de nuevas prácticas de control de plagas, donde el uso racional de los productos químicos es uno de los principios fundamentales; sin embargo, Pimentel (2005), resalta la gran dependencia en el uso de plaguicidas cuando menciona la aplicación de 3 millardos de kilogramos a nivel mundial, a un valor anual de 40 millardos de dólares, además de generar un costo adicional de 10 millardos de dólares en daños ambientales, entre los cuales resaltan el impacto en la salud humana, la pérdida de enemigos naturales, polinizadores y la eliminación de animales silvestres, entre otros.

Las plagas agrícolas

Las plagas agrícolas son aquellas que causan daños irreversibles en los cultivos, disminuyendo sus rendimientos y comercialización. Por otro lado, las plantas pueden tolerar cierto nivel de daño sin que se afecte su vigor, rendimiento y calidad. Igualmente se ha comprobado, que la ausencia total de insectos no es necesaria para obtener excelentes rendimientos. Tomando en cuenta estas premisas, el Manejo Integrado de Plagas (MIP) y la Agroecología, a estudiarse más adelante, aparecen como los enfoques ecológicos más apropiados para suprimir, tanto insectos como enfermedades y malezas en los cultivos, siempre que vaya acompañado por la aceptación del productor de no utilizar métodos de control que generen impactos ambientales negativos y gastos económicos innecesarios.

La mayoría de las siembras tienen insectos fitófagos que pueden transformarse en plagas si no se manejan adecuadamente. Estas se presentan regularmente consecuencia de eventos por los cuales atraviesan las plantas en determinadas épocas del año. Por ejemplo, los thrips o piojitos están íntimamente asociados a la floración o generación de nuevos brotes vegetativos. Algunos manifiestan su presencia como plagas ocasionales cuando ocurren cambios notables en las condiciones climáticas; o cuando el hombre aplica productos químicos que rompen el equilibrio natural de esas especies dejándolas libres de los enemigos naturales que normalmente bajan sus densidades.

Por último, existen insectos y ácaros herbívoros que no causan ningún tipo de efecto negativo en la producción del cultivo, y por ello, se consideran como especies inocuas, cuyo control es innecesario.

Manejo Integrado de Plagas, MIP

A partir de la Revolución Industrial y Agrícola a finales del siglo XVIII y hasta los actuales momentos, el hombre ha venido desarrollando productos químicos con la finalidad de combatir las plagas que comúnmente presentan las siembras de cultivos intensivos. La facilidad de uso, accesibilidad y resultados, aparentemente favorables a los productores, contribuyeron en gran parte a la expansión del método químico para el control de plagas.

Sin embargo, para la década de los 60 del siglo XX, se comenzaron a ver efectos negativos al medio ambiente: flora, fauna y raza humana, por el uso exclusivo, excesivo e indiscriminado de los productos químicos. Como consecuencia de esta situación, en los países industrializados se comenzaron a implementar sistemas de manejo de plagas más conscientes y con sentido ecológico, enfatizando el hecho de que el control químico por sí sólo, no era la solución a los problemas de plagas. Este enfoque fue visto con buenos ojos y dio origen a una política obligada de implementación de prácticas ecológicas de manejo de plagas en los países productores de grandes cantidades de alimentos. Al principio, las industrias de biocidas, como poder económico mundial, se mostraron renuentes, sin embargo la mayoría terminó aceptando las nuevas regulaciones y descontinuaron muchos productos del mercado, produciendo otros efectivos, pero más amigables para el medio ambiente.

Durante la década de los 70, se probó de manera definitiva que la utilización preventiva y por calendario de biocidas debía sustituirse por el Manejo Integrado de Plagas (MIP), el cual considera la integración de estrategias oportunas de manejo y métodos de control, para solucionar los problemas ocasionados por las pestes agrícolas (Fig. 6.12).

Fig. 6.12 En el Manejo Integrado de Plagas (MIP), se utilizan diversas medidas de control para suprimir las plagas. (MALUZ y E.R.E.)

Este enfoque de supresión de plagas es complejo, ya que persigue la obtención de beneficios ecológicos, económicos y sociológicos, a largo plazo, en los distintos aspectos de la producción agrícola. En consecuencia, el MIP implica el entendimiento de cada problema para que el mismo sea asimilado inteligentemente por el productor y su personal, considerando que cualquier solución a implementarse, tendrá influencia en la zona donde se encuentre el sistema de producción. Por otro lado, la implementación requiere de tiempo para obtener informaciones científicas y técnicas, necesarias para entender aspectos agronómicos, taxonómicos, biológicos y ecológicos de las plagas a combatir.

A finales del siglo XX los agricultores entendieron que el enfoque del Manejo Integrado de Plagas representaba un eslabón muy importante para el desarrollo de la hoy llamada Agricultura Sostenible la cual abastece las necesidades de alimento del presente, sin poner en peligro las necesidades alimentarias de las generaciones futuras. Según Altieri (1995), este tipo de Agricultura, a través de la Agroecología, considera los procesos ecológicos como básicos para manejar los agroecosistemas productivos en forma amplia, donde se atiende, en primer lugar, la conservación de los recursos naturales para luego aplicar estrategias de fácil aprendizaje, socialmente justas y económicamente viables. Es meta de este manejo agroecológico, integrar los componentes de tal manera que se logre una eficiencia biológica completa, se preserve la biodiversidad, manteniéndose la productividad y capacidad autosustentable del agroecosistema, tal cual ocurre en los ecosistemas naturales.

Niveles de daño económico

Cuando un agricultor revisa su plantación, detecta variedades de insectos perjudiciales, beneficiosos, o inocuos al cultivo, sin embargo, la presencia de insectos, algunos potencialmente dañinos a las plantas, no es indicativo de tener un problema fitosanitario que amerite su manejo. Al comienzo, la permanencia de estos artrópodos genera incertidumbre y no se sabe sí la población seguirá aumentando para causar daños al cultivo; o se va a mantener estable. Para solventar esta situación, el MIP utiliza parámetros o estimaciones relativas a la densidad poblacional de las especies fitófagas, de tal manera que ayuden a determinar, sí la especie en cuestión, es o no una plaga, bajo las condiciones particulares del caso. Según Stern, *et al* (1959), uno de estos parámetros es el Nivel de Daño Económico (NDE), representado por la menor cantidad de la plaga que producen daños económicos al cultivo, es decir, las plantas no tolerarán más insectos fitófagos (referido a Entomología) y sí no se suprimen o manejan, causarán daños económicos irreversibles al cultivo. Igualmente, el NDE establece que las pérdidas generadas por esa cantidad de insectos es igual o mayor al valor de las medidas de control para suprimir dicha población, en consecuencia, no es recomendable aceptar niveles iguales o mayores al NDE.

De acuerdo al MIP, cualquier toma de decisión debe realizarse antes de que el número de insectos plaga llegue al NDE. Ese parámetro, es el Umbral Económico (UE). El Umbral Económico ayuda a establecer el momento oportuno de aplicación de métodos de control para prevenir que la población del insecto alcance el NDE. En consecuencia, el valor del UE debe ser siempre menor, pero cerca del NDE, lo que permite tomar las decisiones en el momento oportuno (Fig.6.13).

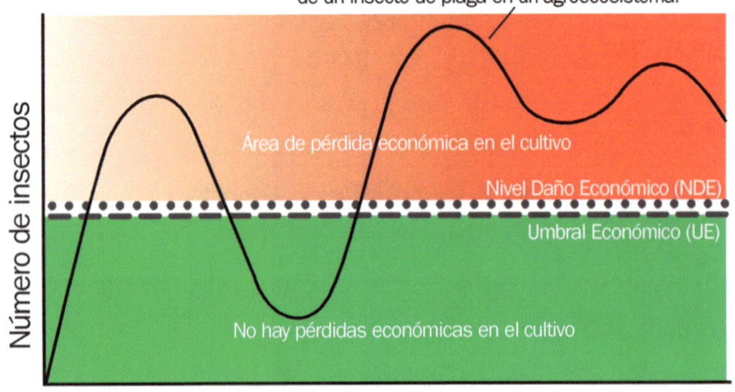

Fig. 6.13 Modelo teórico de la curva de población de una plaga. Se establecen en la misma, niveles económicos para su uso en el Manejo Integrado de Plagas.
(E.R.E. y E.R.R.)

Los parámetros mencionados varían con el sistema de producción, especie de insecto, región y clima, época del año, variedades de plantas, manejo y técnicas aplicadas por el agricultor y otros, lo cual significa que cada nivel debe determinarse para cada caso en particular. Por otro lado, la determinación de esos niveles requiere del conocimiento de los aspectos biológicos y de comportamiento de la plaga, del cultivo y sus respuestas al ataque de dichas plagas, así como a las interacciones entre todos esos componentes.

La habilidad para resolver cualquier problema fitosanitario dependerá, en gran parte, de la información que se disponga del mismo, comenzando por la identificación taxonómica de la plaga. Igualmente se debe conocer su comportamiento y debilidades, así como sus fortalezas y factores que la favorecen.

Debido a que en los agroecosistemas, el agricultor determina cuando y como sembrar, igualmente puede, con la información y conocimientos previos, anticipar cuales problemas se presentarán durante el ciclo del cultivo. Todo este proceso es dinámico y complejo, ya que los componentes e interacciones que participan en esos ecosistemas son variables, pero deben considerarse a la hora de tomar las decisiones.

Estrategias, tácticas y métodos de control en el MIP

Se persigue con el MIP, la integración de tácticas que sirvan para suprimir por debajo del NDE a las plagas, evitando además que ocurran resurgimientos repentinos de las mismas. Esa combinación de tácticas y monitoreo del cultivo impiden el desarrollo de resistencia a los insecticidas, que inevitablemente se hacen necesarios en ciertas ocasiones. Los entomólogos, han clasificado los métodos o tácticas de control en varios grupos, según los principios y fines que persigue cada uno. A continuación se da una breve reseña de estos métodos:

1. Culturales: hacen referencia a toda aquellas actividades agronómicas y sanitarias que minimizan las condiciones de sobrevivencia de las plagas, tales como eliminación de refugios, restos de cosecha, eliminación de frutos o ramas infestadas, rotación de cultivos y otros. Estos hacen a las plantas más vigorosas y menos susceptibles al ataque de insectos.

2. Físicos: estos métodos previenen con barreras físicas o trampas, el acceso de las plagas al cultivo, como por ejemplo hileras de plantas (diferentes al cultivo) que atraen a las plagas, surcos o coberturas con plástico de parte del área del suelo para impedir la emergencia de adultos; o sí ya están presentes en el cultivo, se suprimen físicamente con rastreos, podas, aspirándolos o con trampas de colores pegajosas, usadas ampliamente para áfidos y thrips, así como las trampas McPhail para la captura de moscas de frutas.

3. Químicos: existe gran variedad de productos químicos pesticidas o biocidas (inorgánicos, orgánicos, naturales y otros), los cuales varían según su rango de acción, toxicidad y persistencia en el ambiente. Muchos son de amplio espectro o específicos y selectivos para ciertos tipos de insectos. Recientemente se han introducido al mercado los bioracionales o pesticidas microbiales que son muy selectivos. Hay otros insecticidas derivados de plantas y jabones agrícolas que han tenido una gran aceptación en el MIP por no ser contaminantes del medio ambiente. Los químicos sólo deben utilizarse cuando son realmente necesarios y acatando al pie de la letra las instrucciones de las etiquetas.

4. Biológicos: recomiendan el uso de insectos y ácaros depredadores, parásitos y parasitoides o de microorganismos causantes de enfermedades que matan o disminuyen la capacidad reproductiva de los insectos plagas; o ayudan y fomentan la existencia dentro del campo de depredadores o parásitos nativos ya existentes en la zona. Estos artrópodos y microorganismos se liberen, después de criarlos masivamente en el laboratorio para aumentar y asegurar la eficiencia del control. Dentro de este método se encuentra el clásico control biológico que consiste en la introducción de especies bioreguladoras de las especies plagas.

5. Resistencia y manipulación genética: hace referencia al uso de variedades mejoradas, resistentes a las plagas, especialmente a las enfermedades. Dentro de esta categoría se incluye también a las nuevas manipulaciones genéticas denominadas transgénicas que dan origen a variedades especialmente diseñadas para resistir el ataque de una plaga en particular. El uso de machos estériles, como los de la especie *Ceratitis capitata*, también se incluye dentro de esta categoría.

6. Legales o regulatorias: medidas utilizadas por instituciones gubernamentales de todos los países para impedir la entrada de plagas exóticas o para evitar la dispersión de una plaga en áreas o regiones. Se utilizan sistemas de cuarentena, inspecciones, erradicaciones o destrucción del material vegetal infestado por las plagas; común en aeropuertos y puertos de entrada en los diferentes países.

7. Informativos o cibernéticos: por lo reciente e importante de esta metodología para resolver los problemas de combate de plagas dentro del MIP, estamos enfatizando el uso de computadoras, conjuntamente o en adición a los métodos anteriores. La utilización de las redes mundiales de información, a través de Internet y la posibilidad de ingresar gratuitamente a portales o buscadores de información, nos da posibilidades ilimitadas para resolver los problemas de control de plagas: desde su identificación hasta la opción de intercambiar información con especialistas en la materia a nivel mundial.

En resumen, los agricultores deben cambiar la estrategia de control de plagas utilizada en la Agricultura tradicional, donde predomina el uso indiscriminado de productos químicos y se afecta al medio ambiente. El cambio debe ser hacia el Manejo Integrado de Plagas y Agroecológico, donde se utilizan prácticas de combate amigables al ecosistema, y en general, más permanentes en el tiempo. Al usar el MIP, especial énfasis debe darse al monitoreo o revisión del cultivo de manera sistemática, con una técnica confiable, a fin de detectar a tiempo los problemas de plagas a presentarse. El asesoramiento, extensión y cooperativismo especializado, son fundamentales para la implementación del MIP, y las visitas de especialistas son indispensables para el logro de los objetivos de una Agricultura Sostenible.

¿Sabía Usted?

El Dr. José Ramón Labrador fue un especialista en control de insectos. Entre sus muchas contribuciones se destacan los trabajos publicados sobre el combate de los insectos perjudiciales a los pastos y frutales. En este último renglón, tuvo preferencia por las moscas de las frutas: Ecología, Comportamiento y Control. En América Latina, fue pionero en el uso de la Técnica de los Machos Estériles, utilizando el método de radiación nuclear.

Dr. José R. Labrador (1925 - 2009) (MALUZ)

Etología o Comportamiento de insectos

Las actividades realizadas por los insectos para garantizar su existencia en los ecosistemas donde habitan se denomina Comportamiento. El Comportamiento es consecuencia de estímulos internos y externos o la combinación de ambos, para lo cual el animal produce una respuesta determinada. Esta respuesta o reflejo no es sólo muscular, también puede ser de tipo fisiológico como la alimentación, búsqueda de pareja, reproducción y otros; o genética como el mimetismo y el camuflaje, los cuales se describen más adelante. Los estudios del Comportamiento de los insectos son fundamentales para interpretar sus respuestas a determinadas situaciones. Bajo este esquema es posible conocer las debilidades y fortalezas de estos artrópodos.

Los Comportamientos son múltiples y varían en función de la biodiversidad existente, los procesos evolutivos de los diferentes grupos y otros aspectos. Del mismo modo, pueden cambiar dentro de los diferentes estados de desarrollo de una especie debido a su ciclo biológico y muchos otros elementos o factores que los afectan o modifican.

Si analizamos estos aspectos en la vida de los insectos, desde que nacen hasta que mueren, podemos definir varios tipos de Comportamientos, entre los cuales destacaremos algunos de ellos como la búsqueda de alimento, del cual dependen en las diferentes etapas de su vida. Del mismo modo, para sobrevivir, necesitan refugios y sitios donde esconderse para superar dificultades tales como: presencia de enemigos naturales o condiciones climáticas adversas que los obligan a comportarse según el caso: dispersándose, agrupándose, ocultándose con camuflajes, etc. Cuando maduran, deben buscar al sexo opuesto para aparearse, lo cual puede ser afectado por competencia o territorialismo entre individuos del mismo sexo, siendo necesario el desarrollo de Comportamientos agresivos y de defensa.

Por último, como parte de la reproducción, deben encontrar un lugar y momento apropiado para poner sus huevos, de lo contrario, la viabilidad de los mismos se verá amenazada por parásitos, depredadores, condiciones climáticas desfavorables y otros factores de mortalidad.

Búsqueda de alimentos

Cada especie utiliza estrategias diferentes para encontrar su alimento. En general las estrategias son de dos tipos: aquellas que están relacionadas con la Fisiología del individuo para reconocer y orientarse hacia el alimento y las que tienen que ver con la escogencia del mejor alimento disponible, considerando además, el uso del tiempo de manera eficiente para explotar dicho alimento.

Estas estrategias explican el porqué vemos algunos insectos alimentándose de brotes vegetativos jóvenes, en lugar de hojas maduras; o de frutos, en lugar de hojas. Los insectos herbívoros han coevolucionado con las plantas desarrollando mecanismos fisiológicos para detectar sustancias que pueden ser tóxicas o indigeribles por su sistema digestivo. Cuando ocurre la ingestión y digestión exitosa de esas sustancias, el insecto puede hacerse específico o monófago de ese alimento. En los insectos con Comportamiento monófago, la búsqueda de alimento puede ser más difícil, pero la especialización por ese alimento les favorece ya que es capaz de producir las enzimas digestivas necesarias para utilizar un recurso que otros insectos no pueden usar; o bien, desarrollan mecanismos para almacenarlo de tal suerte que son utilizados como defensas químicas contra sus depredadores o parásitos. En general, los insectos monófagos son más susceptibles a desaparecer por cambios ambientales que por falta de alimento.

Un caso interesante son las orugas de *Heliothis zea*, las cuales acumulan Tomatina, cuyo origen es la planta que les sirven de sustento. Esta sustancia ayuda al insecto porque tiene efecto deletéreo sobre el parasitoide de la polilla, *Hyposoter exiguae*. Un ejemplo muy conocido, entre muchos, es el de la oruga de la mariposa monarca la cual al alimentarse del algodón de seda, *Calotropis procera*, acumula sustancias tóxicas. Utilizando esta preferencia alimenticia, se protege de sus depredadores. Entre los insectos herbívoros también se encuentran aquellos capaces de desdoblar componentes alimenticios de varias hospederas, ya que han desarrollado enzimas apropiadas para este fin. Esta situación los transforma en polífagos. Los insectos polífagos tienen por tanto un amplio repertorio de alimentos, pero también lo comparten con otros insectos. En cualquiera de los casos, la energía usada para metabolizar esas sustancias provenientes de las plantas, representa un gasto que dejan de usar en otros procesos: reproductivo, competencia, etc. Los insectos polífagos, en general, son más permanentes en el tiempo.

De igual forma, la búsqueda del sitio preciso para alimentarse está determinado por características de la planta que el insecto es capaz de reconocer a través de signos o pistas que provienen de la misma; un buen ejemplo lo constituye las concentraciones de fenoles en las hojas, los cuales se encuentran en bajos niveles o ausentes en las hojas maduras, por lo que algunos insectos las prefieren desechando las más tiernas, o viceversa.

> **¿Sabía Usted?**
>
> Los adultos de *Ephemeroptera* nunca se alimentan. Sus requerimientos nutritivos los satisfacen en sus etapas juveniles.

En las plantas se observa que los hábitat más favorable a las poblaciones de una especie fitófaga serán ocupados, en primer lugar, por los individuos más aptos para competir, lo que se traduce en progenies más numerosas para esa especie. La escogencia del hábitat también puede deberse a factores como la cantidad de sombra o rayos solares que reciben las diferentes partes de la planta, tal como se observa en *Liothrips* sp., el cual prefiere raspar y chupar savia de frutos de cítricos sombreados, antes que aquellos expuestos al Sol. En general se puede decir, que el tipo de alimento y cantidad consumida por el insecto afecta su Comportamiento, crecimiento, desarrollo y reproducción. De la misma forma, el daño producido en las plantas es contrarrestado por mecanismos que les permiten protegerse, tales como: vellosidades, sustancias pegajosas, sustancias tóxicas y otras modalidades, todas para neutralizar el daño producido por el herbívoro.

Uno de los Comportamientos más evolucionados en la búsqueda de alimentos lo representa el desarrollado por los bachacos, Géneros *Atta* y *Acromyrmex*, llamados también hormigas arrieras y hormigas cortadoras en varios países de América. Estos pequeños animales cortan hojas para llevarlas a sus cuevas, donde cultivan el hongo que le sirve de alimento; más curioso aún es el comportamiento de la reina, la cual inicia su bachaquero con un pequeño trozo de hoja asociada con el hongo. Ese trozo lo lleva con sus partes bucales y a partir del mismo, inicia un jardín en una cámara diseñada para este fin, separada de las cámaras que albergarán al resto de la nueva colonia.

Los insectos entomófagos usan diferentes estrategias de Comportamiento para conseguir su alimento. Algunos en estado larvario o como adultos, devoran las presas a su antojo (Fig.6.14), mientras otros esperan a sus víctimas escondidos como larvas a las cuales ata-

Fig. 6.14 Larva y adulto de *Cycloneda sanguinea*, devorando áfidos. (E.R.E.)

can una vez que están a su alcance. Para ello, construyen trampas como lo hacen las larvas de la familia *Myrmeleontidae*, del grupo de los neurópteros, representadas por agujeros en la arena donde caen las presas, para luego devorarlas (Fig.6.15).

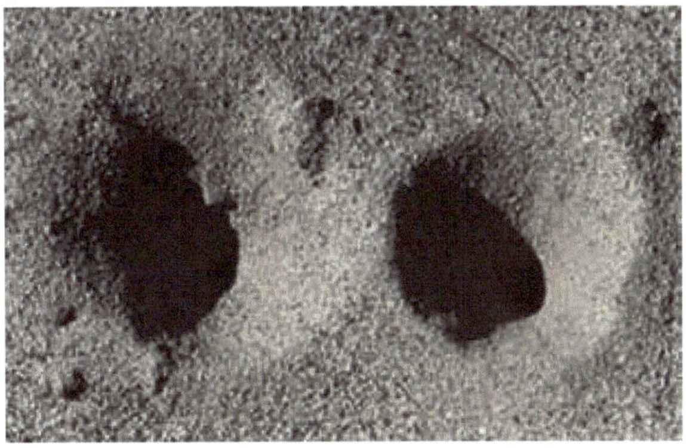

Fig. 6.15 Agujero de hormigas león, *Myrmeleontidae*, preparados como trampas.
(E.R.E. y E.R.R.)

En algunas chinches depredadores, las partes bucales están diseñadas para inyectar saliva tóxica a sus capturas, mientras que en varios véspidos de vida social, las hembras se come a sus presas y luego las regurgitan para alimentar a su progenie. Otros véspidos, también han sido reportados practicando cleptoparasitismo sobre las hormigas *Azteca* sp. (LaPierre *et al*, 2006), es decir se roban los estados inmaduros de las hormigas, para alimentar a sus crías.

Para el caso de los parasitoides, algunas consideraciones de Comportamiento para la búsqueda de alimento deben mencionarse: sólo las hembras actúan, siendo bastante específicas en sus hospederos, los cuales pueden ser huevos, larvas, pupas y ocasionalmente adultos. Únicamente el estado larvario, pocas veces los adultos, se comen al hospedero, los cuales completan su ciclo en un individuo; además, el hospedero parasitado es marcado con una feromona por el parasitoide, la cual actúa para evitar el multiparasitismo (Gullan & Cranston, 2010). En algunos casos, el parasitoide no identifica la feromona del huésped parasitado por ser de otra especie y ponen sus huevos en él, induciendo superparasitismo. Muchas veces, en este último caso, las especies involucradas son incapaces de completar su desarrollo porque agotan al huésped. Por otro lado, el multiparasitismo ocurre entre miembros de la misma especie y por lo general es más viable evolutivamente que el superparasitismo, ya que la relación parasitoide-hospedero, permite a los parasitoides vivir dentro del hospedero hasta llegar a completar el estado de adultos, sin agotar el alimento (Fig.6.16).

Fig. 6.16 Larva de *Opsiphanes tamarindi*, gusano del plátano, parasitada por el bracónido *Cotesia* sp.
(E.I.)

Hábitos defensivos y ofensivos

Todas las especies de insectos están sujetas a los ataques de enemigos naturales, por lo que deben defenderse para sobrevivir. Dentro de una misma especie, también pueden ocurrir ataques entre los individuos, bien sea por espacio, por recursos alimenticios o por la obtención de pareja, lo que los obliga a defenderse asumiendo actitudes agresivas. Algunos cuentan con apariencias que intimidan o asustan y de esa manera, evitan ser atacados; otros han desarrollado la capacidad de esconderse o protegerse en sitios difíciles de alcanzar por sus adversarios. Ciertos insectos son veloces, o se hacen los muertos y escapan; o pasan inadvertidos ante cualquier amenaza; o simplemente vuelan, corren o brincan para defenderse. Por último, existen aquellos que sí atacan al enemigo, bien sea, para disputarse un territorio, para conquistar pareja o defenderse, y lo hacen con partes de su cuerpo: cuernos, espinas, mandíbulas, patas y antenas, según las especies.

Los más evolucionados cuentan con sustancias químicas tóxicas las cuales lanzan al enemigo para rechazar sus ataques o para defenderse

Otro Comportamiento de defensa es el camuflaje, el cual tiene base genética. Para este caso existen múltiples ejemplos, quizás uno de los más comunes es el observado en algunos lepidópteros nocturnos, los cuales tienen coloraciones crípticas o de protección que los confunden con la corteza de los árboles donde reposan (Fig.6.17).

Fig. 6.17 Coloración críptica o de protección del esfíngido, *Pseudosphinx* sp. (E.R.E.)

En algunos casos, no sólo adquieren el color, sino también los patrones de forma de las plantas donde frecuentan. Un ejemplo notable en ortópteros y fásmidos son los llamados María palitos, familias *Proscopiidae* y *Phasmidae*; o algunos membrácidos que parecen espinas para confundirse con el entorno donde merodean o viven (Fig.6.18).

Fig. 6.18 María palito, *Proscopiidae,* simulando un tallito de níspero. (E.R.E.)

En los estados larvarios, también se observan camuflajes, tal es el caso de larvas de mariposas de la familia *Papilionidae*, las cuales parecen excrementos de pájaros (Fig.6.19).

Fig. 6.19 Larva del género *Heraclides*, semejando excremento de aves. (E.R.R.)

Como una especialización del camuflaje, es pertinente mencionar el fenómeno denominado mimetismo. El mimetismo es un camuflaje permanente de origen genético, consecuencia del proceso de evolución de las especies. Existen varios tipos, pero se destacan dos: Batesiano, en honor al naturalista inglés Henry Bates, quien trabajó en Brasil a mediados del siglo XIX; y el Mülleriano en reconocimiento al alemán Fritz Müller, que lo identificó en 1878.

En el primer caso, existe un modelo de insecto que por alguna razón: sabor, presencia de aguijón, agresividad, etc., es evitado por el depredador y en consecuencia, se encuentra protegido. Bajo esta premisa, otros insectos, llamados imitadores, evolucionan para parecerse al modelo, de tal suerte que al imitarlo, quedan también protegidos. El caso más mencionado, erróneamente, en el mimetismos Batesiano es el de la mariposa monarca, *Danaus plexippus,* la cual representa al modelo no comestible y su supuesto imitador, la especie *Limenitis*

¿Sabia Usted?

Henry Bates, explorador y naturalista inglés, trabajó por once años (1848-1859), en el valle del Amazonas colectando insectos. Consecuencias de sus estudios, propuso la palabra mimetismo para explicar la aparente similitud de unas especies y las consecuencias que esta tenía en la relación depredador-presa. Sus trabajos sobre el tipo de mimetismo que estudió fueron honrados con el término: Mimetismo Batesiano.

archipus (Fig. 6.20). Esta última, reportada desde América del Norte hasta Venezuela. En nuestro medio, las orugas de la primera, al alimentarse de plantas de *Calotropis procera*, acumulan toxinas que los depredadores rechazan al comerlas. La otra mariposa, también contienen sustancias tóxicas, protegiéndose ambas de esta manera (mimetismo Mülleriano).

Fig. 6.20. *Danaus plexippus*, izquierda, representa al modelo no comestible en el mimetismo Batesiano. *Limenitis archippus*, derecha, es la supuesta imitadora. Ambas especies se distribuyen en Norte, Centro y Sur América. (MALUZ y E.R.E.)

Verdadero mimetismo Batesiano lo vemos en el caso de las familias *Syrphidae*, *Asilidae* y otros dípteros, donde algunos de sus representantes imitan la forma, pubescencia y color de las avispas y abejas, evitando así convertirse en presas de los depredadores.

En el mimetismo Mülleriano, también de origen genético, no existe un modelo particular, sino un conjunto de formas muy parecidas entre sí, no apetecibles, las cuales fijan en el depredador un modelo teórico de una imagen no comestible. Evolucionando hacia esta imagen, todos los insectos que se parezcan a ella quedan protegidos y no son apetecidos por los depredadores. Ambos mimetismos significan sobrevivencia, similares en el sentido de ofrecer protección a las especies involucradas, pero en el Mülleriano, todas las especies tienen cierto grado de repulsión para el depredador y en consecuencia, la imagen de rechazo es reforzada porque son más las especies involucradas en el fenómeno.

Un caso interesante de mimetismo Mülleriano en el Neotrópico lo observamos en mariposas de los géneros *Ituna, Lycorea, Athesis, Hypoleria, Mechanitis, Tithorea y Heliconius*, tal cual puede apreciarse en la figura 6.21.

¿Sabía Usted?

Un ejemplo de aposematismo lo constituye la coloración negra y amarilla del chinche *Oncopeltus fasciatus*, la cual contrastan sobre las hojas verdes de *Calotropis procera*, de la cual se alimenta. Esa coloración resalta en su entorno, y alerta a los depredadores para no comerse al chinche.

Fig. 6.21. Géneros *Ituna, Lycorea, Athesis, Hypoleria* (izquierda) y *Mechanitis, Olyras, Tithorea, Heliconius* (derecha). Las ocho mariposas imitan modelos teóricos y en consecuencia, potencian una imagen no comestible para los depredadores. (MALUZ)

La intimidación, igualmente, es un mecanismo de defensa de los insectos. Se observa en larvas que adquieren formas y colores que asustan. Muchos ejemplos pueden señalarse en gusanos de algunos lepidópteros del Neotrópico, incluidos en las familias *Sphingidae* y *Papilionidae*, las cuales asemejan serpientes. En otros casos, la intimidación es consecuencia del despliegue que hacen con las alas mediante un rápido movimiento, mostrando patrones semejantes a ojos, lo cual da la impresión de tratarse de animales mucho más grandes que asustan al depredador, tal es el caso de las mariposas búho, *Caligo mennon* (Fig.6.22) y *Caligo atreus*.

En insectos, la evolución de la defensa química, relacionada con el mimetismo, está íntimamente asociada al tipo de planta de la cual se alimentan. Estos insectos acumulan en sus cuerpos químicos provenientes de las plantas que consumen, los cuales son dañinos para el depredador. Además, tienen coloraciones llamativas, tales como naranja, negro, amarillo o la combinación de esos colores. Estos artrópodos reciben el nombre de insectos aposemáticos y la coloración que presentan es llamada de alerta.

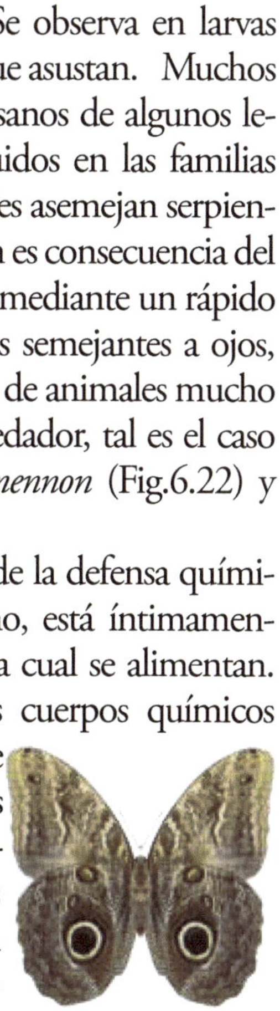

Fig. 6.22 Patrón de forma, color y tamaño de *C. mennon*, para intimidar a los depredadores. (E.R.R.)

Algunas plantas en el grupo de las *Apocynaceae* contienen glucósidos que se acumulan en los insectos que se alimentan de ellas. Estos glucósidos son vomitivos para los depredadores que los consumen. Sobre esta base, los vertebrados insectívoros aprenden a reconocer la coloración del insecto para evitarlos en su dieta. Este tipo de coloración de alerta o aposemática, ha sido muy estudiada y promocionada en televisión en ranitas venenosas del género *Dendrobates,* distribuidas ampliamente en Centro América y Sur de Venezuela.

Otro tipo de defensa química es la secreción de sustancias repelentes, venenosas o de mal olor, para alejar al enemigo, las cuales pueden salir a través de las partes bucales, de glándulas especiales en el tórax (chinches) o del ano. Los dermápteros y chinches poseen dichas glándulas en el abdomen, mientras algunos carábidos, liberan un líquido por el ano, el cual se volatiliza rápidamente en forma de humo y de esa forma, repelen al atacante (carábidos bombarderos).

Un sistema de defensa es el usado por las abejas, las cuales inyectan una variedad de venenos, entre ellos polipéptidos, enzimas, ácidos y otros, usando el oviscapto transformado en aguijón. En otros himenópteros, esta estructura está asociada a una glándula, cuyo contenido causa parálisis en las presas aguijoneadas. En vertebrados causan desde inflamaciones localizadas, hasta la muerte en animales y personas hiperalérgicas al veneno. Igual a las abejas, las hormigas son capaces de defenderse con ácido fórmico que producen en glándulas especializadas para tal fin, y que inyectan por intermedio de su aguijón o mediante la mordida.

No sólo los adultos tienen este tipo de defensa, algunas larvas de la familia *Diprionidae*: *Hymenoptera*, se protegen con una resina aceitosa que almacenan en su sistema digestivo anterior y la expulsan por sus partes bucales para disuadir a sus enemigos. Otras larvas tienen pelos urticantes en su cuerpo como mecanismo de defensa, tal es el caso del gusano pollo, *Megalopyge lanata*, el cual entre sus hospederas, utiliza al mango.

Hábitos gregarios, subsociales y sociales

Muchos insectos viven de manera solitaria, es decir, la hembra después de copular, pone sus huevos en el sitio apropiado y de ellos nace su descendencia sin recibir ésta atención alguna. Se puede dar el caso de posturas en masa, lo que origina larvas o ninfas viviendo en grupos sobre la misma fuente de alimento, pero sin comunicación o ayuda aparente entre ellas. Ejemplos de este Comportamiento se presenta en áfidos, chinches, escamas y thrips, entre otros. También puede ocurrir cuando miembros de una población, atraídos por algún estímulo, desarrollan hábitos gregarios para el encuentro con el sexo opuesto, para migrar o dispersarse hacia nuevos hospederos.

Existen insectos que tienen el Comportamiento de cuidar sus huevos después de ponerlos o cuidar sus progenies (larvas o ninfas), lo cual asegura su sobrevivencia. La duración del cuidado es generalmente por períodos cortos, sin embargo, puede darse el caso de efectuarlo durante todo el ciclo biológico, como en algunas especies de escarabajos de la Subfamilia *Coprinae.* Ese hábito de cuidar la progenie recibe el nombre de Comportamiento subsocial, considerado como el más primitivo de las interacciones padres-progenie y del cual probablemente, se derivó el Comportamiento social de *Hymenoptera* (Comportamiento con jerarquías superiores, como las reinas, llamado también eusocial). Numerosas razones pudieron dar origen al Comportamiento subsocial, el cual aparece en 11 órdenes de insectos. Este Comportamiento, como se indicó, es considerado por varios estudiosos como una característica primitiva, pero de gran adaptación a diferentes situaciones en la naturaleza.

Entre las causas que generaron el Comportamiento social de sobrevivencia, se menciona la alta presión de parasitismo y depredación, las cuales obligaron a desarrollar ese hábito; además de la poca sobrevivencia de los hijos si no reciben cuidado maternal. También por la necesidad de transferir microorganismos (bacterias, protozoarios, etc.), en simbiosis con el insecto, para la digestión del alimento o bien porque el alimento para las progenies es de baja calidad o cantidad, lo cual requiere de ayuda maternal.

El cuidado de la progenie puede ser efectuado también por los machos y ha sido estudiado en avispas y escarabajos, entre otros. Las hembras antes de poner, construyen nidos y proveen el alimento necesario a sus progenies. Un caso interesante se observa en hembras de escarabajos, las cuales permanecen y mantienen el nido cuidando de sus crías hasta hacerse adultas. Según Tallamy & Wood (1986), este tipo de Comportamiento pudiera también considerarse como social y semejante al de *Hymenoptera*, pudiéndose manifestarse de tres formas:

1. Los padres cuidan físicamente a sus hijos del peligro que los acecha.
2. Los adultos cuidan del alimento vital de su progenie.
3. Los padres facilitan el alimento a sus hijos.

A diferencia de los hábitos gregarios y subsociales, algunos insectos desarrollaron un Comportamiento verdaderamente social, considerado como un fenómeno complejo, ya que la coordinación de cientos, miles o millones de individuos viviendo en una sociedad familiar, está en función de una serie de factores genéticos, fisiológicos, ambientales y de aprendizaje, donde la casta reproductiva, domina genética y hormonalmente al resto de la colonia. Este Comportamiento es característico de hormigas, abejas, algunas avispas y termitas, las cuales viven en colonias integralmente organizadas en sistemas complejos autorganizados (Page & Mitchel, 1991). El polimorfismo es característico de estos sistemas, donde además, las castas se dividen las distintas tareas para beneficio de todos los integrantes del nido o colmena.

Otra característica en los insectos de vida social es el sexo, el cual está determinado por la fertilización o no de los huevos producidos por la reina, lo que a su vez define las castas. En las abejas es haplodiploide, debido a que los huevos no fertilizados dan origen a machos haploides o zánganos y los huevos fertilizados, dan origen a hembras diploides infértiles, llamadas obreras. En el caso de las termitas, las hembras y machos son diploides (nacen de huevos fertilizados), conformando junto con las ninfas de segundo instar en adelante, la casta obrera lo cual significa que sólo el primer instar ninfal es atendido por las obreras. La casta de soldados presenta mandíbulas y cabezas más desarrolladas, en comparación a la casta obrera, por cuanto defienden la colonia de sus enemigos. En termitas existe también la casta de nasutes, la cual tienen una glándula en la cabeza que secreta una sustancia pegajosa que utilizan como medio de defensa contra los intrusos. Por último en comejenes, el rey asiste a la reina permanentemente, mientras en abejas, muere después de copular dejando esperma suficiente para la fertilización de los huevos en la espermateca de la reina.

En cuanto al tamaño de las colonias, este varía según la especie. Pueden ser pequeñas, de pocos organismos, de miles o de millones de individuos. Por otro lado, algunas colonias perduran poco tiempo y otras duran muchos años. El inicio de la colonia puede ser efectuado por una sola hembra fertilizada o futura reina, pero también puede iniciarse por un cohorte de padres reproductivos. Puede darse el caso de colonias compuestas sólo de hembras y los machos se forman en ciertas épocas del año, especialmente cuando en la colonia se producen nuevas reinas que enjambran para dar origen a otras colonias. Puede ocurrir que el enjambre provenga de la reina más vieja, junto a un grupo de hijas.

Entre los insectos, sólo las especies de Comportamiento social, exhiben las siguientes características:

1. Cuidado de las crías hasta llegar al estado adulto, a cargo de la casta de obreras en la etapa de nodrizas (abejas).
2. Solapamiento de generaciones, lo cual asegura el cuidado de los nuevos nacimientos por las generaciones más viejas.
3. División de tareas entre las castas: sólo la reina pone huevos y el macho aporta los espermatozoides (una sola vez en abejas, múltiples veces en termitas). El resto de la colonia realiza las siguientes tareas: limpieza de celdas, alimentación de la reina, sus hermanas y zánganos, construcción del panal y almacenaje de néctar; y finalmente, aprenderán según la edad, otras tareas como búsqueda de alimento, ventilación de la colmena y defensa de la misma. Ese cambio de tareas, se produce según la edad y recibe el nombre de polietismo temporal.

En cuanto al aspecto de comunicación entre los individuos de una colonia, se pueden presentar diversas alternativas. En hormigas existe comunicación por medio de feromonas, las cuales se liberan según la situación: alerta, orientación en la búsqueda del alimento, agresión, defensa, etc. En el caso de las abejas, también usan feromonas para algunas actividades, sin embargo, han perfeccionado la comunicación con otros esquemas. Por ejemplo, cuando regresan a la colmena, informan a sus congéneres con un baile que indica la ubicación de la fuente de néctar. Además, los miembros de una colonia o un panal tienen olores característicos (genética y ambientalmente adquirido), los cuales son reconocidos por los guardianes a la entrada de la colmena. Estos olores impiden la entrada de individuos de la misma especie, pero de otras colonias; o de individuos de otras especies que pudieran atacar la colmena.

Otras actividades ocurren en los insectos sociales, tal es el caso de intercambio de secreciones o regurgitaciones boca a boca, entre reina y obreras; entre obreras y crías de abejas; o entre obreras y crías de hormigas, incluyendo también a la reina. Este Comportamiento recibe el nombre de Trofalaxis. En termitas pueden ocurrir además, transferencias de secreciones del ano a la boca para pasar los protozoarios que producen la enzima celulasa, capaz de degradar la celulosa de la madera, para que la misma sea aprovechada por el insecto. Es importante resaltar la pérdida de flora intestinal por parte de las termitas cada vez que mudan, por tanto, ese hábito es esencial para su sobrevivencia. Al parecer, este comportamiento boca a boca, ó ano a boca (alimentación proctodeal), juega un papel muy importante en la transferencia de otras sustancias que controlan la reproducción de las obreras y ayudan en la coordinación y cohesión del nido.

Coevolución planta - insecto

Desde hace millones de años, como se ha indicado, las plantas o nivel trófico primario de la pirámide alimenticia, interactúan con sus consumidores herbívoros, pertenecientes al nivel secundario. Esta interacción se traduce en un proceso de coevolución, cuyo resultado en el tiempo, es el equilibrio que garantiza la existencia de ambos niveles.

La coevolución planta-insecto puede demostrarse en diferentes situaciones, por ejemplo, las plantas producen una inmensa cantidad de productos químicos los cuales utilizan para su crecimiento, desarrollo, funcionamiento y reproducción. También elaboran productos secundarios, los cuales usan en la síntesis de metabolitos primarios; estos últimos, al no utilizarse, se almacenan o usan como compuestos de protección, defensa o de atracción, es decir, según lo conveniente. En el caso de las crucíferas, uno de esos compuestos es el aceite de mostaza, producido por las plantas de repollo; dicho aceite, les da protección contra el ataque de ciertos insectos, sin embargo, larvas de *Plutella xylostella* son capaces de contrarrestarlo con la enzima sulfatasa y el efecto irritante del aceite se pierde, pudiendo las orugas alimentarse de las plantas.

> **¿Sabía Usted?**
>
> El profesor Karl von Frisch de la Universidad de Münich, Alemania, recibió en 1973 el premio Nobel de medicina por sus estudios sobre Comportamiento animal, especialmente de abejas. El Dr. von Frisch descifró el lenguaje de las abejas, en particular el baile que efectuaban para orientar a la colonia en la búsqueda de fuentes de néctar y polen.

Otros Comportamientos también se asocia a las interacciones planta-insecto o proceso coevolutivo, tal es el caso del reconocimiento de aromas claves desprendidas por las plantas, las cuales el insecto utiliza para orientarse en el proceso de poner huevos. Pero por otro lado, este olor, también atrae a parásitos y depredadores que al final, afectan la acción de la plaga. Algunas plantas producen metabolitos secundarios parecidos a la hormona juvenil y a la ecdisona de los insectos, por lo tanto, sí el insecto no es capaz de desdoblar dichos productos, no podrá depender de esa planta para alimentarse porque interrumpe su ciclo biológico, lo cual significa alteración en su crecimiento y posiblemente su muerte.

La coevolución planta-insecto también puede darse en forma de mutualismo, tal es el caso de las plantas de *Acacia* sp. y *Cecropia* sp. en Centro América, las cuales proveen de sustancias azucaradas a hormigas del Género *Pseudomyrmex*; por otro lado, las hormigas dan protección a las plantas defendiéndolas de los ataque de herbívoros. Como dato curioso podemos destacar, el primer ejemplo de control biológico, el cual fue implementado por los chinos, alrededor del año 200 a.C. En esos tiempos, usaron hormigas para proteger sus huertos: colocaban cañas de bambú entre los árboles para el paso de las hormigas de un árbol a otro y de esa forma, los protegían del ataque de las plagas.

Informaciones sobre este tema son abundantes y diversas; y aunque se conocen desde hace muchísimo tiempo, sólo se han comenzado a estudiar en profundidad desde los años 50 del siglo XX, habiéndose demostrado que la coevolución es un fenómeno dinámico, el cual favorece tanto a la planta como al insecto. El hombre ha aprovechado estos conocimientos para desarrollar estrategias de control de numerosas plagas y en este sentido, ha elaborado insecticidas naturales, capaces de controlar insectos con poco impacto sobre parásitos, parasitoides y depredadores; en general, amigables al medio ambiente. Por ejemplo el piretro, la nicotina y antagonistas de la ecdisona, este último, usado contra larvas de lepidópteros y dípteros.

Selección sexual

Desde la época de Darwin se debate el tema de

la selección sexual, la cual se considera un tipo especial de Selección Natural. En este tipo de Comportamiento, el macho tiene la capacidad de utilizar estrategias para competir por la obtención de pareja y completar exitosamente la cópula, todo esto con el fin de dejar una progenie capaz de hacer lo mismo. Las estrategias se inician entre machos por el acceso a las hembras, pero las hembras de igual forma, deben realizar su escogencia. Las hembras, por lo general, prefieren machos grandes a los pequeños, y en consecuencia, los de mayor tamaño son favorecidos.

La competencia por sexo es notable entre insectos y potenció la evolución de estructuras morfológicas especiales en los machos. Este Comportamiento da origen al dimorfismo sexual con la aparición de cuernos, crestas, espinas y patas delanteras fuertes, para el enfrentamiento entre machos en las peleas por las hembras; o para agarrar bien al sexo opuesto durante el apareamiento. Un ejemplo particular lo constituye el género *Dynastes,* y otros géneros de *Coleoptera*, con el desarrollo de cuernos vistosos, largos y fuertes, los cuales utilizan en las peleas entre machos.

En la búsqueda del sexo opuesto se considera también el territorialismo como un Comportamiento que favorece a los machos que lo practican. Por este motivo, machos territorialistas tienen acceso preferencial sobre las hembras que visitan su territorio. La competencia sexual puede ir aún más allá, cuando los machos esperan cerca de las hembras y cuidan que otros machos no se les acerquen para copularlas nuevamente. Este Comportamiento, evita la competencia entre espermatozoides por la fertilización de los óvulos y es llevado al extremo por el zángano de las abejas, el cual deja en la abertura genital de la reina gran parte de sus genitales, los cuales actúan como tapón, evitando nuevas penetraciones y la salida de sus espermatozoides. En este proceso, el zángano sacrifica su vida.

Los tipos y variedades de hábitos que han desarrollado los insectos para atraer al sexo opuesto son asombrosos y específicos para cada caso en particular. En la mayoría de las situaciones, es el macho quien ejecuta las acciones de cortejo antes de copular; sin embargo, puede darse el caso de las hembras de luciérnagas (*Coleoptera*: *Lampyridae*), las cuales se iluminan activando la enzima luciferasa para atraer al sexo opuesto. Los efemerópteros vuelan en masa, realizando bailes característicos para atraer pareja, los grillos y cigarras machos emiten sonidos, las hembras de *Lepidoptera*: *Noctuidae* secretan sustancias atrayentes que pueden ser detectadas por los machos desde grandes distancias.

Emisión de sonidos

Los insectos fueron los primeros organismos en producir sonidos y captarlos. Un buen número de ellos emiten "cantos" utilizando estructuras apropiadas para este fin y de esa forma, logran comunicarse con otros individuos de su misma especie; o entre especies diferentes. El oído humano capta algunos de esos cantos, como los producidos por grillos, escarabajos y cigarras, otros no los advierte. Los sonidos pueden producirse al rozar una parte del cuerpo con otra (estridulación), por ejemplo los grillos; algunos coleópteros los producen con las patas, abdomen y élitros. Otra forma de inducir sonidos ocurre por vibraciones de los timbales en los machos de las cigarras. Los timbales son membranas delgadas ubicadas en la base del abdomen las cuales emiten sonidos por la acción de contracción-relajamiento de sus músculos; estos sonidos son amplificados por la cámara del abdomen, la cual sirve de caja de resonancia para la amplificación de los mismos. El sonido producido por las cigarras es el más intenso entre todos los artrópodos.

Los sonidos juegan un papel importante para los insectos que los emiten y para los que responden al mismo con algún tipo de Comportamiento en beneficio de la especie o especies involucradas. La producción de sonidos puede ser utilizada con fines diversos: localizar y atraer pareja, repeler depredadores, acentuar relaciones simbióticas entre grupos diferentes (mariposas y hormigas), por nombrar algunos ejemplos.

Referencias

Altieri, M.A. (1995) Agroecology: The science of sustainable agriculture, 2nd edn. Westview Press., Colorado. 443 p.

Altieri, M.A. & C.I. Nicholls (2005) Agroecology and the search for a truly sustainable agriculture. UNEP Basic Textbooks for environmental training. UNEP-ROLAC, México, D.F. 290 p.

Andrewartha, H.G. & L.C. Birch (1953) The Lotka-Volterra theory of interspecific competition. Australian Journal of Zoology 1(2): 174-177.

Andrewartha, H.G. & L.C. Birch. (1954) The distribution and abundance of animals. The University of Chicago Press, Chicago. 793 p.

Barbosa, P. & J.C. Schultz (eds) (1987) Insect outbreaks. Academic Press, California. 578 p.

Beebe, W. (1949) Migration of *Papilionidae* at Rancho Grande, north-central Venezuela. Zoologica 34: 119-126.

Beebe, W. (1950a) Migration of *Danaidae*, *Ithomiidae*, *Acraeidae* and *Heliconidae* (butterflies) at Rancho Grande, north-central Venezuela. Zoologica 35: 57-68.

Beebe, W. (1950b) Migration of *Pieridae* (butterflies) through Portachuelo Pass, Rancho Grande, north-central Venezuela. Zoologica 35: 189-196.

Beebe, W. (1951) Migration of *Nymphalidae* (*Nymphalinae*), *Brassolidae*, *Morphidae*, *Libytheidae*, *Satyridae*, *Riodinidae*, *Lycaenidae* and *Hesperiidae* (Butterflies) through Portachuelo Pass, Rancho Grande, north-central Venezuela. Zoologica 36: 1-16.

Berenbaum, M.R. & A.R. Zangerl (1992) Genetics of secondary metabolism and herbivore resistance in plants. In: Herbivores: Their interactions with secondary plant metabolites, vol. 2, 2nd edn. (eds G.A. Rosenthal & M.R. Berenbaum), pp. 415-438. Academic Press, California.

Berenbaum, M.R. & A.R. Zangerl (2008) Facing the future of plant-insect interaction research: Le retour a la "Raison dÉtre." Plant Physiology 146: 804-811.

Brundin, L. (1967) Insects and the problem of austral disjunctive distribution. Annual Review of Entomology 12: 149-168.

Cardé, R.T. (2008) Insect migration: Do migrant moths know where they are heading? Current Biology 18: 472-474.

Chenoweth, S.F. & K. McGuigan (2010) The genetic basis of sexually selected variation. Annual Review of Ecology, Evolution and Systematics 41: 81-101.

Chirinos, D.T. & F. Geraud-Pouey (2011) Manejo de plagas agrícolas en Venezuela. Análisis y reflexiones sobre algunos casos. Interciencia 36(3): 192-199.

Courtney, S.P. (1981) Coevolution of pierid butterflies and their cruciferous foodplants III. *Anthocharis cardamines* (L.) survival, development and oviposition on different host plants. Oecologia 51: 91-96.

DeBach, P. & R.A. Sundbay (1963) Competitive displacement between ecological homologues. Hilgardia 34: 105-166.

De Bach, P. (ed) (1964) Biological control of insect pests and weeds. Reinholds, New York, Chapman & Hall, London. 844 p.

Denno, R.F. & J.T. Perfect (1994) Planhoppers as models for ecological study and effective pest management. In: Planthoppers: Their ecology and management. (eds R.F. Denno & T.J. Perfect), pp. 1-4. Chapman & Hall, London.

Denno, R.F., M.S. McClure & J. Ott (1995) Interspecific interactions in phytophagous insects: Competition reexamined and resurrected. Annual Review of Entomology 40: 297-331.

Denno, R.F. & M.A. Peterson (1995) Density-dependent dispersal and its consequences for population dynamics. In: Populations dynamics: New approaches and synthesis. (eds N. Cappuccino & P. W. Price), pp. 113-130. Academic Press, California.

Dingle, H. (1978) Evolution of insect migration and diapause. Springer-Verlag, New York. 284 p.

Dobzhansky, T. (1950) Evolution in the tropics. American Scientist 38: 209-221.

Ehrlich, P.R. & L.C. Birch (1967) The balance of nature and population control. American Naturalist 101: 97-107.

Elton, C.S. (1927) Animal ecology. Sidgwick & Jackson, London. 207 p.

Evans, E.W. (1993) What are the indirect costs of pesticide use? Utah State University Extension, Fact Sheet No. 79. 3p. http://extension.usu.edu/files/publications/factsheet/costs-pesticides93.pdf

Ferrer, F. (2001) Biological control of agricultural insect pests in Venezuela: advances, achievements, and future perspectives. Biocontrol News and Information 22: 67-74.

Froy, O., A.L Gotter., A.L Casselman & S. Reppert (2003) Illuminating the circadiam clock in Monarch butterfly migration. Science 300 (5623): 1303-1308.

Gullan, P. J. & P. Cranston (2010) The insects: An outline of Entomology, 4th edn. John Wiley, New York. 565 p.

Hamilton, W.D. (1964) The genetical evolution of social behavior. I & II. Journal of Theoretical Biology 7: 1-16, 17-52.

Hamilton, W.D. (1967) Extraordinary sex ratio. Science 156(3774): 477-488.

Hernández, M., T. Quesada, C. Muñoz & A.M. Espinoza (2003) Genetic variation of Costa Rican populations of the rice planthopper *Tagosodes orizicolus* (*Homoptera*: *Delphacidae*). Revista de Biología Tropical (Costa Rica) 52(3): 795-806.

Instituto Nacional de Investigaciones Agrícolas (INIA) (2004) Capítulo XII Manejo de Plagas. Insectos. In: El cultivo del arroz en Venezuela, No.1 (Comp. Orlando Páez, ed A. Romero), pp. 138-152. Serie Manuales de Cultivo INIA, DIPAINCA, Maracay, Venezuela.

Jaffe, C.K. (1993) El mundo de las hormigas. Editorial Equinoccio, Universidad Simón Bolivar, Miranda, Venezuela. 190 p.

Johnson, G. (1969) Migration and dispersal of insects by flight. Barnes & Noble, Nueva York. 766 p.

Kisimoto, R. & J. Rosenberg (1994) Long distance migration in delphacid planthoppers. In: Planthoppers: Their ecology and management. (eds R.F. Denno & T. Perfect), pp. 302-322. Chapman & Hall. London.

Körner, C. (2009) Responses of humid tropical trees to rising CO_2. Annual Review of Ecology, Evolution, and Systematics 40: 61-79.

LaPierre, L., H. Hespenheide & A. Dejean (2006) Wasps robbing food from ants: a frequent behavior? Naturwissenschaften 94: 997-1001.

Liebig, J. (1840) Chemistry in its application to agriculture and physiology. (ed. L. Playfair). Taylor & Watson, London. 398 p.

Malthus, T.R. (1798, 1826) An essay on the principle of population. Project Gutenberg E Book, 6th edn. John Murray, London. http://www.gutenberg.org/files/4239/4239-h/4239-h.html

Mayr, E. (1942) Systematics and the origin of species. Columbia University Press, New York. 334 p.

Mayr, E. (1963) Animal species and evolution. Harvard University Press, Cambridge. 797 p.

Mayr, E. (1969) Principles of Systematic Zoology. McGraw-Hill, Inc., New York. 428 p.

Meagher, R.L. & R.N. Nagoshi (2004) Population dynamics and occurrence of *Spodoptera frugiperda* host strains in Southern Florida. Ecological Entomology 29(5): 614-620.

Nájera-Rincón, M.B. & B. Souza (2010) Insectos benéficos. Guía para su identificación. Instituto Nacional de Investigaciones Forestales, Agrícolas y Pecuarias (INIFAP), México, Universidade Federal de Lavras (UFLA), Brasil, Michoacán, México. 75 p.

Nicholson, A.J. (1954) An outline of the dynamics of animal populations. Australian Journal of Zoology 2: 9-65.

Osuna, E. (2000) Entomología del parque nacional Henri Pittier. Aragua, Venezuela. Fundación Polar-MIZA, Caracas. 199 p.

Page Jr., R.E. & S.M. Mitchel (1991) Self organization and adaptation in insect societies. Proceedings of the Biennial Meeting of the Philosophy of Science Association 2: 289-298 http://www.jstor.org/stable/193075

Pence, J.A. (1998) Longest regularly repeated migration. In: University of Florida Book of insects records, Chapter 35 (ed T. J. Walker), pp. 86-88.University of Florida, Gainesville.

Piccirillo, G. & D. De Jong (2003) The influence of brood comb cell size on the reproductive behavior of the ectoparasitic mite *Varroa destructor* in honey bee colonies. Genetics and Molecular Research 2(1): 36-42.

Pielou, E.C. (1969) An introduction to mathematical ecology. Wiley-Interscience, New York. 294 p.

Pielou, E. C. (1975) Ecological diversity. John Wiley, New York. 165 p.

Pimentel, D. & L. Levitan (1986) Pesticides: Amounts applied and amounts reaching pests. BioScience 36: 86-91.

Pimentel. D. (2005) Environmental and economic costs of the application of pesticides primarily in the United States. Environment, Development and Sustainability 7: 229-252.

Price, P.W. (1997) Insect Ecology, 3rd edn. John Wiley, New York. 874 p.

Price, P.W., R.F. Denno, M.D. Eubanks, D.L. Finke & I. Kaplan (2011) Insect ecology, behavior, populations and communities. Cambridge University Press, New York. 816 p.

Public Library of Science (2008) Molecular basis of monarch butterfly migration discovered. Science Daily. http://www.sciencedaily.com /releases/2008/01/080108083008.htm

Queller, D.C. & J.E. Strassmann (1998) Kin selection and social insects. Bioscience 48(3): 165-175.

Radcliffe, E.B., W.D.Hutchinson & R.E. Cancelado (eds) (2009) Pest Management: Concepts, tactics, strategies and case studies. Cambridge University Press, Cambridge. 550 p.

Rankin, M.A. & J.C.A. Burchsted (1992) The cost of migration in insects. Annual Review of Entomology 37: 533-59.

Reinert, J. (1976) Medical entomology studies – IV. The Subgenera *Indusis* and *Edwardsaedes* of the Genus *Aedes* (*Diptera*: *Culicidae*). Contributions of the American Entomological Institute 13 (1): 1-45.

Roque Abelo, L., M. Berg & M. Galarza (2006) "Polizontes peligrosos", dispersión de insectos entre las Islas Galápagos en barcos de turismo. Informe de Investigación. Fundación Charles Darwin para las Islas Galápagos A.I.S.B.L. 23 p.

Rubio Espina, E. (1969) Insectos reportados en frutales cultivados en el estado Zulia, Venezuela 1961-1969. Trabajo de Ascenso. Universidad del Zulia, Agronomía, Venezuela. 48 p.

Rubio Espina, E. (1975) Revisión del género *Trachypus* (*Hymenoptera*: *Sphecidae*). Revista de la Facultad de Agronomía (LUZ) 1(1): 1-60.

Shivankar, V.J., C.N. Rao & S. Singh (2003) Insect pest dispersal. Encyclopedia of Pest Management. http://www.informaworld.com/smpp/content~content=a713568415~db=all~order=title

Sirot, L.K. (2003) The evolution of insect mating structures through sexual selection. Florida Entomologist 86(2): 124-133.

Stern, V.M., R.F. Smith, R. van den Bosh & K.S. Hagen (1959) The integrated control concept. Hilgardia 29(2): 81-101.

Stiling, P.D. (1996) Ecology. Theory and applications, 2nd edn. Prentice Hall, New Jersey. 539 p.

Stinner, R.E., C.S. Barfield, J.L. Stimac & L. Dohse (1983) Dispersal and movements of insect pests. Annual Review of Entomology 28: 319-335.

Stork, N.E. (2007) Biodiversity: World of insects. Nature 448: 657-658.

Tallamy, D.W. & T.K. Wood (1986) Convergence patterns in subsocial insects. Annual Review of Entomology 31: 369-390.

Taylor, R.L. (1986) The four kinds of migrations. In: Insect flight: dispersal and migration. (ed W. Danthanarayan), pp. 265-280. Springer-Verlag, Germany.

Tipping, C. (1995) The longest Migration. In: Book of insects records, Chapter 11 (ed. T. J. Walker), pp. 23-25. University of Florida, Gainesville.

van Dam, N.M. (2009) Belowground herbivory and plant defenses. Annual Review of Ecology, Evolution, and Systematics 40: 373-391.

Verhulst, P.F. (1838) Notice sur la loi que la population porsuit dans son accroissement. Correspondance mathématique et physique 10: 113-121.

Vesely, P., S. Veselá, R. Fuchs & J. Zrzavy (2006) Are gregarious redblack shieldbugs, *Graphosoma lineatum* (*Hemiptera*: *Pentatomidae*) really aposematic? An experimental approach. Evolutionary Ecology Research 8: 881-890.

Weir, E.H. & L.Sagarzazu (1998) Interspecific competition between *Metagonystilum minense* (*Diptera*: *Tachinidae*) and *Cotesia flavipes* (*Hymenoptera*: *Braconidae*) parasitoids of Sugar Cane Borers, (*Diatraea* spp., *Lepidoptera*: *Pyralidae*). Revista de Biología Tropical (Costa Rica) 46(4): 1135-1139.

Weir, E.H. (2007) Biological control of *Diatraea* spp. (*Lepidoptera*: *Pyralidae*) in sugar cane crops in Central Venezuela. Revista de Biología Tropical (Costa Rica) 55(2): 655-658.

Whittaker, R.H. (1972) Evolution and the measurement of species diversity. Taxon 21: 213-251.

William, C.B. (1957) Insect migration. Annual Review of Entomology 2: 163-180.

Wilson, E.O. (ed) 1988 Biodiversity. National Academy Press, Washington D.C. 538 p.

Wilson, E.O. (1999) The diversity of life. W. W. Norton & Co., New York. 424 p.

Nociones sobre: Sistemática, Taxonomía, Clasificación y Código Internacional de Nomenclatura Zoológica

La cantidad de animales es asombrosa. Sólo de insectos, estimaciones conservadoras los ubican en más de 10 millones de especies; sin embargo, de esta cifra cerca del 15 por ciento ha sido descubierta. El arreglo y ordenamiento de esta riqueza animal es el objeto de la Sistemática y la Taxonomía a través de la Clasificación zoológica.

Caroli Linnæi
1707 - 1778. (Wikipedia)

Charles Darwin
1809 - 1882. (Wikipedia)

Ernst Mayr
1904 - 2005. (Wikipedia)

Willi Hennig
1913 - 1976. (Wikipedia)

Reino: *Animalia*
Phylum: *Arthropoda*
Superclase: *Hexapoda*
Clase: *Insecta*
Orden: *Hymenoptera*
Superfamilia: *Apoidea*
Familia: *Sphecidae*
Subfamilia: *Philanthinae*
Tribu: *Philanthini*
Género: *Trachypus*

Fig. 7.1 Parte del árbol filogenético del Género *Trachypus* revisado por Rubio (1975).

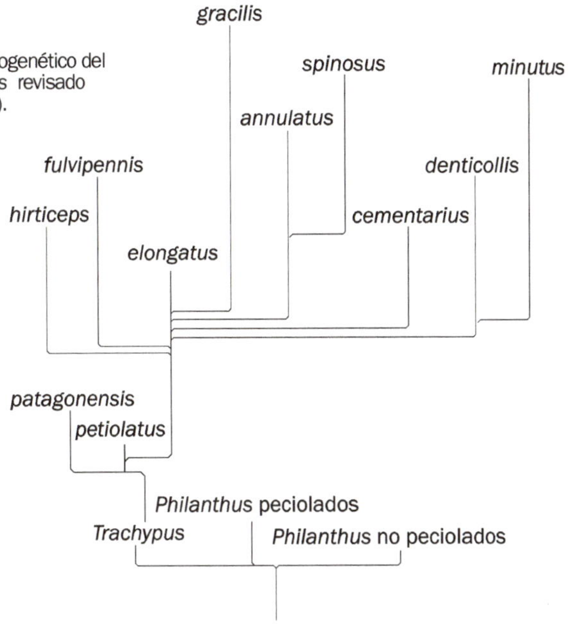

CONTENIDO

Períodos en la historia de la Sistemática y la Taxonomía

Ciertos períodos pueden superponerse en el tiempo; de la misma forma, algunos científicos pueden trascender más de una época.

1er período Estudio de las faunas locales.	2do período Linnaeus y sus contemporáneos.	3er período Delimitación de taxa con métodos empíricos	4to período Darwin, Evolución y Filogenia.	5to período Sistemática de poblaciones.	6to período Sistemática Filogenética.
Identificación de especies en base a tipos. Aristóteles 384 - 322 a.C. Johan C. Gessner 1516 - 1565 Ulisse Aldrovandi 1522 - 1605	Identificación tipológica: Método binomial de la nomenclatura. *Caroli Linnæi* 1707 - 1778 Jean-Baptiste Lamarck 1744 - 1829 Georges Cuvier 1769 - 1832	Desarrollo de sistemas naturales de clasificación. Enfrentamientos de la Ciencia y la Religión. Primeros pensamientos evolucionistas. Jean-Baptise Lamarck 1744 - 1829 Georges Cuvier 1769 - 1832	Teoría de la evolución. Árbol filogenético. Proposición de *Phylum*. Charles Darwin 1809 - 1882 Ernst Haeckel 1834 - 1919	Taxonomía biológica y experimental. Julian.S. Huxley 1887 - 1975 Richard M. Bohart 1913 - 2007 Charles D. Michener 1918 -	Taxonomía numérica. Sistemática evolucionista tradicional & Cladística. Robert Sokal 1926 - 2012 Willi Hennig 1913 - 1976 Peter Sneath 1923 - 2011 James S. Farris 1942 - Ward C. Wheeler 1963 - Gonzalo Giribet 1970 -

La Sistemática es la disciplina de la Biología encargada de estudiar la diversidad de los organismos vivos y extintos (fósiles) en la Tierra, considera las relaciones existentes entre ellos y los ordena en grupos naturales, los cuales reflejan su historia evolutiva.

La Taxonomía, por otro lado, es la teoría y la práctica de clasificar organismos y es considerada como parte de la Sistemática, siendo esta última, analítica e integral en sus resultados. Otros consideran a la Taxonomía como sinónimo de la Sistemática, lo cual es erróneo, porque la Taxonomía asigna o da nombres, describe, diagnostica, identifica y clasifica a las especies y grupos de especies, para poder acceder y comunicar información sobre ellas de manera universal. Estos roles de la Taxonomía son, sin duda, esenciales para generar los sistemas de clasificación que sirven de referencia y de predicción a todas las disciplinas biológicas. En síntesis, la Taxonomía, como se indicó anteriormente, es la teoría y la práctica de clasificar organismos, mientras que la Sistemática ordena la diversidad biológica de acuerdo a las relaciones entre los organismos, según ciertos criterios establecidos por los científicos. Recientemente se ha considerado a la Sistemática, desde un punto de vista más amplio, como la ciencia de las relaciones evolutivas de los seres vivos.

Al comienzo, se estudiaron los términos Sistemática y Taxonomía, quedando pendiente la definición de Clasificación. En este caso, la Clasificación zoológica es el producto de la actividad del taxónomo y del sistemático, es decir, el ordenamiento de las especies animales en grupos sobre la base de sus relaciones o afinidades.

Aristóteles
384 – 322 a.C.

Desde la época de Aristóteles, padre de las Ciencias Biológicas (384 - 322 a.C.), continuando con *Caroli Linnæi* (1707 - 1778 d.C.), padre de la Botánica y de la Nomenclatura Binomial, ordenar y clasificar por similitud a los organismos era la esencia de la Taxonomía hasta que Charles Darwin (1809-1882 d.C.), propuso con su Teoría Universal de la Evolución, hoy en día conocida como Teoría de la Descendencia Común, los fundamentos básicos de los sistemas de clasificación. Esta nueva teoría generó un cambio trascendental entre los investigadores del siglo XX, al polarizarse en dos corrientes: los que consideraban a los sistemas de clasificación como artificiales, creados o inventados por el hombre y los que estaban de acuerdo con la existencia de una organización natural, producto de la evolución en el tiempo, la cual podía ser descifrada o descubierta con la ayuda de herramientas y los conocimientos modernos de la Biología.

Charles D. Michener
1918 -
(Wikipedia)

Partiendo de la Teoría de la Descendencia Común, Willi Hennig (1966), entomólogo alemán, desarrolla la Sistemática Filogenética, afirmando que entre los individuos de una especie y entre las especies de organismos, existen relaciones genealógicas o de afinidad genética las cuales pueden medirse y son dependientes de su genética y de las condiciones ambientales existentes a lo largo del tiempo en las diferentes partes del planeta donde han evolucionado. En consecuencia, esas relaciones genealógicas se encuentran representadas en los diferentes grupos de organismos y los sistemáticos, las han reconocido e identificado para así ubicarlos dentro de grupos naturales. Sin embargo, mucho antes del desarrollo de la Sistemática Filogenética, ya los taxónomos habían dado nombres a los grupos de organismos, principalmente, por algún tipo de afinidad morfológica, con la consideración de que muchos de ellos no eran realmente grupos naturales y debían ser reinterpretados. Por ejemplo, se definió como *Apterygota* al grupo de insectos que nunca habían tenido alas, sin embargo, hoy sabemos que ésta es un característica primitiva y como tal, no define a ese grupo como natural; solo sirve para identificar, no para establecer relaciones entre los órdenes de insectos que tienen ese carácter.

Sistemas de clasificación

Si tomamos en cuenta la diversidad de organismos estudiados en el mundo y las diferentes maneras de pensar de los científicos, se observan contradicciones en la forma de interpretar el orden natural en el cual los organismos se agrupan; esta situación ha traído como resultado la falta de un ordenamiento definitivo y muchos de los grupos naturales propuestos, se continúan soportando empíricamente sobre suposiciones. Para el caso de los insectos, la situación es similar, pero gracias al avance en los estudios de diferentes tipos: morfológicos, moleculares y las interrelaciones entre los morfológicos, bioquímicos, biogeográficos y ecológicos, se están logrando descubrir los verdaderos grupos naturales y en consecuencia, clasificaciones más estables. A continuación se discuten los criterios que originan los sistemas de clasificación vigentes desde mediados del Siglo XX en las diferentes disciplinas biológicas:

Taxonomía Evolucionista Tradicional
Taxonomía Numérica
Sistemática Filogenética o Cladística

De estos sistemas, el primero y el tercero consideran a la evolución como la fuerza creadora del orden natural existente, mientras que el segundo, asume a los sistemas de clasificación como herramientas artificiales creadas por el hombre, con la utilidad práctica de identificar y ordenar la diversidad existente.

Los científicos que utilizan el camino de la Taxonomía tradicional o evolucionista, consideran la evolución como muy importante; sin embargo, su principal herramienta es la intuición o la experiencia adquirida por los años de trabajo, las cuales utilizan para descifrar subjetivamente los cambios evolutivos observados en las especies. Estos científicos, sobre todo los que actuaron desde la mitad del siglo veinte, pasaron gran parte de su vida, quizás 40 ó 50 años, estudiando y dando peso a caracteres principalmente morfológicos en los grupos o taxa de su interés, lo cual les ha ayudado a entender y visualizar la existencia de cambios evolutivos y de esta manera, asignar nombres a las diferentes categorías taxonómicas estudiadas. Existen escuelas en diferentes partes del mundo siguiendo este criterio; sin embargo, la tendencia es a la desaparición del mismo por cuanto las generaciones actuales están inclinándose por la Sistemática Filogenética como base para deducir el sistema de clasificación de grupos de organismos estudiados. Este criterio de Clasificación se discutirá con más detalles en los párrafos siguientes.

Por otro lado, los científicos usuarios de la Taxonomía Fenética o Taxonomía Numérica, por ejemplo Sokal y Sneath (1963), consideran sin importancia a la evolución para desarrollar un sistema de clasificación o para establecer relaciones y en consecuencia, basan las agrupaciones y categorías taxonómicas propuestas, en las similitudes morfológicas o globales de los taxa. Para ellos, todas las características tienen igual peso o importancia y desarrollan programas o sistemas computarizados con algoritmos e índices de evaluación para efectuar sus análisis. Por ejemplo, a través de coeficientes de similitud, seleccionan el dendrograma donde muestran las distintas agrupaciones de taxa que son similares morfológicamente. Además, consideran que mientras más caracteres se utilicen para generar estos dendrogramas, más validez tienen sus hipótesis. Este criterio de clasificación ha perdido vigencia durante las últimas décadas, sobre todo, porque cuando se agrupan organismos sobre la base de similitudes aparentes, se ignora que las mismas pueden deberse a factores diferentes a la participación de genes comunes. En la actualidad este criterio de clasificación es poco utilizado.

¿Sabía Usted?

Willi Hennig fue soldado durante la II Guerra Mundial, sin embargo, terminada la guerra, emprendió una brillante carrera científica en el Instituto Entomológico Alemán en Berlín.

La Sistemática Filogenética o Cladística descifra el ordenamiento natural y las relaciones entre las especies y grupos de especies tomando en cuenta que cada grupo se inicia con una especie y a partir de ésta, se originan por especiación o cladogénesis, las especies hijas, pasando a ser la especie ancestral la especie madre de las nuevas especies. De esta manera todas las especies forman grupos monofiléticos, caracterizados por tener, al menos, un carácter apomórfico o avanzado.

Cuando este carácter es compartido por dos o más taxa recibe el nombre de sinapomórfico. Todo carácter apomórfico se deriva de un carácter ancestral o plesiomórfico, o sea que cambió evolutivamente. Un ejemplo de carácter apomórfico es la aparición de alas en los insectos *Pterygota*, grupo formado por todas las especies con alas. El carácter ancestral o plesiomórfico no se considera en los análisis para formar grupos, por cuanto no define cambios evolutivos y no aporta información. Los caracteres ancestrales compartidos por dos o más taxa se denominan simplesiomórficos, un buen ejemplo de estos son la ausencia de alas en *Apterygota*, el cual no es considerado como grupo natural por la Cladística, tal cual se indicó anteriormente.

En Cladística, la determinación de grupos monofiléticos con su especie ancestral y todos sus descendientes, es determinante para los análisis. Por ejemplo, sí hablamos de un género, todas las especies de ese género deben tener, al menos, una característica avanzada en común o carácter apomórfico que deriva de su ancestro común. Se dice que un carácter es autapomórfico cuando es único y exclusivo de un sólo grupo natural. La relación genealógica de uno o más caracteres apomórficos es lo que define al género en cuestión como un grupo natural. En el mismo orden de ideas, sí estudiamos las relaciones entre todos los géneros de una familia, cada uno debe ser natural y no inventado por el taxónomo y tener una o varias características en común avanzadas o apomórficas. Esta es una de las principales diferencias con el sistema de clasificación evolucionista tradicional. Los que apoyan este último sistema pueden dejar de incluir en el grupo bajo estudio a alguno o algunos de los descendientes y en muchas ocasiones, utilizan caracteres primitivos para definir a los grupos, lo que genera un taxón artificial o parafilético. Una demostración de taxón artificial es el antiguo orden *Psocoptera*, el cual no incluía a los piojos del grupo *Phthiraptera*; hoy en día, después de aplicar los conceptos cladísticos, *Psocoptera* + *Phthiraptera* forman al orden *Psocodea*. Además puede ocurrir que por similitudes morfológicas o funcionales, se agrupen taxa que provienen de diferentes ancestros y dichas similitudes son por tanto, convergencias evolutivas que pueden enmascarar los análisis, dando lugar también a grupos artificiales, parafiléticos y polifiléticos.

> **¿Sabía Usted?**
>
> El Principio de Simplicidad ha sido propuesto por algunos autores de habla hispana para sustituir al Principio de Parsimonia, ya que parsimonia en Español, es sinónimo de moderación, escasez y lentitud y no significa lo mismo que Simplicidad.

La construcción de la filogenia de un grupo utilizando la Cladística, incluye el descubrimiento y análisis de los caracteres a utilizar, según el grupo o categoría taxonómica en estudio y el establecimiento del grupo externo o hermano del grupo en estudio. Los caracteres como tal, son atributos que poseen las especies producto de secuencias ontogénicas o citogenéticas de rasgos previamente existentes, provenientes de la genética de los padres de éstas. Cada carácter puede manifestarse en más de una forma, razón por la cual, a estas formas se denominan en Cladística estados de los caracteres. Por ejemplo, si nos referimos al número de segmentos tarsales como carácter y observamos en los taxa en estudio la presencia de tarsos de 1, 2, 3, 4 y 5 segmentos, cada número de segmentos tarsales representaría un estado de ese carácter. Otro ejemplo práctico sería el número de alas como carácter, el cual puede mostrar varios estados: 0, 2 ó 4 alas.

Cuando se analizan los caracteres y estados de los mismos, es indispensable establecer correctamente las homologías existentes entre ellos para evitar así la introducción de errores que compliquen el análisis. El estado de cada carácter recibe una codificación numérica, por ejemplo el número cero (0), para la ausencia del carácter y el uno (1), para la presencia del carácter. La codificación puede ser múltiple según el número de estados. Igualmente se codifican con números o letras aquellos estados cualitativos o de forma de las estructuras utilizadas en el análisis. El conjunto de caracteres, cada uno de los cuales a su vez es identificado con un número, da origen a la matriz de datos, la cual se introduce a cualquiera de los programas de computación que se seleccione (NONA, PAUP 4.0, HENNIG 86 y otros), para obtener el cladograma o árbol filogenético apropiado. La construcción de las relaciones entre los organismos utilizando el análisis filogenético está basada, exclusivamente, en el uso de estados apomórficos derivados de estados primitivos o plesiomórficos.

El grupo externo, en Cladística, hace referencia a una especie; o a un taxón supraespecífico, monofilético, el cual se examina en el curso de un estudio filogenético para inferir cual de los estados homólogos de un carácter es apomórfico. Por lo general, el grupo externo posee el carácter plesiomórfico o primitivo. El grupo externo más adecuado para el análisis,

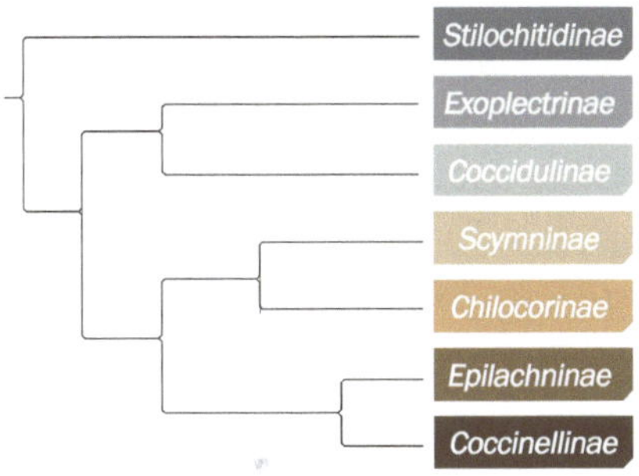

Fig. 7.2 Cladograma de las Subfamilias principales de *Coccinellidae* de Chile. González (2006).

es el llamado grupo hermano del taxón en estudio. Debe notarse, sin embargo, la posibilidad de utilizar más de un grupo externo, según lo estime el científico.

Otro elemento importante en el enfoque cladístico lo constituye el Principio de Simplicidad, el cual se usa para decidir, por ejemplo, cual es el cladograma (Fig.7.2) a presentar como hipótesis científica en el análisis filogenético de un grupo determinado. Este principio postula que sí existen dos o más cladogramas para explicar las relaciones entre taxa el más simple, corto o económico, en cuanto a número de pasos evolutivos, es el escogido como correcto. Es importante observar, al construir el cladograma filogenético de un grupo de organismos, la aparición de caracteres homoplásicos. Estos caracteres son consecuencia de convergencias, paralelismos o reversiones genéticas y sí aparecen, no explican los parentescos y tienden a confundir al proponer relaciones filogenéticas no existentes entre los grupos.

Paul Willis (1998), explicó en forma fácil de entender las relaciones filogenéticos entre varios organismos; por ejemplo un ratón, un lagarto y un pez. Todos tienen columna vertebral, pero esa característica no es útil para establecer relaciones entre ellos, denominándola como primitiva (según Hennig, plesiomórfica) y carente de información, mientras que el carácter presencia de 4 patas sí es útil ya que es una novedad evolutiva (según Hennig, apomórfica), para agrupar al ratón y a la lagartija, implicando que estos están más cercanamente relacionados entre ellos que cada uno de ellos con el pez. Visto de otra manera, el lagarto y el ratón comparten un ancestro común que tuvo cuatro patas. Mientras más novedades evolutivas se encuentren soportando una relación en particular, mayor será la seguridad de que las mismas sean las correctas. Sí profundizamos un poco más, la respiración aérea, la presencia de cuello y el desarrollo a través de huevos amnióticos, son otros tres caracteres avanzados compartidos (según Hennig, sinapomórficos), los cuales relacionan más cercanamente al lagarto con el ratón, dejando al pez como un pariente más distante.

Existen consideraciones y definiciones en los estudios filogenéticos las cuales van más allá de los objetivos de esta obra. Su conocimiento en profundidad debe realizarse a través de literatura especializada, para lo cual recomendamos el manual de prácticas de sistemática de Morrone, *et al.* (2004), señalado en las referencias, así como el libro de Wiley (1981). La obra de Mayr (1965), aunque publicada hace más de 40 años y con tendencia evolucionista tradicional compara, critica y hace observaciones a los diferentes sistemas de clasificación utilizados hasta el presente.

Categorías taxonómicas

Criterios diferentes para interpretar lo que se observa, como ya se ha comentado, han dado origen a diferentes sistemas de clasificación para un mismo grupo de organismos, lo cual complica el entendimiento de lo que realmente existe en la naturaleza. Sin embargo, hoy en día se tiene la convicción de la necesidad de los sistemas de clasificación y aunque no sean estables o definitivos, son necesarios para asignar nombres a los grupos e indispensables para conocer las relaciones filogenéticas o de parentesco genético presentes entre ellos. Cuando los animales se ordenan en grupos de acuerdo a sus características y relaciones naturales, se les coloca en categorías taxonómicas; en consecuencia, cada categoría taxonómica la integra, al menos, un grupo taxonómico o taxón el cual está suficientemente definido y se distingue de otros, por uno o más estados apomórficos, recibiendo por lo tanto un nombre, ya sea especie, género, familia, suborden, orden y otros. A la derecha se presentan las principales categorías taxonómicas usadas dentro de la Zoología

Categorías Taxonómicas más usadas dentro de la jerarquía zoológica

- Reino
- Phylum
- Subphylum
- Superclase
- Clase
- Subclase
- Superorden
- Orden
- Suborden
- Superfamilia (*- oidea*)
- Familia (*- idae*)
- Subfamilia (*- inae*)
- Tribu (*- ini*)
- Subtribu (*- ina*)
- Género
- Subgénero
- Especie
- Subespecie

Al ordenar animales en categorías taxonómicas, estamos haciendo uso de la clasificación zoológica. Por otro lado, la identificación zoológica consiste en ubicar individuos, mediante un proceso deductivo y por sus características, en categorías previamente establecidas.

Para comprender fácilmente el significado de la clasificación zoológica, se utiliza como ejemplo la revisión del Género *Trachypus* (Rubio, 1975). Este Género representa un grupo monofilético integrado por 29 especies distribuidas en 11 grupos (Fig.7.3), donde todas

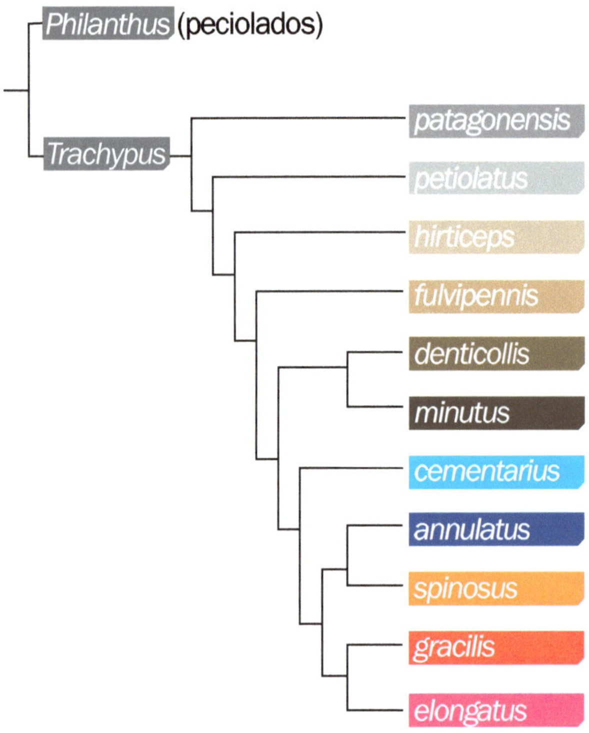

Fig. 7.3 Cladograma del Género *Trachypus* mostrando las relaciones entre sus 11 grupos de especies. Se observa también la posición del Género *Philanthus* propuesto como su grupo hermano. Modificado por Quirós de González, basado en Rubio (1975).

comparten, al menos, dos caracteres apomórficos bien definidos como son: transformación del primer segmento abdominal en un pecíolo y último segmento antenal truncado (Fig.7.4).

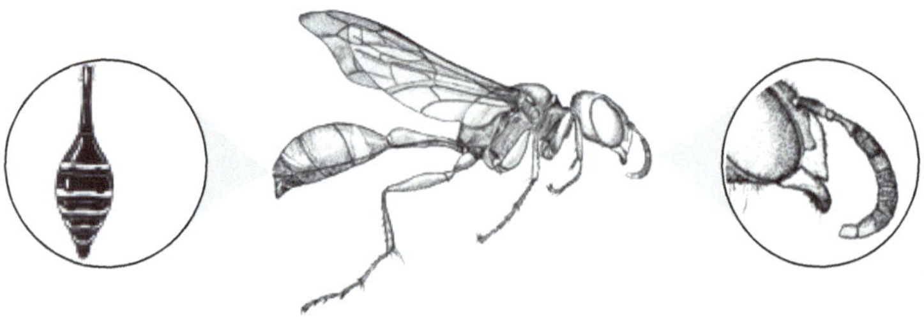

Fig. 7.4 *Trachypus petiolatus* mostrando caracteres apomórficos: pecíolo y último segmento de la antena truncado. (E.R.E. y E.R.R.)

El Género tiene como especie más primitiva a *T. patagonensis*, hermana de las 28 especies restantes. Este grupo natural está cercanamente relacionado con el Género *Philanthus*, siendo éste el grupo hermano.

Del mencionado trabajo se desprende que el Género está formado por especies, el cual junto con otros géneros constituyen la Familia *Sphecidae* y que ésta, junto con otras familias integran el Orden *Hymenoptera*. Además, el Género *Trachypus*, por las características que presenta, forma junto con el Género *Philanthus* la Tribu *Philanthini*. Esta Tribu, conjuntamente con *Cercerini*, *Aphilanthopsini* y otras, forman la Subfamilia *Philanthinae*, la cual a su vez, con otro grupo de subfamilias constituyen la Familia *Sphecidae* de la Superfamilia *Apoidea* del Orden *Hymenoptera*.

Ver a continuación el ordenamiento correspondiente:

En el sentido antes indicado podríamos seguir hasta llegar a las categorías de Phylum y Reino, esto significa que cada taxón puede ser ubicado en una determinada categoría taxonómica. Es importante señalar que la correcta aplicación de nombres a los diferentes taxa que forman el reino animal, así como los cambios que se hagan a los mismos, están basados en reglas y recomendaciones contenidas en el Código Internacional de Nomenclatura Zoológica (CINZ), el cual se discute a continuación.

Código Internacional de Nomenclatura Zoológica

El CINZ es el sistema de reglas y recomendaciones que promueven la estabilidad y universalidad de los nombres científicos de los animales, asegurando que el nombre de cada taxón sea único y distinto, lo cual es compatible con la libertad de los científicos para clasificar animales de acuerdo con sus criterios de Sistemática. El CINZ se propuso en 1901, en Berlín, con motivo de la celebración del V Congreso Internacional de Zoología; sin embargo, fue durante el VI Congreso realizado en Berna en 1904, cuando se publica como Règles Internationales de la Nomenclature Zoologique.

La versión revisada del código es la de 1999; la misma está compuesta de 18 capítulos con 90 artículos, recomendaciones y ejemplos, los cuales sirven de base para asignar nombres científicos a los animales y asegurar que el nombre de cada taxón sea válido, único y exclusivo del mismo. El CINZ no establece reglas para los nombres por debajo de la categoría taxonómica de subespecie, ni por arriba de superfamilia. La URL: http://www.iczn.org /iczn/index.jsp, presenta al código en todos sus detalles.

El código antes señalado esta basado en una serie de Principios fundamentales, de los cuales, el Principio de Prioridad es uno de los más importantes. Este Principio reconoce como nombre válido de un taxón al nombre más antiguo propuesto para el mismo.

Para mencionar alguno de los artículos del código y en referencia a lo explicado sobre el Género *Trachypus* y su ubicación dentro de la Familia *Sphecidae*; en el Capítulo 7, artículo 29.2, se establecen los sufijos latinizados para las siguientes categorías: Superfamilia (-oidea), Familia (-idae), Subfamilia (-inae), Tribu(-ini) y Subtribu (-ina). Estas terminaciones pueden ser fácilmente reconocidas en las diferentes categorías y se agregan, y/o se componen, con la raíz del género tipo que representa a la Familia. Por ejemplo, *Sphex*, es el Género tipo que representa a la Familia *Sphecidae*; a partir de este Género se deriva el nombre de la Familia, la Subfamilia *Sphecinae*, la Tribu *Sphecini* y la Subtribu *Sphecina*. Solo las categorías taxonómicas mencionadas, como se indicó antes, obedecen a reglas de obligatorio cumplimiento para su escritura, el resto no, y se hace la recomendación de que los nombres utilizados o propuestos, puedan ser pronunciados o leídos en forma latinizada.

En la revisión del Género *Trachypus* se indica que la primera Especie descrita fue *Trachypus elongatus* (Fabricius, 1804), nombrada como *Zethus elongatus*. Posteriormente, Klug en 1810 redescribió la Especie y la nombró *Trachypus gomesii*. Aquí podemos deducir lo siguiente: se cambia el nombre de *Zethus* a *Trachypus*; esto obedece a que Fabricius incluyó, erróneamente al insecto estudiado dentro del Género *Zethus* y por ello Klug, al estudiar esta especie, posteriormente, decide proponer para él un nuevo Género, a saber *Trachypus*. Sin embargo Klug le asigna como nombre específico *gomesii* y en consecuencia, propone al insecto como *Trachypus gomesii*. Es de notar que para esta época, no existía el Código Internacional de Nomenclatura Zoológica y por ello, el nombre propuesto por Klug en 1810 pareciera ser el más apropiado. Sin embargo, cuando por consenso universal los taxónomos del mundo proponen el Código Internacional de Nomenclatura Zoológica y este se comienza a aplicar, los especialistas en avispas se dan cuenta que *elongatus* es el nombre más antiguo para esa Especie y aunque ubicado en un Género diferente, el nombre debe conservarse si se aplica el Principio de Prioridad. Por ello, el nombre correcto es *Trachypus elongatus* y se reconoce a Fabricius como el descubridor de la especie, colocando su nombre al final y entre paréntesis. Posteriormente daremos informaciones adicionales sobre la validez de los nombres científico cuando son propuestos.

Sí observamos el nombre científico de cualquier animal nos damos cuenta que el mismo es binomial, es decir, formado por dos palabras; esta forma de nombrar especies fue el aplicado por *Linnæi* en 1758, en la X edición de *Systema Naturæ* (Fig.7.5). La tercera y última palabra, si la hubiera, corresponde al nombre del autor o persona que hizo la descripción original de la especie y no forma parte del nombre, por lo tanto, es opcional cuando se escribe el nombre científico de un animal. El Artículo 28 del CINZ establece que el nombre del género se inicia en mayúscula, mientras que el nombre o epíteto específico, va en minúscula, por ejemplo: *Trachypus elongatus* (Fabricius). En oportunidades es posible encontrar nombres científicos formados por tres palabras o trinomiales, en donde la segunda se escribe con mayúscula y aparece entre paréntesis, por ejemplo: *Aneas* (*Memphis*) *aureola*. En este caso, la palabra entre paréntesis corresponde al subgénero y no forma parte del nombre científico. También es posible encontrar un nombre científico formado por tres palabras, donde las dos últimas están escritas comenzando con letras minúsculas, ejemplo: *Acromyrmex landolti landolti*. En este caso, la tercera palabra corresponde a la subespecie y tampoco forma parte del nombre.

Abundando sobre el caso *Trachypus*, cuando se hizo referencia a la primera Especie de este Género, el autor de la descripción taxonómica original aparece entre paréntesis, lo que significa que el Género donde originalmente se incluyó a la Especie, a criterio de los especialistas del grupo, no era el más apropiado. Sí no aparecen los paréntesis, quiere decir que no se le han realizado cambios al Género original para esa Especie.

Como se podrá notar, las categorías taxonómicas aparecen en itálicas; esta práctica es obligatoria para los nombres científicos publicados bajo el esquema del CINZ y sirve para indicarle al editor en la imprenta, cuando se publican trabajos científicos, que estos nombres deben escribirse en itálicas o cursivas para que resalten. Por otro lado, no existen signos de puntuación de ningún tipo entre el nombre del género y la especie, ni entre esta última y el autor de la misma, tampoco sobre cualquiera de los componentes del nombre. La práctica de colocar signos de puntuación en los lugares antes indicados es errónea y no debe utilizarse.

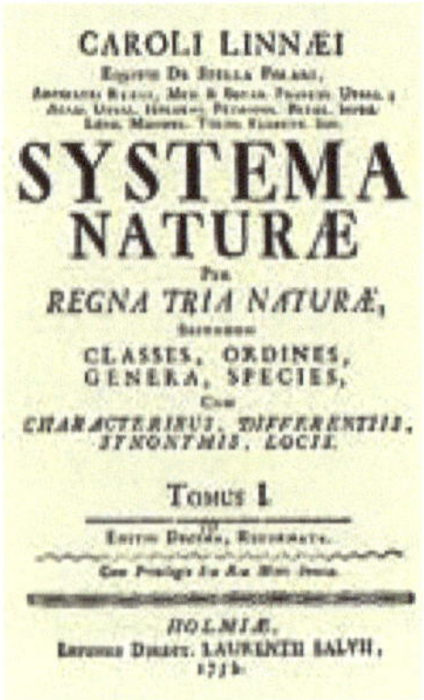
CAROLI LINNÆI

SYSTEMA

NATURÆ

PER

REGNA TRIA NATURÆ,

CLASSES, ORDINES, GENERA, SPECIES,

Cum

CHARACTERIBUS, DIFFERENTIIS, SYNONYMIS, LOCIS.

Tomus I.

HOLMIÆ,

LAURENTII SALVII,

Fig.7.5 Portada Libro de *Linnæi, Systema Naturæ* (Wikipedia)

Sí analizamos el origen de la palabra *Trachypus*, concluiremos que la misma proviene del Griego y hace referencia a las fuertes patas espinosas del Género. Muchos nombres científicos tienen un significado; sin embargo, algunos no lo tienen. No es obligatorio, al nombrar una especie, que el nombre utilizado signifique o haga referencia a algo, simplemente debe estar construido de tal forma que represente una palabra de dos o más letras en latín o latinizada; o sí se trata de una combinación arbitraria de letras, la palabra debe ser construida de tal manera que pueda tratarse como una palabra del Latín y pueda pronunciarse. Sí estudiamos el origen de la palabra *elongatus*, dentro del nombre *Trachypus elongatus* (Fabricius), nos daremos cuenta que también proviene del Griego, lo que indica una concordancia entre género y especie. Este es el procedimiento más adecuado cuando se propone un nombre, en el sentido de que la palabra escogida para la especie, tenga el mismo origen de la del género, aunque esto no es obligatorio de acuerdo a las normas del CINZ.

Dr. R. M. Bohart (1913 - 2007) (Bohart Museum of Entomology)

¿Sabía Usted?

El Dr R.M. Bohart fue Profesor de la Universidad de California durante 38 años. Durante su distinguida carrera como científico, identificó más de un millón de especímenes, publicó 6 libros y escribió 230 artículos sobre insectos.

Dentro de las especies estudiadas en *Trachypus*, la más distribuida es *T. petiolatus* Spinola. Usualmente cuando un insecto está muy distribuido, hay tendencia a encontrar dentro de su población cierto grado de variación. Esto trae como consecuencia que algunos investigadores, erróneamente, describan a estas variantes como "especies nuevas", sin serlo. Esta situación induce a la existencia de nombres diferentes para una misma especie. El conjunto de nombres diferentes para un mismo taxón se denomina Sinonimia. Por otro lado, el nombre correcto para una determinada especie, dentro de un conjunto de sinónimos, es el más antiguo de los propuestos correctamente, en nuestro caso: *Trachypus petiolatus*. Otro término usado en la literatura zoológica es el de Homonimia; en este caso nos referimos a nombres iguales para taxa diferentes. Cuando hay Homonimia, el nombre más viejo prevalece, eliminándose los más recientes. Debe advertirse, que no hay Homonimia cuando se trata de nombres iguales entre animales y plantas, interpretado así el Artículo 1c del CINZ, el cual regula exclusivamente los nombres de animales. De lo observado hasta ahora se puede decir, que no puede haber nombres de géneros iguales dentro del Reino *Animalia*; tampoco puede haberlos entre superfamilias, familias, subfamilias y tribus. Por otro lado, el epíteto específico del nombre, sí puede repetirse, pero en otro género, por ejemplo: *Amphicerus cornutus* y *Gnathocerus cornutus*, para designar a un coleóptero y a un díptero, respectivamente.

El CINZ establece tres Principios fundamentales: Universalidad, Estabilidad y Prioridad. De estos tres, los dos primeros se explican por sí solos, el tercero sin embargo, aunque parcialmente discutido, requiere de explicaciones adicionales.

El Principio de Prioridad indica, que el nombre válido de un taxón es el más viejo disponible para él, con contadas excepciones. El artículo 3 del CINZ indica que la fecha de inicio para el uso de la nomenclatura zoológica es el 1ro de Enero de 1758 (fecha de la décima edición de la publicación: *Systema Naturæ*, de *Linnæi)*. Los nombres propuestos para animales antes de esa fecha no son válidos y en consecuencia, no deben utilizarse. Sí revisamos la historia de la Especie *elongatus* nos daremos cuenta que 1804 es la primera fecha donde aparece publicada y en consecuencia, siendo *T. elongatus* el nombre más antiguo y posterior a 1758, debe escogerse para representar a esa Especie, a la cual le han dado no menos de siete nombres diferentes en épocas subsiguientes a la aparición de la denominación específica *elongatus*.

En ocasiones, se pueden observar géneros de insectos y otros animales seguidos de las abreviaciones sp. y spp. En el primer caso nos referimos a un género con una especie no identificada (*Aedes* sp.), en el segundo a un género con varias especies diferentes no identificadas (*Aedes* spp.). Estas abreviaciones no forman parte del nombre científico, pero son bastante utilizadas en la literatura zoológica.

Metodología para proponer nombres científicos usando el Código Internacional de Nomenclatura Zoológica

Profundizando un poco sobre lo que significa un nombre científico y la metodología utilizada para proponer nuevas especies, utilizaremos como modelo la descripción y otros aspectos sobre *Trachypus boharti*, propuesta como nueva especie por Rubio en 1975.

Trachypus boharti Rubio, nueva especie
(Figuras 36, 37, 57*)

"Holotipo hembra. Longitud al ápice del abdomen 14 mm. Cabeza amarillenta, con una mancha rojiza formando una "U" invertida por encima de la inserción antenal extendiéndose más allá de los ocelos laterales; clípeo y áreas antenocular y oceloclipeal amarillas; coloración amarilla también presente en el vértex y el área genal (Figura 57);...sigue la descripción.

Alotipo macho. Longitud al ápice del abdomen 11 mm. Semejante a la hembra en la coloración y en la escultura; cepillo clipeal corto y dorado, barba muy escasa, clípeo uniformemente micropunteado y cubierto por cerdas doradas, dientes clipeales visibles pero poco desarrollados; cabeza más amarilla en el vértex y en el occipucio que en la hembra; procoxa no comprimida en la cara anterior.

Tipos: Holotipo, hembra, Serra Roncador?, Mato Grosso, Brasil, Julio 30, 1968, W. E. Hamilton colector (BMNH). Dos hembras paratipos. Araraquara, Sao Paulo, Brasil, Agosto 1928, Luederwaldt colector (Berlín, BMNH). Dos machos paratipos con los siguientes datos: BRASIL. Campinas, Goyaz, Diciembre 21, 1936, Borgmeir y S. Opes colectores (CUI). COLOMBIA. Restrepo 500 m, Meta, 1938, J. Bequaert colector (UCD).

Sistemática: esta especie, casi enteramente amarilla, parece ser única en el género; otras dos bastante amarillas son: *cementarius* Smith y *soniae* Rubio. La forma de las antenas y su patrón de coloración (Figuras 36, 37), el diseño del clípeo (Figura 37), la escultura frontal (Figura 37), la forma de la propleura, la longitud del pecíolo, entre otras características, sirven para distinguir a *boharti* de las otras dos especies indicadas anteriormente. Caracteres para separar a los machos de *boharti* de los de *soniae* y *cementarius* son impredecibles ya que las últimas dos son conocidas, únicamente, por sus hembras. La especie se encuentra bastante relacionada con el grupo *denticollis*, diferenciándose del mismo por el diseño del clípeo y las características del área interantenal. Caracteres taxonómicos para separar machos *boharti* de los de *denticollis* y *spegazzinii* se dan en la clave.

El nombre de esta especie ha sido dedicado al especialista en *Hymenoptera*, Dr. R.M. Bohart. Biología: la única información biológica relacionada con esta especie es la de haber sido colectada en un bosque de galería en Brasil."

En la descripción anterior se toman en cuenta aspectos, los cuales se recomiendan incluir cuando se describe una nueva especie, a saber:

1 Indicar explícitamente, que la descripción corresponde a una especie nueva.
2 Designación del Holotipo, es decir, escoger al espécimen representante de la especie o subespecie propuesta.
3 Datos de colección en la etiqueta del Holotipo.
4 Sexo del Holotipo.
5 Nombre del colector del Holotipo
6 Museo en el cual el Holotipo fue depositado, por ejemplo: MBHN= Museo Británico de Historia Natural.
7 Designación de Paratipos: aquellos especímenes restantes después de escoger al Holotipo, los cuales fueron designados como Paratipos.
8 Figuras y/o fotografías para facilitar la identificación de la especie.
9 Designación de Alotipos, es decir aquellos Paratipos del sexo opuesto al Holotipo.
10 Sistemática de la especie: este es un aparte muy importante, el cual debe ser incluido cuando se describe una especie. La sistemática da información sobre las especies más parecidas a la estudiada y cuales son los caracteres usados para separarlas.
11 Biología: datos biológicos deben incluirse al proponer nuevas especies, y si es posible, información sobre su distribución.

Por otro lado, el CINZ establece que el nombre científico *Trachypus boharti* Rubio, es válido, sí el mismo es publicado en una revista con propósitos científicos y dicha revista, pueda ser obtenida, bien gratuitamente o a través de compra o intercambio. Por este motivo, la revisión del Género fue publicada en una revista que cumple con las exigencias anteriores (Fig.7.6). Existen otros requisitos, además de recomendaciones de diferente índole, las cuales deben satisfacerse cuando se proponen nombres científicos; los mismos aparecen detallados en el código ya citado, y deben formalizarse cuando se publican nombres para taxa recién descubiertas, o redescritas.

Fig. 7.6 Portada de la Revista de la Facultad de Agronomía de la Universidad del Zulia. Maracaibo, Venezuela. (E.R.R.)

*Nota: Los asteriscos y otros datos observados en esta página, pertenecen a la publicación de la descripción de la especie en el trabajo de Rubio (1975).

Procesos para la identificación de animales y claves taxonómicas

Hasta ahora se han expuesto ideas relacionadas con la clasificación entomológica. Se explica a continuación como familiarizarse con el proceso de Identificación, entendiéndose como tal, la determinación del nombre científico o taxonómico que debe asignarse al material en estudio. Este proceso puede realizarse de diferentes formas, de las cuales mencionaremos las siguientes:

1. Enviando el material para identificación a especialistas.
2. Comparando el material a identificar con especímenes previamente identificados en museos.
3. Comparando el material estudiado con descripciones que aparezcan en libros y revistas.
4. Usando fotografías e ilustraciones como material de comparación.

Sin embargo, cuando no es posible usar los procedimientos anteriores, otra alternativa para identificar es el uso de claves taxonómicas.

Las claves están diseñadas siguiendo un formato el cual permite analizar y seleccionar, paso a paso, las características presentes en el espécimen bajo estudio; de esta forma, se separa de otros similares y se llega a su identificación. Las claves incluyen, principalmente, caracteres morfológicos, aunque datos sobre distribución geográfica, hábitos y comportamiento, también pueden incluirse. Su uso es fácil, sí se conocen los nombres de las diferentes estructuras que componen el cuerpo de los organismos a identificar, lo cual permite la ubicación del material estudiado en la categoría taxonómica correcta dentro de la jerarquía zoológica, en nuestro caso, órdenes y familias principalmente.

Para la elaboración de las claves, principalmente dicotómicas, se diseñó un plan de trabajo que incluyó tres componentes de los cuales el primero de ellos toma en cuenta los siguientes aspectos :

1. Estudio zoogeográfico y censo con los órdenes de la Clase *Insecta* presentes en la Región Neotropical. De la misma forma se procedió para el caso de las familias dentro de cada orden.

2. Recopilación de especímenes que mostrarán el mayor grado de variabilidad dentro de cada uno de los grupos estudiados.

3. Elaboración de ilustraciones, tanto de especímenes completos, como de detalles de los mismos.

4. Para el caso de aquellos grupos que no pudimos localizar en Latinoamérica, recurrimos al Departamento de Agricultura de los Estados Unidos de America (U.S. Department of Agriculture, Insect Identification Service. Beltsville, Maryland 20705 - 2350), quien los facilitó a título de donación o préstamo.

El segundo componente utilizado fue el uso de claves previamente publicadas para identificar especímenes existentes, principalmente, en la Región Neártica. Haciendo las modificaciones correspondientes y tomando en cuenta el censo previamente elaborado y las ilustraciones diseñadas para este texto, fue posible en muchos casos presentar nuevos caminos en las claves para identificar los grupos estudiados.

El tercer componente fue el uso de libros y publicaciones sobre la entomofauna neotropical, lo cual permitió establecer grados de variación dentro de los órdenes y familias estudiadas, con miras a la preparación de las claves. Con los componentes mencionados, se elaboraron claves dicotómicas, donde cada uno de los elementos de la pareja contiene caracteres morfológicos, objetivos y exclusivos. De esta forma se separan los insectos estudiados, primero como grupos, y después, mediante separaciones sucesivas, hasta un taxón determinado. Cada pareja va precedida de un par de números, por ejemplo: 1 ó 1', como aparece a continuación; y donde cada número envía a otro para separar los grupos o para llegar hasta el taxón más apropiado.

1. Con uno, o dos pares de alas..................2

1'. Sin alas, o con alas anteriores transformadas en élitros.......................34

Cuando la clave se desarrolla, las parejas subsiguientes tendrán, después del primer número, otro entre paréntesis; esto permite saber la pareja de donde proviene y correr la clave hacia atrás para rectificar el camino cuando se han cometido errores y corregirlos más rápidamente, por ejemplo:

34(1'). Cercos presentes, en formas de pinzas.......................................Dermaptera

34.' Cercos ausentes...........................35

Finalmente, las claves propuestas han sido utilizadas por estudiantes de Entomología de la Facultad de Agronomía de la Universidad del Zulia, Maracaibo, Venezuela, durante muchos años y gracias a sus observaciones se han mejorado a través del tiempo. Creemos que con estas claves se podrán identificar correctamente el 90% de las Familias

Neotropicales.

Los nombres comunes

Es significativo mencionar la utilización de nombres comunes o vernáculos para identificar las diferentes categorías taxonómicas en el mundo animal, especialmente las de órdenes, familias y especies. Como conocemos, los nombres científicos son difíciles de manejar, no solo por las limitaciones existentes para memorizarlos, escribirlos y pronunciarlos, sino también por la dificultad de usarlos en todas partes, lo cual representa una tremenda restricción en su uso a nivel de regiones, países, agricultores y público en general.

Algunos nombres científicos se han castellanizado y aparecen en los diccionarios definidos apropiadamente; tales son los casos, dentro de la Entomología, de los coleópteros (*Coleoptera*), himenópteros (*Hymenoptera*), dípteros (*Diptera*), náyades (*Ephemeroptera*), por mencionar unos pocos; incluso podemos llegar a niveles de familias, donde encontraremos muchos más: coccinélidos, cicádidos, escarabajos y otros. Como podemos ver se trata de categorías taxonómicas supraespecíficas, donde se manejan grupos pequeños; sin embargo, cuando bajamos a niveles de especie, los insectos están representados por tal cantidad de individuos diferentes y en muchos casos, son tan pequeños y difíciles de observar, que resulta imposible designarlos con nombres comunes, sin causar confusión.

Para solventar parcialmente esta situación, algunos entomólogos han publicado catálogos con listas de nombres comunes de insectos basados en sus características y los daños causados a grupos de cultivos, o cultivos en particular, tales como la de Fernández y Rosales (1988), actualizada y ampliada en el 2003 por un grupo de entomólogos venezolanos (Arnal, *et al.* 2003); sin embargo, este paliativo, aunque de valor para técnicos y agricultores, tiene uso limitado a nivel de países y más aún de regiones dentro del mismo país. Por otro lado, la existencia de idiomas diferentes en el Neotrópico, atenta contra la universalidad de los nombres comunes, amén de la tendencia natural de todos los países a utilizar nombres tomando en cuenta la similitud con colores o cosas comunes en su localidad. Es interesante resaltar, como ejemplo, el nombre de los coleópteros coccinélidos en diferentes lugares del Neotrópico: en Venezuela y otros países como Argentina los llaman vaquitas, en Chile chinitas, en México catarinitas, en Trinidad y Jamaica lady beetles, en Puerto Rico coquitos y mariquitas, y así sucesivamente.

En conclusión, los nombres comunes son útiles a nivel de países y regiones, pero al tratarse de publicaciones técnicas o científicas, la única alternativa válida es la de usar nombres científicos, sí queremos alcanzar un espectro amplio en su utilización y no crear confusión entre los lectores.

Referencias

Arnal, E., F. Cerdá, M. Cermeli, J. Clavijo, J. De Marmels, J.L. García, F. Godoy, L.J. Joly, P. Morales, E. Osuna, C.J. Rosales & V. Savini (2003) Entomofauna agrícola venezolana. Universidad Central de Venezuela, Facultad de Agronomía, Departamento de Zoología Agrícola, Maracay, Venezuela. 93 p.

Bacigalupo, J. & D. Yudilevich (1998) Andrés Bello y la visita de Charles Darwin a Chile. Ciencia al día 1(1): 1-11.

Bechly, G. (2005) Glossary of Phylogenetic Systematics with a critic of mainstream cladism. http://www.bernstein.naturkundemuseum-bw.de/odonata/glossary.htm

Borror, D.J. (1971) Dictionary of word roots and combining forms. National Press Books, California. 134 p.

Brues, C.T,, A.L. Melander & F.M. Carpenter (1954) Classification of insects. Bulletin of the Museum of Comparative Zoology at Harvard College, Harvard University 108: 1-917

Darwin, C. (1859) On the origin of species by means of natural selection, or the preservation of favored races in the struggle for life. John Murray, London. 502 p.

Fabricius, J.C. (1804) *Systema Piezatorum*: *Ordines, genera, species, synonymis, locis, observationibus, descriptionibus*. A.C. Reichard, Brunsvigae. 472p.

Fernández, F. & C. Rosales (1988) Guía de entomología económica, 5ta edn. Universidad Central de Venezuela, Facultad de Agronomía, Maracay. 145 p.

González, F., G. (2006) Los *Coccinellidae* de Chile. Filogenia y biogeografía de los *Coccinellidae*. http://www.coccinellidae.cl/paginasWebChile/PaginasOriginal/filogenia2.php

Hennig, W. (1966) Phylogenetic systematics. University of Illinois Press, Urbana, Chicago. 263 p.

International Code of Zoological Nomenclature. International Trust for Zoological Nomenclature (1999). International Commission on Zoological Nomenclature, 4th edn. http://www.iczn.org/iczn/index.jsp

Klug, F. (1810) Einige neue Piezatengattungen. Gesellscharft

Naturforschender Freunde zu Berlin, Magazin Für Neuesten Entdeckungen in der Gesammten Naturkunde 4: 31-45

Kristensen, N.P. (1981) Phylogeny of insect orders. Annual Review of Entomology 26: 135-157

Linnæi, C. (1758) *Systema Naturae*, 10th edn. Reformata. Impensis Direct, Laurentii Salvii. 824 p.

Lipscomb, D. (1998) Basics of cladistics analysis. George Washington University, Washington, D.C. 75 p.

Mayr, E. (1965) Principles of systematic zoology. McGraw-Hill, New York. 428 p.

Miller, D.R. & A.Y. Rossman (1995) Systematics, biodiversity and agriculture. BioScience 45: 680-686

Morrone, J.J., A. Castañeda, B. Hernández & A. Martínez (2004) Manual de prácticas de sistemática. Departamento de Biología evolutiva, Facultad de Ciencias (UNAM), México, D. F. 126 p.

Gullan. P. J. & P. S. Cranston (2010) The Insects: An outline of Entomology, 4th edn. John Wiley, New York. 565 p.

Rubio Espina, E. (1975) Revisión del género *Trachypus* Klug (*Hymenoptera*: *Sphecidae*). Revista de la Facultad de Agronomía (LUZ), Venezuela. 3 (1): 7-87

Simpsom, B.B. & J. Cracraft (1995) Systematics: The science of biodivesity. BioScience 45(10): 670-672

Sokal, R.R. & P. H. Sneath (1963) The principles of numerical taxonomy. W.H. Freeman, California. 359 p.

Triplehorn, C.A. & N. Johnson (2005) Borror and DeLongs Introduction to the Study of Insects, 7th edn. Thomson Books/Cole, California. 864 p.

Walter, D.E. & A. Winterton (2007) Keys and the crisis in taxonomy: Extinction or reinvention? Annual Review of Entomology 52: 193-208

Wheeler, Q.D. (1995) Systematics, the scientific basis for inventories of biodiversity. Biodiversity and Conservation 4: 476-489

Wheeler, W.C., M.Whiting, Q.D.Wheeler & J.M. Carpenter (2001) The phylogeny of the extant Hexapod Orders. Cladistics 17: 113-169

Wiley, E.O. (1981) Phylogenetics: the theory and practice of phylogenetic systematics. John Wiley, New York. 439 p.

Wiley, E.O. & B.S. Lieberman (2011) Phylogenetics: Theory and Practice of Phylogenetic Systematics, 2nd edn. Wiley & Sons, Hoboken, New Jersey. 406 p.

Willis, P. (1998) Dinosaurs and Birds. http://www.abc.net.net.au/science/slab/dinobird/stoty.htm

Zenger, J.T. & T.J. Walker (2000) Impact of the internet on entomology teaching and research. Annual Review of Entomology 45: 747-767

Phylum *Arthropoda*

(garrapatas, arañas, ciempiés, escorpiones, ácaros, langostas, cangrejos, camarones, insectos y otros)

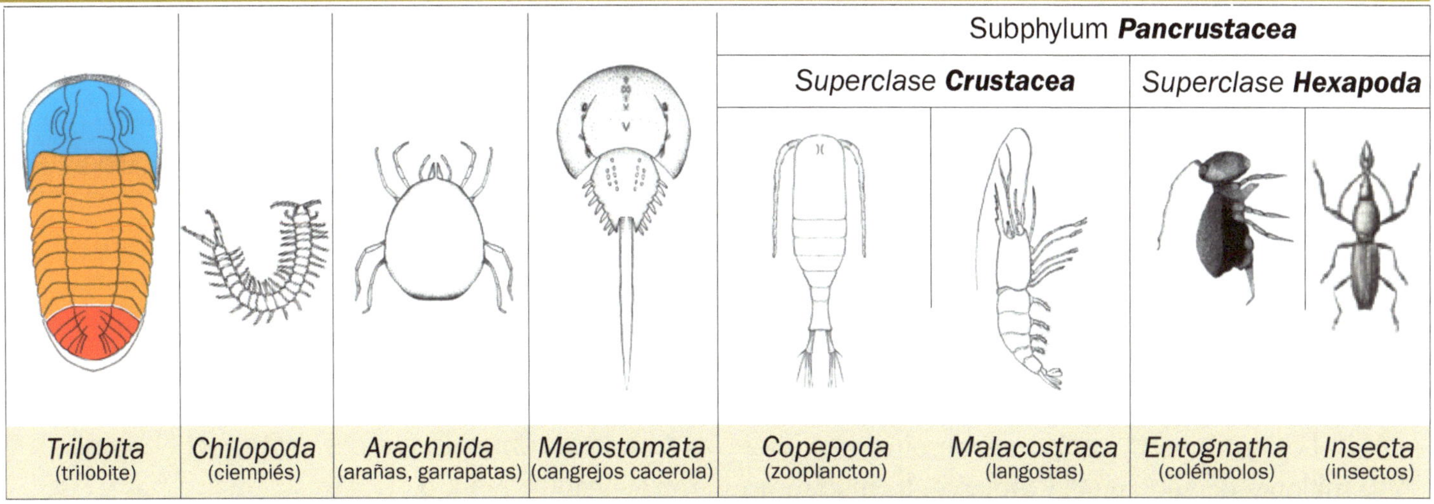

Fig. 8.1 Algunas de las clases incluidas en el Phylum *Arthropoda* y en Subphylum *Pancrustacea*. (E.R.E. y E.R.R.)

Los artrópodos representan un conjunto inmenso de animales donde encontramos: insectos, entognatos, ácaros, garrapatas, escorpiones, arañas, ciempiés, camarones y cangrejos, entre otros. Este grupo incluye cerca del 75 % de los seres vivos del planeta, teniendo hábitos terrestres, acuáticos o la combinación de ambos. Mucho más de diez millones de especies han sido estimadas y su tamaño varía, desde el microscópico plancton animal, hasta los cuatro metros de ancho del cangrejo araña japonés. Se considera un grupo monofilético, es decir, tienen un ancestro común, asunto este soportado por evidencias morfológicas y estudios moleculares (Hassanin, 2006). Por mucho tiempo se consideró al Phylum *Annelida*: lombrices de tierra, gusanos marinos y sanguijuelas, como su pariente más cercano; sin embargo, la proposición del Clado *Ecdysozoa* por Aguinaldo *et al.* (1997), aún sujeta a controversias, los ubican cercanos a los Phyla *Onychophora* y *Tardigrada*, los cuales podrían considerarse como sus grupos hermanos. Los artrópodos se identifican por poseer el cuerpo segmentado con simetría bilateral y apéndices articulados. Algunos segmentos pueden estar fusionados para formar regiones especializadas del cuerpo como la cabeza, el

CONTENIDO

¿Sabía Usted?

El Clado *Ecdysozoa* incluye animales capaces de mudar utilizando, principalmente, a la Hormona Ecdisona. Esta función es compartida por los artrópodos y sus parientes más cercanos.

tórax y el abdomen o la fusión de estos últimos para formar el cefalotórax, como en las arañas. El cuerpo, exteriormente, está recubierto por un exoesqueleto formado principalmente de quitina, lípidos, proteínas y en algunos casos, carbonato de calcio. En un principio, todos los segmentos del cuerpo presentaban apéndices articulados, los cuales con la evolución, se fueron perdiendo o fusionando fuertemente para formar piezas bucales y otras estructuras diseñadas para moverse o sentir. Los artrópodos presentan el corazón ubicado dorsalmente, con un sistema abierto para la circulación de la sangre y un sistema nervioso ventral. Todos los artrópodos son capaces de mudar el exoesqueleto y mediante este proceso, aumentan de tamaño.

Los artrópodos comienzan a evolucionar hace 540 millones de años, en el Cámbrico, formando un primer grupo de animales, hoy extintos, llamados trilobites (Fig.8.1), muy comunes y abundantes hasta el período Pérmico, época durante la cual se produce una gran extinción de plantas y animales, consecuencia de glaciaciones y vulcanismos. Con los trilobites o posteriormente a ellos, evolucionaron el resto de los grupos incluidos en el Phylum *Arthropoda*, es decir, *Chelicerata*, arañas; *Myriapoda*, ciempiés y milpiés; *Crustacea*, cangrejos, camarones, langostas y otros; y *Hexapoda*, la cual incluye a los entognatos y a los insectos. Los trilobites eran animales marinos con un tamaño que variaba entre 0.2 y 60.0 centímetros de largo, de cuerpo aplanado y segmentado. Estos artrópodos dominaron en los mares para luego ser sustituidos en los medios acuáticos por sus parientes, los crustáceos. Por otro lado las arañas, ciempiés y hexápodos en general, proliferaron en los nichos terrestres desde el Silúrico, hace más de 400 millones de años, hasta la aparición de los insectos a partir del Devónico y Carbonífero. En este último período explotan en diversidad y número, predominando hasta nuestros tiempos.

Clasificación del Phylum *Arthropoda*

A pesar de los avances logrados en la Sistemática Filogenética, en especial aquellos referidos al marcaje de genes, estimaciones de parentesco usando secuencias de nucleoproteínas y otros métodos, no existe consenso para relacionar, a nivel de Subphyla, a los diferentes animales considerados como artrópodos, más aún, cuando se trata de categorías taxonómicas de nivel inferior al Subphylum. Autores como Triplehorn & Johnson (2005), utilizan la clasificación de Barnes (1987), donde se establecen 4 subphyla para agrupar a los artrópodos incluyendo en uno de ellos a los desaparecidos *Trilobita*, además de *Chelicerata*, *Crustacea* y *Atelocerata*. En esta clasificación no mencionan como Subphylum a *Myriapoda*, tampoco le dan categoría taxonómica dentro de los cuatro subphyla mencionados. Bajo estas consideraciones, ratificamos al Phylum *Arthropoda* como monofilético y a tres de los subphyla sugeridos por los autores anteriores, pero sustituimos a *Atelocerata* por *Pancrustacea*, el cual también ratificamos como monofilético y agregamos a *Hexapoda* y a *Crustacea* como Superclases dentro del Subphylum mencionado (Tabla 8.1), con sus respectivas Clases. Debe notarse, al referirse a *Atelocerata*, que Triplehorn & Johnson (2005, pág. 142), mencionan *Myriapoda* y *Hexapoda* como parte de este Subphylum, pero no lo incluyen dentro de la clasificación que proponen en la pág.100.

Tabla 8.1 Clasificación del Phylum *Arthropoda*

Phylum *Arthropoda*
- Subphylum *Trilobita* (trilobites fósiles)
- Subphylum *Chelicerata*
  - Clase *Merostomata* (cangrejos cacerola)
  - Clase *Eurypterida* (escorpiones marinos fósiles)
  - Clase *Pycnogonida* (arañas de mar)
  - Superclase *Arachnida* (arañas, ácaros, garrapatas y otros)
- Subphylum *Pancrustacea*
  - Superclase *Crustacea*
    - Clase *Cephalocarida* (camarones de herradura)
    - Clase *Branchiopoda* (pulgas de agua)
    - Clase *Ostracoda* (semilla de camarón)
    - Clase *Copepoda* (zooplancton)
    - Clase *Mystacocarida* (mistacocáridos)
    - Clase *Remipedia* (nadadores de cuevas)
    - Clase *Tantulocarida* (tantulocáridos)
    - Clase *Branchiura* (ectoparásitos, argúlidos)
    - Clase *Cirripedia* (percebes, picorocos)
    - Clase *Malacostraca* (kril, langostas y otros)
  - Superclase *Hexapoda*
    - Clases *Insecta* (insectos) y *Entognatha* (entognatos)
- Subphylum *Myriapoda*
  - Clase *Diplopoda* (milpiés)
  - Clase *Chilopoda* (ciempiés)
  - Clase *Pauropoda* (paurópodos)
  - Clase *Symphyla* (sínfilos)

La clasificación sugerida en el Cuadro 8.1 resuelve un problema didáctico, pero además está basada en que *Pancrustacea* es considerado como un Subphylum monofilético y *Crustacea* como grupo hermano de *Hexapoda* según lo mencionan autores como Giribet (1999), Giribet *et al.* (2005), Jerome *et al.* (2010) y Regier *et al.* (2008, 2010). Por otro lado, también está tomando consenso dentro de las nuevas tendencias de clasificación basadas en la comparación secuencial de los componentes en los ácidos nucleicos, la ubicación de los artrópodos dentro del Clado llamado *Ecdysozoa* (mudan utilizando la hormona esteroidea Ecdisona), conjuntamente con nematodos, tardígrados, onicóforos y otros, el cual excluye a los anélidos, tradicionalmente considerados como ancestros de los insectos. Por último es de mencionar, la tendencia a considerar *Hexapoda* como un quinto Subphylum de *Arthropoda*, cercanamente relacionado con *Crustacea*.

La Superclase *Hexapoda*, características y clasificación

Hexapoda, considerada en este texto como una Superclase, es el grupo monofilético más heterogéneo y abundante del Reino *Animalia*, estimándose a nivel mundial en más de diez millones de especies. La relación entre este grupo con otros artrópodos ha sido debatida por varios expertos. Históricamente se consideró a *Myriapoda* como su grupo hermano; sin embargo, el descubrimiento de un fósil crustáceo, *Devonohexapodus bocksbergensis*, de seis patas al Oeste de Alemania a comienzos del nuevo siglo y el descubrimiento de algunos caracteres sinapomórficos compartidos entre *Crustacea* e *Insecta*: diseños de los omatidios, desarrollo de los axones, ultraestructuras del cerebro, formación de neuronas a partir de neuroblastos, entre otros, sugieren un parentesco cercano de *Crustacea* con *Hexapoda*, y una relación más distante de este último grupo con los ciempiés, milpiés y otros miriápodos, todos del Phylum *Arthropoda*, tal cual se discutió antes.

¿Sabía Usted?

La palabra *Hexapoda* es de origen Griego donde *Hexa*, hace referencia a seis y *poda* significa patas. En efecto, los hexápodos presentan tres pares de apéndices locomotores o patas.

La Superclase *Hexapoda*, características:

La Superclase *Hexapoda*, como categoría taxonómica, incluye dos taxa *Entognatha* e *Insecta*, las cuales presentan los siguientes caracteres sinapomórficos:

1. Cuerpo dividido en tres regiones: cabeza, tórax y abdomen.
2. Tres pares de patas articuladas.
3. Ausencia de patas abdominales en los adultos.
4. Patas formadas por seis componentes: coxa, trocánter, fémur, tibia, tarso y pretarso.
5. Aparato bucal integrado por un par de mandíbulas, un par de maxilas, un labio y una hipofaringe.
6. Plato maxilar presente.
7. Abdomen con un máximo de once segmentos.
8. Omatidios con dos células primarias pigmentadas.
9. La mayoría tienen capacidad para volar, siendo los únicos artrópodos capaces de efectuar esta función.

Clasificación de la Superclase *Hexapoda*

La clasificación de *Hexapoda*, a pesar de haberse estudiado por más de dos siglos, aún se presta a controversias con respecto a los límites de los grupos, determinación de grupos naturales y asignación de nombres a las categorías taxonómicas incluidas en la misma, desde clases hasta superórdenes. Trabajos filogenéticos como los de Kristensen (1981, 1991, 1995), utilizando evidencias morfológicas y anatómicas, así como el de Wheeler *et al.* (2001), basado en características morfológicas y análisis moleculares, han contribuido al entendimiento de las relaciones entre los diferentes órdenes; sin embargo, los trabajos del primero, sólo proponen a la Clase *Insecta* como un grupo monofilético, hermano de otro grupo también monofilético denominado *Entognatha*, sin mencionar sí este último es una Clase dentro de *Hexapoda* o simplemente otra categoría. Por otro lado, aunque ambos estudios tienen una base cladística, Kristensen agrupa a *Collembola*, *Protura* y *Diplura* como *Entognatha* (Fig.8.2A), la cual como se indicó, es considerada como el grupo hermano de *Insecta*. Este análisis es refutado por Wheeler *et al.* (2001), al dividir a *Diplura* en *Japygina*+*Campodeina* y la División, como grupo hermano de la Clase *Insecta* (Fig.8.2B). Estas posiciones diferentes de reconocidos científicos, demuestran la inestabilidad aún existente entre los grupos basales de la Superclase *Hexapoda*, más aún, si llevamos el análisis a categorías como las de clases, infraclases, órdenes y otras.

A los fines de esta obra, hemos estimado prudente incluir a *Insecta* y *Entognatha* como Clases, asumiendo la proposición de Kristensen, siendo *Hexapoda* la Superclase donde están incluidas las Clases anteriores, utilizando así categorías taxonómicas establecidas dentro de la Jerarquía Zoológica y basados en los patrones de tagmosis de ambos grupos que garantizan el carácter monofilético de *Hexapoda*. Sin embargo, como se indicó antes, hay divergencias entre los parentescos de los órdenes en cada clase, según lo confirman los trabajos de Kristensen (1981, 1991) y Wheeler *et al.* (2001) mencionados anteriormente.

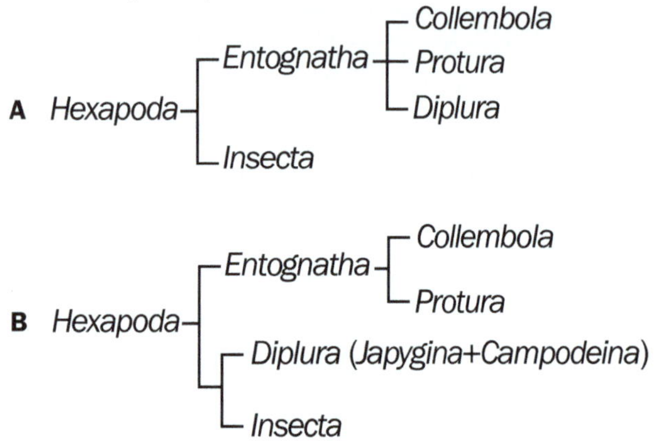

Fig. 8.2 **A** - **B**. Cladogramas mostrando las relaciones filogenéticas entre *Entognatha* e *Insecta* según: **A.** Kristensen (1981) y **B.** Wheeler *et al.* (2001), modificado por Rubio y Quirós de González.

Las Clases *Entognatha* e *Insecta*, características y clasificación

Entognatha, hasta un pasado reciente, se consideró como un Clado integrado por tres órdenes, a saber: *Collembola*, *Protura* y *Diplura*. Sin embargo, durante las últimas décadas se ha entendido como una Clase la cual forma un grupo monofilético cercano a *Insecta*, siendo esta última Clase su grupo hermano. Los componentes de la Clase *Entognatha* comparten los siguientes caracteres apomórficos:

1. Tubos de Malpighi escasos.
2. Ojos compuestos ausentes o muy degenerados.
3. Recrecimiento basal de las partes bucales para formar pliegues orales, de tal forma que las mandíbulas y las maxilas se encuentran alojadas en una bolsa oral.

La Clase *Insecta* está bien soportada filogenéticamente y es considerada como un grupo natural; este taxón comprende a los *Pterygota* (insectos con alas), junto con dos órdenes sin alas, a saber: *Archaeognatha* (*Microcoryphia*) y *Zygentoma* (*Thysanura*). Más de 20 caracteres sinapomórficos están presentes entre los miembros de la Clase *Insecta*, algunos de ellos son:

1. Presencia del órgano de Johnston en el pedicelo de la antena.
2. Flagelos de las antenas sin músculos.
3. Presencia de metatentorio.
4. Tarsos subsegmentados.
5. Uñas pretarsales articuladas en la porción distal del tarsómero, no en la base del mismo.
6. Coxas con articulación pleural y no esternal.
7. Formación de una cavidad amniótica durante las primeras etapas de la embriogénesis.
8. Distribución de los estigmas en el tórax y abdomen.

Archaeognatha, por otro lado y tomando en cuenta la articulación de las mandíbulas con la cabeza, forma un grupo llamado *Monocondylia*, no mencionado en los cladogramas de las figuras 8A y 8B. Este grupo se caracteriza por tener solamente un cóndilo mandibular como punto de articulación, en contraposición al otro grupo, *Dicondylia*, con dos cóndilos, que incluye al resto de órdenes de insectos y se considera como una Subclase. Todos los integrantes de *Dicondylia* forman un grupo monofilético donde comparten, por lo menos, los caracteres apomórficos señalados a continuación:

1. Presencia de una segunda articulación mandibular en la cabeza.
2. Desarrollo del puente postoccipital completo.

Los insectos alados forman la Infraclase *Pterygota*, respaldada por muchas investigaciones como un grupo natural debido al desarrollo de alas como un evento evolutivo único entre los insectos. Esta Infraclase la conforman las Divisiones *Paleoptera* con los Órdenes *Ephemeroptera* y *Odonata*, plenamente definidos y considerados ambos como naturales y *Neoptera,* la cual incluye al resto de los órdenes alados. La proposición de divisiones obedece a la evolución del mecanismo para plegar o no las alas sobre el cuerpo. Este mecanismo no ocurrió en *Paleoptera*, donde se incluyen *Ephemeroptera* y *Odonata*, pero sí evolucionó en *Neoptera* de diferentes formas, por ejemplo, algunos *Neoptera* desarrollaron un tercer esclerite axilar en la base de las alas, el cual permite su articulación con el cuerpo, aparte de los músculos pleurales, los cuales facultan la flexión de las mismas sobre el abdomen. En todo caso, la mayoría de los investigadores de la filogenia de estos grupos coinciden en afirmar que *Neoptera* se originó de un ancestro primitivo de *Paleoptera* y que esta última División es parafilética, posición debatida por Kukalová-Peck (1998), que la considera monofilética.

La División *Neoptera* representa a la mayoría de los insectos con tres Superórdenes: *Polyneoptera* (Clado inicialmente propuesto por Martynov (1925), *Paraneoptera* y *Holometabola*, estos dos últimos de aceptación generalizada (Figs.8.2A-B).

En el caso del Superorden *Polyneoptera*, también conocido como *Neuroptera* inferior (Kristensen, 1991), diez órdenes son incluidos dentro de este Clado: *Plecoptera*, *Mantodea*, *Blattodea* (donde se incluye actualmente a *Isoptera*), *Grylloblattodea* y *Mantophasmatodea* (ambos ausentes en el Neotrópico), *Orthoptera*, *Phasmatodea*, *Embioptera*, *Dermaptera* y *Zoraptera*. El origen monofilético de este Superorden es incierto ya que las relaciones obtenidas de los estudios morfológicos no concuerdan con datos logrados de análisis moleculares o resultados de estudios de diferentes genes. Sin embargo, Kristensen (1991), los considera como órdenes primitivos y como explican Minet & Bourgoin (1986), la presencia de almohadillas tarsales es un carácter sinapomórfico compartido por todos ellos, a pesar de que *Zoraptera* no las presenta, argumentando que este carácter se ha simplificado en este Orden. Por otro lado se reconoce otro carácter derivado en casi todos los miembros del grupo, con la excepción de *Embioptera+Zoraptera*, como es el caso de la presencia de vannus en el ala posterior, así como el análisis de algunas secuencias de nucleótidos mencionados por Gullan & Cranston (2010), que respaldan el origen monofilético del Superorden, pero con cierta caución.

La monofilia de los órdenes incluidos dentro de *Polyneoptera* y las agrupaciones entre los mismos, en algunos casos están bien soportadas filogenéticamente. Por ejemplo *Dictyoptera* forma un grupo natural integrado por los Subórdenes *Blattodea* (cucarachas+termitas) y *Mantodea*. Todos tienen proventrículos con dientes y el tentorio hueco, como caracteres derivados compartidos, así como otros caracteres sinapomórficos compartidos basados en las hembras. El resto de los órdenes, también son monofiléticos y presentan ligeras modificaciones de ubicación en los cladogramas aludidos.

Dentro de los Superórdenes *Paraneoptera* y *Holometábola* o *Endopterygota* existen divergencias en la posición de los órdenes y arreglos dentro de los mismos, aparte de los problemas ya discutidos; por estas razones y para ser consecuentes con las explicaciones presentadas sobre la Taxonomía de los órdenes, discutidas en el capítulo 10, consideraremos los estudios más recientes resumidos por Gullan & Cranston (2010), presentados en el cladograma de la Figura 8.4.

En *Paraneoptera* es interesante aclarar la utilización de nuevos arreglos dentro del Orden *Psocodea*, en el sentido de que se incorporan dentro del mismo a los piojos de vida libre, antes *Psocoptera* y a los piojos parasíticos, antes *Phthiraptera*. La filogenia de *Psocoptera* se ha demostrado como parafilética, razón por la cual se utiliza el nombre de *Psocodea* y se incluyen en este orden a nueve subórdenes, entre ellos los piojos de las cortezas, los piojos de los libros, los piojos masticadores y los chupadores. En el caso de *Hemiptera* se desecha definitivamente a *Homoptera*, el cual es sustituido por cuatro subórdenes (ver capítulo 10), conjuntamente con *Heteroptera*, el cual completa el quinto suborden y donde están incluidas la mayoría de las chinches.

Para el caso de *Holometabola* no hay cambios relevantes, aparte de la posición de algunos órdenes y donde *Hymenoptera* se presenta como el grupo más evolucionado, en contraposición con *Diptera* que se consideraba como el más avanzado en los cladogramas de Kristensen (1981) y Wheeler *et al.* (2001), respectivamente (Figs.8.3A-B.

A continuación presentamos los cladogramas mencionados, los cuales pueden ser comparados con el de Gullan & Cranston (2010), el cual se considera un resumen de las últimas tendencias en la clasificación filogenética de insectos sobre bases cladísticas.

¿Sabía Usted?

Durante el transcurso de la lectura de este texto, se observarán ciertos términos para definir categorías taxonómicas las cuales han sido propuestas por los taxónomos para agrupar animales con ciertas afinidades. Entre ellos podemos mencionar: Phylum, Subphylum, Infraclase, Clado, División, Orden y otros. Los mismos se encuentran definidos al final de esta obra y también pueden buscarse utilizando la red global de información: Internet. Es de notar, que los términos citados son de conveniencia para los especialistas, ya que el Código Internacional de Nomenclatura Zoológica (CINZ), no regula categorías por encima de superfamilias, ni por debajo de subespecies.

Detalles sobre cada orden en particular, aparecen ampliamente discutidos en el capítulo 10, el cual se dedica completamente a la taxonomía de los órdenes de *Entognatha* e *Insecta*.

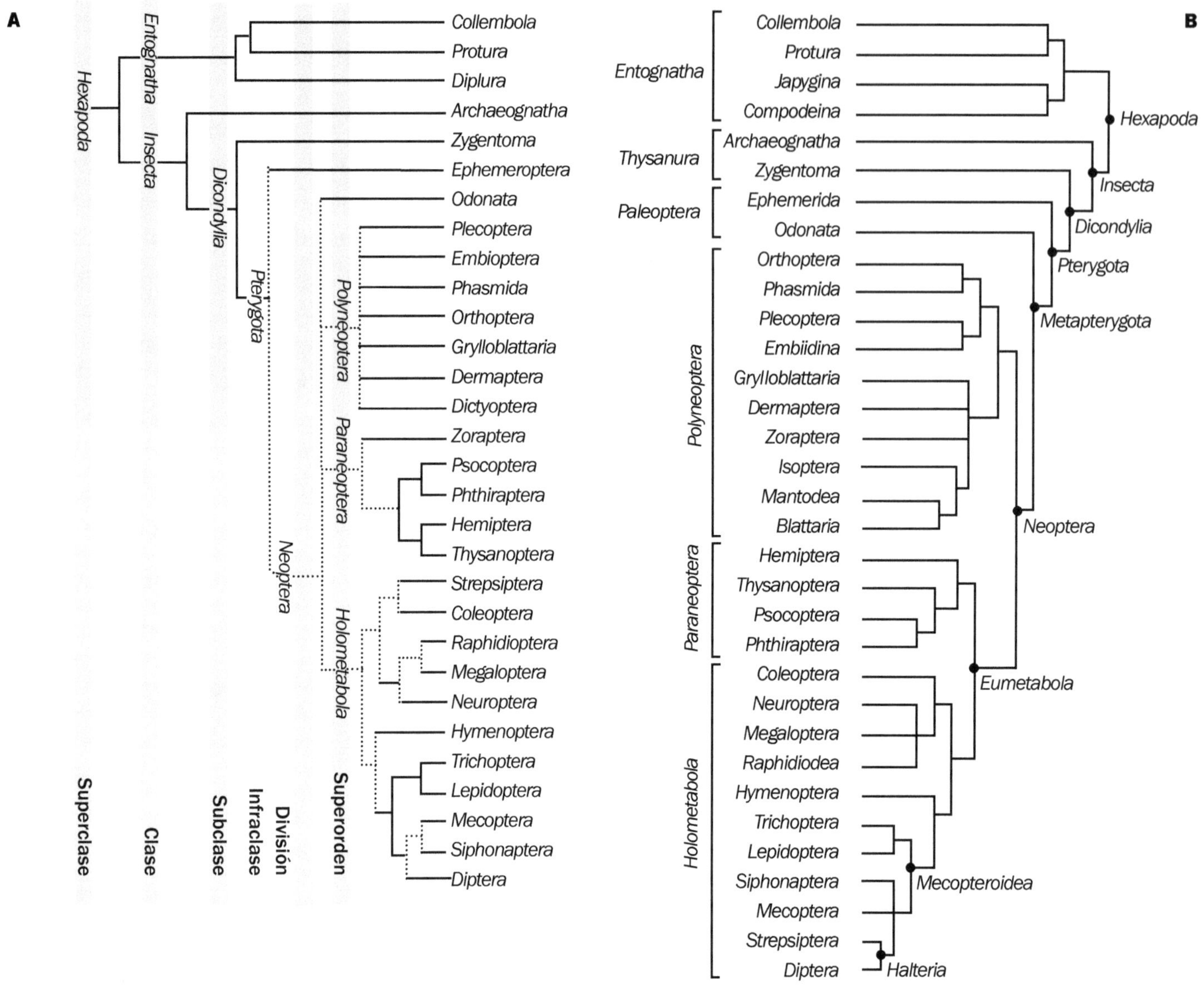

Fig. 8.3 **A** - **B**. Cladogramas de *Hexapoda* según: **A**. Kristensen (1981, 1991) y **B**. Wheeler *et al.* (2001). Líneas sólidas indican grupos monofiléticos bien soportados, a juicio del investigador. Líneas punteadas hacen referencia a relaciones dudosas o a la posibilidad de otras relaciones filogenéticas. El Clado *Polyneoptera* no aparece en el cladograma original de Kristensen, sin embargo, lo incluimos porque en su publicación de 1991 lo discute y atribuye a Martynov (1925). Se agregan además categorías taxonómicas, desde Superclase hasta Superorden, que nosotros decidimos utilizar para agrupar los taxa mencionados por el primer investigador, por razones didácticas.

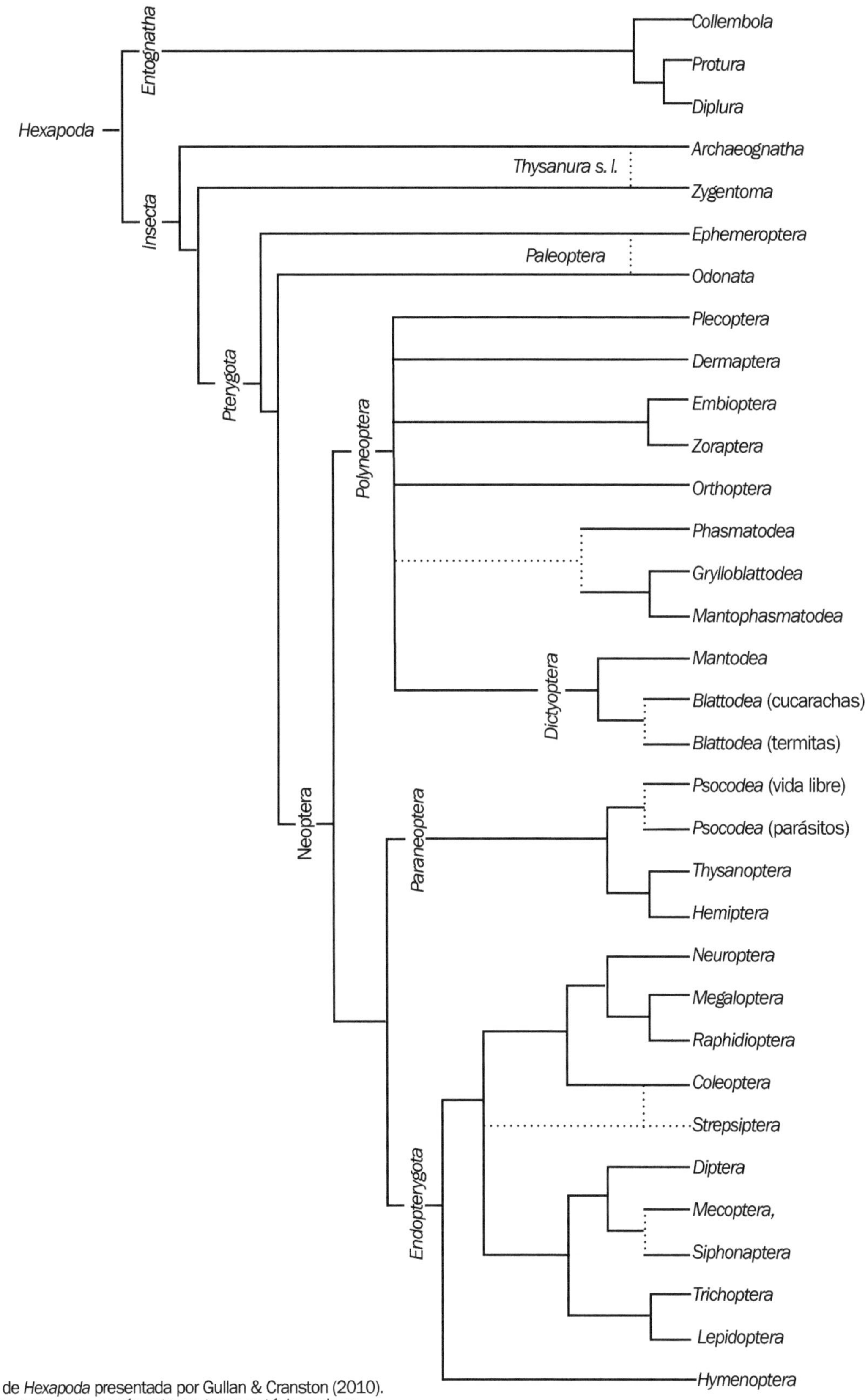

Fig. 8.4 Clasificación de *Hexapoda* presentada por Gullan & Cranston (2010). El cladograma propuesto, según estos autores, está basado en información recogida de varios científicos y se fundamenta en la combinación de datos morfológicos y secuencias de nucleótidos en análisis de ácidos nucleicos. Líneas punteadas indican relaciones inciertas entre taxa o la existencia de hipótesis alternativas. La Clase *Entognatha* fue agregada por Rubio y Quirós de González.

Aguinaldo, A.M.A., J.M. Turbeville, L.S. Linford, M.C. Rivera, J.R. Garey, R.A. Raff & J.A. Lake (1997) Evidence for a clade of nematodes, arthropods and other molting animals. Nature 387: 489-493.

Arnett, R.H. (2000) American Insects: A Handbook of the Insects of America North of México, 2nd edn. CRC Press, Florida. 1003 p.

Barnes, R.D. (1987) Invertebrate zoology, 5th edn. Saunders, Philadelphia. 893 p.

Beutel, R.G. & S.N. Gorb (2001) Ultrastructure of attachment specializations of hexapods (*Arthropoda*): Evolutionary patterns inferred from a revised ordinal phylogeny. Journal of Zoological Systematics & Evolutionary Research 39: 177-207.

Bilinski, S.M. (1993) Structure of ovaries and oogenesis in entognathans (*Apterygota*). International Journal of Insect Morphology & Embryology 22: 255-269.

Bitsch, C. & J. Bitsch (1998) Internal anatomy and phylogenetic relationships among apterygote insect clades (*Hexapoda*). Annales de la Société Entomologique de France 34: 339-363.

Bitsch, C. & J. Bitsch (2000) The phylogenetic interrelationships of the higher taxa of apterygote hexapods. Zoologica Scripta 29: 13-156.

Bitsch, J. (2001) The hexapod appendage: Basic structure, development and origin. Annales de la Société Entomologique de France 37: 175-193.

Bitsch, C. & J. Bitsch (2004) Phylogenetic relationships of basal hexapods among the mandibulate arthropods: A cladistic analysis based on comparative morphological characters. Zoologica Scripta 33(6): 511-550.

Boudreaux, H.B. (1979) Arthropod phylogeny with special reference to insects. John Wiley, New York. 320 p.

Boore, J.L., T.M. Collins, D. Stanton, L.L. Daehler & W.M. Brown (1995) Deducing the pattern of arthropod phylogeny from mitochondrial DNA rearrangements. Nature 376: 163-165.

Brues, C.T., A. L. Melander & F.M. Carpenter (1954) Classification of insects. Bulletin Museum Comparative Zoology (Harvard), Cambridge 108: 1-917.

Carapelli, A., F. Frati, F. Nardi, R. Dallai & C. Simon (2000) Molecular phylogeny of the apterygotan insects based on nuclear and mitochondrial genes. Pedobiologia 44: 361-373.

Carpenter, F.M. (1992) *Arthropoda* 4. Superclass *Hexapoda*. Treatise on Invertebrate Paleontology. Boulder, Colorado, Geological Society of America 4: 1-655.

Chapman, R.F. (1998) The Insects: Structure and function. University Press, Cambridge. 770 p.

Deuve, T. (2001) The epipleural field in hexapods. Annales de la Société Entomologique de France 37:195-231.

Dohle, W. (2001) Are the insects terrestrial crustaceans? A discussion of some new facts and arguments and the proposal of the proper name *Tetraconata* for the monophyletic unit *Crustacea+Hexapoda*. In: Origen of Hexapoda. (ed T. Deuve) Annales de la Sociétéé Entomologique de France 37: 85-103.

Edgecombe, G.D. & G. Giribet (2002) Myriapod phylogeny and the relationships of *Chilopoda*. In: Biodiversidad, Taxonomía y Biogeografía de Artrópodos de México: Hacia una Síntesis de su Conocimiento, vol. 3 (eds J. Llorente Bousquets & J.J. Morrone), pp. 143-168. Prensas de Ciencias, Universidad Nacional Autónoma de México, México

Gaunt, M.W. & M.A. Miles (2002) An insect molecular clock dates the origin of the insects and accords with paleontological and biogeographic landmarks. Molecular Biology & Evolution 19(5): 748-761.

Giribet, G. (1999) *Ecdysozoa* versus *Articulata*, dos hipótesis alternativas sobre la posición de los Artrópodos en el Reino Animal. Boletín Sociedad Entomológica Aragonesa, II. Los Artrópodos en el árbol de la vida 26: 145-160.

Giribet, G., S. Richter, G.D. Edgecombe & W.C. Wheeler (2005) The position of crustaceans within the *Arthropoda* evidence from nine molecular loci and morphology. In: Crustacea and Arthropod relationships (eds S. Koenemann & R.A. Jenner), pp. 307-352. Taylor & Francis, Boca Raton, USA.

Grandcolas, P. (ed)(1997) Origin of Biodiversity in Insects: Phylogenetic Tests of Evolutionary Scenarios. Mémoires du Museum National d'histoire Naturelle 173. Éditions du Muséum, Paris. 354 p.

Grimaldi, D. (2001) Insect evolutionary history from Handlirsch to Hennig and beyond. Journal of Paleontology 75: 1152-1160.

Grimaldi, D. & M.S. Engel (2005) Evolution of the Insects. Cambridge University Press, Cambridge. 755 p.

Gullan, P & P. S. Cranston (2010) The insects: An outline of Entomology, 4th edn. John Wiley, New York. 565 p.

Gupta, A.P. (1979) Arthropod Phylogeny. Van Nostrand Reinhold, New York. 762 p.

Haas, F., D. Waloszek & R. Hartenberger (2003) *Devonohexapodus bocksbergensis*, a new marine hexapod from the Lower Devonian Hunsrück Slates, and the origin of *Atelocerata* and *Hexapoda*. Organisms Diversity and Evolution 3: 39-54.

Hassanin, A. (2006) Phylogeny of *Arthropoda* inferred from mitochondrial sequences: Strategies for limiting the misleading effects of multiple changes in pattern and rates of substitution. Molecular Phylogenetics & Evolution 38: 100-116.

Jerome C.R., J.W. Shultz, A. Zwick, A. Hussey, B. Ball, R. Wetzer, J.W. Martin & C.W. Cunningham (2010) Arthropod relationships revealed by phylogenomic analysis of nuclear protein-coding sequences. Nature 463: 1079-1083.

Kjer, K.M. (2004) Aligned 18S and insect phylogeny. Systematic Biology 53(3): 506-514.

Klass, K.D. & N.P. Kristensen (2001) The ground plan and affinities of hexapods: Recent progress and open problems. Annales de la Société Entomologique de France 37: 265-298.

Koch, M. (2000) The cuticular cephalic endoskeleton of primarily wingless hexapods: Ancestral state and evolutionary changes. Pedobiology 44: 374-385.

Koch, M. (2001) Mandibular mechanisms and the evolution of hexapods. Annales de la Société Entomologique de France 37: 129-174.

Kristensen, N.P. (1975) The phylogeny of hexapod "orders". A critical review of recent accounts. Zeitschrift für zoologische Systematik und

Kristensen, N.P. (1981) Phylogeny of insect orders. Annual Review of Entomology 26: 135-157.

Kristensen, N.P. (1991) Phylogeny of extant hexapods. In: Insects of Australia: A textbook for students and research workers, vol. I. 2nd edn. (CSIRO), pp. 125-140. Melbourne University Press, Carlton, Victoria.

Kristensen, N.P. (1995) Forty years insect phylogenetic systematics. Zoologische Beiträge 36(1): 83-124.

Kristensen, N.P. (1998) The groundplan and basal diversification of the hexapods. In: Arthropod Relationships. Special Volume, Series 55. (eds R.A.Fortey & R.H. Thomas), pp. 281-293. Systematics Association. Chapman & Hall, London.

Kukalová-Peck, J. (1987) New Carboniferous *Diplura*, *Monura*, and *Thysanura*, the hexapod ground plan, and the role of thoracic lobes in the origin of wings (*Insecta*). Canadian Journal of Zoology 65: 2327-2345.

Kukalová-Peck, J. (1991) Fossil history and the evolution of hexapod structures. In: The Insects of Australia: A textbook for students and research workers, vol. I . 2nd edn. (CSIRO), pp. 141–179. Melbourne University Press. Carlton, Victoria.

Kukalová-Peck, J. (1998) Arthropod phylogeny and "basal" morphological structures. In: Arthropod relationships (eds R.A Fortey & R.H. Thomas), pp. 249-268. Systematics Association, London.

Labandeira, C.C. & J.J. Sepkoski (1993) Insect diversity in the fossil record. Science 261:310–315.

Labandeira, C.C. (1997) Insect mouthparts: Ascertaining the paleobiology of insect feeding strategies. Annual Review of Ecology & Systematics 28: 153-193.

Luan, Y., Y. Zhang, Q. Yue, J. Pang, R. Xie & W. Yin (2003) Ribosomal DNA gene and phylogenetic relationships of *Diplura* and lower hexapods. Science in China, Series C: Life Sciences 46(1): 67-76.

Martynov, A.V. (1925) Über zwei Grundtypen der Flügen bei den Insekten und ihre Evolution. Zeitschrift Morphologie Oekologie der Tiere 4: 465-501.

Meusemann, K., B.M. von Reumont, S. Simon, F. Roeding, S. Strauss, P. Kück, I. Ebersberger, M. Walz, G. Pass, S. Breuers, V. Achter, A. von Haeseler, T. Burmester, H. Hadrys, J.W. Wägele & B. Misof (2010) A phylogenomic approach to resolve the Arthropod tree of life. Molecular Biology and Evolution 27(11): 2451-2464.

Minet, J. & T. Bourgoin (1986) Phylogenie et classification des Hexapodes (*Arthropoda*). Cahiers Liaison O.P.I.E. 20: 23-28.

Nardi, F., G. Spinsanti, L.J. Boore, A. Carapelli, R. Dallai & F. Frati (2003) Hexapod origins: monophyletic or paraphyletic? Science 299(5614): 1887-1889.

Regier, J., J.W. Shultz, A.R.D. Ganley, A. Hussey, D. Shi, B. Ball (2008). Resolving arthropod phylogeny: exploring phylogenetic signal within 41 kb of protein-coding nuclear gene sequence. Systematic biology. 57(6): 920-38.

Regier, J.C., J.W. Shulz, A. Zwick, A. Hussey, B. Ball, R. Wetzer, J.W. Martin & C.W. Cunningham (2010) Arthropod relationships revealed by phylogenomic analysis of nuclear protein-coding sequences. Nature 463: 1079-1084.

Snodgrass, R.E. (1935) Principles of Insect Morphology. McGraw-Hill, New York. 667 p.

Snodgrass, R.E. (1952) A Textbook of Arthropod Anatomy. Comstock Publishing Associates, New York. 363 p.

Stys, P., J. Zrzavy & F. Weyda (1993) Phylogeny of the *Hexapoda* and ovarian metamerism. Biological Reviews of the Cambridge Philosophical Society 68: 365-379.

Triplehorn, C.L. & N. Johnson (2005) Borror and DeLong's Introduction to the Study of Insects, 7th edn. Thomson Books/Cole, California. 864 p.

Wheeler, W., M. Whiting, Q.D.Wheeler & J.M. Carpenter (2001) The phylogeny of the extant hexapod orders. Cladistics 17:113-169.

Willmann, R. (1998) Advances and problems in insect phylogeny. In: Arthropod Relationships. (eds R.A.Fortey & R.H.Thomas), pp. 269–279. Systematics Association. Special Volume, Series 55. Chapman & Hall, London.

Wilson, E.O. (1988)The diversity of life. In: Earth '88 Changing Geographic Perspectives. (ed J.H. Blij), pp. 68-78. National Geographic Society, Washington, D.C.

Wooton, R.J. (1981) Paleozoic insects. Annual Review of Entomology 26: 319-344.

La Superclase *Hexapoda* en el Trópico Americano

(*Entognatha*: Colémbolos, proturos y dipluros. *Insecta*: Libélulas, saltamontes, cucarachas, lepidópteros, coleópteros, himenópteros, dípteros y otros insectos)

La Superclase *Hexapoda* está formada por las Clases *Entognatha* e *Insecta*. Estas Clases, muy comunes en el Trópico Americano, representan en esta zona cerca del setenta por ciento del total de las especies de hexápodos existentes en el mundo. En nuestra zona zoogeográfica abundan los tres órdenes conocidos dentro del grupo de los entognatos, mientras que para los insectos, se han reportado veinticinco de los veintisiete órdenes conocidos a nivel mundial. Los Órdenes *Mantophasmatodea* y *Grylloblattaria* de la Clase *Insecta* no son estudiados en esta obra, porque el primero de ellos ha sido observado solamente al Suroeste de África y el segundo, se localiza extendido al Norte del Neártico y del Paleártico, es decir en el Holoártico. Tanto los órdenes incluidos en *Entognatha* como en *Insecta* son categorías taxonómicas reconocidas desde hace mucho tiempo, las cuales han sido probadas bajo análisis cladísticos que resaltan estados autapomórficos, al menos, en una fase de su desarrollo (Kristensen, 1991). Por otro lado debe indicarse, que las relaciones entre los órdenes o los arreglos por encima de esta categoría, distan mucho de estar claras y si bien se han acomodado de acuerdo a las tendencias filogenéticas más recientes, algunos esquemas son básicamente de conveniencia. Debemos destacar, sin embargo, las mejoras logradas al dilucidar las relaciones dentro de *Psocodea*, antes *Psocoptera* y los arreglos en *Dictyoptera* (Fig.8.3).

CONTENIDO

Inventario de la Superclase *Hexapoda* en el mundo y en el Neotrópico: clases, órdenes, especies e importancia económica

En el período Devónico, 416 millones de años atrás, comienza a evolucionar la Superclase *Hexapoda* (Tabla 9.1), representada al inicio por insectos del Orden *Archaeognatha* y por entognatos del Orden *Collembola*.

La separación de las masas de tierras que integraban al Supercontinente Pangea concluye en el Cretáceo, dando origen al Neotrópico hace 146 millones de años; para ese período casi todos los órdenes de hexápodos habían evolucionado, consolidando las estructuras que los caracterizan, empezando por un patrón de tagmosis que demuestra el carácter monofilético de *Hexapoda*, es decir cuerpo dividido en tres regiones: cabeza, tórax y abdomen, además de otras características mencionadas en la página 123.

El Neotrópico es particularmente diverso y rico en especies de la Superclase *Insecta* y con seguridad, estudios posteriores mostrarán un significativo aumento en el número de familias y especies, especialmente en los Órdenes: *Collembola, Coleoptera, Hymenoptera* y *Diptera* y en grupos acuáticos como *Ephemeroptera* y *Trichoptera*, por nombrar algunos.

Tabla 9.1
Inventario de *Hexapoda* en el mundo y estimaciones de especies . Basadas en el cladograma de Gullan & Cranston (2010), con ligeras modificaciones en rojo y verde.

Clases y órdenes de *Hexapoda* en el mundo y estimaciones de especies

Clases	Órdenes	Especies estimadas en el mundo	Especies descritas a nivel mundial [1]	Importancia económica [2]
Entognatha	1. *Collembola*	> 50.000 [1]	8.000	Poca importancia económica.
	2. *Protura*	> 1.000 [1]	731	Sin importancia económica.
	3. *Diplura*	> 800 [1]	400	Sin importancia económica.
Insecta	1. *Archaeognatha*	> 500 [1]	250	Sin importancia económica.
	2. *Zygentoma*	> 450 [1]	265	Destruyen libros, cereales, algodón, rayón y otros materiales.
	3. *Ephemeroptera*	> 20.000 [3]	2.100	Indicadores pureza del agua, alimento de peces.
	4. *Odonata*	> 6.000 [1]	5.000	Depredadores o alimento de peces.
	5. *Plecoptera*	> 3.500 [1]	3.181	Indicadores pureza del agua, alimento de peces
	6. *Dermaptera*	> 3.000 [1]	2.950	Importancia económica en hortalizas y flores.
	7. *Embioptera*	> 2.000 [1]	1.800	Sin importancia económica.
	8. *Zoraptera*	> 300 [1]	34	Sin importancia económica.
	9. *Orthoptera*	> 80.000 [1]	25.700	Plagas bíblicas, algunos son plagas en cultivos.
	10. *Phasmatodea*	> 3.000 [3]	2.950	Limitada importancia económica como fitófagos.
	11. *Dictyoptera: Mantodea +*	> 3.000 [3]	2.600	Depredadores de poca importancia.
	Blattodea+Isoptera	> 12.200 [1]	7.100	Plagas domésticas, destructores de madera.
	12. *Psocodea: Psocoptera+*	> 30.000 [1]	10.000	Plagas en museos.
	Phthiraptera	> 5.500 [1]	1.000	Importancia médica y veterinaria.
	13. *Thysanoptera*	10.000 [1]	5.500	Importantes como plagas de algunos cultivos.
	14. *Hemiptera*	> 82.000 [1]	67.500	Plagas agrícolas y humanas, depredadores.
	15. *Neuroptera*	> 10.000 [3]	6.500	Sin importancia económica, indicadores pureza del agua.
	16. *Megaloptera*	> 500 [3]	300	Sin importancia económica.
	17. *Raphidioptera*	> 350 [3]	230	Sin importancia económica.
	18. *Coleoptera*	>10.000.000 [1]	400.000	Depredadores, plagas agrícolas importantes.
	19. *Strepsiptera*	> 1.200 [3]	596	Sin importancia económica.
	20. *Diptera*	> 240.000 [1]	152.244	Importantes como plagas, depredadores, parasitoides, parásitos, polinizadores.
	21. *Mecoptera*	> 600 [1]	500	Sin importancia económica.
	22. *Siphonaptera*	> 2.400 [1]	2.100	Plagas para los humanos, históricamente importantes.
	23. *Trichoptera*	> 50.000 [1]	12.000	Indicadores pureza del agua, alimento de peces.
	24. *Lepidoptera*	> 500.000 [1]	160.000	Valor estético, polinizadores, plagas de muchos cultivos.
	25. *Hymenoptera*	> 2.500.000 [1]	315.000	Polinizadores, valor subproductos, plagas de cultivos, importancia médica, parasitoides y depredadores.

1 Estimaciones propuestas por varios especialistas del orden hasta el 2012.
2 Importancia económica del grupo en los ecosistemas.
3. Estimaciones nuestras y de varios especialistas basadas en el poco conocimiento y abundancia del grupo en el Neotrópico.

Clave para la identificación de las Clases de la Superclase *Hexapoda*

Hasta mediados del siglo pasado la llamada Subclase *Apterygota* incluía a los órdenes sin alas: *Thysanura, Collembola, Diplura* y *Protura;* y la Subclase *Pterygota* la integraban los hexápodos con alas o insectos alados (Imms, 1964 y muchos otros). Hoy día *Apterygota*, por ser parafilético, no es aceptado como grupo natural y los hexápodos con partes bucales internas y que nunca tuvieron alas, forman la Clase *Entognatha*. Los hexápodos alados formas la Clase *Insecta*, conjuntamente con dos Órdenes sin alas cuyas líneas evolutivas son independientes: *Archaeognatha* (*Microcoryphia*) y *Zygentoma* (parte de *Thysanura*). Ambas Clases forman la Superclase *Hexapoda,* la cual está bien soportada filogenéticamente por poseer los caracteres sinapomórficos mencionados en la página 123, incluyendo a *Thysanura*, dividido desde hace más de 25 años en los Órdenes *Archaeognatha* y *Zygentoma* (Kristensen, 1981; Watson & Smith, 1991 y muchos otros). A continuación se presenta una clave para separar *Entognatha* e *Insecta*.

1. Hexápodos ápteros en todas sus estados; sin metamorfosis o agregando segmentos para crecer; partes bucales internas proyectándose para comer o asomando la porción distal de las mismas. Especies difíciles de observar a simple vista, diminutas en su mayoría (Figs.9.1A-D)................................ ***Entognatha*** p.140-142

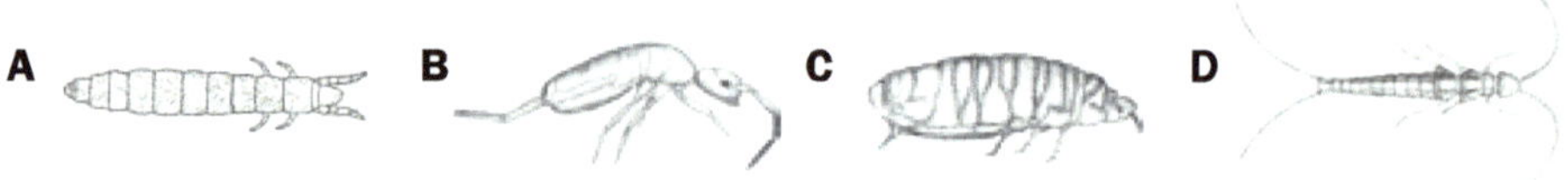

Fig. 9.1 A - D. Órdenes de *Entognatha* presentes en el Neotrópico. A. *Protura*. B. *Collembola*. C. *Collembola*. D. *Diplura*. (E.R.E.)

1'. Hexápodos alados, algunos estados sin alas o ápteros durante toda la vida; partes bucales expuestas (ectognatos), a veces muy reducidas o vestigiales; metamorfosis de diferentes tipos. Especies abundantes, visibles, desde diminutas hasta muy grandes y fáciles de observar (Figs.9.2A-Z).... ***Insecta*** p.142-180

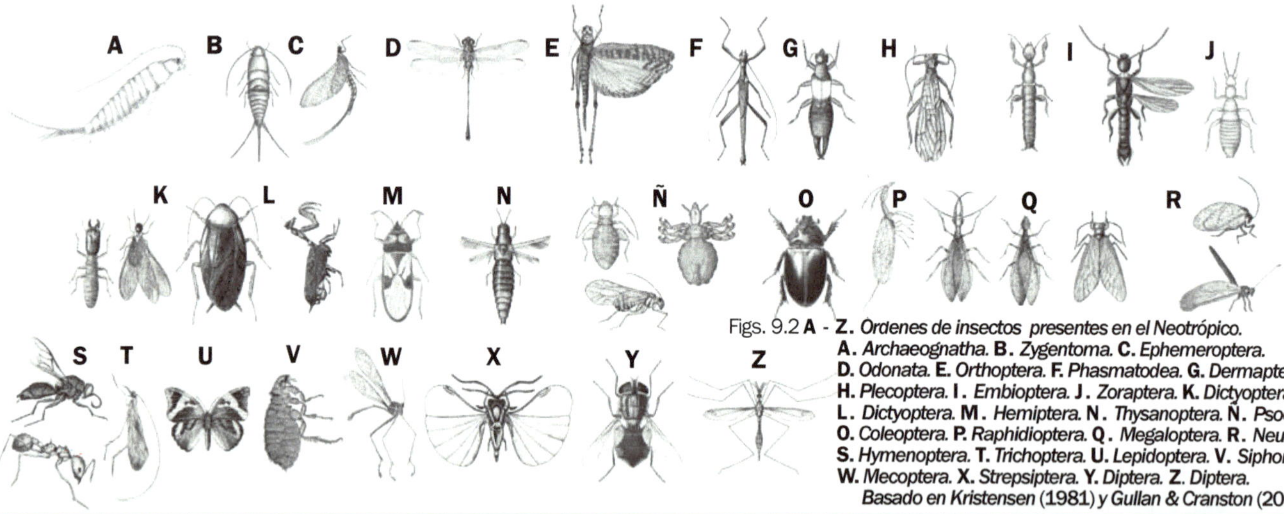

Figs. 9.2 A - Z. *Ordenes de insectos presentes en el Neotrópico.* A. *Archaeognatha*. B. *Zygentoma*. C. *Ephemeroptera*. D. *Odonata*. E. *Orthoptera*. F. *Phasmatodea*. G. *Dermaptera*. H. *Plecoptera*. I. *Embioptera*. J. *Zoraptera*. K. *Dictyoptera*. L. *Dictyoptera*. M. *Hemiptera*. N. *Thysanoptera*. Ñ. *Psocodea*. O. *Coleoptera*. P. *Raphidioptera*. Q. *Megaloptera*. R. *Neuroptera*. S. *Hymenoptera*. T. *Trichoptera*. U. *Lepidoptera*. V. *Siphonaptera*. W. *Mecoptera*. X. *Strepsiptera*. Y. *Diptera*. Z. *Diptera*. *Basado en Kristensen (1981) y Gullan & Cranston (2010).* (E.R.E.)

Clave para la identificación de los Órdenes de la Clase *Entognatha*

La clase *Entognatha* está formada por tres Órdenes de los cuales *Collembola* es el más común y diverso. Son hexápodos diminutos, la mayoría transparentes o blanquecinos localizables en el suelo o mezclados con la hojarasca del mismo. Algunas especies y familias de *Collembola* tienen representantes con coloraciones vistosas y cuerpos verrugosos, mientras que los de *Protura* y *Diplura* son blanquecinos o transparentes. Los entognatos, aunque abundantes, son poco colectados por su pequeño tamaño y por permanecer ocultos. A continuación se presenta una clave para separar los órdenes de *Entognatha*.

1. Hexápodos con antenas ausentes; blanquecinos o transparentes; patas anteriores proyectadas imitando antenas; ojos ausentes.......................... ***Protura*** p.141

1'. Hexápodos con antenas presentes; con diferentes coloraciones; ojos presentes o ausentes.. 2

2(1'). Cercos siempre presentes, a veces multisegmentados o con forma de pinzas; sin mecanismo para saltar... ***Diplura*** p.141-142

2'. Cercos ausentes; generalmente con mecanismo para saltar (fúrcula)........ ***Collembola*** p.140

Clave para la identificación de Órdenes en el Neotrópico de la Clase *Insecta**

La clave tiene el propósito de separar, a nivel de orden, los insectos adultos y algunos inmaduros reportados en el Trópico Americano. En algunos casos, los hábitos se mencionan para facilitar la identificación. La clave está basada en las categorías taxonómicas propuestas por Kristensen (1981, 1991), con las modificaciones indicadas en los capítulos 8 y 9, mencionadas por Gullan & Cranston (2010).

1 Alas desarrolladas (Figs.9.4A-F).. 2

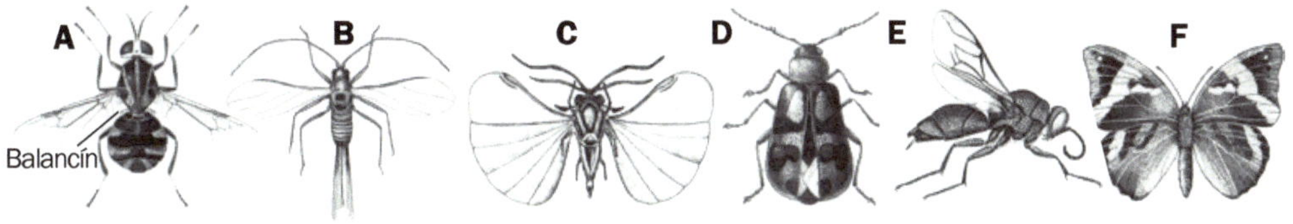

Figs. 9.4 **A - F.** Insectos con uno o dos pares de alas. (A. F. R. y E. R. R.)

1' Sin alas o con alas vestigiales; o en forma de larvas (Figs.9.5A-I)............... 34

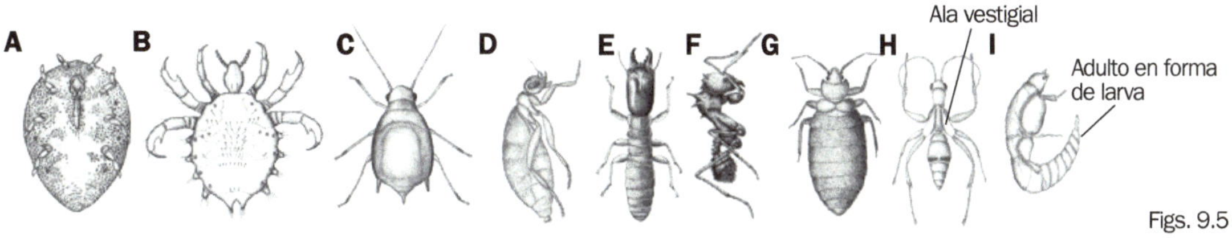

Figs. 9.5 **A - J.** Insectos con alas vestigiales, sin alas o en forma de larva. (A. F. R. y E. R. R.)

2(1) Alas anteriores tipo élitros, coriáceas, hemiélitros, apergaminadas, vestigiales o como mazos; las posteriores generalmente membranosas (Figs.9.6A-G).. 3

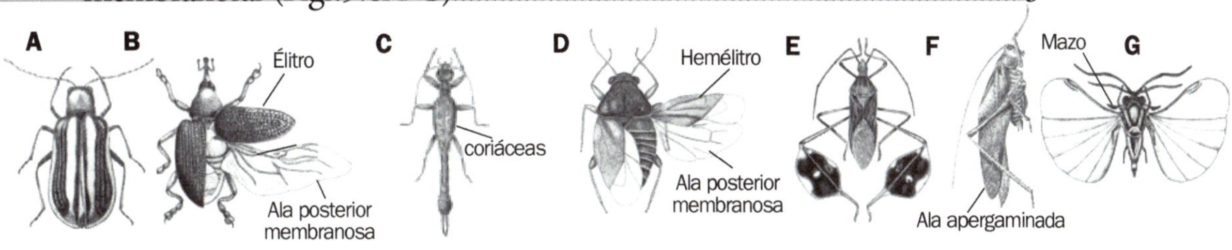

2' Alas anteriores totalmente membranosas, a veces recubiertas de escamas las cuales se desprenden al tocarlas: mariposas y polillas; o sin escamas: avispas y otros grupos Figs.9.7A-B); o diminutos con pelos en la superficie de las alas o en la periferia de las mismas (Fig.9.7C-D).. 9

Figs. 9.6 **A - G.** insectos con alas tipo élitro, hemiélitros o reducidas. (A. F. R. y E. R. R.)

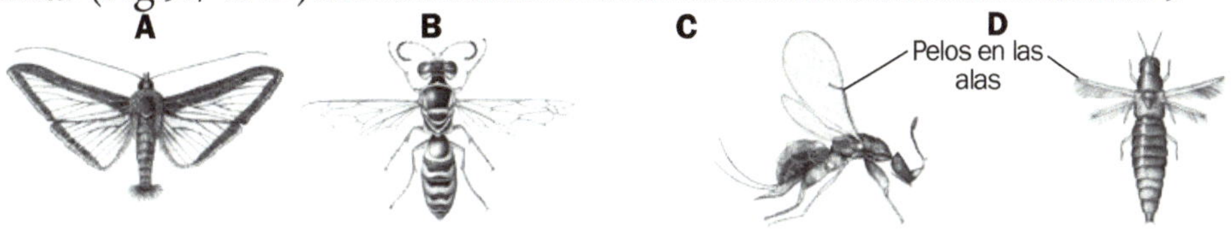

Figs. 9.7 **A - B.** Insectos con alas membranosas. **C - D.** Insectos con pelos alrededor del ala. (A. F. R. y E. R. R.)

3. Alas anteriores muy pequeñas, en forma de mazos; especies diminutas (0,5-4,0 mm).. ***Strepsiptera*** p.160

* Nota: esta clave ha sido preparada en colaboración con el Técnico Entomólogo Eleodoro Inciarte.

3' Alas anteriores variables, no en forma de mazos; insectos de diversos tamaños... 4

4(3') Aparato bucal perforador chupador, pico segmentado (Figs.9.8A-B)... ***Hemiptera*** p.157-158

Figs. 9.8 **A** - **B.** Insectos con aparato bucal perforador chupador . (A. F. R. y E. R. R.)

4' Aparato bucal masticador... 5

5(4') Alas anteriores apergaminadas, con muchas venas, a veces transparentes; reducidas o vestigiales con pronoto muy desarrollado y puntiagudo (Figs. 9.9 A-F)... 6

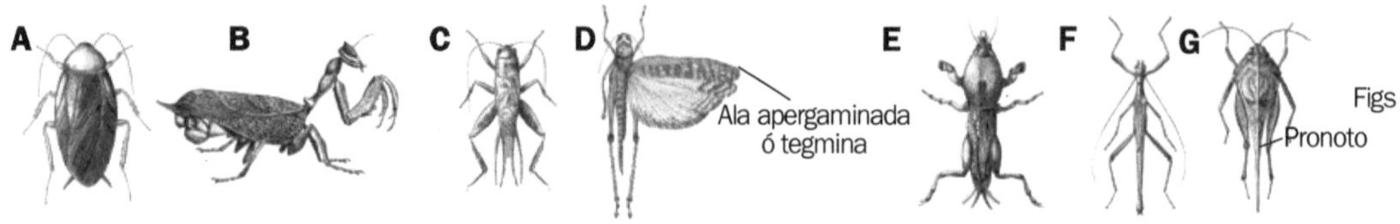

Figs 9.9 **A** - **G.** Insectos con alas apergaminadas. (A. F. R. y E. R. R.)

5' Alas anteriores tipo élitro o coriáceas, a veces reducidas (Figs. 9.10A-J)..... 8

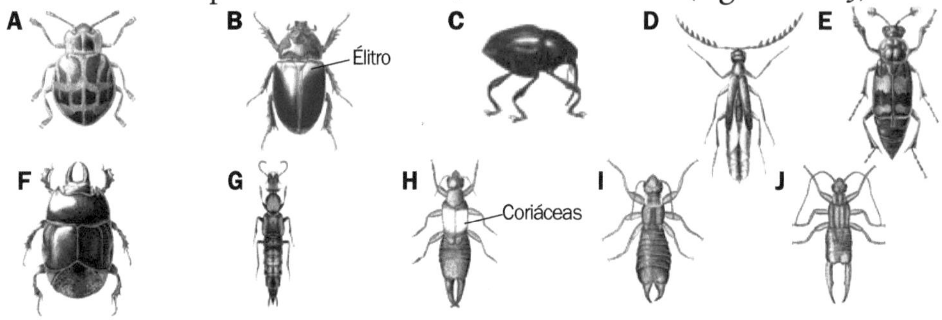

Figs 9.10 **A** - **J.** Insectos con alas tipos élitro y coriáceas. (A. F. R. y E. R. R.)

6(5) Tarsos de cuatro o menos segmentos, patas posteriores con fémures ensanchados; insectos en su mayoría saltadores... ***Orthoptera*** p.149-150

6' Tarsos de cinco segmentos; patas posteriores con fémures no ensanchados; insectos caminadores o corredores... 7

7(6') Cercos mono segmentados; cuerpo delgado y alargado... ***Phasmatodea*** p.148

7' Cercos poli segmentados; cuerpo variable (Subórdenes *Mantodea* y *Blattaria*)... ***Dictyoptera*** p.153

8(5') Ápice del abdomen con un par de pinzas... ***Dermaptera*** p.151

8' Ápice del abdomen sin apéndices, sí hay algún tipo de proyección, estas no tienen forma de pinzas... ***Coleoptera*** p.161-163

9(2') Con un par de alas desarrolladas, las posteriores reducidas, vestigiales, ausentes o transformadas en halteres o balancines... 10

9' Con dos pares de alas desarrolladas... 13

10(9) Abdomen con uno o varios filamentos terminales; partes bucales vestigiales (Figs.9.11A-B)... 11

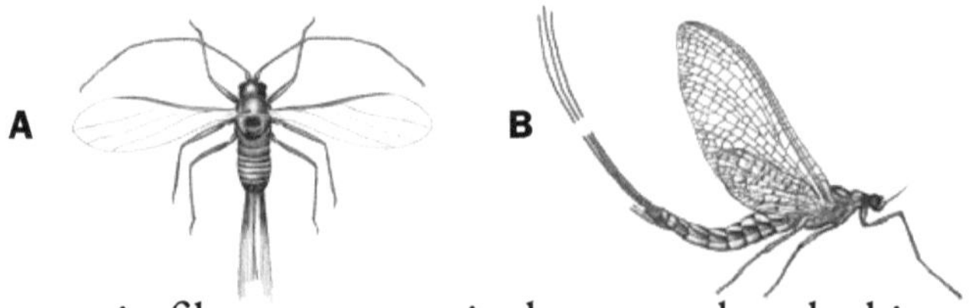

Figs 9.11 **A** - **B.** Insectos con filamentos en el ápice del abdomen. (A. F. R. y E. R. R.)

10' Abdomen sin filamentos terminales; partes bucales bien desarrolladas, con diferentes tipos de aparatos bucales... 12

11(10) Alas con numerosas venas; antenas inconspicuas; adultos con partes bucales atrofiadas........ ***Ephemeroptera*** p.144

11' Alas con pocas venas; antenas conspicuas; partes bucales desarrolladas........ ***Hemiptera*** p.157-158

12(10') Tarsos de cinco segmentos; alas posteriores transformadas en halteres o balancines (Fig. 9.4A)........ ***Diptera*** p.177-180

12' Tarsos de tres o menos segmentos; alas posteriores ausentes o vestigiales........ ***Hemiptera*** p.157-158

13(9') Alas recubiertas total o parcialmente de escamas; aparato bucal chupador de sifón; rara vez atrofiado o masticador........ ***Lepidoptera*** p.172-174

13' Alas no recubiertas de escamas; aparato bucal diferente al chupador de sifón........ 14

14(13') Aparato bucal perforador chupador........ ***Hemiptera*** p.157-158

14' Aparato bucal masticador; raspador chupador o atrofiado........ 15

15(14') Alas delgadas, con pelos alargados en sus márgenes (Figs.9.12A-C)........ 16

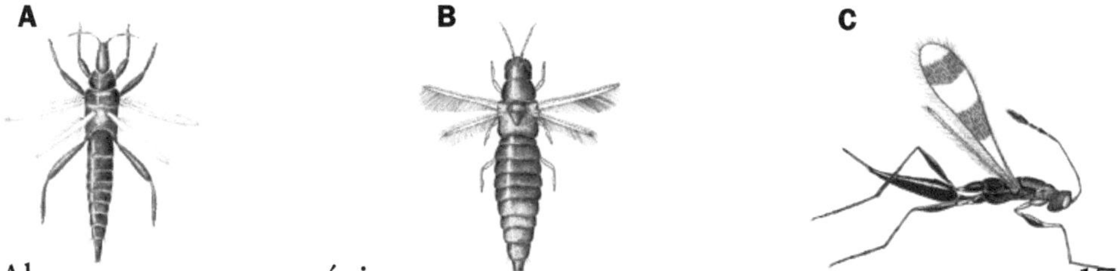

Figs. 9.12 **A - C** Insectos con pelos en los márgenes de sus alas. (A. F. R. y E. R. R.)

15' Alas con otras características........ 17

16(15) Con una constricción entre tórax y abdomen; aparato bucal masticador; insectos de porte delicado........ ***Hymenoptera*** p.167-170

16' Sin una constricción entre tórax y abdomen; aparato bucal raspador-chupador; insectos sin apariencia delicada........ ***Thysanoptera*** p.159

17(15') Abdomen con dos o tres apéndices caudales alargados como hilos; antenas setiformes........ ***Ephemeroptera*** p.144

17' Abdomen sin apéndices en forma de hilos, antenas de varios tipos........ 18

18(17') Tarsos con menos de cinco segmentos........ 19

18' Tarsos con cinco segmentos........ 25

19(18) Tarsos de cuatro segmentos (Suborden *Isoptera*, comejenes) (Figs.9.13 A-C)........ ***Dictyoptera*** p.152-153

19' Tarsos de menos de cuatro segmentos; sí son cuatro, parecen avispitas..... 20

20(19') Cercos unisegmentados (Figs.9.13D)........ ***Zoraptera*** p.154

20' Cercos ausentes o con otras características; sí son de un sólo segmento, carecen de cerda apical........ 21

21(20') Primer segmento tarsal de las patas anteriores muy dilatado (Fig.9.13E)........ ***Embioptera*** p.147

21' Primer segmento tarsal de las patas anteriores normal, no dilatado...... 22

22(21') Alas con pocas o sin venas transversales........ 23

22' Alas con muchas venas transversales........ 24

23(22) Venación muy reducida o ausente; insectos parasitoides o hiperparásitos........ ***Hymenoptera*** p.167-170

23' Venación normal, algunos con venación y alas reducida; insectos de

vida libre (Subórdenes *Psocomorpha*, *Trogiomorpha* y *Troctomorpha*)
(Figs.9.13G-H).. ***Psocodea*** p.155-156

24(22') Antenas muy cortas, setiformes; cercos cortos no segmentados............... ***Odonata*** p.145
24' Antenas largas, filiformes; cercos largos y polisegmentados........................ ***Plecoptera*** p.146

25(18') Antenas tan largas o más largas que el cuerpo.. 26
25' Antenas más cortas que el cuerpo, si son más largas, antenas capitiformes 27

26(25) Mandíbulas atrofiadas.. ***Trichoptera*** p.171
26' Mandíbulas normales (Fig.9.13I).. ***Neuroptera*** p.166

27(25') Alas anteriores más grandes que las posteriores; margen costal de las
alas anteriores con menos de dos venas transversales............................ 28
27' Alas anteriores y posteriores más o menos del mismo tamaño;
margen costal de las alas anteriores con dos o más venas transversales...... 29

28(27) Insectos parecidos a hormigas aladas, avispas, abejas, etc., alas
posteriores con menos venas que las anteriores; venación a veces
muy reducida .... ***Hymenoptera*** p.167-170
28' Insectos diferentes a los anteriores; alas posteriores con
venación muy similar a las anteriores; venación
nunca reducida (Fig.9.13J)... ***Neuroptera*** p.166

29(27') Cabeza prolongada en un pico; margen costal del ala anterior con
tres o menos venas transversales (Fig.9.13M)... ***Mecoptera*** p.175
29' Cabeza no prolongada en un pico; margen costal del ala anterior
con muchas venas transversales.. 30

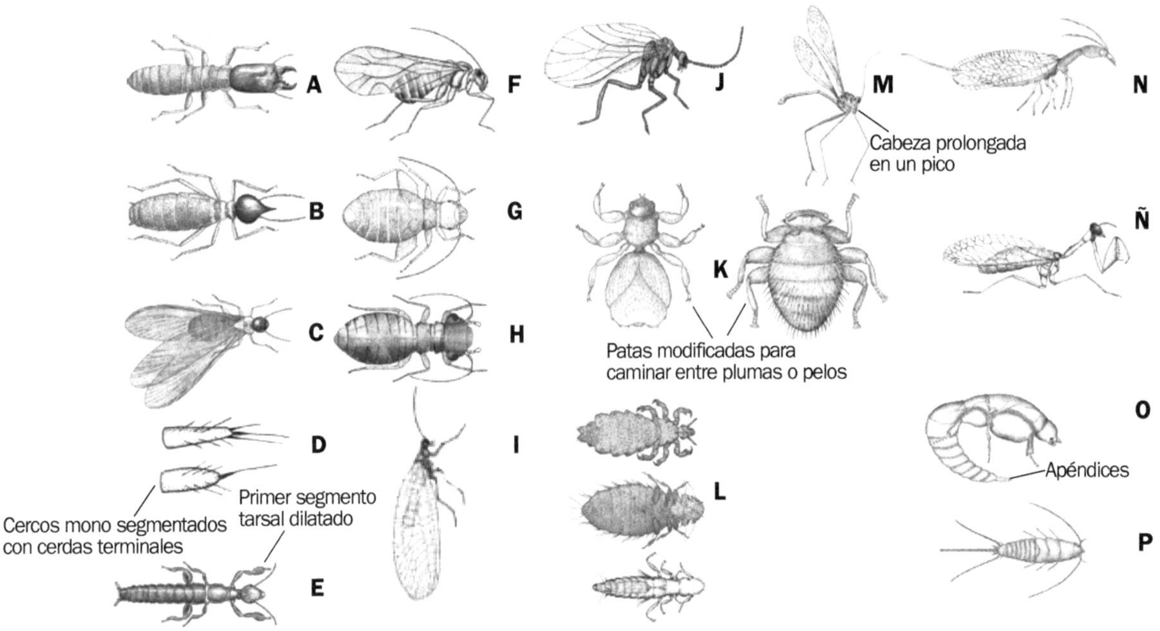

Figs. 9.13 **A** - **M**. (**A**-**C**) Suborden *Isoptera* : *Dictyoptera*, castas diferentes. (**D**) Orden *Zoraptera*, cercos mono segmentados con cerdas. (**F**-**H**) Orden *Psocodea*, Subórdenes *Psocomorpha*, *Troctomorpha* y *Trogiomorpha*. (**I**) Orden *Mecoptera*, adulto alado con cabeza prolongada en un pico.
(A. F. R. y E. R. R.)

30(29') Protórax al menos dos veces más largo que ancho.................................... 31
30' Protórax tan largo como ancho; o menos de dos veces
más largo que ancho 32

31(30) Patas anteriores naciendo cerca del margen posterior del
protórax, muy similares al segundo y tercer par (Fig.9.13N).................. ***Raphidioptera*** p.164
31' Patas anteriores naciendo cerca del margen
anterior del protórax, del tipo prensil (Fig.9.13Ñ).................................... ***Neuroptera*** p.166

32(30') Ocelos presentes.......... *Megaloptera* p.165
32' Ocelos ausentes.......... 33

33(32') Cuarto segmento tarsal bastante bilobulado.......... *Megaloptera* p.165
33' Cuarto segmento tarsal normal.......... *Neuroptera* p.166

34(1') Cercos presentes en forma de pinzas.......... *Dermaptera* p.151
34' Cercos ausentes, si están presentes no en forma de pinzas.......... 35

35(34') Alas rudimentarias y tarsos de cinco segmentos.......... 36
35' Alas ausentes, si son rudimentarias tarsos de dos o tres segmentos 37

36(35) Insectos parecidos a hormigas; aparato bucal masticador.......... *Hymenoptera* p.167-170
36' Insectos no parecidos a hormigas; aparato bucal chupador.......... *Diptera* p.177-180

37(35') Cuerpo aplanado o con apariencia de larva; algunos son parásitos.......... 38
37' Cuerpo no aplanado; insectos de vida libre, terrestres o acuáticos.......... 44

38(37) Cuerpo con apariencia de larva.......... 39
38' Cuerpo aplanado lateral o dorso ventralmente; ectoparásitos.......... 41

39(38) Ápice del abdomen con un par de apéndices notorios (Fig.9.13O).......... *Hymenoptera* p.167-170
39' Ápice del abdomen sin un par de apéndices.......... 40

40(39') Cuerpo protegido por una bolsa (*Psychidae*); aparato bucal atrofiado.......... *Lepidoptera* p.161-163
40' Cuerpo sin protección; aparato bucal desarrollado.......... *Strepsiptera* p.160

41(38') Tarsos de cinco segmentos; antenas escondidas.......... 42
41' Tarsos de cuatro o menos segmentos; antenas expuestas, raras veces escondidas.......... 43

42(41) Cuerpo aplanado dorso ventralmente; coxas separadas: insectos con patas modificadas para caminar entre pelos o plumas (Figs.9.13.K).......... *Diptera* p.177-180
42' Cuerpo aplanado lateralmente; coxas contiguas; pulgas.......... *Siphonaptera* p.176

43(41') Tarsos de tres o dos segmentos; antenas más largas que la cabeza; si las antenas son cortas, parecen cóccidos y están asociados con termites.......... *Hemiptera* p.167-168
43' Tarsos de un sólo segmento; antenas cortas, expuestas, a veces escondidas en una ranura de la cabeza (Piojos parásitos del Suborden *Troctomorpha*: *Anoplura*, *Amblycera* e *Ischnocera*, Figs. 9.13L).......... *Psocodea* p.156

44(37') Aparato bucal del tipo chupador.......... 45
44' Aparato bucal del tipo masticador.......... 48

45(44) Tarsos de cinco segmentos; palpos conspicuos.......... 46
45' Tarsos de menos de cinco segmentos; palpos ausentes o atrofiados.......... 47

46(45) Aparato bucal chupador de sifón; cuerpo recubierto con escamas.......... *Lepidoptera* p.172-174
46' Aparato bucal chupador, pero no del tipo sifón; cuerpo sin escamas.......... *Diptera* p.177-180

47(44') Aparato bucal raspador-chupador; tarsos de uno o dos segmentos; antenas usualmente moniliformes .... *Thysanoptera* p.159
47' Aparato bucal perforador chupador; tarsos de dos o tres segmentos; antenas variables.......... *Hemiptera* p.157-158

48(45') Abdomen terminando en tres apéndices caudales, parecidos a hilos.......... 49

48'	Abdomen sin apéndices caudales, o con dos apéndices no parecidos a hilos	50	
49(48)	Segundo al noveno segmento abdominal con un par de procesos estiliformes; ojos grandes, usualmente continuos........	***Archaeognatha***	p.142
49'	Primero al sexto segmento abdominal sin procesos estiliformes; ojos pequeños, separados o ausentes (Fig.9.13P)........	***Zygentoma***	p.143
50(48')	Tarsos de cinco o cuatro segmentos........	51	
50'	Tarsos de uno a tres segmentos........	55	
51(50)	Con una constricción bien marcada entre tórax y abdomen; tarsos de cinco segmentos (Familias *Formicidae*, *Mutillidae* y algunas de *Hymenoptera* parasítica)........	***Hymenoptera***	p.169-170
51'	Sin una constricción bien marcada entre tórax y abdomen; tarsos de cuatro segmentos........	52	
52(51)	Insectos saltadores con fémures posteriores engrosados........	***Orthoptera***	p.149-150
52'	Insectos no saltadores, fémures posteriores normales........	53	
53	Antenas moniliformes (Suborden *Isoptera*, comejenes, Fig.9.13A-B)........	***Dictyoptera***	p.152
53'	Antenas filiformes........	54	
54(53')	Cuerpo alargado, semejando un palito caminador........	***Phasmatodea***	p.148
54'	Cuerpo más o menos ovalado (Suborden *Blattaria*, cucarachas)........	***Dictyoptera***	p.152
55(50')	Insectos parecidos a saltamontes, grillos o palitos caminadores........	***Orthoptera***	p.149-150
55'	Insectos no parecidos a saltamontes o palitos........	56	
56(55')	Primer segmento tarsal de las patas anteriores dilatado........	***Embioptera***	p.147
56'	Primer segmento tarsal de las patas anteriores no dilatado........	57	
57(56')	Antenas moniliformes; ojos compuestos y ocelos ausentes en las formas ápteras, presentes en los alados; cercos unisegmentados........	***Zoraptera***	p.154
57'	Antenas filiformes; ojos compuestos y ocelos presentes; cercos ausentes (Subórdenes *Trogiomorpha*, *Troctomorpha* y *Psocomorpha*)........	***Psocodea***	p.155

Referencias

Amat-García, G. & F. Fernández (2011) La diversidad de insectos (*Arthropoda*: *Hexapoda*) en Colombia I. *Entognatha* a *Polyneoptera*. Acta Biológica Colombiana 16(2): 205-220.

Bitsch, C. & J. Bitsch (2004) Phylogenetic relationships of basal hexapods among the mandibulate arthropods: A cladistics analysis based on comparative morphological characters. Zoologica Scripta 33(6): 511-550.

Capinera, J.L. (ed) (2008) Encyclopedia of Entomology, 2nd edn. Springer, Dordrecht, The Netherlands. 4.346 p.

Carpenter, F.M. (1992) Superclass *Hexapoda*. In: Treatise on invertebrate paleontology, vol 3, Part R, Arthropoda 4 (ed R.L. Kaesler) Geological Society of America & University of Kansas Press, Boulder, Colorado. 277 p.

CSIRO (1991) The insects of Australia. A textbook for students and research workers, vols I & II, 2nd edn. Cornell University Press, Ithaca, New York. 542 p. & 595 p.

Deuve, T. (2001) The epipleural field in hexapods. Annales de la Société Entomologique de France 37: 195-231.

Elzinga, R.J. (2003) Fundamentals of Entomology, 6th edn. Prentice Hall, New Jersey. 512 p.

Erwin, T.L. & J.C. Scott (1980) Seasonal and size patterns, trophic structure and richness of *Coleoptera* in the tropical arboreal ecosystem: The fauna of the tree *Luehea seemannii* Triana and Planch in the Canal Zone of Panama. The Coleopterists' Bulletin 34: 305-322.

Erwin, T.L (1982) Tropical forests: Their richness in *Coleoptera* and other arthropod species. Coleopterists' Bulletin 36: 74-75.

Erwin, T.L. (1983) Tropical forest canopies: The last biotic frontier. Bulletin of the Entomological Society of America 29: 14-19.

Erwin, T.L. (1988) The tropical forest canopy -The heart of biotic diversity. In: Biodiversity (ed E.O. Wilson), pp. 123-129. National Academy Press, Washington, D.C.

Erwin, T.L. (1997) Biodiversity at its utmost: Tropical forest beetles. In: Biodiversity II (eds M.L. Reaka-Kudla, D.E. Wilson & E.O. Wilson), pp. 27- 40. Joseph Henry Press, Washington, D.C.

Erwin, T.L. & C.J. Geraci (2009) Amazonian rainforests and their richness of *Coleoptera*, a dominant life form in the critical zone of the neotropics. In: Insect Biodiversity, Science and Society (eds R. Foottit & P. Adler), pp. 49-67. Wiley-Blackwell, West Sussex, UK.

Foottit, R. & P.H. Adler (eds) (2009) Insect biodiversity. Science and Society. John Wiley & Sons, Hoboken, New Jersey. 632 p.

Imms, A.D. (1964) A general textbook of entomology. Including the Anatomy, Physiology, Development, and Classification of Insects, 9th edn. Methuen. London. 886 p.

Gillot, C. (1995) Entomology, 2nd edn. Springer, New York. 798 p.

Grandcolas, P. (ed) (1997) The Origin of Biodiversity in Insects: Phylogenetic tests of evolutionary scenarios. Mémoires du Museum National d'histoire Naturelle 173: 1-354.

Grimaldi, D. (2001) Insect evolutionary history from Handlirsch to Hennig, and beyond. Journal of Paleontology 75: 1152-1160.

Grimaldi, D.A. & M.S. Engel (2005) Evolution of insects. Cambridge University Press, New York. 755 p.

Gullan, P.J. & P.S. Cranston (2010) The insects: An outline of Entomology, 4th edn. John Wiley, New York. 565 p.

Haas, F., D. Waloszek & R. Hartenberger (2003) *Devonohexapodus bocksbergensis*, a new marine hexapod from the Lower Devonian Hunsrück Slates, and the origin of *Atelocerata* and *Hexapoda*. Organisms Diversity and Evolution 3: 39-54.

Hennig, W. (1981) Insect Phylogeny. Wiley & Sons, New York. 514 p.

Janzen, D.H. (1970) Herbivores and the number of tree species in tropical forests. The American Naturalist 104(940): 501-528.

Janzen, D.H. (1976) Why are there so many species of insects? Proceedings of XV International Congress of Entomology. 1976: 8494.

Klass, K.D. & N.P. Kristensen (2001) The ground plan and affinities of hexapods: Recent progress and open problems. Annales de la Société Entomologique de France 37: 265-298.

Koch, M. (2001) Mandibular mechanisms and the evolution of hexapods. Annales de la Société Entomologique de France 37: 129-174.

Kristensen, N.P. (1975) The phylogeny of hexapod "orders". A critical review of recent accounts. Zeitschrift für Zoologische Systematik und Evolutionsforschung 13: 1–44.

Kristensen, N.P. (1981) Phylogeny of insect orders. Annual Review of Entomology 26: 135-157.

Kristensen, N.P. (1991) Phylogeny of extant hexapods. In: Insects of Australia: A textbook for students and research workers, vols I & II, 2nd edn. (eds I.D. Naumann, P.B. Carne, J.F. Lawrence, E.S. Nielsen, J.P. Spradberry, R.W. Taylor, M.J. Whitten & M.J. Littlejohn), pp. 125-140. Melbourne University Press, Carlton, Victoria.

Kristensen, N. P. (1995) Forty years insect phylogenetic systematics. Zoologische Beiträge NF 36(1): 83-124.

Kristensen, N.P. (1998) The groundplan and basal diversification of the hexapods. In: Arthropod Relationships, special vol. series 55 (eds R.A. Fortey & R.H. Thomas), pp. 281-294. Systematics Association, Chapman & Hall, London.

Kristensen, N.P. (1999) Phylogeny of endopterygote insects, the most successful lineage of living organisms. European Journal of Entomology 96: 237-253.

Kristensen, N.P., M.J. Scobe & O. Karsholt (2007) Lepidoptera phylogeny and systematics: The state of inventorying moths and butterfly diversity. Zootaxa 1668: 699 - 747.

Kukalová-Peck, J. (1991) Fossil history and the evolution of hexapod structures. In: The insects of Australia: A textbook for students and research workers, 2nd edn. (eds I.D. Naumann, P.B. Carne, J.E. Lawrence, E.S. Nielsen, J.P. Spradberry, R.W. Taylor, M.J. Whitten & M.J. Littlejohn), pp. 141–179. Melbourne University Press, Carlton, Victoria.

Labandeira, C.C. (1999) Insects and other hexapods. In: Encyclopedia of Paleontology, vol 1 (ed R. Singer), pp. 603-624. Fritzroy Dearborn Publishers, Chicago.

Labandeira, C.C., & J.J. Sepkoski, Jr. (1993) Insect diversity in the fossil record. Science 261: 310–315.

May, R.M. (1988) How many species are there on Earth? Science 241: 1441-1449.

May, R.M. (1992) How many species inhabit the Earth? Scientific American 267: 42-48.

Mayhew, P.J. (2007) Why are there so many insect species? Perspectives from fossils and phylogenies. Biological Reviews 82(3): 425-454

Nardi, F., G. Spinsanti, J.L. Boore, A. Carapelli, R. Dallai, & F. Frati (2003) Hexapod origins: Monophyletic or paraphyletic? Science 299(5614): 1887-1889.

Resh, V.H. & R.T. Cardé (eds) (2009) Encyclopedia of insects, 2nd edn. Elsevier, San Diego, California. 1132 p.

Ross, A.J. & E.A. Jarzembowski (1993) *Arthropoda* (*Hexapoda*; *Insecta*). In: The fossil record 2 (ed M.J. Benton), pp. 363-426. Chapman & Hall, London.

Sharkey, M.J. (2007) Phylogeny and classification of *Hymenoptera* Zootaxa 1668: 521 - 548.

Stork, N.E. (1988) Insect diversity: Facts, fiction, and speculation. Biological Journal of the Linnean Society 35: 321- 337.

Stys, P., J. Zrzavy & F. Weyda (1993) Phylogeny of the *Hexapoda* and ovarian metamerism. Biological Reviews of the Cambridge Philosophical Society 68: 365-379.

von Lieven, A.F. (2000) The transformation from monocondylous to dicondylous mandibles in the *Insecta*. Zoologischer Anzeiger 239: 139-146.

Watson, J. A. L. and G. B. Smith. 1991. Archaeognatha. In The insects of Australia: A Textbook for Students and Research Workers, 2 edn. (eds I. D. Naumann, P. B. Carne, J. F. Lawrence, E. S. Nielsen, J. P. Spraberry, R. W. Taylor, M. J. Whitten and M. J. Littlejohn), pp. 272-274. Melbourne University Press, Carlton, Astralia.

Wheeler, W.C., M. Whiting, Q.D. Wheeler & J.M. Carpenter (2001) The phylogeny of the extant hexapod orders. Cladistics 17: 113-169.

Wilson, E.O. (1988) The diversity of life. In: Earth '88. Changing geographic perspectives. (ed H.J. Blij), pp. 68-78. National Geographic Society, Washington, D.C.

Taxonomía de los Órdenes de las Clases *Entognatha* e *Insecta*

Clase *Entognatha* Hennig, 1953

Taxonomía del Orden *Collembola* [1] Lubbock, 1873
(saltarines, colémbolos)

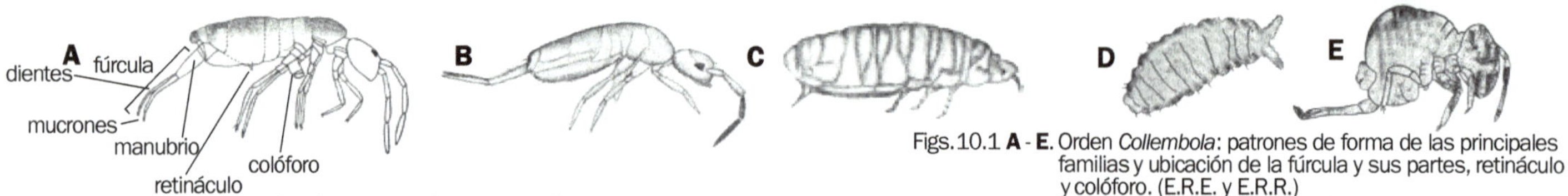

Figs.10.1 **A - E.** Orden *Collembola*: patrones de forma de las principales familias y ubicación de la fúrcula y sus partes, retináculo y colóforo. (E.R.E. y E.R.R.)

Los colémbolos son hexápodos pequeños, sin alas, de 0.2-10 mm de longitud, carecen de cercos y ojos o presentan grupos de ocelos a cada lado de la cabeza; son blandos, pálidos o grisáceos, aunque algunas especies están pigmentadas con colores vistosos. Los patrones de forma de los cuerpos se manifiestan de tres maneras: alargados (Figs.10.1A-B), donde los segmentos torácicos y abdominales están bien separados; alargados, parecidos a gusanos (Figs.10.1C-D), pero con antenas prominentes, sin separación aparente entre tórax y abdomen; o globosos, con el primer segmento abdominal unido al tórax (Fig.10.1E). No poseen tráqueas para respirar, siendo su cutícula porosa la responsable del intercambio gaseoso, con excepción de la Familia *Sminthuridae*, la cual sí presenta un sistema traqueal rudimentario.

Este Orden se caracteriza por presentar los siguientes caracteres apomórficos (Maddison, 2002):

1. Abdomen con 6 segmentos, el primero con un tubo ventral llamado colóforo, utilizado para excretar y/o absorber agua.
2. Varias familias presentan un mecanismo para saltar representado por un apéndice retráctil llamado fúrcula, ubicado en el esterno del segmento abdominal IV; el mismo puede estar reducido o ausente cuando viven en el suelo, en cuevas o debajo de hojarasca. La fúrcula esta integrada por una pieza basal o manubrio, un par de segmentos medios o dientes y un par de mucrones esclerotizados en el ápice. La fúrcula es sostenida por el retináculo (Fig.10.1A), ubicado ventralmente en el segmento abdominal III.
3. Antenas de 4 segmentos, algunos anulados dando la impresión de tener más de cuatro.

Son ametábolos y mudan durante todo su ciclo de vida (hasta 40 veces).

Estos artrópodos son los más distribuidos en el mundo, llegando a ocupar todos los nichos ecológicos imaginables, con excepción de los mares profundos. Su presencia se extiende desde la Antártida donde pueden soportar temperaturas menores a los - 60º C, hasta las selvas húmedas tropicales con temperaturas elevadas tanto de día como de noche. Todas las especies se localizan como habitantes del suelo, de la hojarasca de los bosques o viviendo sobre vegetación de porte bajo, siempre en ambientes húmedos, alimentándose de materia orgánica en descomposición aunque algunos pueden ser plagas agrícolas (hortalizas, champiñones y otros), o se nutren de microorganismos del suelo.

El Orden *Collembola*, es entre los hexápodos, uno de los más antiguos y su permanencia en la Tierra sobrepasa los 400 millones de años. A pesar de ser tan numerosos, su existencia no se percibe por su pequeño tamaño. Se dice que están entre los animales más abundantes reportándose, en algunos casos, hasta 62.000 individuos por metro cuadrado en suelos vírgenes cargados de vegetación en descomposición, tal como indica la URL: http://es.wikipedia.org/wiki/Collembola. El Orden tiene cerca de 8.000 especies descritas y se piensa, debe haber más de 50.000 a nivel mundial.

[1] *Collembola* (G): *Coll*, goma; *embola*, émbolo.

CONTENIDO

Taxonomía del Orden *Protura* [1] Silvestri, 1907
(proturos, cabezas de conos)

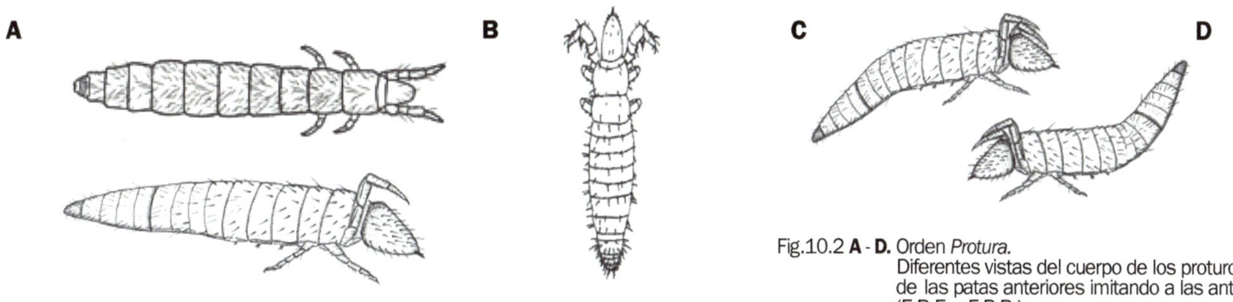

Fig.10.2 **A - D.** Orden *Protura*.
Diferentes vistas del cuerpo de los proturos y posición de las patas anteriores imitando a las antenas.
(E.R.E. y E.R.R.)

Los *Protura* son hexápodos de cabeza cónica, ojos ausentes, sin alas, muy pequeños, los cuales nunca sobrepasan los 2.0 mm de longitud. Aunque nacen con 9 segmentos abdominales, como adultos presentan 12 de los cuales los tres primeros tienen estilos rudimentarios. El abdomen no presenta cercos y las patas poseen 5 segmentos (Figs.10A-D). Los proturos son artrópodos de cuerpo alargado, cilíndricos, de movimientos lentos y coloraciones pálidas, semitransparentes.

Protura representa un grupo natural con los siguientes caracteres apomórficos (Maddison, 2002):

1. Ausencia de ojos compuestos.
2. Antenas ausentes (Fig.10.2).
3. Cabeza sin esqueleto interno o tentorio.
4. Patas anteriores alargadas, con numerosos órganos sensoriales presentes, semejando un par de antenas y asumiendo la función de estas últimas (Figs.10.2C-D).

Son hexápodos ametábolos que crecen agregando segmentos durante las primeras tres mudas.

Se pueden colectar fácilmente utilizando embudos de Berlese, de igual forma que todos de los representantes de la Clase *Entognatha*.

Son cosmopolitas y como en el caso del Orden *Collembola*, pululan en suelos orgánicos, con material en descomposición. Krauss & Funke (1999) reportaron sobre los 90.000 individuos por metro cuadrado en un bosque de Alemania.

Todas las especies se localizan como habitantes del suelo, en lugares húmedos de los bosques vírgenes o intervenidos por el ser humano, probablemente, alimentándose de los hongos y las bacterias que dan origen al humus de los bosques. Tanto *Protura* como en el resto de los órdenes de esta Clase, tienen la necesidad de vivir en ambientes húmedos, lo cual obedece a la carencia de la capa de cera de la cutícula, característica que los hace vulnerables a la pérdida rápida del agua.

Estos artrópodos son de los más primitivos de la Clase *Entognatha* y aunque sus fósiles se han reportado a partir del Período Cuaternario reciente de la Era Cenozoica (Kukalová-Peck,1991), hace unos 50.000 años atrás, deben ser mucho más antiguos por cuanto todos los Órdenes de la Clase evolucionaron, previamente, varios cientos de millones de años.

El Orden *Protura* está entre los menos diversos, con apenas 731 especies descritas (Szeptycki, 2007); se piensa, existen más de 1.000 especies a nivel mundial.

[1] *Protura* (G): *Prot*, primitivo; *ura*, cola.

Taxonomía del Orden *Diplura* [2] Börner,1904
(dipluros)

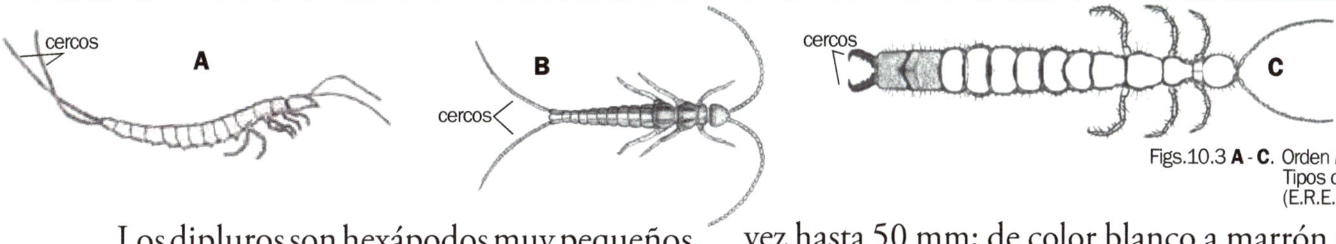

Figs.10.3 **A - C.** Orden *Diplura*.
Tipos de cercos.
(E.R.E. y E.R.R.)

Los dipluros son hexápodos muy pequeños, alargados, con una longitud menor a 10 mm, rara vez hasta 50 mm; de color blanco a marrón claro, ojos ausentes, cuerpo poco pigmentado y muy pocas veces con escamas. Cabeza con antenas largas, usualmente moniliformes. Tórax poco diferenciado del abdomen, este último de diez segmentos con dos cercos multisegmentados o terminando en pinzas de color oscuro.

El Orden se considera como un grupo monofilético, el cual presenta al menos, cuatro caracteres apomórficos (Maddison, 1995):

1. Ausencia de ojos.
2. Falta de tentorio.
3. Músculos rotatorios presentes en las articulaciones trocánter-fémur.
4. Articulaciones pivotantes entre fémures y tibias.

Son hexápodos ametábolos que mudan durante toda su vida y donde se han registrado hasta 30 mudas (Condé & Pagés, 1991).

Están distribuidos en todas las zonas zoogeográficas del planeta donde habitan los sitios húmedos del suelo, la hojarasca del bosque, debajo de las piedras y árboles caídos. No se observan con facilidad por su pequeño tamaño. En los nichos ecológicos mencionados, actúan como herbívoros, saprófagos o como depredadores de otros habitantes del suelo. Sus fósiles se han reportado para el Período Carbonífero, hace 300 millones de años.

Mundialmente más de 400 especies se han descrito de las 1000 que deben existir, según reportan Gullan & Cranston (2010).

[2] *Diplura* (G): *Diplo*, doble; *ura*, cola.

Clase *Insecta* *Linnæi*, 1758 — Taxonomía del Orden *Archaeognatha* [3] Börner, 1904

(peces de cobre, arqueognatos)

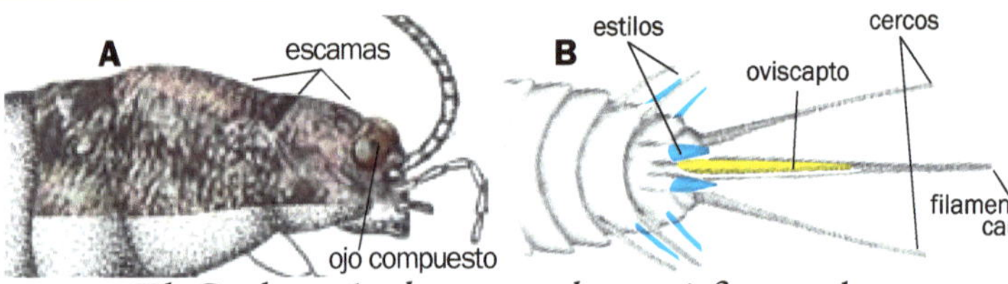

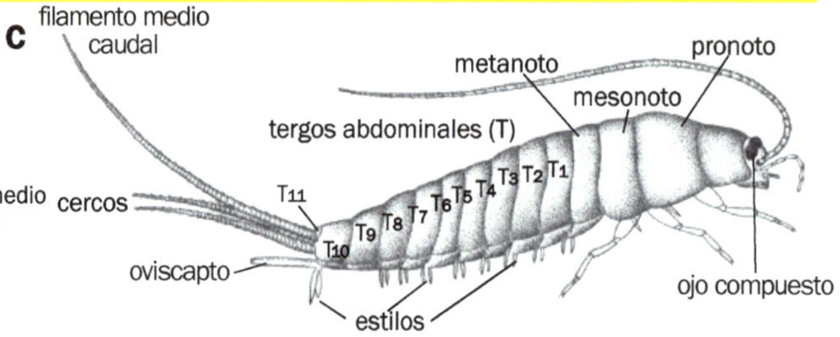

Figs.10.4 **A - C**. Orden *Archaeognatha*. **A**. Ojos y escamas. **B - C**. Componentes del cuerpo. (L.R., E.R.E. y E.R.R.)

El Orden *Archaeognatha* está formado por insectos primitivos, pequeños, hasta 25 mm de longitud, sin alas, capaces de saltar; cuerpo cilíndrico (Fig.10.4C), recubierto de escamas las cuales algunas veces forman patrones característicos. Cabeza con ojos prominentes unidos en el dorso (Fig.10.4A) y tres ocelos, antenas tan largas como el cuerpo, filiformes. Tórax dorsalmente arqueado, patas con tarsos de tres segmentos. Abdomen de once segmentos, con estilos en los segmentos II al IX y vesículas (proyecciones pequeñas parecidas a sacos) en la mayoría de los esternos; con tres filamentos, dos cercos largos y un filamento medio central más largo, el cual representa al epiprocto del segmento XI.

El Orden forma un grupo natural con dos caracteres apomórficos (Maddison, 2002).

1. Ojos prominentes, unidos en el margen dorsal.
2. Musculatura especializada en el abdomen que les permite saltar arqueando el cuerpo.

Los *Archaeognatha* son insectos ametábolos que mudan durante todo su ciclo de vida.

Son cosmopolitas, de movimientos rápidos y casi siempre de vida nocturna. Se localizan debajo de la corteza de los árboles, piedras, troncos y lugares similares. De noche pueden encontrarse utilizando linternas para alumbrarlos ya que sus ojos brillan al recibir el haz de luz. Sus fósiles se han reportado para el Período Devónico, hace 390 millones de años.

Las especies de *Archaeognatha* se parecen mucho a las del Orden *Zygentoma*, en particular por la presencia de los filamentos caudales; sin embargo, se diferencian porque las del último Orden no tienen ojos prominentes y las mandíbulas presentan dos articulaciones (dicondílicas).

El Orden es de los más pequeños entre los insectos y se estima en unas 500 especies, de estas, 350 han sido descritas (Maddison, 2002).

[3] *Archaeognatha* (G): *Archaeo*, arcáicas; *gnatha*, mandíbula.

Taxonomía del Orden *Zygentoma*[1] Börner, 1904
(peces de plata)

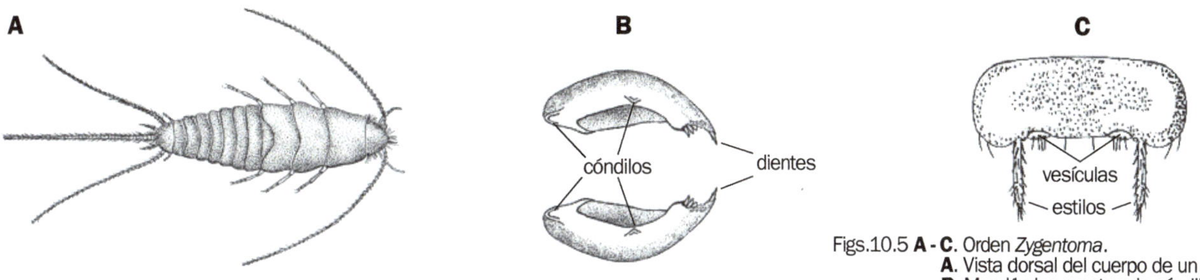

Figs.10.5 **A - C**. Orden *Zygentoma*.
A. Vista dorsal del cuerpo de un pez de plata.
B. Mandíbulas mostrando cóndilos y dientes.
C. Esterno abdominal mostrando estilos y vesículas.
(E.R.E. y E.R.R.)

Los *Zygentoma* (*sensu stricto=s.s.*[2]), son insectos primitivos, pequeños, sin alas, de hasta 20 mm de longitud; cuerpo aplanado, cilíndrico u ovalado, recubierto de escamas plateadas o grisáceas (Fig. 10.5A). Cabeza del tipo prognata con mandíbulas dicondílicas (Fig. 10.5B), a diferencia de *Archaeognatha,* donde tiende a ser del tipo hipognata, antenas largas, filiformes parecidas a hilos, carecen de ojos o presentan unidades oculares laterales aisladas, con uno a tres ocelos. Tórax con segmentos de diferentes tamaños y como en el Orden anterior, con la región pleural poco desarrollada; patas con coxas anchas y tarsos de 2 a 5 segmentos. Abdomen de 11 segmentos, con estilos hasta en seis esternos (Fig. 10.5C) y vesículas pares entre los estilos de los segmentos II-VII, estas últimas, a veces poco desarrolladas (Fig. 10.5 C) o ausentes, ápice del abdomen con tres filamentos: dos cercos laterales y un filamento medio caudal.

Hasta la década de los 60 ó de los 70 del siglo pasado, tanto *Archaeognatha* como *Zygentoma* se incluían dentro del Orden *Thysanura s.l.*, el cual pierde vigencia al demostrarse el carácter parafilético del mismo (Kristensen, 1981, 1991; Wheeler, *et al.* 2001 y muchos otros) y en consecuencia este taxón calificado como artificial, es sustituido por los órdenes ápteros ya mencionados.

Zygentoma, considerado como el grupo hermano de *Pterygota* (insectos alados), es un Orden monofilético, a pesar de que una de sus Familias, *Tricholepidiidae* (que pudiera considerarse como Orden), retiene algunos caracteres plesiomórficos los cuales no comparten con el resto de las Familias del Orden. Varios caracteres apomórficos distinguen al Orden, a saber (Koch, 2003):

1. División superficial de los huevos al inicio de la embriogénesis (no confirmado en la Familia *Tricholepidiidae*).

2. Depósito de los espermatozoides en espermatóforos los cuales son recogidos por las hembras.

3. Articulación especializada entre las bases de los cercos y el tergo del segmento X del abdomen.

Los peces de plata, como se conocen a los insectos del Orden *Zygentoma*, son ametábolos y mudan durante toda su vida, hasta 40 veces.

El Orden es cosmopolita y algunos de sus representantes tienen importancia económica ya que se alimentan de papel, algodón y residuos vegetales utilizando su propia celulasa para digerir la celulosa contenida en los materiales mencionados. En este sentido, pueden también alimentarse de cereales, ropas de rayón y hasta carne seca. Básicamente son insectos nocturnos que habitan lugares húmedos, aunque algunos se han reportado viviendo en las dunas del desierto de Namibia (Gullan & Cranston, 2010). Algunas especies viven en cuevas, madrigueras de mamíferos o son comensales en hormigueros y termiteras.

El Orden es también de los más antiguos, evolucionando en el Período Devónico. Se estima en más de 450 especies (Brusca & Brusca, 2003), distribuidas en 5 familias a nivel mundial, siendo *Lepismatidae* la más numerosa con 300 especies, la mayoría relacionadas con hábitat de humanos. El número de especies descritas llega a 265.

[1] *Zygentoma* (G): *Zyg*, puente, yugo; *entoma*, insecto.

[2] Las abreviaturas s.s. y *s.l.* provienen del latín y significan: s.s. *sensu stricto*, sentido restringido y *s.l. sensu lato*, sentido amplio.

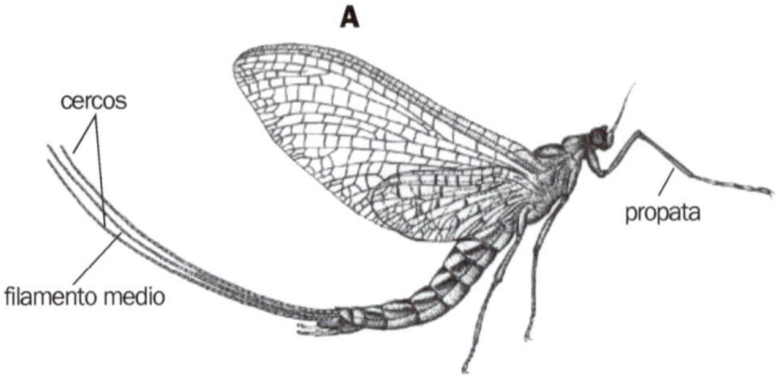

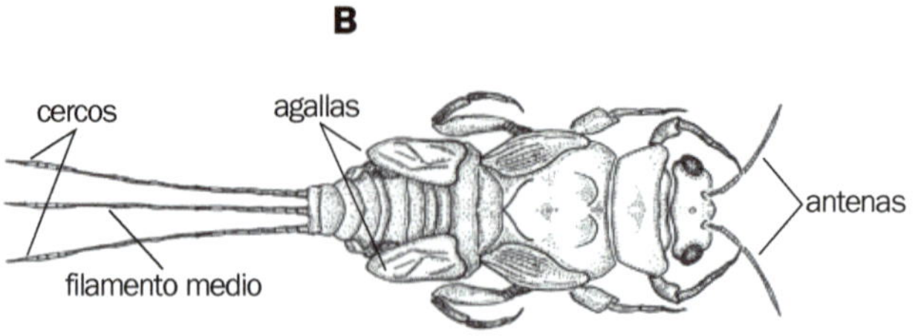

Figs.10.6 **A - B**. Orden *Ephemeroptera*.
A. Vista lateral del cuerpo de un *Ephemeroptera* macho.
B. Vista dorsal de la ninfa o náyade.
(A.F.R.,E.R.E. y E.R.R.)

El Orden *Ephemeroptera* (Figs. 10.6 A-B), es el más primitivo de los insectos alados (*Pterygota*), los adultos son pequeños a medianos con cuerpo frágil de 5.0 a 30.0 mm de longitud sin incluir los filamentos caudales, de colores diversos. Cabeza con ojos compuestos grandes, en especial los machos los cuales además los presentan en muchos casos transversalmente divididos, tres ocelos presentes y antenas filiformes, partes bucales atrofiadas o ausentes. Tórax con el primer segmento reducido y mesotórax bastante desarrollado y convexo, unido al metatórax para formar una caja torácica amplia para albergar los músculos que facilitan el vuelo; dos pares de alas algo triangulares, las anteriores mucho más grandes que las posteriores, estas últimas pueden ser pequeñas o estar ausentes en algunas familias, patas anteriores muy desarrolladas en los machos (10.6A), vestigiales en las hembras, tarsos de 2 a 5 segmentos, pretarso con un par de uñas. Abdomen de 10 segmentos, el ápice con dos cercos largos y un filamento medio multisegmentado, este último pue-de estar atrofiado o ausente; cercos y filamento caudal más largos que el cuerpo

Las alas no pueden plegarse sobre el cuerpo, ya que como en *Odonata,* carece de la articulación necesaria para hacerlo y por este motivo, ambos órdenes se incluyen dentro de la Infraclase *Paleoptera* (Kristensen, 1981).

Este Orden es único en el sentido de presentar el último instar con alas funcionales, antes de transformarse en adulto; el mismo se llama subimago. Este instar es capaz de volar o caminar fuera del agua pero no se reproduce. Raras veces puede aparearse; sin embargo, si la cópula se realiza, la fase de subimago sustituye a la del imago o adulto.

Entre los caracteres apomórficos del Orden destacan (Gullan & Cranston, 2010):

1. Propatas del macho alargadas para sujetar a la hembra durante el apareamiento mientras vuelan (Fig.10.6A).
2. Partes bucales vestigiales o ausentes en los adultos.
3. Alas posteriores reducidas o ausentes.
4. Una sola uña tarsal (Hubbard & Kukalova-Peck, 1980).

Estos insectos son hemimetábolos y los inmaduros o ninfas son acuáticos y muy diferentes a los adultos, tanto en forma como en hábitos alimenticios: los primeros se alimentan de algas, hongos y material en descomposición en los ecosistemas acuáticos o son depredadores de otros organismos que viven en el agua y los segundos, no se alimentan y su función principal es la reproducción. Las ninfas también presentan tres filamentos terminales en el abdomen y respiran por medio de agallas abdominales; sus partes bucales son mandibuladas y poseen antenas largas filiformes. Se consideran desde el punto de vista ecológico, como indicadores de la pureza de las aguas y forman parte importante en las cadenas alimenticias.

El Orden es muy antiguo y sus fósiles se han reportado desde el Carbonífero, cuando alcanzaron envergaduras alares de 45 cm. Es cosmopolita, particularmente abundante en el Neotrópico y en la Región Oriental donde se han estudiado poco. El grupo se estima en más de 20.000 especies a nivel mundial, de ellas sobre las 3.000 han sido descritas. Se piensa, existen más de 40 Familias y muchas otras por descubrir.

[1] *Ephemeroptera* (G): *Ephemero*, vida corta; *ptera*, alas.

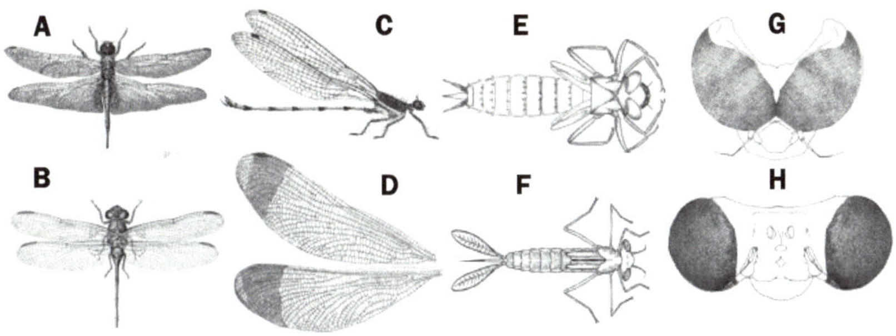

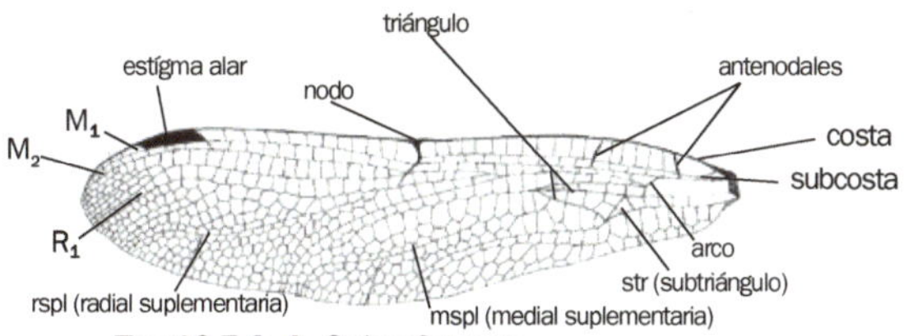

Figs.10.7 **A - I**. Orden *Odonata*.
A - B. Vistas dorsales del cuerpo de *Anisoptera*.
C - D. Vistas laterales y alas de un *Zygoptera*.
E - F. Ninfas de *Anisoptera* y *Zygoptera*.
G. Ojos de *Anisoptera*.
H. Ojos de *Zygoptera*.
I. Venación parcial de *Anisoptera* basada en el sistema Comstock & Needham. (J.C.)

El Orden *Odonata* (Figs.10.7A-I), es un grupo primitivo de insectos depredadores donde las fases inmaduras o ninfas, son diferentes en sus Subórdenes (Figs.10.7E-F) pero ambos se desarrollan dentro de los cuerpos de agua. Los adultos, en su mayoría buenos voladores, varían de tamaño de medianos a grandes, con envergaduras alares desde 18.0 a 191.0 mm (esta última verificada en el Género neotropical *Megaloprepus*, distribuido en Centro América y Norte de Sur América); muchos de ellos de colores atractivos, brillantes. Cabeza grande, ojos compuestos integrando la mayor parte de la misma, unidos dorsalmente o separados (Figs.10.7G-H), soportada por un cuello flexible y corto que le da libertad de movimientos para su función como depredadores del aire; tres ocelos presentes; antenas pequeñas, setiformes y aparato bucal masticador. Tórax con cuatro alas, características para cada Suborden, tanto en tamaño y venación (Fig.10.7I), como en forma y disposición sobre el cuerpo; membranosas y con gran cantidad de venas longitudinales y transversales formando patrones de importancia taxonómica; pterotórax muy desarrollado para albergar los músculos del vuelo; patas con muchas espinas, diseñadas para atrapar y formar una canasta donde comen las presas capturadas en vuelo. Abdomen largo y delgado, de 11 segmentos y un par de cercos no segmentados. Orificios genitales en machos y hembras en el segmento VIII, pero los machos, al poseer el órgano copulador entre los segmentos del abdomen II y III están obligados a doblarlo para aparearse con las hembras, adoptando el par una posición característica, donde el macho sostiene a la hembra sujetándola por detrás de la cabeza.

El entendimiento de la filogenia del Orden ha estado sujeta a controversias, existiendo varias opciones en cuanto a la afinidad de los grupos (Trueman & Rowe, 2009); sin embargo, hay tendencia a considerar 2 ó 3 Subórdenes: *Zygoptera* y *Epiprocta*; o *Zygoptera, Anisozygoptera* y *Anisoptera*. En el primer caso *Epiprocta* la integrarían 2 Infraórdenes: *Anisozygoptera* y *Anisoptera*:

Varios caracteres apomórficos distinguen a *Odonata*, de ellos mencionaremos los siguientes:

1. Machos con un aparato reproductor secundario ubicado entre los esternos abdominales II y III.

2. Ninfas con un labio prensil, articulado, capaz de extenderse para atrapar la presa y retraerse a su posición original para devorar la captura con el resto de las piezas bucales.

Los *Odonata* son hemimetábolos y las ninfas mudan hasta 17 veces, las mismas son depredadoras de organismos acuáticos utilizando sus labios prensiles para capturar las presas. Se consideran de importancia económica limitada cuando actúan como depredadores de zancudos, tanto de adultos como de larvas. Otros los consideran perjudiciales porque son capaces de devorar abejas, sin embargo no ofrecen ningún peligro para los seres humanos. En general se estiman como buenos indicadores de la calidad de las aguas. El Orden es de los más antiguos encontrándose fósiles que datan desde el Período Carbonífero cuando apareció el extinto Orden *Protodonata*, con especies de envergaduras alares de 750 mm. Existen más de 7.000 especies, de las cuales sobre las 5.700 han sido descritas.M

[1] *Odonata* (G): *Odonto*,dientes, por las mandíbulas dentadas.

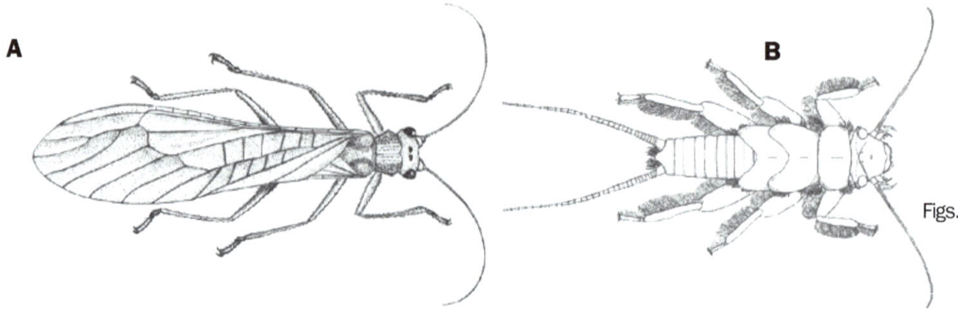

Figs.10.8 **A - B**. Orden *Plecoptera*.
A. Vista dorsal de un adulto.
B. Vista dorsal de una ninfa.
(E.R.E. y E.R.R.)

Plecoptera (Figs.10.8A-B), es el más primitivo de los insectos capaces de plegar sus alas horizontalmente sobre el cuerpo (*Neoptera*), son pequeños a medianos 4.0 a 50.0 mm de longitud (sin incluir los cercos), cuerpo blando, algo aplanados dorsoventralmente, de colores grisáceos, marrones, negruzcos o amarillentos. Cabeza con ojos compuestos grandes y tres ocelos; antenas largas, filiformes; partes bucales masticadoras en adultos y ninfas, aunque pueden estar ausentes o atrofiadas en adultos de algunas especies. Tórax con dos pares de alas membranosas, con numerosas venas, las anteriores alargadas y más delgadas que las posteriores, ambas alas con muchas venas transversales, algunas especies con alas reducidas o ausentes, especialmente en los machos; patas bien desarrolladas, con dos uñas tarsales. Abdomen de adultos y ninfas con cercos largos, multisegmentados. Las ninfas respiran a través del exoesqueleto o por medio de agallas con forma de penachos de pelos ubicados detrás de la cabeza, en las patas (Fig.10.8B), o alrededor del ano.

Los siguientes caracteres apomórficos sirven para distinguir a *Plecoptera*:

1. Ninfas con músculos abdominales fuertes, los cuales les permiten nadar con movimientos laterales del cuerpo, parecido a los peces (Zwick, 1980, 2000).

2. Ovarios y testículos chatos o romos en sus ápices anteriores. En las hembras se fusionan medialmente el ovario izquierdo con el derecho. En los machos el testículo izquierdo con el derecho.

3. Presencia de un órgano circulatorio accesorio asociado con las agallas posteriores del abdomen.

4. Reducción en el número de segmentos tarsales de 5 a 3.

Son hemimetábolos y los adultos viven alrededor ó a orillas de ríos y lagos bien oxigenados. Las ninfas viven dentro del agua, donde se alimentan de materia orgánica en descomposición, otras especies son depredadoras de ninfas de efímeras e invertebrados acuáticos, algunas comen algas o simplemente son omnívoras. Las ninfas mudan más de 10 veces. En algunas especies los adultos no se alimentan, solo viven horas o pocos días para ejercer la función de reproducción. A diferencia de otros grupos cercanos, el macho de algunas especies atrae a la hembra para copular con sonidos producidos al golpear con su abdomen el sustrato. De algunas especies sólo se han encontrado hembras, lo que supone reproducción por partenogénesis. Los adultos son insectos voladores débiles por lo que no se aparean en vuelo, lo hacen sobre piedras o plantas y luego las hembras hacen vuelos cortos para depositar los huevos sueltos o rodeados de gelatina sobre el agua, lo cual permite que al sumergirse se adhieran a las rocas. Se consideran como buenos indicadores de la calidad del agua donde viven y forman parte importante en las cadenas alimenticias de los ecosistemas acuáticos.

Es un Orden cosmopolita y sus representantes habitan todos los continentes, a excepción de la Antártica. Se conocen fósiles muy antiguos, del Período Pérmico, hace 300 millones de años. A nivel mundial el número de especies de este Orden se estima en 3.500, de las cuales 3.181 han sido descritas en 16 Familias. Según expertos en *Plecoptera*, las especies descubiertas en el Neotrópico son apenas una pequeña parte del total existente (Fochetti & Tierno, 2008).

[1] *Plecoptera* (G): *Pleco*, plegado, referido al lóbulo anal del ala posterior; *ptera*, alas.

Taxonomía del Orden *Embioptera* [1] Lameere, 1900

(embiópteros, tejedores de túneles)

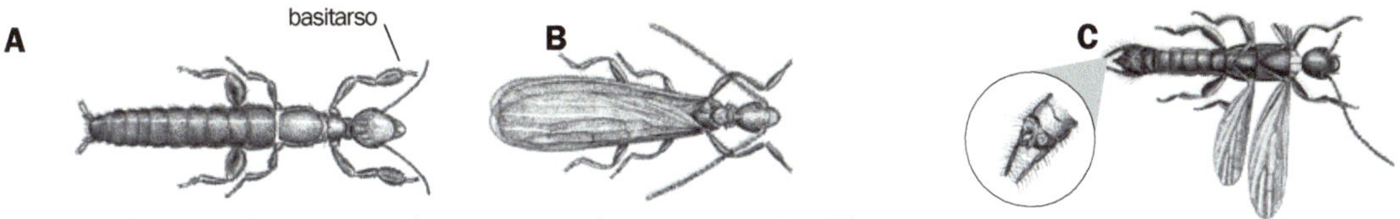

Figs.10.9 **A - B**. Orden *Embioptera*.
A - B. Vista dorsal de ninfa y adulto.
C. Adulto alado y cercos.
(E.R.E. y E.R.R.)

El Orden *Embioptera* (Figs.10.9A-C), ha recibido también los nombres de *Embiidina* y *Embiodea*, lo que ha surgido del significado poco apropiado de *Embioptera*, el cual hace referencia a insectos, que aunque activos, sólo algunos machos vuelan. Según Gullan & Cranston (2010), *Embioptera* es un nombre válido porque es el más usado en las publicaciones sobre el grupo y las reglas del CINZ no regulan sobre categorías taxonómicas por encima de superfamilia y su terminación, concuerda con la de los órdenes más relacionados a él (Fig.8.3A). Además, en nuestro criterio, la presencia de alas, aunque sea solamente en algunos machos y las características de las mismas, también son argumentos para preservar el uso de *Embioptera* y apoyar su inclusión en la Infraclase *Pterygota* del cladograma de Kristensen (1981), figura 8.2A.

Son insectos pequeños, alargados, de 4.0 a 15.0 mm de longitud, cuerpo blando, los machos son aplanados dorso ventralmente mientras que las hembras y las ninfas son cilíndricas, de colores marrones, negruzcos y algunas especies con sombras rojizas. Cabeza del tipo prognata, con ojos compuestos bien desarrollados y ocelos ausentes; antenas largas filiformes; partes bucales masticadoras en adultos y ninfas. Tórax de los machos con dos pares de alas membranosas, semejantes en forma pero desiguales en tamaño, con venas longitudinales poco esclerotizadas, algunas: Sc, R_1, Cu y 1A, con senos o cavidades que se llenan de hemolinfa cuando las alas se expanden para el vuelo; las hembras no presentan alas; patas cortas, gruesas especialmente en los fémures de las posteriores y en los basitarsos anteriores (Fig.10.9A). Abdomen de adultos y ninfas con 10 segmentos y cercos de dos segmentos, aunque en ciertos machos los cercos son asimétricos en tamaño y posición ya que el cerco izquierdo se agranda y/o se fusiona en un sólo segmento.

Szumik (1996), resume para el Orden los siguientes caracteres apomórficos:

1. Segmentos basales de los tarsos anteriores (segmentos probasitarsales) ensanchados debido a la presencia en su interior de glándulas especiales para producir seda, las cuales están asociadas con setas eyectoras especializadas para canalizar la seda hacia el exterior.

2. Viven y se protegen en galerías o túneles fabricadas por ellos mismos.

3. Machos con alas flexibles, venación reducida y hembras no aladas.

4. La genitalia del macho es asimétrica.

Los embiópteros son insectos del trópico y del subtrópico, aunque también se les atribuye una distribución principalmente ecuatorial; habitan en el suelo, bajo piedras, hojarasca o en la corteza de árboles caídos. Son hemimetábolos, los adultos y ninfas viven en comunas con organización subsocial; las hembras se alimentan de materia vegetal en descomposición, musgos y líquenes, mientras que los machos no se alimentan. Las hembras ejercen el cuidado de sus huevos y crías durante los primeros instares; adultos y ninfas son capaces de producir seda para la fabricación de los túneles donde viven. Las hembras ponen los huevos en una sola capa dentro de la galería o en nuevas galerías para iniciar una nueva colonia. Son difíciles de observar, pero las formas aladas pueden fácilmente capturarse porque son atraídas por la luz durante la noche.

Se conocen fósiles del Período Pérmico de la Era Paleozoica. A nivel mundial el número de especies de este Orden se estima en más de 3.000, de las cuales 360 han sido descritas en 9 Familias.

[1] *Embioptera* (G): *Embio*, activo, en referencia al rápido aleteo de los machos y a la flexibilidad de sus alas; *ptera*, alas.

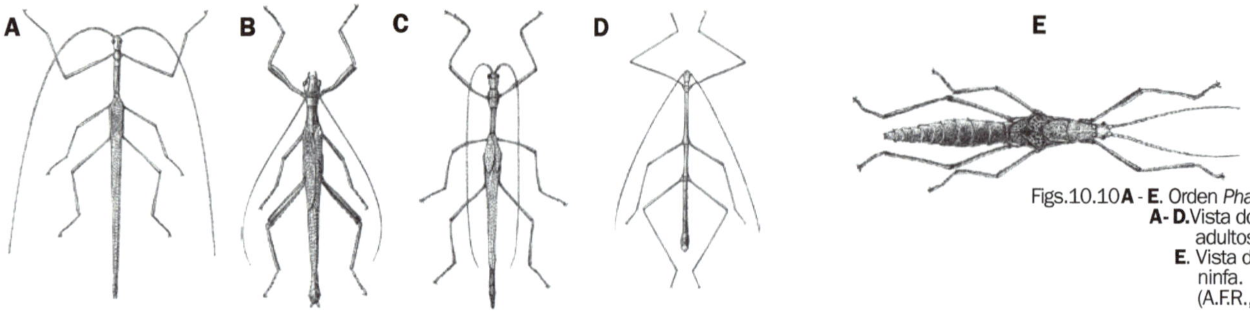

Figs.10.10**A** - **E**. Orden *Phasmatodea*.
A- D. Vista dorsal de varios adultos.
E. Vista dorsal de una ninfa.
(A.F.R., E.R.E. y E.R.R.)

Esta obra sigue la clasificación propuesta por Kristensen (1981), sin embargo no utilizaremos el nombre *Phasmida* empleado por este autor para referirnos a este Orden, aún cuando el Código Internacional de Nomenclatura Zoológica no regula la formación de nombres ni las terminaciones para esta categoría. Según Grimaldi & Engel (2005), *Phasmida* es un nombre incorrectamente formado, sugiriendo por tanto los nombres *Phasmatodea* o *Phasmatida*, para reemplazarlo.

Este Orden de insectos (Figs.10.10A-E), mimetizan hojas, ramas o tallos de las plantas donde viven y se alimentan, por lo tanto predominan en sus cuerpos los colores verdes y marrones. Son insectos medianos a muy grandes de 30.0 - 566.0 mm, alargados, algunos cilíndricos o aplanados dorsoventralmente, otros ensanchados con aspecto y coloración de hojas u otras partes de plantas. El insecto más largo del mundo reportado hasta los momentos es un mega palito viviente de la isla tropical de Borneo llamado *Phobaeticus chani* Bragg, cuya longitud es de 566.0 mm. Cabeza del tipo prognata; ojos compuestos pequeños y ocelos presentes sólo en las especies aladas; antenas generalmente filiformes, a veces moniliformes, largas o cortas de 8 a 100 segmentos; partes bucales masticadoras. Tórax con meso y metatórax más alargados que el protórax en las especies aladas con 2 ó 4 alas, tipo tegmina (anteriores) y membranosas (posteriores), las alas pueden estar ausentes o reducidas; no presentan tímpanos ni órganos para estridular; las patas son caminadoras, delgadas y largas, nunca del tipo saltador, en otros casos las patas tienen proyecciones o expansiones que asemejan estructuras de plantas. Son los únicos insectos capaces de regenerar segmentos perdidos de las patas; tarsos de 3 ó 5 segmentos. Abdomen con cercos y oviscapto cortos, los primeros unisegmentados, el último resguardado dentro del abdomen.

Los siguientes caracteres apomórficos sirven para distinguir a *Phasmatodea*, citados por Tilgner, 2006:

1. Presentan un par de glándulas exocrinas, productoras de gases malolientes o líquidos de defensa, localizados dorsolateralmente dentro del protórax.
2. Labro con una hendidura o muesca en el borde distal.
3. Presencia de esclerite especializado llamado vómer en los machos para enganchar a la hembra durante la cópula.
4. Presentan numerosos músculos dorsoventrales cortos y dispuestos paralelamente en el abdomen.
5. Metatórax fusionado con el primer esterno abdominal.

Los fasmatodeos son insectos cosmopolitas, principalmente del trópico y subtrópico, aunque difíciles de detectar por su camuflaje y poca abundancia en determinadas ocasiones. Son lentos y semejan los movimientos de las plantas por el viento; de hábitos terrestres, la mayoría nocturnos y fitófagos. Comúnmente se observa dimorfismo sexual, siendo el macho por lo general más pequeño, pero más vistoso. Su reproducción es sexual o partenogenética; los huevos son muy diversos estructuralmente: grandes, fuertes y ornamentados, con un opérculo o tapa y un plato donde se distingue el micrópilo. Son hemimetábolos, la hembra pone los huevos de manera simple en el suelo, enterrados o los pega en las hojas. El ciclo de vida es largo, entre varios meses hasta más de un año, dependiendo de la especie. Se conocen fósiles de este grupo desde el Período Pérmico y del Triásico, así como huevos fosilizados del Período Cretáceo (Grimaldi & Engel, 2005).

A nivel mundial el número de especies de este Orden se estima en 3.000, de éstas más de 2.900 han sido descritas en 4 Familias.

[1] *Phasmatodea* (G): *Phasma*, fantasma, referido a la coloración críptica para mimetizarse con su entorno.

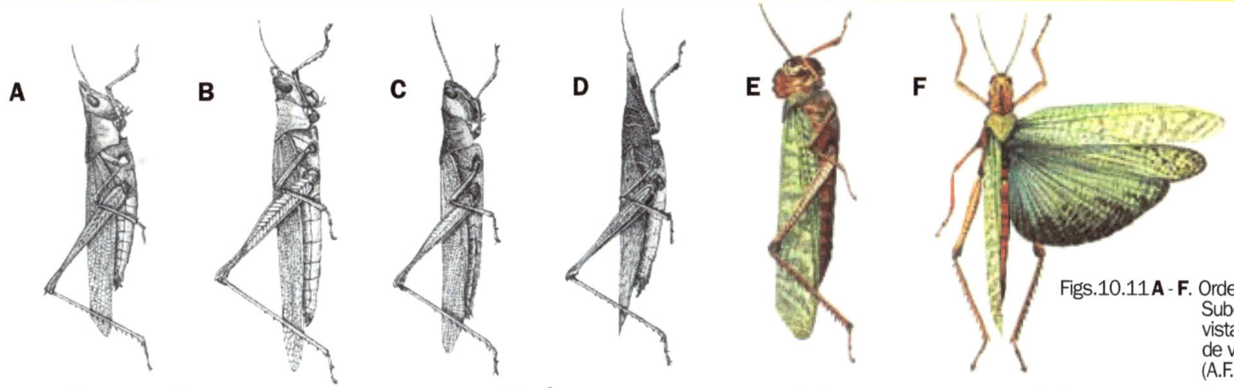

Figs.10.11 **A** - **F**. Orden *Orthoptera*. Suborden *Caelifera*: vistas lateral y dorsal de varios adultos (A.F.R.,E.R.E. y E.R.R.)

Los ortópteros representan un Orden muy común de insectos principalmente tropicales, aunque con distribución cosmopolita, de tamaño que varía entre 2.0-200.0 mm; muy utilizados como modelos para la enseñanza de la Entomología (Figs.10.11A-F y 10.12A-R). Cuerpo alargado, aunque algunos son ovalados y otros se asemejan a palitos caminadores como la Familia neotropical *Proscopiidae* (Fig.10.12A). Cabeza hipognata, con piezas bucales masticadoras del tipo generalizado, ojos grandes con muchos omatidios, con o sin ocelos y antenas largas, filiformes. Tórax con el pronoto muy desarrollado cubriendo la región pleural, siempre más grande que el resto de los notos de los segmentos torácicos; esternos del meso y metatórax fusionados con el primer esterno abdominal; alas casi siempre presentes, las anteriores del tipo tegmina y las posteriores membranosas, muchas veces coloreadas y más grandes que las anteriores por el desarrollo del área anal de las mismas, la cual se denomina vannus, presente también en el Superorden *Polyneoptera* de Kristensen (1991), Fig. 8.3A; patas caminadoras o combinadas con saltadoras y cavadoras, tarsos variables en número, de uno a cuatro, pretarso muchas veces con un par de uñas y un arolio. Órganos para oír o para emitir sonidos ubicados en diferentes partes del cuerpo; a veces los tímpanos se ubican en las tibias anteriores, otras veces a los lados del tergo abdominal I. Abdomen de 11 segmentos, cercos usualmente unisegmentados.

Para aparearse, algunos insectos machos de este Orden producen sonidos por estridulación para atraer a las hembras, el mismo lo logran al rozar diferentes partes del cuerpo, tanto de día como de noche, aunque la utilización de feromonas es también común para la atracción de la pareja.

La filogenia del Orden está bien establecida con dos Subórdenes monofiléticos: *Ensifera* y *Caelifera.*

Varios caracteres apomórficos han sido propuestos para distinguir a *Orthoptera*, algunos de los cuales son citados por Gwynne *et al.* (1996):

1. Patas posteriores del tipo saltadoras.
2. Coxas posteriores pequeñas, bien separadas.
3. Alas apergaminadas, tipo tegmina.
4. Cercos unisegmentados.
5. Pronoto muy desarrollado, extendiéndose lateralmente.

Son hemimetábolos, muchos con hábitos gregarios que pueden sumar cientos de miles de individuos como en el caso de las langostas. Son fitófagos, algunos muy voraces, aunque otros se han reportado como omnívoros. Los fósiles del Orden se reportan desde el Período Carbonífero, hace 300 millones de años.

Algunas especies se mimetizan muy bien con sus entornos imitando hojas, ramas y tallos. Muchas de ellas tienen tradición como plagas desde épocas tan remotas como la de los faraones, en el antiguo Egipto.

El Orden se estima en más de 80.000 especies, de las cuales unas 25.700 han sido descritas.

[1] *Orthoptera* (G): *Ortho*, recto, *ptera*, alas.

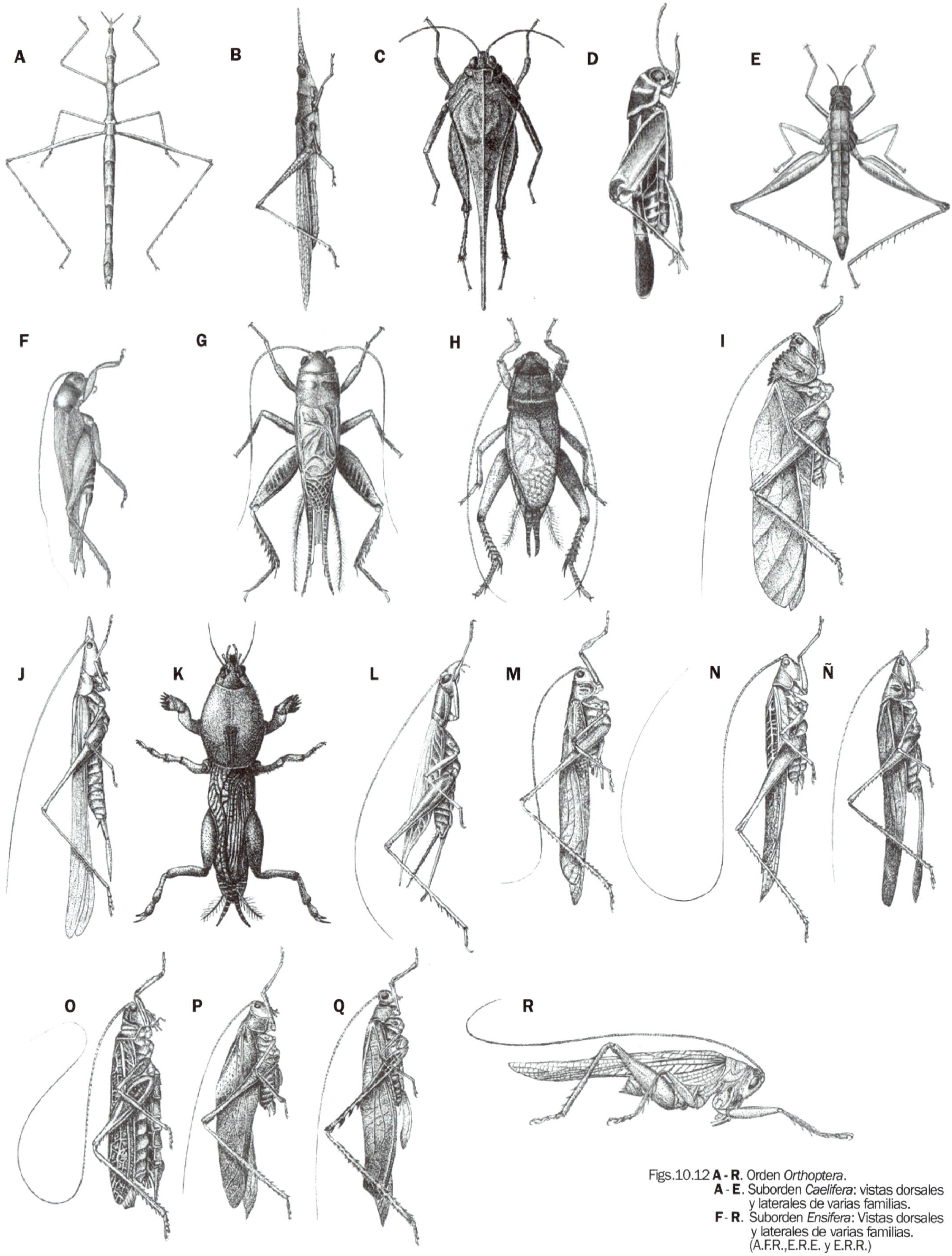

Figs.10.12 **A - R**. Orden *Orthoptera*.
A - E. Suborden *Caelifera*: vistas dorsales y laterales de varias familias.
F - R. Suborden *Ensifera*: Vistas dorsales y laterales de varias familias.
(A.F.R., E.R.E. y E.R.R.)

Taxonomía del Orden *Dermaptera* [1] De Geer, 1773

(dermápteros, mordijullos, tijeretas, cortapicos, cortapichas)

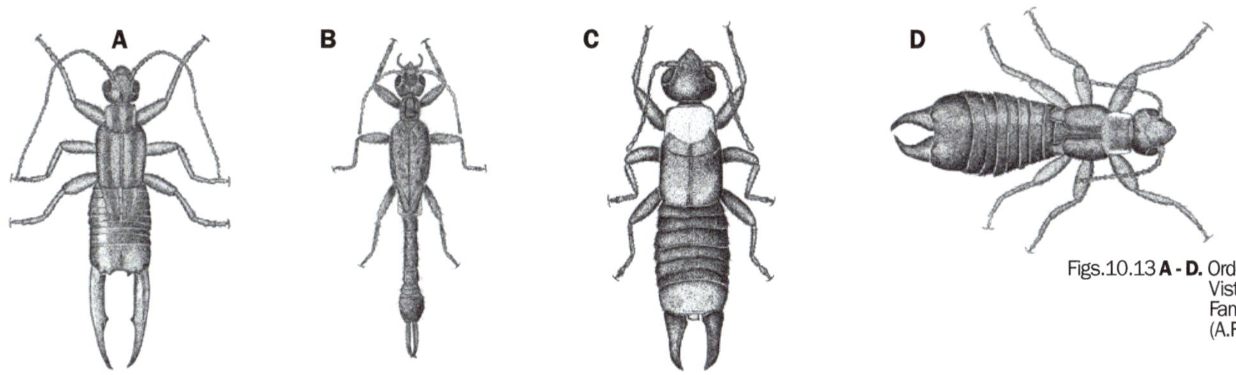

Figs.10.13 **A - D.** Orden *Dermaptera*. Vista dorsal de varias Familias del Orden. (A.F.R., E.R.E. y E.R.R.)

Dermaptera es un Orden relativamente pequeño y con un gran número de características propias que los distinguen fácilmente (Figs.10.13A-D). Son insectos de coloración marrón, negruzcos o con ciertas tonalidades amarillentas-anaranjadas, varían entre 4 y 80 mm de longitud (incluyendo los cercos); alargados, delgados, aplanados con el abdomen descubierto y terminando en dos cercos no segmentados, por lo general en forma de pinzas o tenazas. Cabeza del tipo prognata con antenas largas filiformes o moniliformes y como algo característico, las ninfas agregan segmentos en las antenas con cada muda; partes bucales masticadoras. Tórax con 1 ó 2 pares de alas, las posteriores membranosas, medio redondeadas, con venación dispuesta en forma de abanico, las cuales acomodan por debajo de las anteriores, estas últimas son cortas y sin venas, del tipo coriáceo aunque las alas pueden estar ausentes en algunas especies; patas con tarsos de 3 segmentos. Abdomen de 10 segmentos en el macho y aparentemente 8 en la hembra; los cercos del macho son arqueados mientras que los de la hembra son rectos en sus márgenes internos.

Los caracteres apomórficos propuestos para el Orden son controversiales ya que los mismos no aparecenen en algunos Subórdenes. De los que mencionamos, el primero no ha sido estudiado en todos los grupos; los restantes han sido recopilados por Haas (1996):

1. Cuidado maternal.
2. Ausencia del primer esterno abdominal; tergos y esternos superponiéndose lateralmente.
3. Tarsos de tres segmentos
4. Cromosomas holocéntricos (aquellos donde no se localizan centrómeros).

Los dermápteros están ampliamente distribuidos a nivel mundial, excepto en los polos y son muy diversos en el trópico y subtrópico. En la naturaleza se encuentran en hábitats cercanos a los ríos y lagos, debajo de piedras, hojarasca y corteza de árboles. Son de hábitos nocturnos y omnívoros, pocas especies son exclusivamente fitófagas o depredadoras. Pueden convivir en hábitats urbanos alojados en hendijas, ranuras de paredes y pisos, pero no son nocivos para el ser humano.

Las hembras tienen instintos maternales, cuidan sus masas de huevos las cuales entierran en el suelo o en nidos que fabrican, así como también cuidan los primeros instares ninfales. Algunas especies tienen glándulas excretoras en los segmentos abdominales III y IV que producen fluidos mal olientes como mecanismo de defensa. Los cercos los utilizan como armas de defensa, pero también para ayudar en el acomodo de las alas posteriores debajo de las anteriores y para atrapar a la hembra durante el apareamiento. Se reproducen sexualmente, aunque algunas especies son partenogenéticas.

Son insectos hemimetábolos que por sus características morfológicas pueden confundirse con la Familia *Staphylinidae* del Orden *Coleoptera*, pero la presencia de cercos en *Dermaptera* los separa fácilmente.

Los registros de los fósiles más antiguos de este grupo corresponden a alas anteriores tipo coriáceas provenientes de especímenes de finales del Período Triásico (Grimaldi & Engel, 2005), pero la mayoría de los registros de fósiles pertenecen al Período Jurásico.

A nivel mundial el número de especies de este Orden se estima en más de 2.000, de las cuales unas 1.800 han sido descritas en 8 Familias.

[1] *Dermaptera* (G): *Derma*, piel, en relación a la textura coriácea de las alas anteriores; *ptera*, alas.

Taxonomía del Orden *Dictyoptera* [1] Clairville, 1798

(dictiópteros, cucarachas, comejenes o termitas, rezadoras o predicadoras)

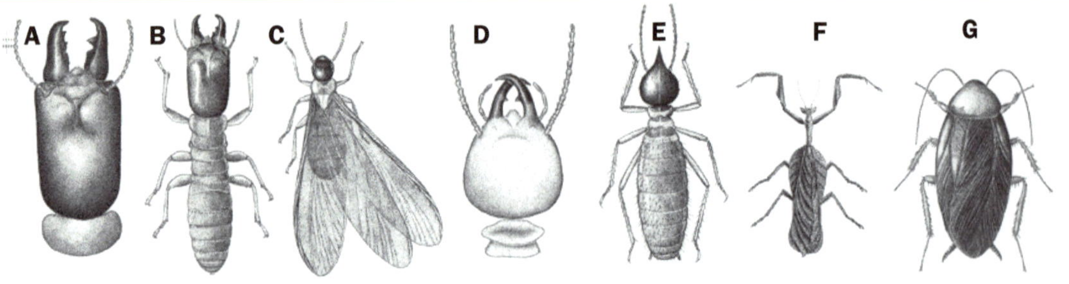

Figs.10.14 **A - G**. Orden *Dictyoptera*. Subórdenes *Isoptera*, *Mantodea* y *Blattaria*: Vista dorsal de varias familias, cuerpos y cabezas. (L.R.,E.R.E. y E.R.R.)

Dictyoptera (Figs.10.14A-G y 10.15A-K), es el Orden más heterogéneo en forma y hábitos de vida que existe. Lo integran tres Subórdenes: *Mantodea*, predicadoras, depredadoras; *Blattaria*, cucarachas, saprófagas y omnívoras e *Isoptera*, termitas o comejenes, eusociales, xilófagas gracias al procesamiento de la celulosa por la simbiosis con bacterias y protozoarios en su aparato digestivo. A simple vista podría decirse que no se relacionan entre ellos; sin embargo, evidencias evolutivas soportan a este Orden como monofilético, además de la existencia de especies reliquias o de transición que han sobrevivido hasta nuestros días y que así lo demuestran.

Son insectos cuyo tamaño varía entre 5.0 -150.0 mm; de coloraciones marrones, negruzcas, blancuzcas, amarillentas, verdosas e iridiscentes; algunos son esclerotizados (*Mantodea* y *Blattaria*), otros de cuerpo muy blando (*Isoptera*). La forma del cuerpo varía entre alargados y delgados, ovales y aplanados o parecidos a hormigas. Cabeza del tipo hipognata o prognata, pudiendo estar expuesta o cubierta por el pronoto. Algo particular en los mántidos es que la cabeza gira libremente más de 180 grados y su visión alcanza los 300 grados; antenas cortas o largas, filiformes o moniliformes; partes bucales masticadoras. Tórax sin alas, braquípteros o con 2 pares de alas apergaminadas o membranosas; protórax alargado y movible con respecto al pterotórax o de lo contrario, corto y fijo con respecto al meso y metatórax; patas tipo corredoras, caminadoras o prensiles; tarsos de 5 segmentos. Abdomen con cercos de uno o varios segmentos; oviscapto ligeramente sobresaliendo del abdomen o totalmente dentro de una bolsa abdominal o vestíbulo entre los segmentos VIII y IX. El oviscapto formado en la mayoría de los insectos de esclerites, valvíferes y valvas. Para el caso de las cucarachas vamos a encontrar 2 pares de valvíferes que dan origen a 3 pares de valvas, tal como aparece en la Fig. 4.17 del capítulo 4.

Los siguientes caracteres sinapomórficos aparecen en la literatura para distinguir a *Dictyoptera*:

1. Tentorio perforado (Inward *et al.* 2007a).
2. Sistema digestivo con proventrículo característico y provisto de dientes (Wheeler *et al.* 2001).
3. Similares secuencias de nucleótidos en el ADN de los tres grandes subgrupos: *Blattaria*, *Mantodea* e *Isoptera* (Inward *et al.* 2007b).
4. Huevos encapsulados en una ooteca producida internamente en el vestíbulo de la hembra, aunque con ciertas variantes entre *Mantodea* y *Blattaria*. (*Mastotermes darwiniensis* del Suborden *Isoptera* produce ootecas, condición que ha desaparecido en la mayoría de las otras especies del Suborden, (Hennig, 1981).

Abundan en climas tropicales y subtropicales, donde habitan bajo piedras o sobre plantas, cortezas de árboles y troncos; los más especializados construyen sus viviendas en árboles o en el suelo para vivir en una sociedad formada por castas de reproductores, obreras y soldados que ejecutan labores específicas para beneficio de todos. Son de hábitos diurnos o nocturnos. Se reproducen sexualmente o por partenogénesis; generalmente ovíparos, aunque algunas cucarachas son ovovivíparas o vivíparas; se desarrollan por metamorfosis simple. Los *Isoptera* pueden habitar en situaciones urbanas, causando daños a la madera utilizada por el hombre en viviendas y muebles, mientras que *Blattaria* molesta con su presencia y mal olor en las casas que invaden y pueden ser portadoras de enfermedades entéricas. Por el contrario, los *Mantodea* son depredadores de otros insectos. Los registros de fósiles de *Blattaria* son muy antiguos y datan desde el Carbonífero. *Isoptera* y *Mantodea* evolucionaron más recientemente en los Períodos Cretáceo y Terciario respectivamente. A nivel mundial el número de especies descritas sobrepasan las 9.500.

[1] *Dictyoptera* (G): *Dictyo*, red, en relación a las venas radiadas de las alas; *ptera*, alas.

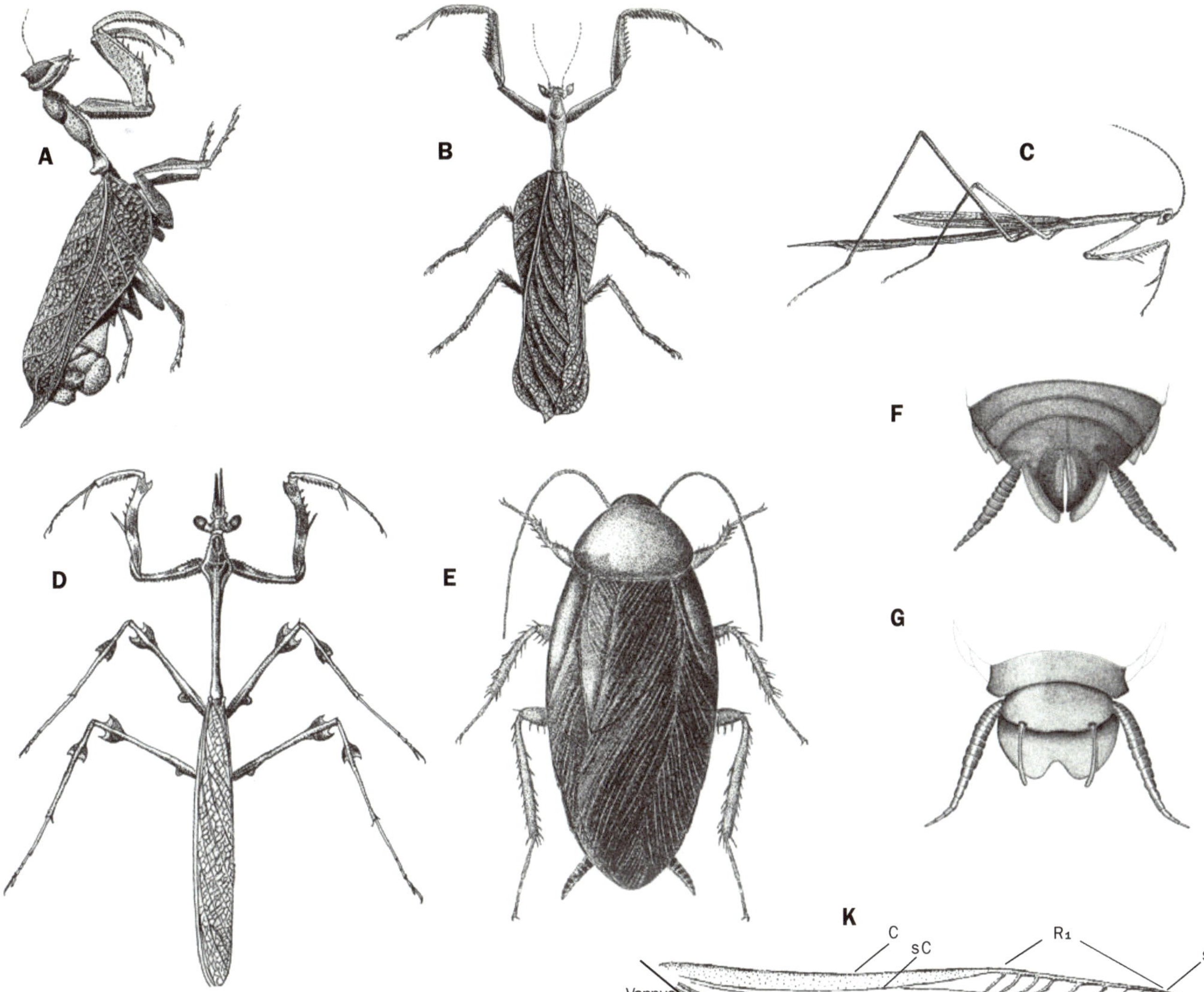

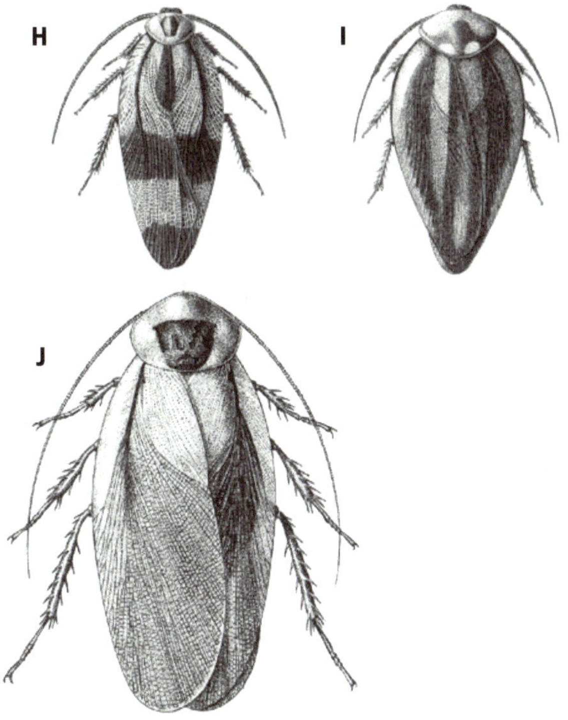

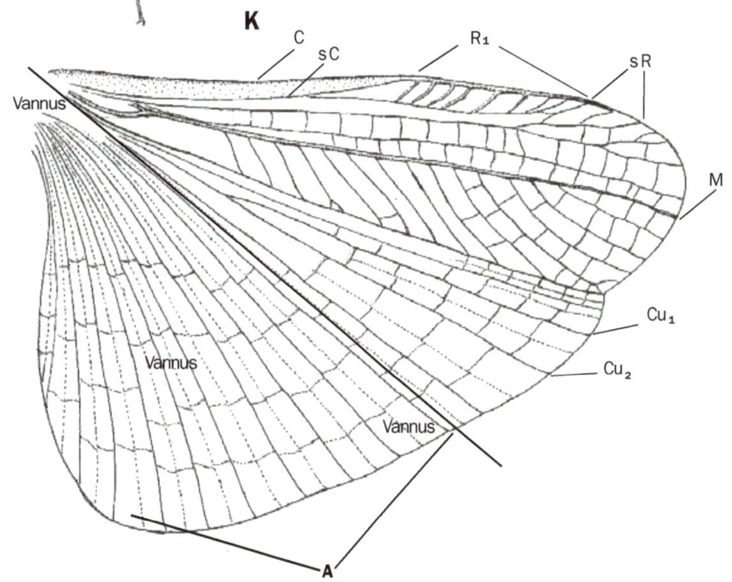

Figs.10.15 **A - K**. Orden *Dictyoptera*.
A - D. Suborden *Mantodea*: algunas familias del Suborden.
E - K. Suborden *Blattaria*: algunas familias del Suborden.
F - G. Ápice del abdomen de una cucaracha hembra (**F**) y de un macho (**G**).
K. Venación del ala posteriror de *Blattidae* y porción del ala posterior llamada vannus (**A**)
(A.F.R.,E.R.E. y E.R.R.)

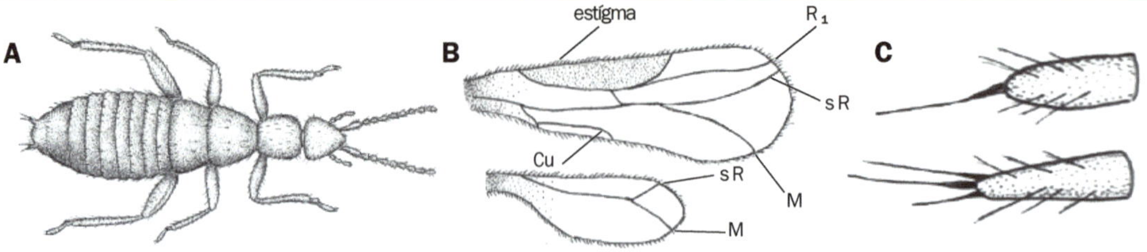

Figs.10.16 **A** - **C.** Orden *Zoraptera*.
A. Adulto áptero.
B. Alas y venación.
C. Setas en cercos.
(E.R.E. y E.R.R.)

Los zorápteros (Figs.10.16A-C), representan el Orden de neópteros menos diverso y más raro de encontrar, con una sola Familia descrita a nivel mundial, *Zorotypidae*. La rareza del Orden es aparente y atribuida a la falta de atención por parte de los entomólogos y a la pobre búsqueda y recolección en los sitios preferidos por este grupo (Engel, 2005). Son en su mayoría saprófagos y pantropicales; cuerpo blando y pequeños de no más de 3.0 mm de longitud. A simple vista se pueden confundir con psocodeos o isópteros ya que las ninfas y formas ápteras son de coloraciones pálidas y los adultos, algunos alados, son más oscuros o marrones. Cabeza hipognata; con o sin ojos compuestos, ocelos presentes o ausentes; antenas moniliformes de 8 ó 9 segmentos; partes bucales masticadoras, lacinia y estipe fusionados, con un diente apical fuerte en el borde interno de la lacinia; palpos maxilares y labiales de 5 y 3 segmentos respectivamente, último segmento de cada palpo más largo que el resto de los segmentos, prementón dividido. Tórax con alas membranosas en forma de remo, mostrando poca venación y diferentes tamaños; venas del sector Radial, Media y Cubital fusionadas (Fig. 10.16B); cuando las alas están ausentes no tienen ojos ni ocelos y viceversa. Las alas se pierden después de establecerse en nuevos hábitats, quedando únicamente en el tórax las bases de las mismas; patas caminadoras con fémures posteriores ensanchados y con hilera de espinas, tarsos de 2 segmentos y pretarso con 2 uñas. Abdomen de once segmentos cortos, sin constricción entre tórax y abdomen; presentan cercos no segmentados, aunque una especie tiene un segundo segmento débilmente marcado, cercos provistos de una o varias cerdas largas en su extremo distal (Fig.10.16C).

Varios caracteres apomórficos sirven para distinguir a *Zoraptera*, Engel (2005):

1. Hábitos gregarios, formando colonias de numerosos individuos.

2. Alas con pocas venas, las cuales pierden al dispersarse hacia un nuevo hábitat, quedando sólo la base de cada ala en el tórax.

3. Polimorfismo presente en las colonias, las formas ápteras y ciegas son predominantes.

4. Tarso de 2 segmentos.

5. Fémures de las patas posteriores ensanchados con hileras de espinas en su parte ventral.

6. Comportamiento específico en el cortejo de los machos.

Son hemimetábolos, ninfas y adultos polimórficos viven agregados formando colonias, a veces numerosas de más de 100 individuos y donde las hembras aladas producen huevos fértiles. Habitan lugares oscuros, tales como grietas o debajo de la corteza de árboles y en aquellos árboles caídos en descomposición, así como en el humus del suelo. Se alimentan de esporas de hongos y de otros artrópodos muertos. Las formas aladas, con ojos y ocelos, dispersan la especie al establecer nuevas colonias en lugares distintos a su colonia de origen. Se presume que en las especies con una glándula o fontanela cefálica se produce una feromona que mantiene al grupo unido (Triplehorn & Johnson, 2005), otros indican que el líquido de la fontanela sirve para cortejar a las hembras (Choe, 1997). Son neotropicales, sin embargo, hoy en día están algo más distribuidos cuando se les considera pantropicales, incluso se han encontrado en condiciones no tan naturales como acumulaciones de aserrín de madera producto de la actividad humana.

Los fósiles más antiguos del Orden datan del Período Pérmico y principios del Triásico; sin embargo, fósiles de especies modernas se han encontrado en el Cretáceo (Engel, 2005). El Orden se estima en más de 300 especies, de las cuales algo más de 34 han sido descritas.

[1] *Zoraptera* (G): *Zor*, puro; *aptera*, sin alas. Cuando se descubren las formas aladas, es evidente que el nombre *Zoraptera* fue erróneamente propuesto y se presta a confusión.

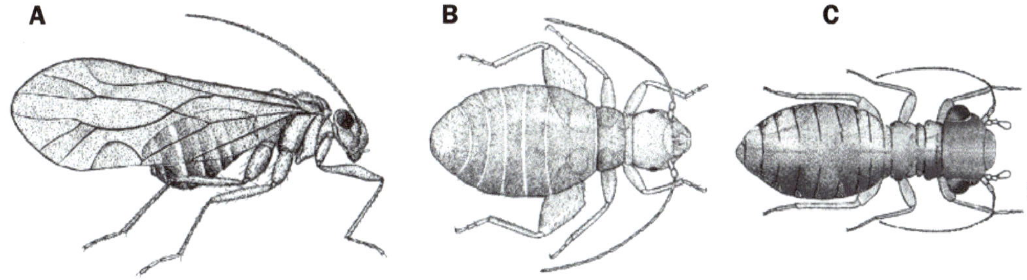

Figs.10.17**A** - **C.** Orden *Psocodea*.
A.Suborden *Psocomorpha*.
B.Suborden *Troctomorpha*.
C.Suborden *Trogiomorpha*.
(E.R.E. y E.R.R.)

Los taxa *Psocoptera* y *Corrodentia* se vienen usando desde comienzos del siglo XX para definir como Orden a un grupo de insectos que originalmente incluía a los llamados piojos de los libros y piojos de las cortezas (Enderlein, 1900; Brues & Melander, 1932 y otros); sin embargo, desde finales del siglo XX los especialistas en Sistemática Filogenética o Cladística han demostrado que *Psocoptera* no es un grupo monofilético y como tal, el nombre *Psocoptera* debe abandonarse para ser reemplazado por *Psocodea* (Figs.10.17A-C y 10.18 A-F), que sí tiene carácter monofilético y dentro del cual debe incluirse también a *Phthiraptera* (*Anoplura* + *Mallophaga*), porque todos estos grupos comparten un ancestro común del cual se derivan. Esta posición viene sustentándose por Gullan & Cranston (2010), para ratificar a especialistas como Johnson *et al.* (2004) y Bess *et al.* (2006), quienes lo plantearon previamente. La anterior explicación es importante porque siguiendo en esta obra la clasificación propuesta por Kristensen (1981), la misma debe enmendarse para su actualización con estudios más recientes y de consenso. Por este motivo sustituimos a *Psocoptera* por *Psocodea*, e incluimos dentro del último a *Phthiraptera*.

Los psocodeos son diminutos, alargados, ovalados de 0.3 a 12.0 mm de longitud; con o sin alas, blandos o esclerotizados, de colores grisáceos, amarillo-crema, marrones y negros. Cabeza de las especies aladas con ojos compuestos grandes, pronunciados y 3 ocelos, aunque otras especies tienen ojos reducidos a puntos oculares o no tienen ojos ni ocelos; antenas cortas o largas, moniliformes, filiformes o ligeramente claviformes de 4 a 50 segmentos; con partes bucales masticadoras o chupadoras; los más primitivos presentan la lacinia modificada en forma de barra que el insecto utiliza como sujetador mientras raspa con sus mandíbulas el alimento, algo parecido a un mortero para triturar el alimento, mientras que en algunos de los que son parasíticos (ectoparásitos de aves y mamíferos incluyendo al humano), las partes bucales pueden ser masticadoras de pelos, plumas o piel o chupadoras de sangre, estás últimas conformadas por 3 estiletes que se retraen en un saco dentro de la cabeza. Tórax con varias opciones: los psocodeos que viven en cortezas de árboles presentan dos pares de alas dispuestas en forma de techo de dos aguas, membranosas y con una venación simple, sin muchas venas transversales; otros tienen alas posteriores vestigiales y por último los piojos de libros (*Liposcelidae*) y parasíticos no tienen alas. Los dos primeros tienen patas delgadas y fémures dilatados, los últimos modificadas para guindarse de los pelos o plumas del hospedero que parasitan; tarsos de 1 a 3 segmentos. Abdomen sin cercos.

Los siguientes caracteres sinapomórficos están presentes en *Psocodea* (Grimaldi y Engel 2005):

1. Oviscapto simplificado.
2. Base antenal con mecanismo de ruptura.
3. Postclípeo bulboso, sobresaliente.
4. Cibario e hipofaringe especializados para la absorción de agua en forma de vapor.
5. Ausencia del cardo en la maxila.

Se reproducen sexualmente, aunque también por partenogénesis; son ovíparos o vivíparos según la especie y hemimetábolos. En este grupo existe variabilidad de hábitats y hábitos alimenticios, lo que a su vez ha generado modificaciones en las partes bucales que se observan. Las ninfas y adultos de psocodeos antes consi-

[1] *Psocodea* (G): *Psoco*, triturar o roer finamente para hacer referencia a la forma de alimentase los más primitivos.

derados *Psocoptera* (*Psocomorpha* y *Trogiomorpha*) viven sobre plantas, en lugares húmedos o debajo de la corteza de los árboles caídos en descomposición, alimentándose de líquenes, algas y hongos. Por otro lado, en las especies ápteras se encuentran los piojos de libros (*Troctomorpha*) y los piojos parasíticos, los primeros habitan en museos, bibliotecas, graneros o cualquier tipo de almacenamiento húmedo, alimentándose de huevos de otros insectos, de colecciones de insectos en museos, polen, granos en almacenaje, hongos o de la goma que se utiliza para encuadernar libros; los segundos son ectoparásitos de animales (aves y mamíferos) y del hombre, alimentándose de restos de piel, plumas o de sangre y evolucionaron a partir del Suborden *Troctomorpha*. En resumen, de los Subórdenes propuestos por Johnson, *et al* (2004), ilustraremos: *Psocomorpha*, *Troctomorpha* (*Ischnocera*, *Amblycera* y *Anoplura* + piojos de libros) y la familia *Trogiidae*, de amplia distribución, del Suborden *Trogiomorpha*. Vale la pena resaltar que *Mallophaga* no se menciona por ser parafilético; este grupo incluye a todas las familias de piojos parasíticos excluyendo a las de *Anoplura*.

Varias especies en este Orden viven congregadas en nidos que ellas mismas construyen con hilos de seda, mostrando cierto hábito subsocial, otras son ectoparásitos obligados tanto en estado de ninfas como adultos.

Los fósiles más antiguos del Orden se conocen desde finales del Período Triásico y principios del Jurásico; sin embargo, existen fósiles de especies modernas que se han encontrado en el Cretáceo (Engel, 2005). El Orden se estima en más de 35.500 especies, de las cuales algo más de 11.000 han sido descritas.

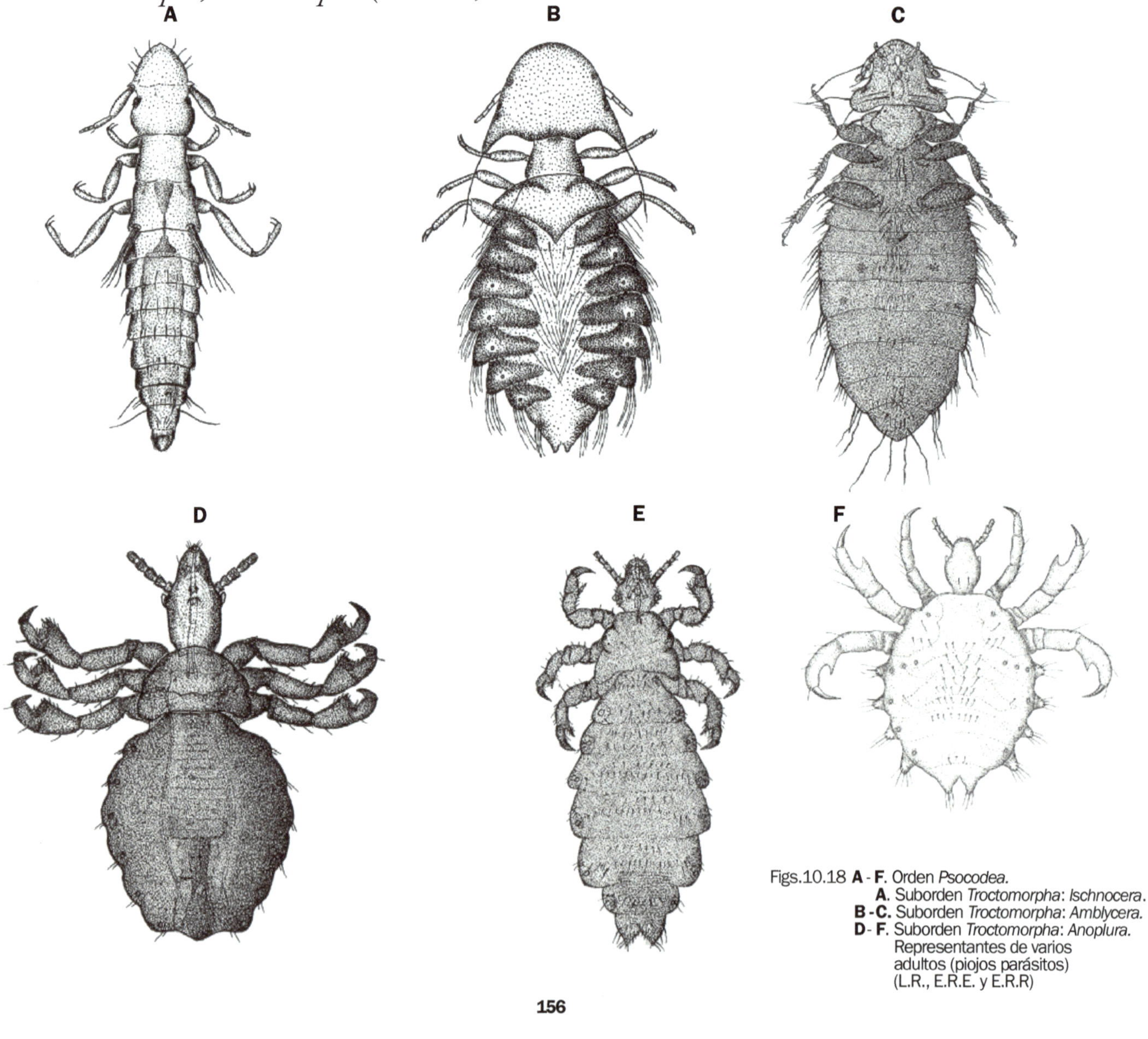

Figs.10.18 **A - F**. Orden *Psocodea*.
A. Suborden *Troctomorpha*: *Ischnocera*.
B - C. Suborden *Troctomorpha*: *Amblycera*.
D - F. Suborden *Troctomorpha*: *Anoplura*.
Representantes de varios adultos (piojos parásitos) (L.R., E.R.E. y E.R.R)

Taxonomía del Orden *Hemiptera* [1] *Linnæi*, 1758

(hemípteros, chinches, cigarras, chicharras, cicadas, pulgones, saltahojas, escamas, salivitas)

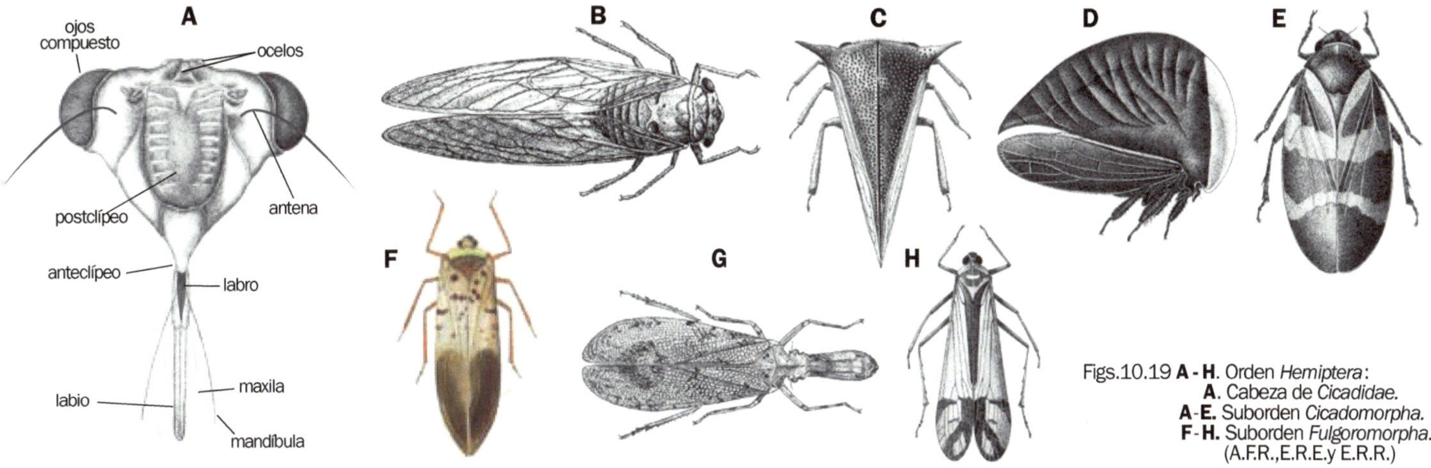

Figs.10.19 **A - H**. Orden *Hemiptera*: **A**. Cabeza de *Cicadidae*. **A - E.** Suborden *Cicadomorpha*. **F - H.** Suborden *Fulgoromorpha*. (A.F.R.,E.R.E.y E.R.R.)

Hemiptera es el Orden de neópteros exopterigotos más exitoso y diverso en tamaño, coloración, forma, hábitos e importancia. La palabra *Hemiptera*, hoy día, no le da un significado preciso al grupo ya que esta hace referencia, únicamente, a aquellos insectos que tienen las alas anteriores tipo hemiélitros, las cuales se presentan sólo en los chinches heterópteros o chinches verdaderos, mientras que el resto de los hemípteros tienen alas membranosas o tegminas, cuando están presentes.

La principal característica morfológica que sí agrupa a esa gran diversidad insectil es la presencia de un aparato bucal (Fig. 10.19A) con mandíbulas, maxilas y labio modificados para formar un pico o probóscide del tipo perforador-chupador. Esta probóscide nace de la parte anterior o de la región posterior de la cabeza, proyectándose ventralmente y extendiéndose entre las coxas anteriores. Estos insectos perforan y chupan la savia de las plantas o la sangre del hombre y de otros animales vertebrados e invertebrados, aunque hay hemípteros que en su estado adulto no tienen aparato bucal desarrollado.

El tamaño de los hemípteros varía desde pocos milímetros hasta 120.0 mm en la Familia *Belostomatidae,* conocida popularmente como cucaracha de agua. Cabeza opistognata o hipognata; con ojos compuestos y ocelos presentes, aunque ambos pueden estar ausentes; las antenas varían desde inconspicuas como en los hemípteros nadadores, hasta largas en otras familias; no presentan palpos, pero tienen glándulas salivales, indispensables para predigerir el alimento. Tórax con pro y mesotórax más desarrollados que el metatórax; las patas varían enormemente entre las familias, pueden ser caminadoras, saltadoras, nadadoras, prensiles o pueden estar ausentes; tarso de 1 a 3 segmentos; alas ausentes o presentes integrando uno o dos pares, por lo general con poca venación y descansando horizontalmente planas sobre el cuerpo o formando un techo en ángulo con respecto al abdomen cuando están en reposo. Abdomen muy variable en forma y tamaño, pero sin cercos.

El siguiente carácter apomórfico sirven para distinguir a *Hemiptera* (Maddison, 1995):

1. Estiletes mandibulares y maxilares adaptados para formar los canales salival y alimenticio, rodeados del labio segmentado.

Por mucho tiempo, *Hemiptera* y *Homoptera* se consideraron como Órdenes separados, hoy día se considera a *Hemiptera* como un Orden monofilético que incluye a los miembros que se clasificaban como *Homoptera*, en el entendido de que éste último, según evidencias morfológicas y estudios de secuencia de nucleótidos se comprobó como parafilético, por lo que pasa a desuso como grupo natural.

Según evidencias filogenéticas, hay consenso en cuanto a la existencia de 5 Subórdenes naturales que conforman a *Hemiptera* (Gullan & Cranston 2010), a saber:

1. *Cicadomorpha*: *Cicadoidea* (Figs.10.19A-E). *Cercopoidea* y *Membracoidea*.
2. *Fulgoromorpha*: *Fulgoroidea* (Figs.10.19F-H).
3. *Heteroptera* (Figs.10.20 A-W).
4. *Sternorrhyncha*: *Psylloidea* (Figs.10.21A-F). *Aleyrodoidea*, *Coccoidea* y *Aphidoidea*.
5. *Coleorrhyncha* (Fig.10.22A).

[1] *Hemiptera* (G): *Hemi*, mitad, para hacer referencia a las alas tipo hemiélitro; *ptera*, alas.

Taxonomía del Orden *Hemiptera*

Los hemípteros son hemimetábolos y se reproducen por lo general sexualmente, aunque algunos son partenogenéticos. Son de hábitos terrestres o acuáticos, inclusive marinos, fitófagos, depredadores o hematófagos; se puede generalizar diciendo que todos consumen alimentos líquidos. Entre sus hábitos se destacan la formación de agallas en las plantas, la secreción de una saliva espumosa para proteger sus crías y la transmisión de enfermedades a plantas y animales; otros han coevolucionado simbiosis con las hormigas, logrando proveer exudados azucarados a los formícidos mientras estos últimos los dispersan de un sitio a otro y les dan protección.

Los hemípteros están ampliamente distribuidos en las diferentes zonas zoogeográficas y muchos de ellos han sido introducidos, involuntariamente por el hombre, para adaptarse exitosamente como plagas exóticas en muchos países. Se conocen fósiles de este grupo correspondientes al Período Carbonífero de la Era Paleozoica, pero la mayor diversificación de especies está representada en el Jurásico, al punto de que 600 especies fósiles provenientes de ámbar del Cenozoico han sido descritas, muchas de las cuales se asemejan a las especies actuales.

A nivel mundial el número de especies de este Orden se estima en más de 82.000, de las cuales sobre las 67.000 han sido descritas.

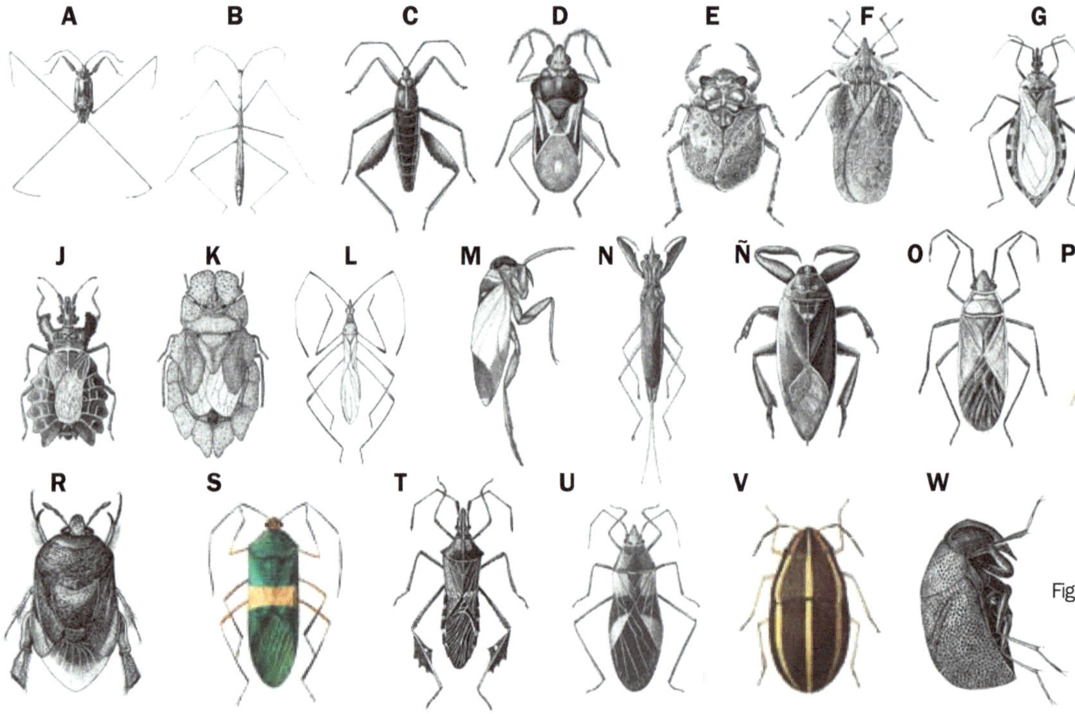

Figs.10.20 **A** - **W**. Orden *Hemiptera*. Suborden *Heteroptera*. (A.F.R., E.R.E. y E.R.R.)

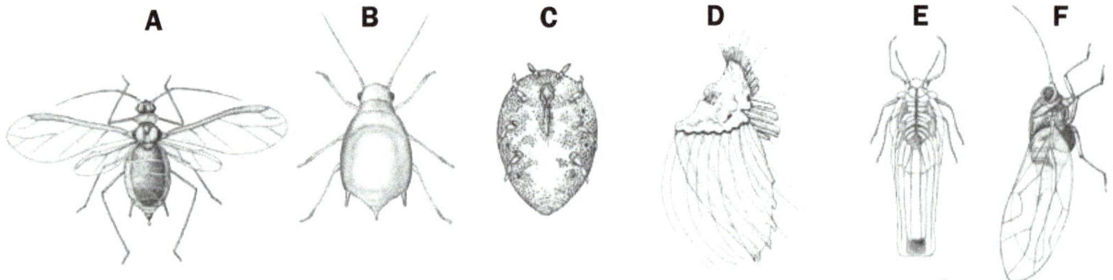

Figs.10.21 **A** - **F**. Suborden *Sternorrhyncha*. (E.R.E. y E.R.R.)

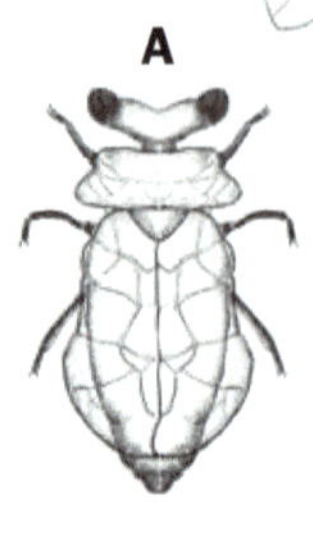

Fig.10.22 **A**. Suborden *Coleorrhyncha*. (E.R.E. y E.R.R.)

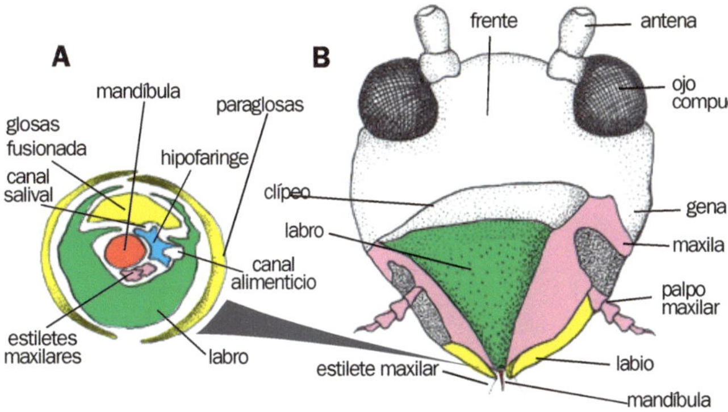

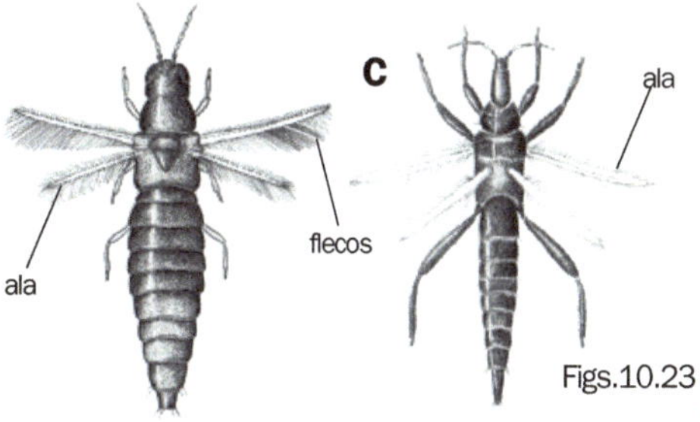

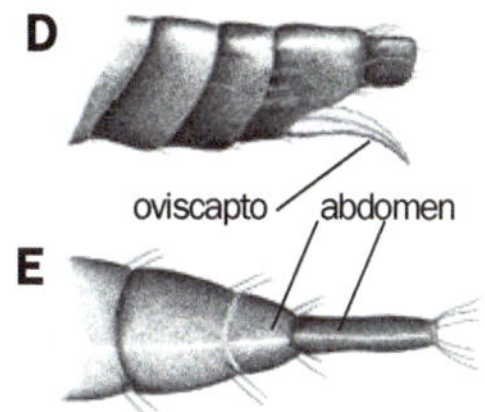

Figs.10.23 **A** - **E**. Orden *Thysanoptera:*
A - **B**. Cabeza y partes bucales
C. Adultos.
D. Suborden *Terebrantia*.
E. Suborden *Tubulifera*.
(E.R.E. y E.R.R.)

Son insectos diminutos, de menos de 0.5 mm hasta 15.0 mm de longitud; cuerpo blando y alargado semejante a un tabaco. Cabeza del tipo hipognata, por lo general de forma cónica; ojos compuestos presentes; las antenas son cortas, con estructuras sensoriales que varían entre las familias y constricciones únicas en su estilo entre los segmentos. Tórax con alas muy angostas (Figs.10.23C), venación reducida y dispuestas sobre el abdomen de una manera muy especial cuando están en reposo; los cilios sirven para ampliar el área funcional del vuelo, sin embargo son considerados malos voladores y se dejan llevar por las corrientes de los vientos; las alas pueden estar ausentes en los adultos de algunas especies y otras especies pueden ser polimórficas con relación al tamaño de las alas; tarsos de 1 ó 2 segmentos, pretarso con arolio y 1 ó 2 uñas muy pequeñas en los adultos. Abdomen de 10 segmentos, flexible, terminando de manera tubular, redondeada o cónica y sin cercos.

El carácter monofilético de *Thysanoptera* es incuestionable debido a la evolución de características avanzadas en su partes bucales, únicas en su estilo, denominadas raspadoras-chupadoras. Estas partes son asimétricas (Fig.10.23A-B) debido a la pérdida de la mandíbula derecha, además las alas están rodeadas en sus bordes de cilios o setas largas en forma de flecos (Fig.10.23C). Son insectos terrestres que tienen hábitos de vida muy propios del grupo, el cual ha evolucionado íntimamente con las plantas silvestres y las cultivadas por el hombre, al extremo de que una mayoría de las especies son plagas que dañan hojas, flores, frutos y brotes nuevos de manera directa o indirecta al transmitir enfermedades, o al alimentarse de ellas.

Algunos de los caracteres apomórficos que aparecen en la literatura para *Thysanoptera* son:

1. Pretarso con arolio vesicular que se expande cuando el insecto hace contacto con la superficie de la planta.

2. Dos o tres instares inactivos antes de llegar estado de adulto

3. Partes bucales asimétricas.

Los tisanópteros se desarrollan a través de metamorfosis intermedia o combinada (ver Capítulo 5), entre simple y completa; se reproducen por lo general sexualmente, aunque algunas especies son partenogenéticas. Generalmente viven en colonias en las partes preferidas de la planta y algunas especies han evolucionado un comportamiento social avanzado. La hembra inserta los huevos con su oviscapto (Fig.10.23D) en el tejido vegetal, aunque aquellas hembras que no tienen oviscapto, lo hacen en grietas o debajo de la corteza de la planta (Fig.10.23E). Como se indicó, viven sobre plantas como fitófagos, pero también pueden actuar como funguívoros, polífagos o depredadores. Recientemente se ha reportado a la especie *Aulacothrips dictyotus* (*Heterothripidae*) como ectoparásito en todos los instares ninfales y adultos de *Aethalion reticulatum* (Izzo, 2002). Los tisanópteros están ampliamente distribuidos en las diferentes zonas zoogeográficas y muchos de ellos han sido introducidos involuntariamente por el hombre a países donde se han adaptado exitosamente transformándose en plagas exóticas, ejemplo: *Scirtothrips dorsalis* sobre *Vitis vinifera* en Venezuela (Quirós & Petit, 2007).

Los primeros fósiles de este grupo corresponden al Período Pérmico, sin embargo la mayor diversidad de especies fósiles provienen del Período Cretáceo. A nivel mundial el número de especies de este Orden se estima en 10.000, de las cuales más de 5.500 han sido descritas.

[1] *Thysanoptera* (G): *Thysano*, borde, flecos, en relación a los pelos que bordean las alas; *ptera*, alas.

Taxonomía del Orden *Strepsiptera* [1] Kirby, 1813
(estrepsípteros, estilópidos)

A

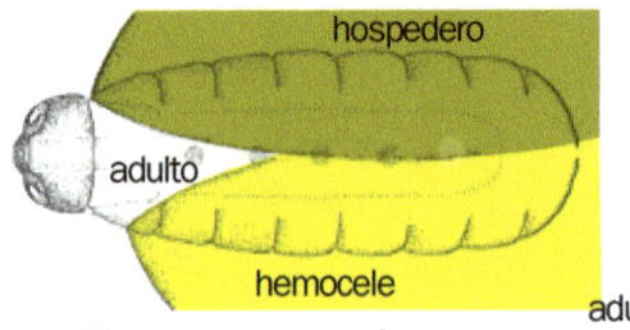

B

C

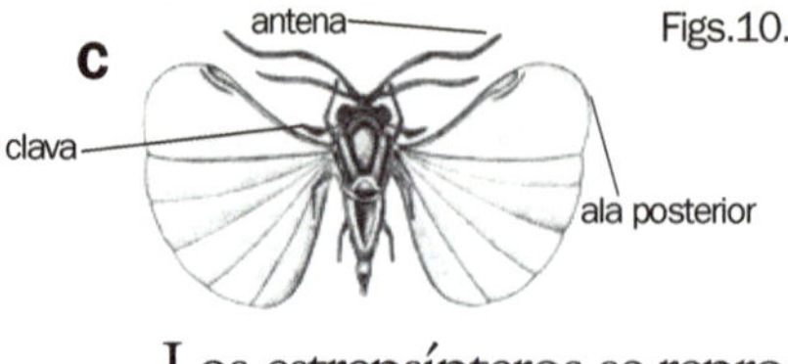

Figs.10.24 **A - C**. Orden *Strepsiptera*. **A**. Adulto con características juveniles. **B**. Hembra de vida libre. **C**. Adulto macho con alas anteriores en forma de mazos o clavas. (E.R.E. y E.R.R.)

Los estrepsípteros son insectos con dimorfismos diversos; existen hembras y machos larviformes (Figs.10.24A-B) los cuales viven, mayoritariamente como endoparásitos obligados de otros insectos, así como machos alados y de vida libre (Fig.10.24C). Son diminutos, difíciles de encontrar, con un tamaño que varía entre 0.1 y 4.0 mm de longitud. Las hembras presentan caracteres taxonómicos diferentes, dependiendo de sus hábitos de vida. Cabeza y tórax en las hembras endoparasíticas formando un cefalotórax, mientras que en las de vida libre, cabeza y tórax están separados; ojos presentes solo en hembras de vida libre. Abdomen sin genitalia externa en su extremo posterior, pero con una abertura genital entre la cabeza y el protórax. Cabeza en los machos de vida libre, mediana; ojos laterales sobresalientes, provistos de numerosas facetas redondeadas parecidas en conjunto a una frambuesa; antenas características del grupo, prominentes, con 4 a 7 segmentos los cuales presentan de 1 a 3 proyecciones laterales semejantes a cuernos (Fig.10.24C); partes bucales reducidas o vestigiales. Primer par de alas claviformes, el segundo membranoso, en forma de abanico desplegado cuando están en vuelo, con muy pocas o sin venas. *Strepsiptera* es un Orden monofilético que evolucionó diversos caracteres apomórficos, Kathirithamby (2002):

1. Hembras neoténicas y vivíparas; reproduce en su cavidad abdominal embriones de triungulines que tendrán al nacer vida libre (*Stylopidae*), muy activos. La única función de los triungulines es la búsqueda del hospedero para continuar su ciclo de vida.
2. Fertilización mediante inseminación hipodérmica.
3. El primer instar larval o triungulín, una vez que encuentra su hospedero, muda hacia el segundo instar larval, el cual es ápodo y endoparasítico.
4. El macho forma un puparium con la cutícula del último instar larval, fuera del hospedero.
5. Macho con antenas y ojos característicos; alas anteriores claviformes.

Los estrepsípteros se reproducen sexualmente, el macho busca a las hembras que sobresalen del cuerpo del hospedero y con inseminación hipodérmica, penetra la pared del cuerpo y libera los espermatozoides en la hemolinfa de la cavidad abdominal. Los espermatozoides viajan hasta los ovarios vía hemolinfa para fecundar a los óvulos maduros los cuales finalmente dan origen a los primeros instares larvales llamados triungulines. En la Familia *Stylopidae*, miles de triungulines se producen en el interior de la hembra para emerger de la misma hacia el suelo y vegetación circundante para buscar nuevos insectos hospederos, los cuales penetran como larvas llamadas ahora planidias y se desarrollan en su interior, pasando por un proceso de hipermetamorfosis donde las larvas pierden las patas y se nutren del hospedero a través de su exoesqueleto permeable. En estas condiciones, el parásito se vuelve holometábolo pupando y transformándose en adulto, los cuales, sí son machos emergen del hospedero mientras las hembras permanecen en él parasitándolo (Kathirithamby, 2009). En el resto de las Familias del Suborden *Stylopida*, no hay hembras de vida libre y sólo los machos dejan al hospedero. En el Suborden *Mengenillidia*, el cual parasita únicamente al Orden *Zygentoma*, ambos sexos son de vida libre y abandonan al hospedero alcanzando el suelo para pupar. La mejor forma de colectar las hembras es buscando sus hospederos, tales como abejas, avispas, saltamontes, saltahojas y otros; los machos son atraídos por la luz. Los estrepsípteros son cosmopolitas y han coevolucionado íntimamente con sus hospederos. Los fósiles más antiguos de este grupo son de mediados del Cretáceo. La ubicación del Orden *Strepsiptera* dentro de los insectos se ha debatido por más de 200 años y aún no se tiene consenso entre los entomólogos sobre su ubicación y relación con otros grupos. Por mucho tiempo fue considerado como parte de *Coleoptera* aunque lo han relacionado también con *Mecoptera*, *Diptera* e *Hymenoptera*. A nivel mundial se estiman 1.200 especies, de estas, 590 han sido descritas.

[1] *Strepsiptera* (G): *Strepsis*, doblado, curvado, en relación a las alas del insecto cuando vuela; *ptera*, alas.

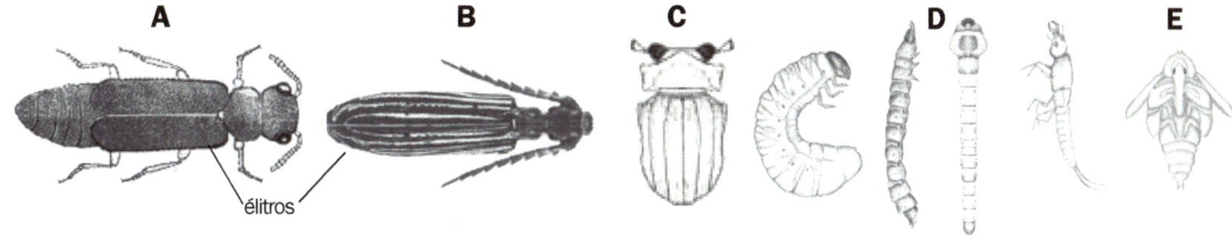

Figs.10.25 **A - E.** Orden *Coleoptera*. **A - B.** Suborden *Archostemata*. Adultos. **C.** Suborden *Myxophaga*. Adulto. **D.** Algunos tipos de larvas. **E.** Pupa exarate. (E.R.E. y E.R.R.)

Coleoptera (Figs.10.25A-E, Figs.10.26A-O y 10.27A-W), es el Orden del Reino Animal más numeroso en especies que existe sobre la Tierra y como insectos, representa el 40% de los mismos. Su diversidad es asombrosa, tanto en tamaño, desde diminutos con 0.25 mm hasta muy grandes, sobrepasando los 300 mm de longitud, como en forma del cuerpo, color, estructuras y otras características. Cabeza en los adultos del tipo prognata o hipognata, expuesta o cubierta por parte del protórax o con la frente alargada en forma de pico u hocico en cuyo extremo distal se encuentran las partes bucales del tipo masticadoras; antenas variables en longitud, desde muy pequeñas, hasta muy largas, sobrepasando el cuerpo; los tipos de antenas más comunes en este orden son: claviformes, capitiformes, aserradas, pectiniformes, filiformes y moniliformes; ojos compuestos generalmente presentes. Tórax con el protórax independiente del pterotórax, este último ampliamente conectado al abdomen; en el pterotórax se encuentran los élitros o primer par de alas, los cuales en reposo forman una línea recta central donde se unen sobre el cuerpo, pero se levantan para permitir el vuelo usando las alas posteriores membranosas; en muy pocos casos los élitros no se levantan por estar soldados en su línea media y las alas posteriores están atrofiadas, lo que no permite el vuelo.

Los élitros son la principal característica morfológica del Orden (carácter autapomórfico) y representan alas endurecidas que en la mayoría de los casos protegen el abdomen; patas variables según los hábitos de vida y lugares o sustratos donde viven, bien sea sobre plantas, en medios acuáticos o subterráneos; el número de segmentos de los tarsos de las diferentes patas varía de 3 a 5, siendo este carácter de gran utilidad para la identificación con claves taxonómicas. El número de segmentos en los tarsos se definen como fórmula tarsal, por ejemplo 5-5-5 es la fórmula más común de encontrar y significa que el insecto tiene 5 segmentos en los tarsos de todas las patas. Abdomen muy variable en forma y desarrollo de los segmentos, usualmente 9 en las hembras y 10 en los machos.

Larvas de diferentes tipos: scarabaeiformes, elateriformes, vermiformes, campodeiformes y otras, todas con cápsula cefálica definida y piezas bucales masticadoras. Pupas en su mayoría del tipo exarate.

Sin duda alguna, *Coleoptera* es un Orden monofilético que evolucionó, entre otros, diversos caracteres apomórficos reportados ampliamente en la literatura:

1. Alas posteriores membranosas con venación reducida, acomodadas debajo de los élitros cuando están en reposo.

2. Pterotórax ampliamente conectado con el abdomen, dando la apariencia de tener las tres regiones del cuerpo formadas por la cabeza, protórax y pterotórax + abdomen; en lugar de cabeza, tórax y abdomen como en otros insectos.

3. Genitalia retraída dentro del abdomen.

Se ha determinado que la diversidad de este Orden está organizada en 4 Subórdenes monofiléticos o naturales, como son:

1. *Archostemata* (Figs.10.25 A-B).
2. *Myxophaga* (Fig.10.25 C).
3. *Adephaga* (Figs.10.26 A-O).
4. *Polyphaga* (Figs.10.27A-W).

Son insectos con metamorfosis completa, endopterigotos y unos pocos presentan hipermetamorfosis. La reproducción de este gran grupo es sexual y con ciertas excepciones, partenogenética. La hembra libera feromonas o bien emiten sonidos para atraer al macho para luego copular. Los huevos son puestos sobre o dentro del futuro alimento de las larvas; en varias familias se observan hábitos maternales en las hembras. La mayoría de los coleópteros son terrestres y fitófagos y se alimentan de cualquier parte de la planta según la preferencia de cada familia, el ataque a las plantas lo realizan tanto en su estado larval como en su estado adulto. Además causan

[1] *Coleoptera* (G): *Coleo*, cubierta, en relación a los élitros; *ptera*, alas.

daños a granos, pieles, madera y otros productos almacenados o procesados; sin embargo, muchos son polinizadores, mientras otros son carroñeros, coprófagos o saprófagos ejerciendo una función importante en la degradación de animales muertos y otros materiales en la naturaleza; otros son eficientes depredadores de insectos plagas, muy pocos son parásitos de aves y mamíferos, mientras algunos son xilófagos en bosques y árboles frutales cultivados. Los coleópteros acuáticos, por lo general son depredadores o alguívoros.

La presencia de estos insectos y sus relaciones con la vida de los seres humanos ha sido documentada desde la época de los faraones en el antiguo Egipto, especialmente en el caso de los escarabajos peloteros o rueda pelota, *Scarabaeidae*: *Coprinae*, considerados como un símbolo de vida eterna, al punto de que a las momias le colocaban una imagen del escarabajo sobre el corazón.

Los coleópteros han vivido en la Tierra por más de 250 millones de años y los fósiles de finales del Período Pérmico, son muy parecidos a las especies modernas.

A nivel mundial el número de especies de este Orden se estima en más de 10.000.000 de las cuales cerca de 400.000 ya han sido descritas. Es interesante resaltar que los cálculos de especies totales de *Coleoptera*, según criterio de algunos especialistas del grupo, pudiera llegar los 50 millones de especies. La mencionada estimación está basada en muestreos realizados en las selvas tropicales de Panamá por Erwin (1988, 1997), de Perú y Brasil por Erwin & Geraci (2009).

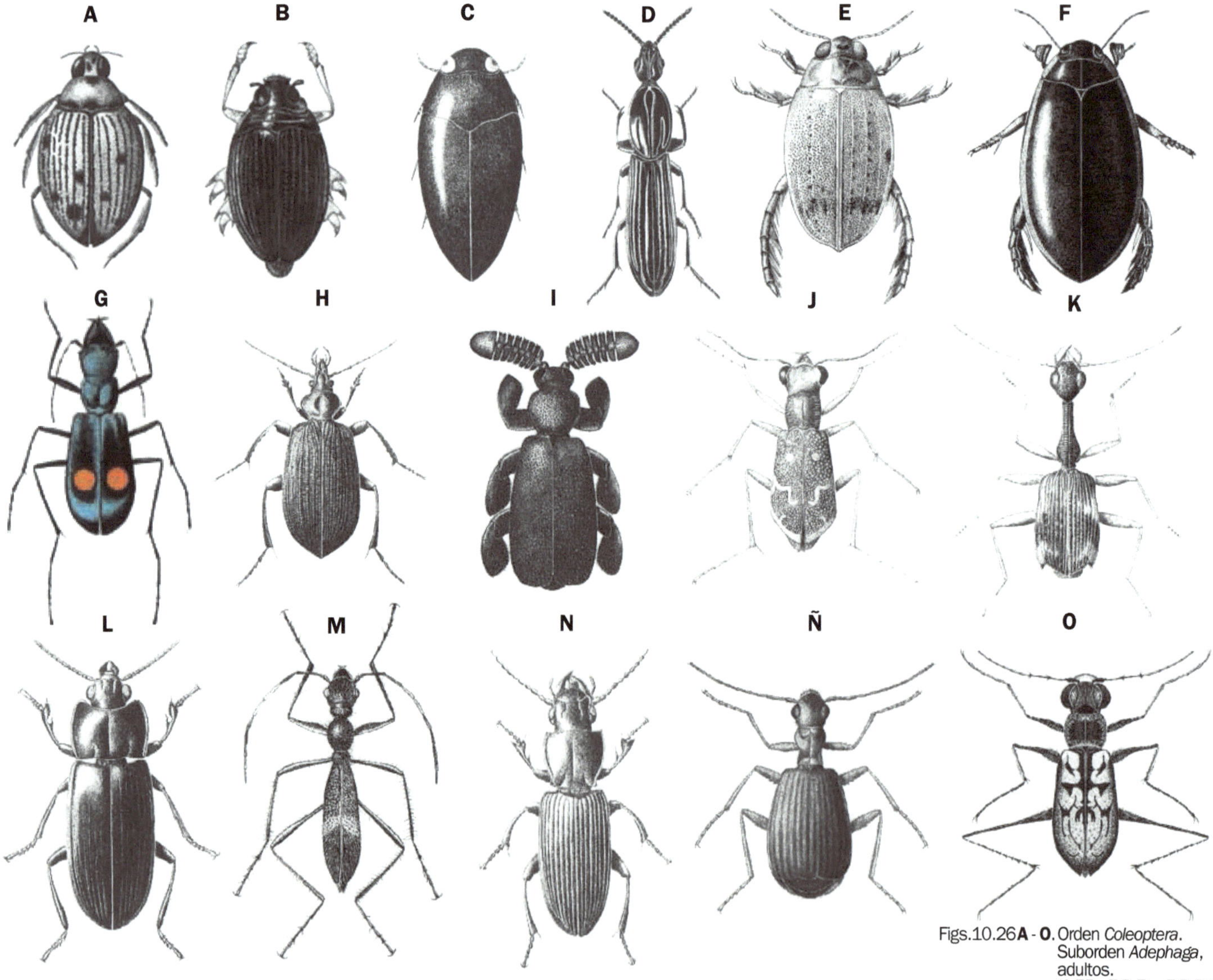

Figs.10.26**A** - **O.** Orden *Coleoptera*. Suborden *Adephaga*, adultos. (A.F.R., E.R.E. y E.R.R.)

Figs.10.27**A - W**. Orden *Coleoptera*. Suborden *Polyphaga*, adultos. (A.F.R., E.R.E. y E.R.R.)

A

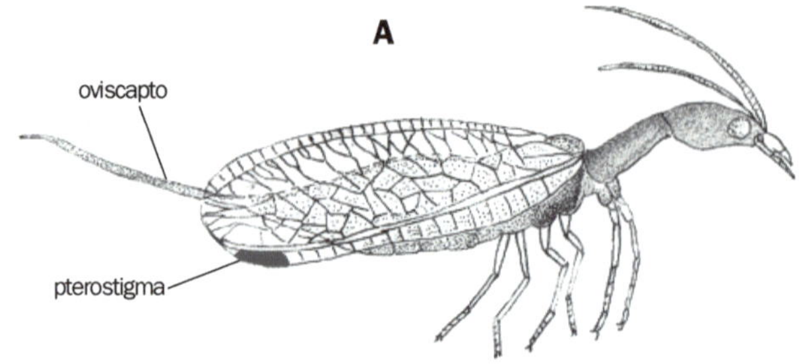

B

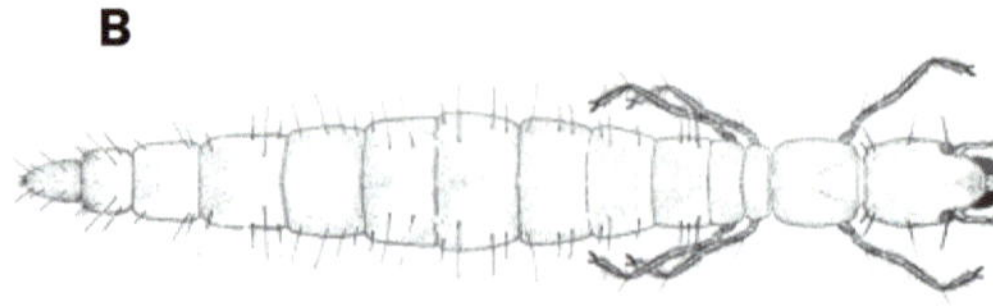

Figs.10.28**A** - **B.** Orden *Raphidioptera*.
A. Adulto hembra.
B. Larva.
(E.R.E. y E.R.R.)

Los rafidiópteros son los insectos holometábolos más primitivos que se conocen (Figs.10.28A-B). Se consideran como un grupo taxonómico reliquia de fósiles vivientes (Aspöck, 2002). Su ubicación taxonómica ha sufrido varios cambios ya que fueron incluidos durante un tiempo, por sus semejanzas a simple vista con otros neuroptéridos, como el Suborden *Raphidiodea* del Orden *Neuroptera*. Hoy día, existen evidencias evolutivas concluyentes que los catalogan como un Orden monofilético independiente, pero sin duda, muy íntimamente relacionado con los Órdenes *Megaloptera* y *Neuroptera*.

En este Orden los adultos y larvas son depredadores terrestres con aparato bucal masticador. Los adultos son de cuerpo blando y de tamaños variables, 5.0 a 22.5 mm. Cabeza triangular, prognata y muy movible; con ojos compuestos grandes y prominentes, lo cual es característico de la mayoría de las especies depredadoras que existen entre los insectos; 3 ocelos presentes o ausentes; antenas cortas a medianas, filiformes y multisegmentadas. Tórax con dos pares de alas membranosas transparentes de igual tamaño, con muchas venas transversales y longitudinales extras, dispuestas en forma de techo o en ángulo con respecto al abdomen; pterostigmas presentes en márgenes costales de las alas muy cerca del ápice (Fig.10.28A); tarsos de 5 segmentos. Abdomen alargado, terminando en las hembras en un oviscapto también alargado en forma de daga o estilete puntiagudo; cercos ausentes (10.28A).

Los siguientes caracteres apomórficos sirven para distinguir al Orden *Raphidioptera*, sugeridos por Wheeler, *et al.* 2001 y otros investigadores:

1. Protórax en forma de cuello alargado, muy movible, con el primer par de patas ubicadas muy cerca del mesotórax.

2. Oviscapto muy alargado para poner sus huevos en lo profundo de las cortezas de los árboles.

3. Levanta la cabeza junto con el protórax, el cual actúa como cuello, muy por encima del cuerpo, dando un aspecto de serpiente.

4. Las larvas viven bajo la corteza de los árboles, aunque también pueden vivir en las capas superficiales del suelo.

La reproducción de este pequeño grupo es sexual, mostrando hábitos especiales entre el macho y la hembra para copular. La hembra pone sus huevos en masas debajo de la corteza de los árboles o en grietas de árboles o grietas en rocas. Las larvas del tipo campodeiforme, mudan numerosas veces durante un período largo de tiempo para luego pupar en el suelo. Son de hábitos diurnos y depredan por lo general insectos de cuerpo blando, aunque criados en laboratorio, también se alimentan de insectos más esclerotizados.

Es un Orden poco común que habita zonas arbóreas montañosas del hemisferio Norte, estando extendidos por toda la Región Holoártica. Los registros de rafidiópteros para el Neotrópico son bastante escasos, aunque se han encontrado en montañas altas entre los límites de Guatemala y México (Aspöck, 2002). En África sólo se han reportado en montañas arbóreas al Norte del Sahara y en Asia en la zona de transición entre el Paleártico y la Región Oriental, por encima de 900 m de altitud.

La presencia de los rafidiópteros en la Tierra es muy antigua y sus fósiles han existido desde el Período Jurásico de la Era Mesozoica.

A nivel mundial el número de especies de este Orden se estima en 350, de las cuales más de 230 han sido descritas.

[1] *Raphidioptera* (G): *Raphid*, aguja, en relación al oviscapto en forma de estilete punzante; *ptera*, alas.

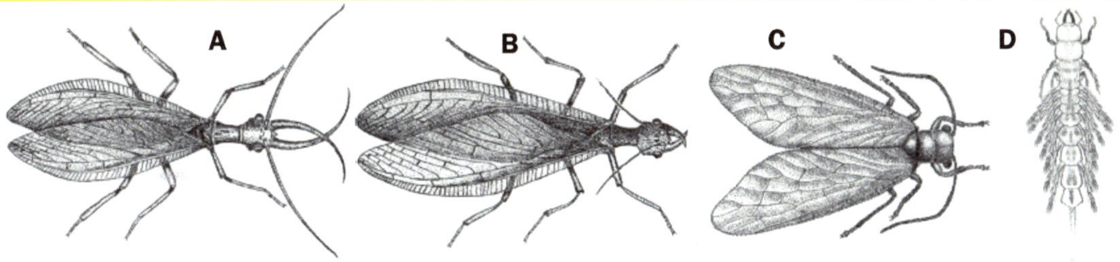

Figs.10.29 **A** - **D**. Orden *Megaloptera*.
A - **B**. Adultos: *Corydalus* sp,
A. Macho.
B. Hembra.
C. *Sialidae*.
D. Larva: *Sialidae*.
(A.F.R., E.R.E. y E.R.R)

Los *Megaloptera* (Figs.10.29A-D), son insectos de cuerpo alargado, abdomen blando y flexible, de tamaño mediano a grande, 20.0-120.0 mm. Los adultos de este Orden se conocen a simple vista por la presencia de alas membranosas de colores oscuros o claros, grandes, a veces con manchas o dibujos característicos y venación primitiva con muchas venas longitudinales con ramificaciones transversales; otra característica diagnóstica, al menos en una de las dos Familias incluidas en el Orden (*Corydalidae*), es la presencia de mandíbulas puntiagudas, mucho más alargadas en los machos que en las hembras, al punto de que impresionan por su tamaño, especialmente en los machos del Género *Corydalus* (Fig.10.29A), dirigidas siempre hacia adelante, falcadas, con la cabeza del tipo prognata. Cabeza aplanada, ojos sobresalientes; antenas largas, multisegmentadas, generalmente filiformes; partes bucales masticadoras en adultos y larvas. Tórax con alas posteriores más anchas que las anteriores con muchas venas transversales y longitudinales, estas últimas, con ramificaciones abundantes que no se bifurcan en el ápice; las alas dispuestas en forma de techo o en ángulo con respecto al abdomen, con el área anal grande y con pliegues, resguardadas por las anteriores; esta característica permite separarlos de los neurópteros a los cuales se parecen notablemente. Los adultos son de vuelo lento, corto y débil y en *Corydalus* las alas alcanzan una envergadura de 140 mm. Abdomen de 10 segmentos, el último modificado, sin cercos.

Larvas con la cabeza del tipo prognata y mandíbulas bien desarrolladas; abdomen con agallas representadas por 7 pares de filamentos de 5 segmentos en *Sialidae* y 8 pares en *Corydalidae* con segmentos no definidos, todos repartidos en el abdomen. En la primera de las Familias (Figs.10.29D), un sólo segmento terminal como agalla la distingue; en la segunda, dos propatas soportando cada una un segmento lateral y dos uñas, pueden notarse en el ápice del abdomen, sin agallas. Los megalópteros, por evidencias morfológicas y moleculares referidas al estado adulto, no es monofilético (Beutel *et al*, 2011), por lo tanto su estatus como Orden es cuestionado por varios filogeneticistas. Sin embargo, Hennig (1981) apuntó como desafortunado el hecho de que la mayoría de los caracteres que soportan al grupo como monofilético, se encuentran en la fase larval, en consecuencia, el siguiente carácter apomórfico en la larva sirve para distinguir al Orden *Megaloptera*:

1. Larvas acuáticas, con adaptaciones morfológicas avanzadas como la presencia de agallas traqueales en los primeros 7 u 8 segmentos abdominales.

Los megalópteros son holometábolos con reproducción sexual; los adultos son de hábitos nocturnos y los atrae la luz; copulan sobre plantas cercanas a corrientes y cuerpos de agua donde también pueden atraparse. Las larvas son acuáticas (Fig.10.29D) y las pupas terrestres. La hembra pone sus huevos en masas cerca de las orillas de corrientes de aguas frescas, de tal manera que las larvas recién nacidas se movilizan hacia el agua para continuar su ciclo larval. Las larvas, del tipo campodeiforme, mudan numerosas veces durante un período largo de tiempo dentro del agua, pero durante el último instar larval se moviliza fuera del agua para construir una celda con materiales para pupar en suelos húmedos, debajo de piedras o troncos. Los adultos se alimentan muy poco o no se alimentan, salvo algunas especies que han sido observadas consumiendo polen; las larvas son depredadoras de insectos y otros invertebrados acuáticos.

Es un Orden cosmopolita donde su mayor diversidad se observa en los Andes y en la cuenca Amazónica. Su existencia en la Tierra es muy antigua y sus fósiles datan de finales del Período Pérmico.

A nivel mundial el número de especies de este Orden se estima en 500, de las cuales más de 300 han sido descritas.

[1] *Megaloptera* (G): *Mega*, grande, en relación al gran tamaño de las alas; *ptera*, alas.

Taxonomía del Orden *Neuroptera* [1] *Linnæi*, 1758
(neurópteros, crisópidos, hormigas león, mantíspidos)

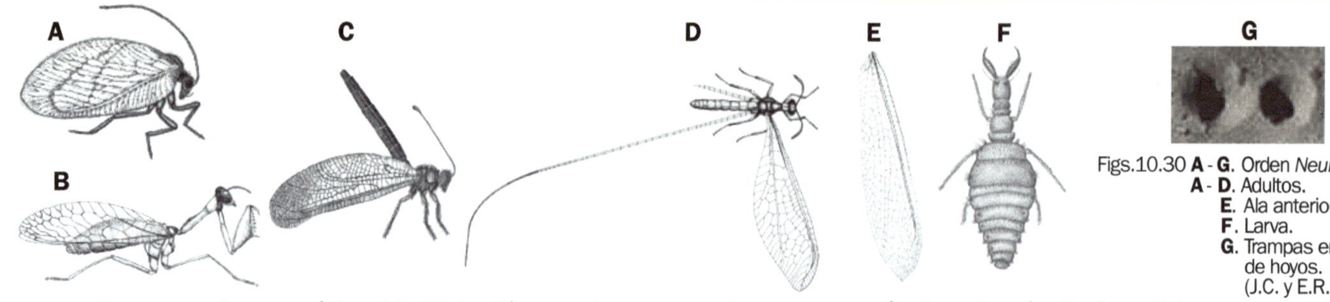

Figs.10.30 **A - G**. Orden *Neuroptera*.
A - D. Adultos.
E. Ala anterior.
F. Larva.
G. Trampas en forma de hoyos.
(J.C. y E.R.R.)

Los neurópteros (Figs.10.30A-G), son insectos de cuerpo frágil, alargado, abdomen blando y flexible, de tamaño mediano a grandes, con envergaduras alares que varían desde 20.0 hasta más de 132.0 mm, esta última en el Género neotropical *Vella* : *Myrmeleontidae*. Las alas de los adultos muestran características inconfundibles por la presencia de numerosas venas y celdas pequeñas, cuya apariencia semeja una red o malla; además en su mayoría, tienen una hilera de venas transversales a lo largo del margen costal, entre las venas Costa y Subcosta. Cabeza con ojos grandes separados y sobresalientes; antenas largas, filiformes y multisegmentadas; partes bucales masticadoras, a veces reducidas en adultos y masticadoras modificadas en las larvas formando mandíbulas alargadas para atrapar y succionar a la presa. Tórax con alas anteriores y posteriores membranosas, transparentes (Figs.10.30A-E), parecidas en forma y tamaño, aunque algunas veces las posteriores son muy delgadas (Fig.10.30D); cuando están en reposo se disponen en forma de tejado en ángulo con respecto al abdomen; patas caminadoras, las anteriores pueden ser también prensiles como en *Mantispidae* (Fig.10.30B). Abdomen alargado, delgado y sin cercos.

En el pasado 3 Subórdenes formaban el Orden *Neuroptera*: *Megaloptera*, *Raphidiodea* y *Planipennia*, este último sinónimo de *Neuroptera*, pero hoy día se consideran Órdenes independientes, aunque relacionados entre sí, formando un grupo monofilético llamado *Neuropterida*.

Neuroptera (=*Planipenia* de Hennig, 1981), es monofilético debido a caracteres que evolucionaron en la larva, aunque se pudiera agregar que la cabeza ortognata (recta), quizás sea un carácter avanzado que apareció secundariamente en algunos adultos de este grupo, ya que los otros *Neuropterida* (*Megaloptera* y *Raphidioptera*), tienen cabeza prognata o hipognata en su estado larval.

Los siguientes caracteres apomórficos en la larva sirven para distinguir al Orden *Neuroptera*, Hennig (1981):

1. Larvas tienen partes bucales adaptadas para agarrar y succionar el contenido del cuerpo de las presas ya que las mandíbulas, así como las lacinias de las maxilas, forman un tubo succionador y la boca está reducida a una hendidura angosta.

2. Larvas sin palpos maxilares.

3. Larvas sin intestinos medio y posterior conectados.

4. Larvas con extremos o puntas de los tubos de Malpighi conectados con el recto (criptonefridia).

Los neurópteros son holometábolos con reproducción sexual; las larvas son activas, del tipo campodeiforme y pupan en un capullo de seda que producen con los tubos de malpighi y secretan a través del ano. Adultos y larvas son depredadores terrestres, aunque algunas formas acuáticas o semiacuáticas se pueden encontrar depredando en el estado larval en el agua. Debido a la falta de conexión entre los intestinos medio y posterior en las larvas, la excreción ocurre en el estado adulto solamente. Algunas construyen trampas en el suelo (Fig.10.30G) para atrapar sus presas (*Myrmeliontidae*), otras han evolucionado para mimetizar la forma de insectos de otros órdenes (Fig. 10.30B) como *Mantispidae*.

Este Orden es cosmopolita, algunas especies tienen importancia como controladores biológicos en el manejo de plagas de ciertos cultivos (*Chrysopidae*). La vida de los neurópteros en la Tierra es muy antigua, gran diversidad de fósiles se han reportado pertenecientes al Período Pérmico. A nivel mundial el número de especies de este Orden se estima en 10.000, de las cuales más de 6.500 han sido descritas.

[1] *Neuroptera* (G): *Neuro, nervios*, en relación a las venas de las alas; *ptera*, alas.

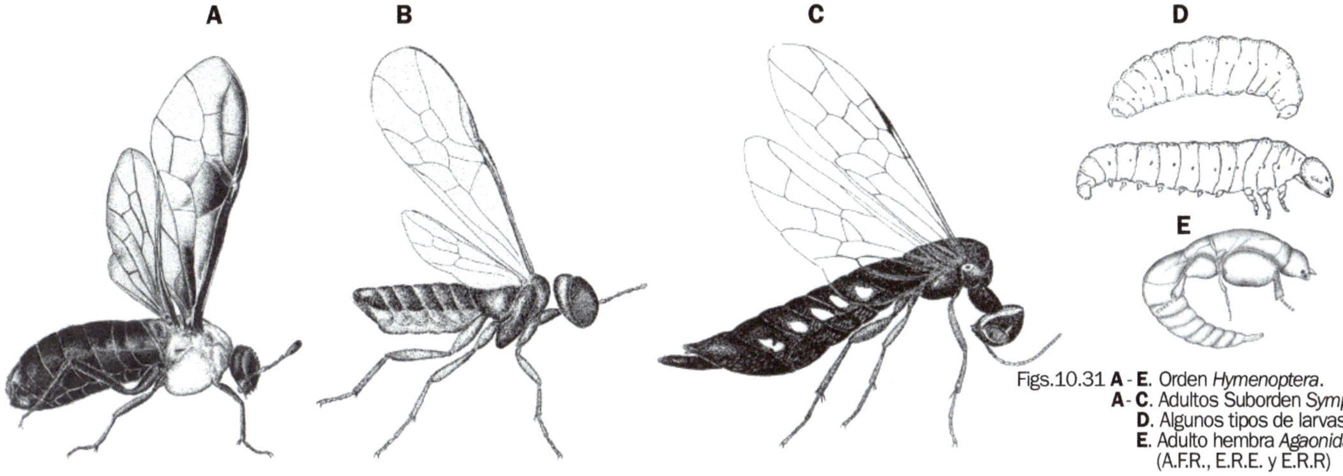

Figs.10.31 **A - E**. Orden *Hymenoptera*.
A - C. Adultos Suborden *Symphyta*.
D. Algunos tipos de larvas.
E. Adulto hembra *Agaonidae*.
(A.F.R., E.R.E. y E.R.R)

Hymenoptera (Figs.10.31A-E,10.32A-G, 10.33A-O y10.34 A-O), es uno de los órdenes más exitoso, numeroso y diverso en morfología, tamaño y hábitos de vida de la Superclase *Hexapoda*; se estima que engloba más del 10% de la diversidad zoológica mundial. Las características que sirven de diagnóstico para identificar al Orden son: acoplamiento de las alas membranosas anteriores y posteriores por medio del hamuli; oviscapto generalmente presente, a veces transformado en un órgano de defensa u ofensa integrando una estructura o aguijón modificado; la mayoría con una constricción entre los segmentos I y II del abdomen.

El tamaño de los himenópteros varía desde diminutos, como los parásitos de huevos de otros insectos que miden menos de un milímetro, hasta verdaderamente grandes, como las avispas arañas de la familia *Pompilidae* cuyo cuerpo sobrepasa los 50 mm de longitud. Cabeza prognata o hipognata, con ojos compuestos y ocelos, aunque estos últimos pueden estar ausentes; antenas de diversos tipos: acodadas, pectiniformes, claviformes, filiformes, entre otras; la inserción de las antenas en la cabeza puede variar con respecto a los ojos, bien por arriba, por debajo o naciendo de una muesca del ojo; aparato bucal masticador o mastico-lamedor. Tórax con dos pares de alas membranosas, alas anteriores más grandes y con mayor venación que las posteriores, acopladas entre sí; algunas especies tienen alas vestigiales o están ausentes; el protórax varía considerablemente en forma. Abdomen variable en forma y tamaño, oviscapto generalmente bien desarrollado, fijo fuera del abdomen o retraído dentro del mismo, saliendo del ápice o del esternito anterior al ápice, puede o no estar modificado como órgano de ofensa y defensa.

Hymenoptera es un Orden monofilético ya que evolucionó diversos caracteres apomórficos (Hennig, 1981; Sharkey, 2007), tales como:

1. Alas anteriores y posteriores acopladas con el hamuli; cada par actúa como una sola área aerodinámica.
2. Las alas posteriores con venación más reducida que en las alas anteriores.
3. Presencia de setas especializadas en los lóbulos anales de las alas posteriores, las cuales sirven para anclar las alas con los cencris del metanoto (pequeñas protuberancias del área dorsal del metatórax en el Suborden *Symphyta*).
4. Machos genéticamente haploides provenientes de huevos no fertilizados y hembras diploides de huevos fertilizados, lo que se denomina reproducción haplodiploide.
5. Área flexible del clípeo bastante esclerotizada.
6. Partes bucales modificadas, complejo labio-maxilar único en su tipo.

Otros caracteres apomórficos que caracterizan al Orden pueden consultarse en Sharkey (2007). Los himenópteros son de los pocos insectos holometábolos con reproducción haplodiploide que evolucionaron hábitos verdaderamente sociales, donde una reina reproduce diferentes castas de individuos hermanos (hembras diploides y machos haploides), los cuales se distribuyen las labores para bien de la sociedad que forman, como es el caso de abejas y hormigas; además en *Hymenoptera* se pueden presentar otros tipos avanzados de comporta-

[1] *Hymenoptera* (G): *Hymen*, membrana, en relación a sus alas membranosas; *ptera*, alas

mientos eusociales, los cuales también han evolucionado en otros grupos.

Hymenoptera ha ocupado una gran cantidad de hábitats terrestres gracias a la gran diversidad existente entre ellos, muchos de los cuales son muy específicos con sus hospederos por lo que han sido catalogados ecológicamente como insectos especialistas que impactan significativamente en el funcionamiento de los ecosistemas. Sin lugar a dudas, esta última característica les ha permitido vivir como artrópodos exitosos y dominantes en el planeta Tierra y hacer de ellos uno de los grupos más numerosos y abundantes entre los insectos.

La mayoría de los himenópteros son beneficiosos, por ejemplo como polinizadores, depredadores, parásitos y parasitoides; para cualquiera de las dos últimas categorías han evolucionado diversas formas de ataque y entre las más especializadas se conoce la inyección en la presa de sustancias paralizantes y de conservación, asegurando el alimento para la sobrevivencia de los hijos que nacen de los huevos depositados sobre o dentro de la presa paralizada; por otro lado, un menor número de especies de himenópteros son fitófagos, otros forman agallas en las plantas donde viven.

Las larvas pueden ser de varios tipos, unas ápodas, otras parecidas a las de *Lepidoptera* pero sin crochets, y por último, hay adultos con apariencia de larvas (Fig. 10.31E).

Por conveniencia, hemos dividido a *Hymenoptera* en dos Subórdenes: *Symphyta* (Figs.10.31A-C y 10.32A-G) y *Apocrita* (Figs.10.33A-O y 10.34A-O), de los cuales el primero es considerado parafilético y el segundo monofilético. De acuerdo a estudios morfológicos, algunas de las Superfamilias incluidas en *Symphyta* no son naturales lo que ha generado diferentes sistemas de clasificación para organizar al grupo. Numerosos estudios moleculares se están llevando a cabo, los cuales en combinación con los morfológicos y la ayuda de fósiles, redundarán en la obtención de un sistema de clasificación estable y natural para este Orden.

Hymenoptera ha vivido en la Tierra por más de 250 millones de años, los fósiles más antiguos corresponden al Período Triásico, mientras que los himenópteros sociales aparecieron en el Período Cretáceo.

A nivel mundial el número de especies de este Orden se estima en 2,5 millones (Sharkey, 2007), de las cuales más de 315.000 ya han sido descritas. Algunos expertos consideran a *Hymenoptera* como el segundo Orden más grande de *Insecta*, mientras *Lepidoptera* ocupa el tercer lugar con cerca de medio millón de especies (Kristensen *et al.* 2007). *Coleoptera* es el más numeroso, sobrepasando las diez millones de especies (Erwin, 1982, 1988, 1997) y Erwin & Geraci (2009).

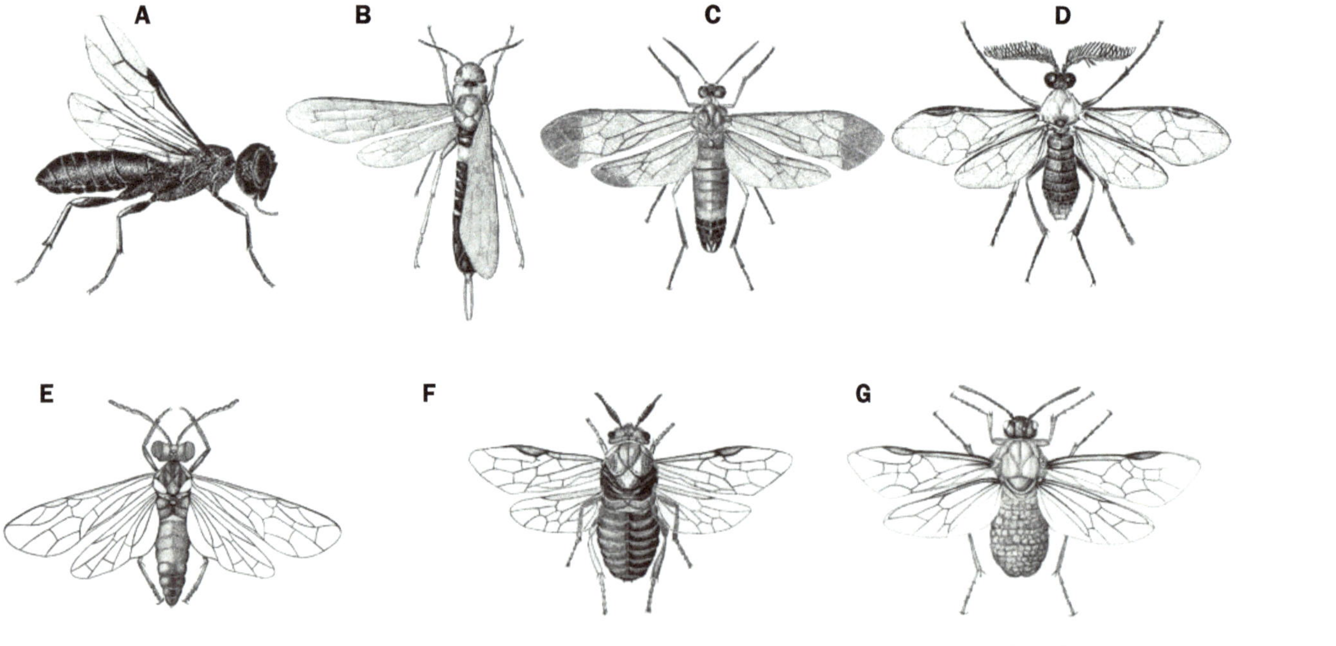

Figs.10.32 **A** - **G**. Orden *Hymenoptera*. Suborden *Symphyta*. (A.F.R., E.R.E. y E.R.R)

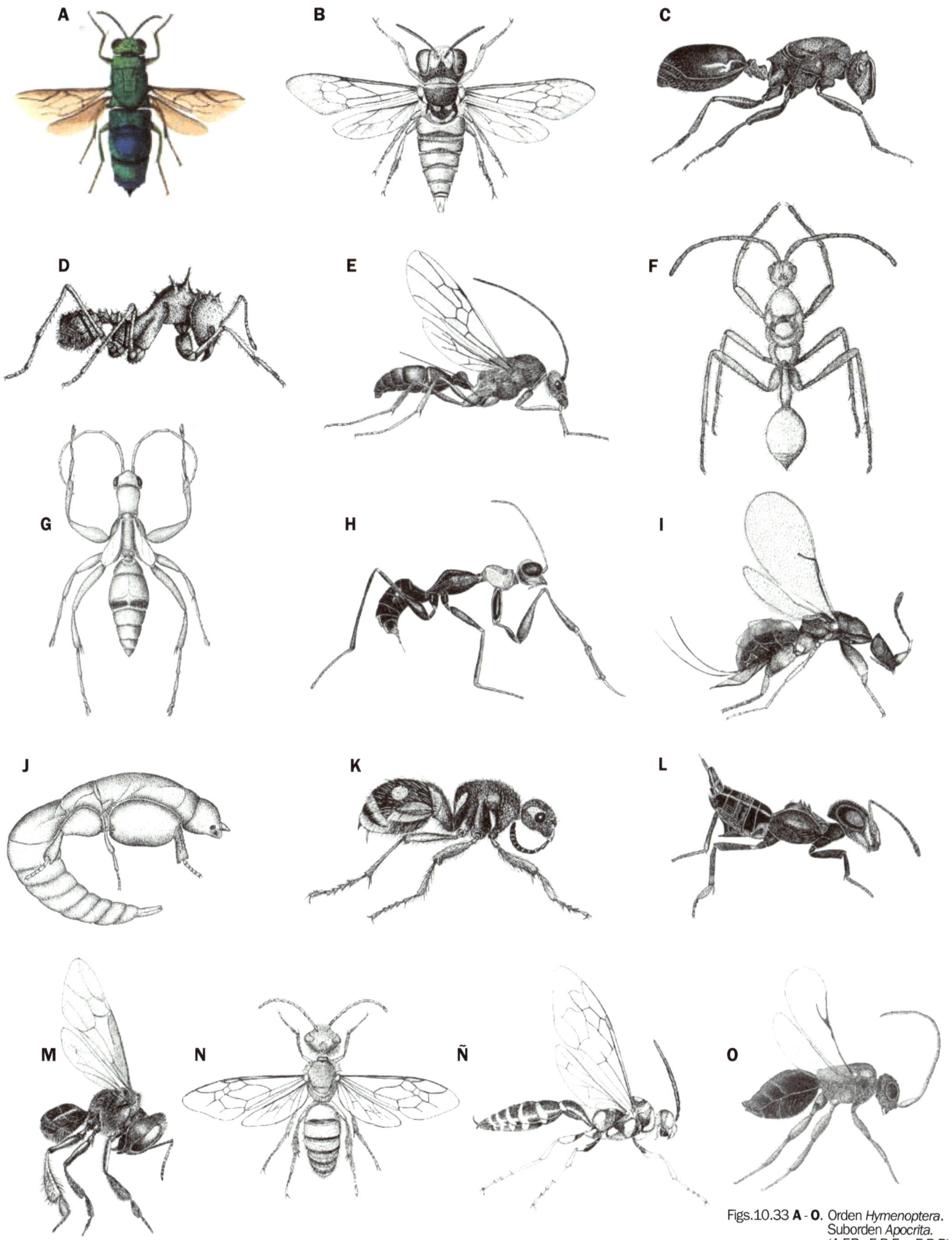

Figs.10.33 **A** - **O**. Orden *Hymenoptera*.
Suborden *Apocrita*.
(A.F.R., E.R.E. y E.R.R)

Figs.10.34 **A** - **O**. Orden *Hymenoptera*. Suborden *Apocrita*. (A.F.R., E.R.E. y E.R.R)

Taxonomía del Orden *Trichoptera*[1] Kirby, 1813
(tricópteros, frigáneas, cádices)

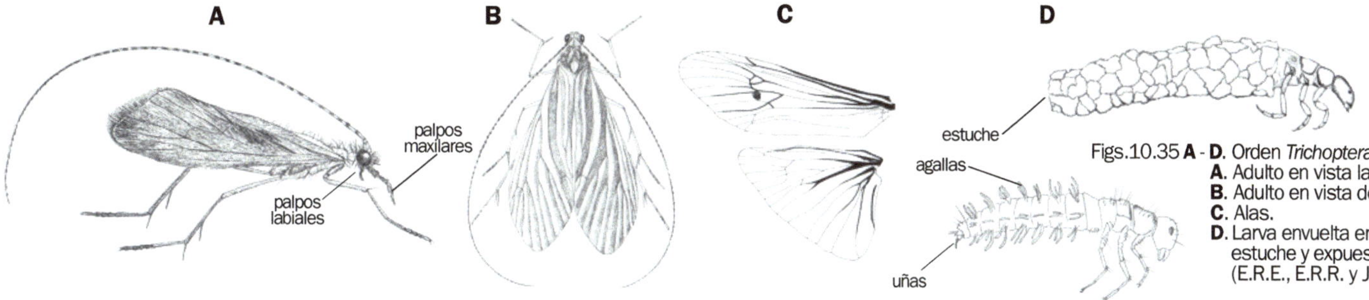

Figs.10.35 **A** - **D**. Orden *Trichoptera*.
A. Adulto en vista lateral.
B. Adulto en vista dorsal.
C. Alas.
D. Larva envuelta en el estuche y expuesta.
(E.R.E., E.R.R. y J.C.)

Trichoptera (Figs.10.35A-D), es un Orden cuyas larvas y pupas se desarrollan en aguas dulces y unas pocas especies se han reportado viviendo en ambientes marinos, pero en regiones fuera del Neotrópico. En apariencia general los adultos parecen polillas de *Lepidoptera* (Figs.10.35A-B), pero en detalle, tienen pelos en sus alas membranosas y raramente escamas. El tamaño varía entre 1.0 y 30.0 mm; coloración generalmente pálida o en tonos marrones, grisáceos, aunque algunas especies tienen colores vistosos y manchas en las alas anteriores. Cabeza con ojos compuestos grandes y ocelos, sin embargo, estos últimos pueden estar ausentes; antenas largas filiformes; aparato bucal poco desarrollado, mandíbulas reducidas, lo cual distingue al orden y donde la hipofaringe, se unen con el labio para formar un haustelo utilizado para absorber o lamer líquidos. Tórax con segmentos definidos; dos pares de alas membranosas con venación generalizada (Fig.10.35C), dispuestas como un techo de dos aguas sobre el abdomen cuando están en reposo; patas largas y delgadas con espinas. Abdomen de 10 segmentos, últimos dos modificados para formar la genitalia externa característica del orden. Larvas eruciformes o campodeiformes, con tres pares de patas torácicas y un par de pseudopatas al final del abdomen provistas de un par de uñas fuertes, lo que las diferencia de otras larvas del tipo eruciformes (Fig.10.35D); son depredadoras o se alimentan de detritos; tejen con seda producida por las glándulas salivales un estuche al cual agregan partículas arenosas o trozos de vegetales para vivir dentro del mismo. Unas pocas son de vida libre y en lugar del estuche, construyen mallas para capturar a sus presas.

Trichoptera es un Orden monofilético que evolucionó los siguientes caracteres apomórficos (Holzenthal, *et al.* 2010):

1. Adultos con mandíbulas reducidas y sin articulación con la cabeza.
2. Adultos con partes bucales únicas en su estilo, integradas en un haustelo en forma de lengua que sirve para lamer y absorber alimentos líquidos; el mismo lo forman la unión de labio e hipofaringe.
3. Larvas acuáticas sin estigmas abiertos, con respiración epidermal, en ocasiones con agallas filamentosas abdominales.
4. Tentorio reducido y delicado en la larva.
5. Propatas ausentes en los segmentos I-IX del abdomen.
6. Segmento abdominal IX de la larva con el tergo bien desarrollado.

Los tricópteros son insectos holometábolos con reproducción sexual. Los adultos son ribereños y viven sobre la vegetación cercana a las corrientes de aguas o lagos, donde pueden capturarse. Se alimentan principalmente de sustancias líquidas. La hembra suelta sus huevos en masa sobre el agua o los pone introduciendo su abdomen adentro de la misma. Ecológicamente las larvas son importantes por ser parte de las mallas alimenticias de los ambientes acuáticos.

Se reconocen dos Subórdenes como monofiléticos, *Annulipalpia* e *Integripalpia*, basados en estudios moleculares de varios fragmentos de genes en combinación con características morfológicas; un tercer grupo, *Spicipalpia*, es considerado parafilético (Holzenthal *et al.* 2010). *Trichoptera* según los fósiles reportados, ha vivido en la Tierra desde el Período Triásico de la Era Mesozoica. A nivel mundial el número de especies de este Orden se estima en 50.000, de las cuales más de 12.000 han sido descritas.

[1] *Trichoptera* (G): *Tricho*, pelo, en relación a sus alas cubiertas de pelos; *ptera*, alas.

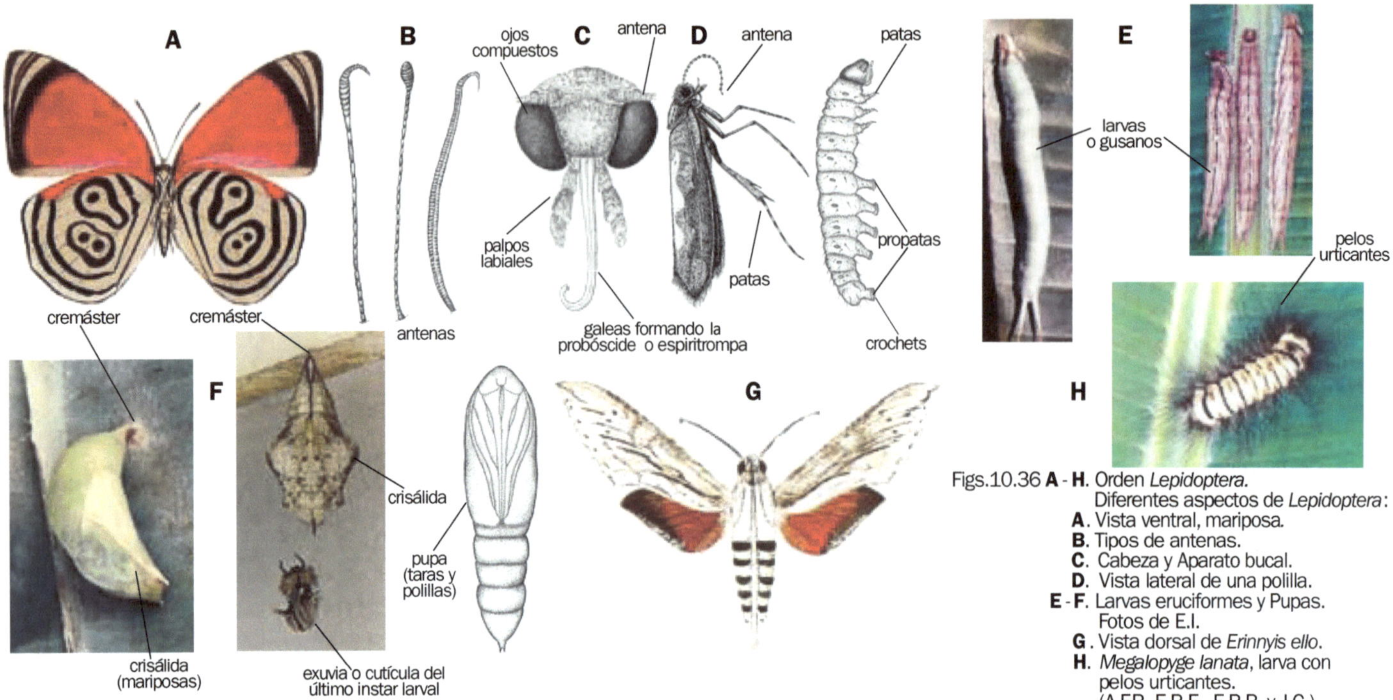

Figs.10.36 **A** - **H**. Orden *Lepidoptera*.
Diferentes aspectos de *Lepidoptera*:
A. Vista ventral, mariposa.
B. Tipos de antenas.
C. Cabeza y Aparato bucal.
D. Vista lateral de una polilla.
E - **F**. Larvas eruciformes y Pupas. Fotos de E.I.
G. Vista dorsal de *Erinnyis ello*.
H. *Megalopyge lanata*, larva con pelos urticantes.
(A.F.R.,E.R.E., E.R.R. y J.C.)

El Orden *Lepidoptera* (Figs.10.36 A-H, 10.37A-F y 10.38A-Q), es el tercer grupo más numeroso en especies de la Clase *Insecta*, pero el primero como fitófagos de Angiospermas (plantas con flores y frutos) en su estado larval. Es un Orden muy popular y llamativo porque como adultos presentan gran variedad de patrones y combinaciones de colores (Fig.10.36A), gracias a las escamas que recubren su cuerpo, principalmente sus alas membranosas. Son comunes, fáciles de observar y en el Neotrópico se encuentra la mayor diversidad con cerca del 50% de las especies.

Los adultos varían en tamaño, desde muy pequeños como ciertas polillas de unos 3mm, hasta muy grandes como el género neotropical *Thysania*, con envergadura alar de 350 mm. Cabeza con ojos compuestos grandes y dos ocelos, a veces estos últimos están ausentes; antenas de diferentes tipos, generalmente largas (Figs.10.36B); aparato bucal chupador de sifón (Fig.10.36C), con las galeas muy desarrolladas en forma de espiral, características del Orden; los más primitivos, tienen partes bucales masticadoras o vestigiales. Tórax con dos pares de alas membranosas recubiertas con escamas, acopladas por medio de diferentes estructuras: yugo, freno y otras (Fig. 10.37A-E), acomodadas como un techo sobre el abdomen cuando están en reposo o perpendiculares al cuerpo; en pocas especies las hembras son ápteras; patas largas y delgadas (Fig.10.36D). Abdomen de 10 segmentos, tímpanos en el primero o segundo segmento abdominal y estigmas en los segmentos I al VIII; sin cercos. Genitalias externa e interna complejas, utilizadas con fines taxonómicos. Larvas eruciformes (Fig.10.36E), con tres pares de patas torácicas y usualmente 5 pares de propatas abdominales que presentan en sus ápices ganchillos llamados croché o crochets. Las larvas de los llamados gusanos medidores tienen menos propatas, mientras que los minadores carecen de patas y propatas. En su mayoría son fitófagos como larvas y también pueden alimentarse de productos almacenados como granos o fabricados por el ser humano, tales como telas, abrigos de pieles y otros materiales. Una minoría pueden ser parásitos de otros insectos y hemos observado a polillas de la Familia *Cosmopterigidae*, depredando a la cochinilla rosada, *Maconellicoccus hirsutus*.

Lepidoptera es un Orden monofilético el cual evolucionó los siguientes caracteres apomórficos:

1. Presencia de pelos modificados como escamas en alas y cuerpo.
2. Aparato bucal chupador de sifón modificado con galeas en forma de espiral.
3. Pérdida del ocelo medio.
4. Cercos ausentes en adultos de ambos sexos.

[1] *Lepidoptera* (G): *Lepido*, escamas, las cuales recubren el cuerpo, alas y apéndices; *ptera*, alas.

En adición a los caracteres mencionados, Kristensen, *et al.* (2007) propone otros 20 caracteres derivados que definen al Orden.

Los lepidópteros son insectos holometábolos, con reproducción sexual, distribuidos en todas las regiones del mundo, exceptuando la Antártica. Adultos, larvas y pupas son terrestres y muy pocos acuáticos; las dos últimas fases viven asociadas a los órganos vegetales de los cuales se alimentan o en el suelo. Las pupas son usualmente del tipo *obtecta* y pueden estar expuestas (Fig. 10.36F) o metidas dentro de un capullo que ellas construyen con las glándulas salivales, transformadas para la producción de seda. La seda también es usada para unir hojas y ramas o atar las crisálidas a los sitios de pupación y para construir el cremáster, el cual representa la unión de la porción apical del abdomen de la crisálida con el lugar donde cuelga (Fig.10.36F). Su potencial reproductivo hace de algunas especies de Familias como *Pyralidae*, *Noctuidae* y otras, plagas agrícolas importantes en su forma larval, ya que algunas hembras ponen huevos en exceso a los 30.000 por día. Por el contrario, los adultos se alimentan del néctar de las flores, de sustancias líquidas o exudados de las plantas y animales; muchos de ellos son polinizadores. La Especie *Bombyx mori* o gusano productor de la seda, históricamente ha sido un importante recurso económico en la economía de algunos países. Otras especies sirven de alimento a los aborígenes de varios continentes y muchas veces, sirven como exquisiteces en lugares como México e Italia. Finalmente, algunas larvas pueden resultar de importancia médica porque sus pelos o setas son irritantes al contacto con la piel, causando dermatitis (Fig.10.36H).

Las mariposas pueden colectarse de día usando mallas, trampas y cebos apropiados para este fin, mientras las taras y polillas se capturan de noche porque son de hábitos nocturnos y las atraen las fuentes de luz.

Dentro del grupo se reconocen cuatro Subórdenes como monofiléticos; de estos, *Glossata* incluye al 98 por ciento o más de todas las especies y para el resto, solamente hay reportada una Familia por Suborden. *Heterobathmiina* está restringido al cono Sur de Sur América; *Aglossata* ocupa Australia y Fiji (Capinera, 2008) y *Zeugloptera* es cosmopolita, lo mismo que *Glossata*.

1. *Zeugloptera* (10.37E).
2. *Aglossata*.
3. *Heterobathmiina* (10.37F).
4. *Glossata* (Figs.10.37A-D y 10.38A-Q).

Los fósiles más antiguos de *Lepidoptera* datan del Período Jurásico de la Era Mesozoica.

A nivel mundial el número de especies de este Orden se estima en cerca de 500.000 (Kristensen *et al.* 2007), de las cuales más de 160.000 han sido descritas.

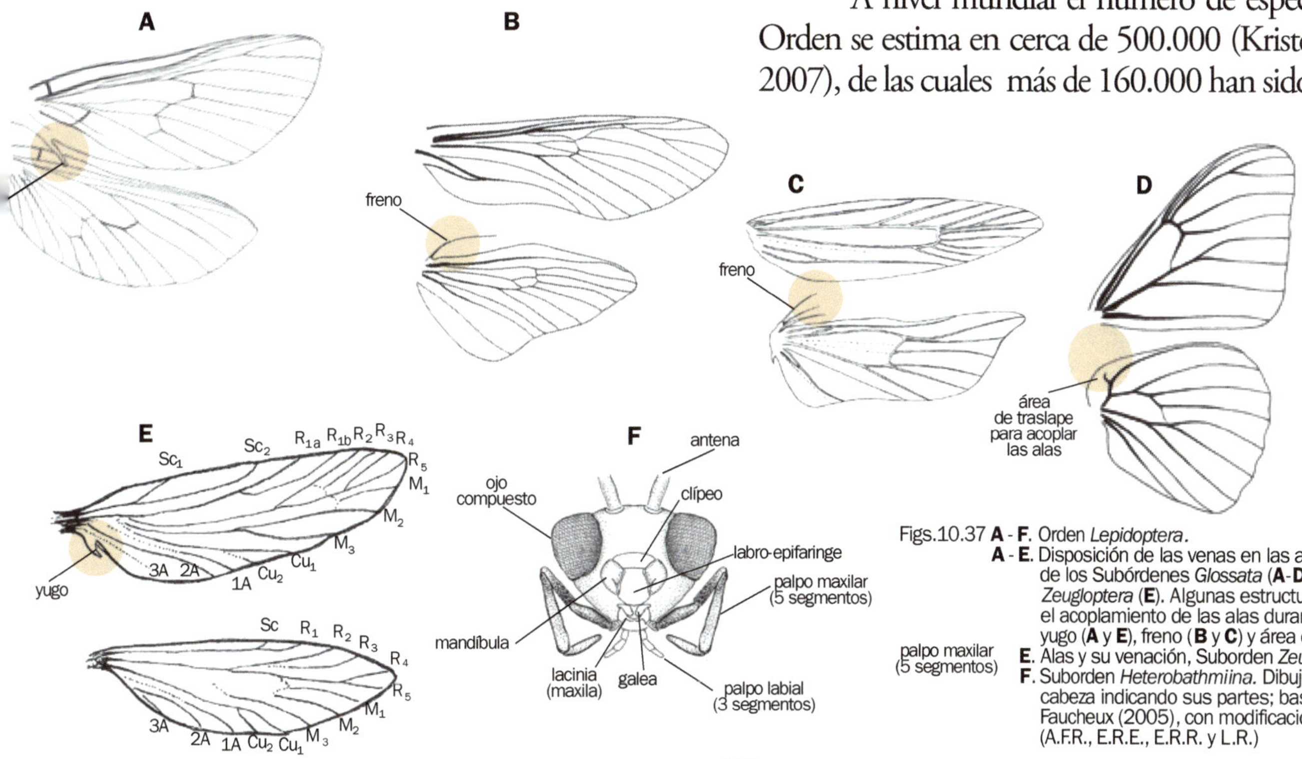

Figs.10.37 **A** - **F**. Orden *Lepidoptera*.
A - **E**. Disposición de las venas en las alas de los Subórdenes *Glossata* (**A**-**D**) y *Zeugloptera* (**E**). Algunas estructuras para el acoplamiento de las alas durante el vuelo: yugo (**A** y **E**), freno (**B** y **C**) y área de traslape (**D**).
E. Alas y su venación, Suborden *Zeugloptera*.
F. Suborden *Heterobathmiina*. Dibujo de la cabeza indicando sus partes; basado en Faucheux (2005), con modificaciones. (A.F.R., E.R.E., E.R.R. y L.R.)

Figs.10.38 **A** - **Q**. Orden *Lepidoptera*. Suborden *Glossata*. (A.F.R., E.R.E. y E.R.R.)

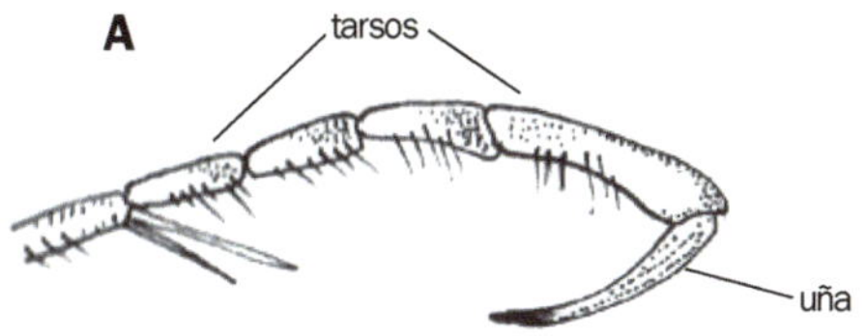

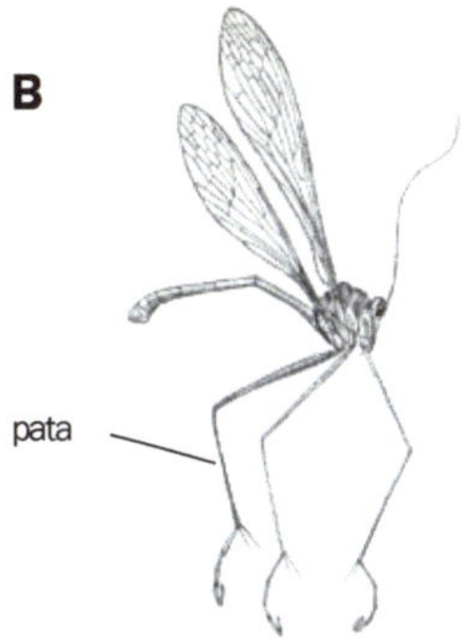

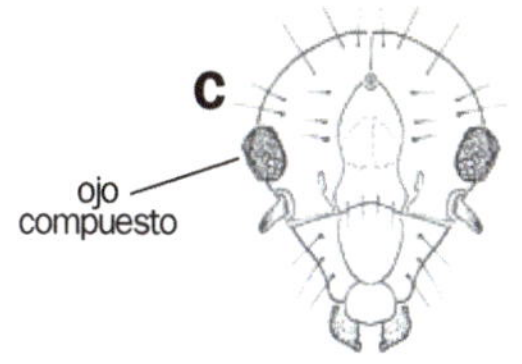

Figs.10.40 **A - C**. Orden *Mecoptera*.
Estructuras de interés:
A. Tarso y uña.
B. Vista lateral del adulto.
C. Cabeza de la larva con ojos compuestos.
(A.F.R., E.R.E. y E.R.R)

Mecoptera (Figs.10.40A-C), es un Orden pequeño y primitivo de insectos neuropteroideos y holometábolos, cuyos ancestros los compartió con Órdenes más recientes como *Diptera* y *Lepidoptera*. Son poco comunes, con adultos que varían de 2.0-35.0 mm de longitud; de colores marrones, amarillentos o negruzcos y alas a veces con manchas oscuras. Cabeza hipognata, generalmente prolongada en un pico gracias a la fusión y extensión del clípeo con el labro después de los ojos compuestos, así como por la extensión de las maxilas y labio en su parte posterior; mandíbulas no alargadas y localizadas al final del pico; algunas especies no evolucionaron el pico alargado; ocelos presentes; antenas largas, filiformes. Tórax con segmentos bien definidos y dos pares de alas membranosas, semejantes en tamaño, grandes, angostas, con venación similar y generalizada; algunas hembras no presentan alas y en su lugar tienen almohadillas esclerotizadas; también en algunos machos se modifican formando ganchos alargados esclerotizados; patas largas y delgadas con tarsos de 5 segmentos, prensil en algunas especies (Figs.10.40A-B). Abdomen con los últimos segmentos modificados en el macho, aparentando ser la cola de un escorpión.

Según Kristensen (1981), el Orden *Mecoptera* es monofilético ya que evolucionó los siguientes caracteres autapomórficos (exclusivos de un sólo taxón):

1. Labro y clípeo fusionados, con la respectiva pérdida de los músculos asociados a ellos.
2. Pérdida de los músculos tentorio-mandibulares.
3. Pérdida de los músculos hipofaringeales.
4. Bases de los gonópodos fusionadas arriba y abajo del aparato copulador del macho.
5. Estigmas metatorácicos no funcionales en larvas.

Son insectos con larvas eruciformes o de otros tipos. Las larvas presentan ojos compuestos, característica compartida sólo con la Familia *Micropterigidae* del Orden *Lepidoptera* (Fig.10.40C). Otras pueden identificarse como escarabeiformes, pero con patas torácicas proyectadas lateralmente; propatas con distribución variable. Son de hábitos terrestres y viven asociadas a musgos, material vegetal y madera en descomposición; también pueden alimentarse de otros artrópodos muertos o de materiales en degradación; algunas larvas son acuáticas pero pupan en el suelo en una cámara que construyen durante el último instar larval.

Reproducción sexual, existiendo dimorfismo en algunas de las especies al encontrarse machos con el último segmento abdominal y genitalia externa de forma bulbosa y aguda distalmente, semejando el aguijón de los escorpiones, de allí el nombre común de moscas escorpión; también pueden presentar alas modificadas para atrapar a la hembra durante la cópula. Los adultos viven sobre o colgados de la vegetación circundante a los cuerpos de agua dulce, especialmente donde predominan ambientes húmedos y sombríos, aunque se han reportado especies viviendo en condiciones semidesérticas. Los adultos se alimentan de polen, musgos, néctar o son cleptoparásitos de insectos atrapados en las telarañas o depredadores de las arañas; otros se alimentan de roedores y batracios muertos.

Es un Orden cosmopolita, aunque con pocas especies. Los fósiles más antiguos datan del Período Pérmico, hace más de 260 millones de años. Por registros existentes se conoce que llegaron a ser insectos numerosos y diversos hasta la Era Mesozoica (Capinera, 2008).

A nivel mundial el número estimado de especies de este Orden es de 600, de las cuales 500 se han descrito.

[1] *Mecoptera* (G): *Meco*, largo, en relación al tamaño de sus alas; *ptera*, alas.

Taxonomía del Orden *Siphonaptera* [1] Latreille, 1825
(sifonápteros, pulgas, tungas)

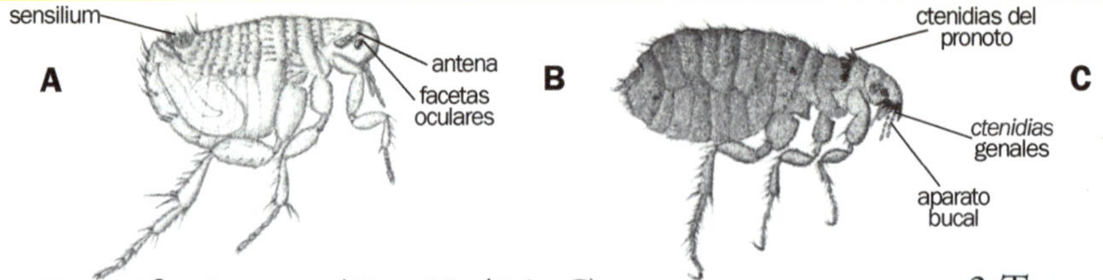

Figs.10.41 **A - B**. Orden *Siphonaptera*. **A - B**. Adultos y algunas estructuras de interés. **C**. Larva. (A.F.R., E.R.E. y E.R.R)

Los sifonápteros (Figs.10.41A-C), son insectos holometábolos que evolucionaron morfológica, biológica y ecológicamente para vivir sobre el hospedero como ectoparásitos hematófagos, tanto de mamíferos como de aves. Los adultos tienen una morfología única e inconfundible con respecto a otros insectos muy pequeños, ya que su cuerpo es lateralmente comprimido, perdieron las alas evolutivamente y sus partes bucales están especializadas para penetrar la piel y chupar la sangre del hospedero.

Los adultos miden entre 1.0 y 10.0 mm; muy esclerotizados, patas metatorácicas saltadoras y colores generalmente oscuros entre marrón, negro o rojo. Cabeza hipognata, pequeña, en forma de casco, generalmente con setas y espinas con aspecto de peine llamadas *ctenidias* genales (Fig.10.41B); ojos atípicos en forma de facetas oculares, los cuales pueden estar presentes o ausentes; ocelos ausentes; antenas muy cortas, escondidas en ranuras o fosas especializadas de la cabeza; aparato bucal chupador con tres órganos punzantes, dos lacinias laterales en forma de navajas y la epifaringe central; estas tres estructuras forman el tubo por donde fluye la sangre; palpos maxilares y labiales bien desarrollados, estos últimos formando una vaina o cubierta de la probóscide. Tórax con *ctenidias* en el margen posterior del pronoto, patas largas con coxas muy desarrolladas, las posteriores diseñadas para saltar; uñas tarsales adaptadas para movilizarse entre pelos o plumas. Abdomen con segmentos I-VII bien definidos, con setas y órgano especial denominado sensilium en el noveno o décimo tergo (Fig.10.41A); este órgano sirve para la detección de hospederos, como sensor de las condiciones ambientales y asistir en la cópula; genitalia del macho muy compleja y de valor taxonómico, genitalia de la hembra simple en apariencia externa. Según Hennig (1981), el Orden *Siphonaptera* es monofilético ya que evolucionó, entre otros, los siguientes caracteres apomórficos:

1. Forma del cuerpo comprimido lateralmente.
2. Tergos y esternos se sobreponen formando una cobertura o armazón protectora cerrada.
3. Completamente ápteros.
4. Ojos compuestos y ocelos ausentes, con facetas oculares atípicas.
5. Patas posteriores muy largas y adaptadas para saltar.
6. Pretarsos sin pulvilos ni empodios, pero con un par de uñas adaptadas para agarrarse de pelos o plumas.

Las pulgas son insectos que se reproducen sexualmente; la hembra pone sus huevos pegajosos en el suelo o en ambientes donde descansa el hospedero o bien, en el nido donde vive; a veces los pone directamente sobre su cuerpo. Las larvas son vermiformes (Fig.10.41C), sin ojos y saprófagas. El último estadio larval produce en sus glándulas labiales fibras sedosas con las cuales construye un capullo que le da protección a la pupa exarate. Sólo los adultos son ectoparásitos obligados; además pueden ser vectores de enfermedades como el tifus causado por *Rickettsia typhi* y la temible peste bubónica causada por la bacteria *Yersinia pestis*; también intermedian cestodos platelmintos, como tenias o solitarias; de estos últimos, *Dipylidium caninum* es endoparásito en los intestinos de humanos, cánidos y félidos.

Por su evolución, asociada a los hospederos de los cuales se alimentan las diferentes especies, se distribuyen en todas las regiones del mundo, incluyendo la Antártica. Los fósiles más antiguos de *Siphonaptera* datan de las épocas tardías del Jurásico o principios del Cretáceo, hace unos 125 -150 millones de años; se dice que tuvieron una evolución paralela con los marsupiales y mamíferos insectívoros.

A nivel mundial, el número estimado de especies de este Orden es de 2.400, de las cuales 2.100 han sido descritas.

[1] *Siphonaptera* (G): *Siphon*, tubo, en relación al aparato bucal diseñado para chupar; *aptera*, sin alas.

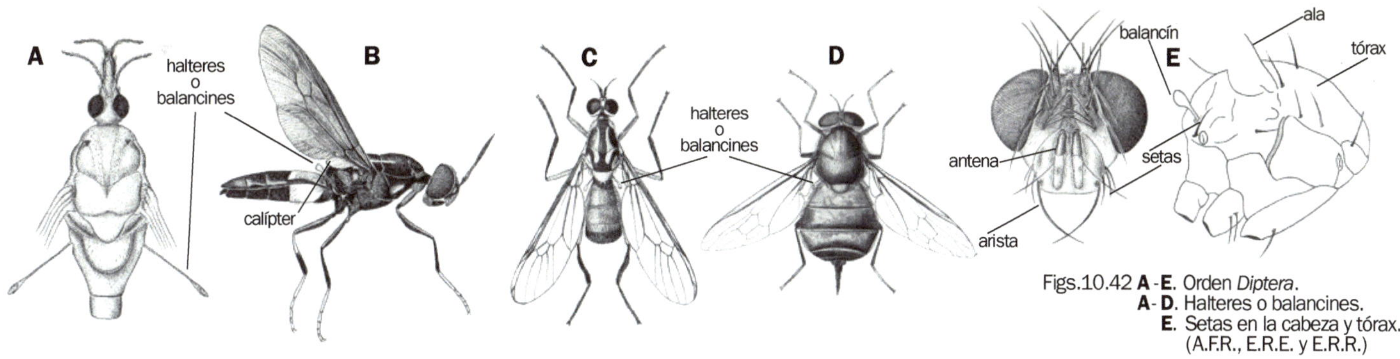

Figs.10.42 **A-E**. Orden *Diptera*.
A-D. Halteres o balancines.
E. Setas en la cabeza y tórax.
(A.F.R., E.R.E. y E.R.R.)

Diptera (Figs.10.42A-E, 10.43A-D, 10.44A-G y 10.45A-O), es uno de los Órdenes de holometábola más numeroso y diverso en morfología, biología, ecología y comportamiento; por otro lado, de gran importancia para la raza humana. La característica más resaltante de este orden es la presencia, en ambos sexos, de dos alas anteriores membranosas y dos estructuras en forma de mazos o garrotes que evolutivamente sustituyeron a las alas posteriores, denominadas halteres o balancines (Figs.10.42A-E). Su éxito en la Tierra se debe a la capacidad y eficiencia en el vuelo gracias a la combinación de alas y balancines, aunque sin duda, la diversidad de partes bucales y hábitos también pueden considerarse responsables de su permanencia y diversidad de especies. Los adultos varían desde menos de un 1.0 mm hasta muy grandes como algunos representantes de la familia neotropical *Pantophthalmidae*, donde el cuerpo del Género *Pantophthalmus* alcanza los 55 mm de longitud (Fig.10.42D).

Cuerpo blando, aunque algunos lo tienen esclerotizado; con una gama de colores llamativos que tienen desde tonos brillantes hasta oscuros. Cabeza hipognata, generalmente grande y muy variable en forma, con setas ubicadas en las diferentes regiones de la misma, las cuales tienen valor taxonómico para la identificación de algunos grupos, lo mismo que las del tórax (quetotaxia); ojos compuestos grandes, pequeños o ausentes, con numerosos omatidios; ocasionalmente se observan diferencias notables entre omatidios dorsales y ventrales; tres ocelos presentes o ausentes; antenas cortas, inconspicuas o largas; de varios tipos: aristadas plumosas, aristadas desnudas, filiformes, plumosas, acodadas o combinando varias características diferentes (Fig.10.43A); incluso las antenas pueden variar en forma entre sexos de una misma especie; aparato bucal de diferentes tipos (Figs.10.43B): picador-chupador (jejenes), perforador-chupador (mosquitos), chupador de esponja o lamedor de esponja (mosca doméstica), cortador-chupador (tábanos) y chupador tipo mosca tse-tsé (hipobóscidos), vestigial o ausente. La longitud y forma de la probóscide está muy relacionada con el tipo de hábito alimenticio; en algunos, la probóscide está retraída en un bolsillo ubicado en la cara ventral de la cabeza cuando no está en uso. Protórax y metatórax menos desarrollados que el mesotórax debido a la presencia en este último de una musculatura interna asociada al par de alas responsable del vuelo; alas con venación muy variable, desde muy reducida hasta generalizada (Fig.10.43D). Los balancines o halteres ejercen el equilibrio y dirección del vuelo, algunas familias no presentan alas anteriores, pero sí tienen balancines, otras no tienen ni alas ni halteres (Fig.10.44A); patas variables con tarsos de cinco segmentos; pretarso variable en forma entre las familias, pero con un par de uñas tarsales, un empodio y dos pulvilos (Fig.10.44C); estas estructuras o algunas de ellas pueden estar ausentes. Abdomen variable en forma, redondeado o agudo distalmente, con genitalia telescópica o normal.

El Orden *Diptera* es sin duda monofilético, ya que evolucionó, al menos, treinta caracteres apomórficos (Hennig, 1981), de los cuales mencionaremos sólo cinco, a saber:

1. Presencia de halteres o balancines en el metatórax.
2. Machos carecen del octavo estigma abdominal.
3. Segmentos apicales de los palpos labiales modificados para formar las labella.
4. Presencia de pseudotraqueas en las labella.
5. Aparato bucal chupador con variantes únicas en sus tipos y adaptadas a sus hábitos alimenticios.

[1] *Diptera* (G): *Di*, dos, en relación a dos alas presentes; *ptera*, alas.

El Orden *Diptera* ha incluido tradicionalmente dos Subórdenes: *Nematocera* (Figs.10.44E-G y 10.45A-D) y *Brachycera* (Figs.10.45E-O); sin embargo *Cyclorrhapha*, considerado como una División dentro de *Brachycera*, hoy se entiende como un Suborden monofiléticos aparte, junto al Suborden *Brachycera*, también monofilético; *Nematocera*, por otro lado, se considera como parafilético. En consecuencia, hasta tanto los especialistas aclaren la situación taxonómica del grupo, no es posible presentar una clasificación definitiva a nivel de Subórdenes y trabajaremos con *Nematocera* y *Brachycera*.

Los dípteros son insectos muy comunes, pero poco apreciados ya que han influido, desde épocas muy remotas, negativamente en la vida del ser humano; sin embargo, hoy día se conoce que un gran número de ellos ejercen un buen control natural o biológico de otros insectos perjudiciales, muchos son polinizadores y el Género *Drosophila*, ha sido responsable de la generación de múltiples conocimientos en citogenética.

Sus hábitos alimenticios son variados y los hay: saprófagos (*Tipulidae*), carroñeros (*Calliphoridae*), coprófagos (*Stratiomyiidae*, *Bibionidae, Muscidae*); hematófagos de animales vertebrados y humanos (*Ceratopogonidae*, *Tabanidae*, *Culicidae*, *Simuliidae*, *Muscidae*, *Psychodidae*); transmisores de enfermedades como la malaria, dengue, fiebre amarilla, encefalitis, disentería, leishmaniasis (*Culicidae*, *Phlebotomidae*, *Muscidae*), entre otros; además de fitófagos directos a las plantas (*Tephritidae*, *Agromyzidae*, *Psilidae*, *Anthomyiidae*); depredadores de otros artrópodos (*Asilidae*, *Bombyliidae*, *Syrphidae*); ecto y endoparasíticos de otros artrópodos, animales vertebrados y de los humanos (*Tachinidae*, *Hippoboscidae*, *Nycteribiidae*, *Oestridae*). Por último encontramos algunos formadores de agallas en la Familia *Cecidomyiidae*.

La reproducción de estos insectos es generalmente sexual y en algunos casos, vía paedogénesis. Son insectos con metamorfosis completa cuyas larvas (Fig.10.44D) son vermiformes: ápodas con cabeza (eucéfala, hemicéfala) o sin cabeza (acéfala), muchas de ellas modificadas para adaptarse a sus hábitos de vida y las pupas son del tipo *obtecta* y *coarctate*, en este último caso, la pupa se mantiene dentro de la envoltura que forma la cutícula del último instar larval, la cual se denomina pupario (Fig.10.44E). En cuanto a los hábitos de vida, son terrestres o acuáticos, con grandes variaciones morfológicas diseñadas para adaptarse a los nichos ecológicos que ocupan las diferentes especies. Se distribuyen en todas las regiones del mundo, excepto la Antártica. Los fósiles más antiguos de *Diptera* datan de finales del Período Pérmico de la Era Paleozoica, hace 240 millones de años; fósiles más recientes corresponden a principios del Triásico de la Era Mesozoica y los más modernos pertenecen al Período Jurásico.

A nivel mundial, el estimado de especies de este Orden es de 240.000, existiendo divergencias entre los especialistas en cuanto al número de especies descritas, las cuales varían entre 98.000 y 158.000.

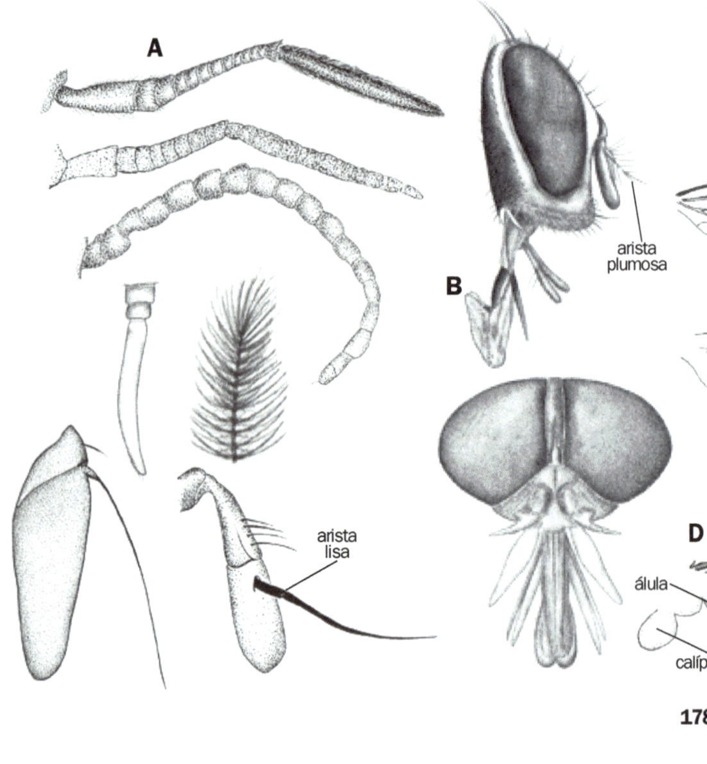

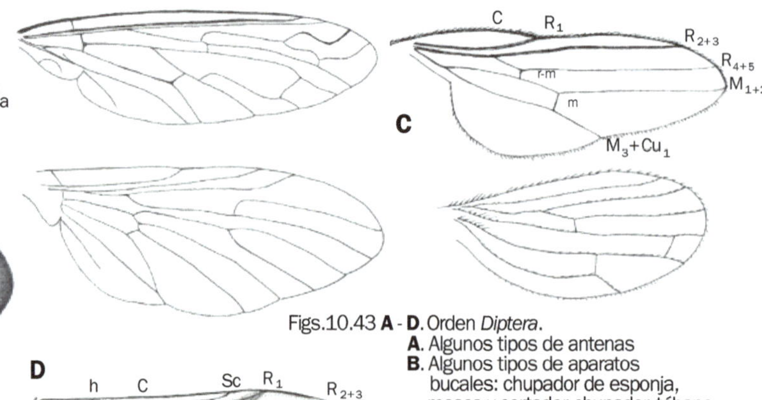

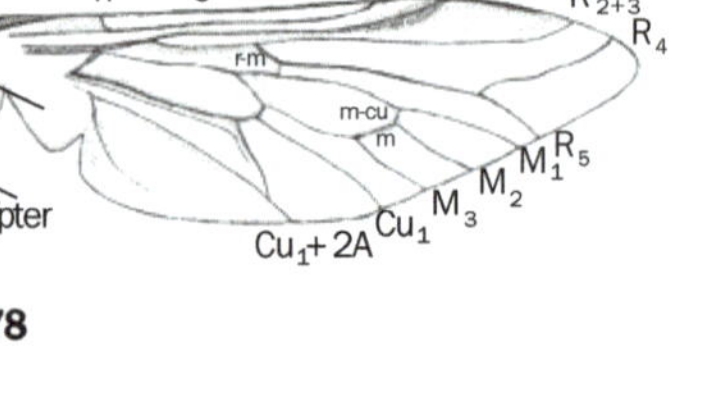

Figs.10.43 **A** - **D**. Orden *Diptera*.
A. Algunos tipos de antenas
B. Algunos tipos de aparatos bucales: chupador de esponja, mosca y cortador-chupador, tábano.
C. Venación y otras estructuras en alas de *Diptera*: venación generalizada, columna izquierda; reducida, columna derecha.
D. Venación generalizada, calípter y álula.
(A.F.R., E.R.E. y E.R.R)

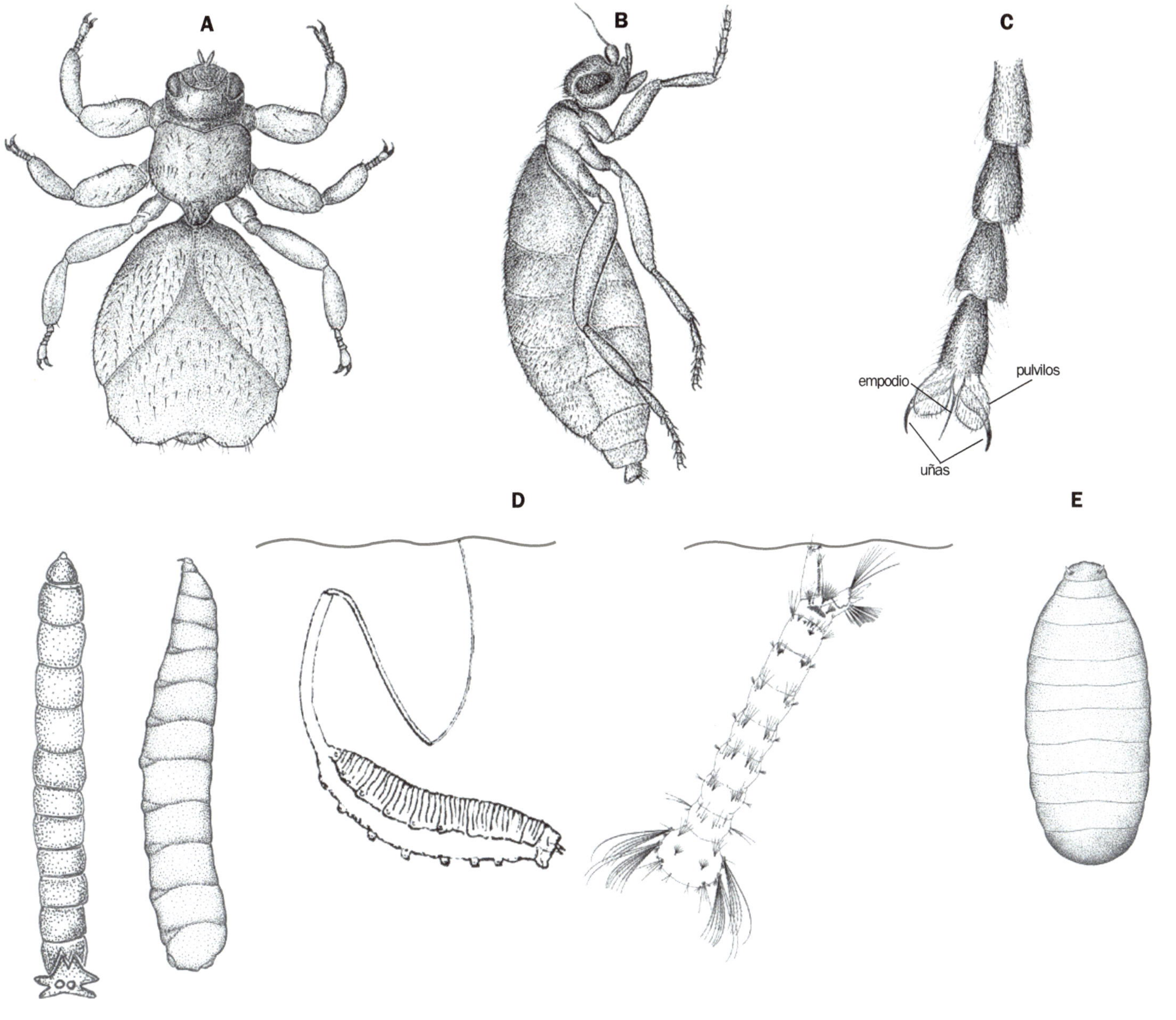

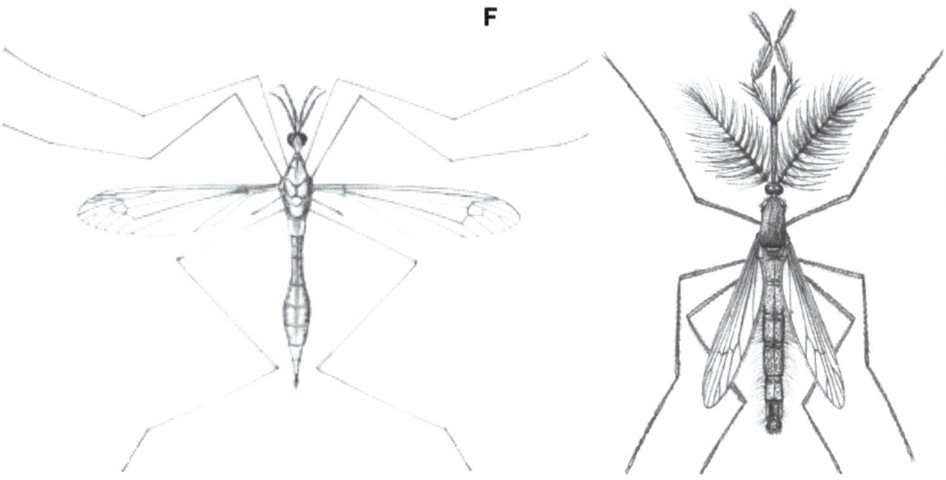

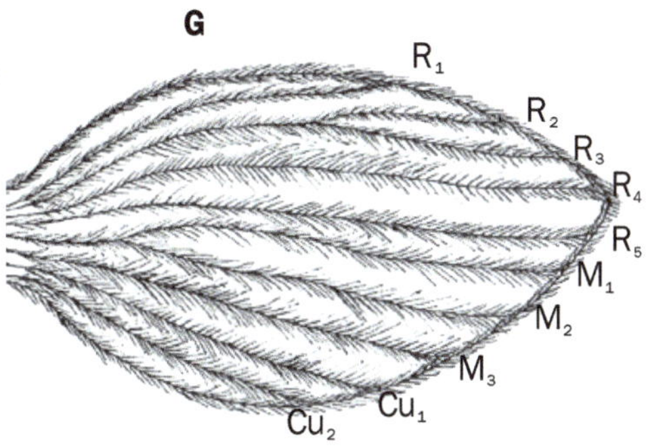

Figs.10.44 **A** - **G**. Orden *Diptera*.
A - **B**. Dípteros sin alas.
C. Pretarso y sus estructuras.
D. Tipos de larvas.
E. Pupa coartate-pupario.
F- **G**. Suborden *Nematocera*:
G. Ala y venación de *Psychodidae*.
(A.F.R., E.R.E. y E.R.R)

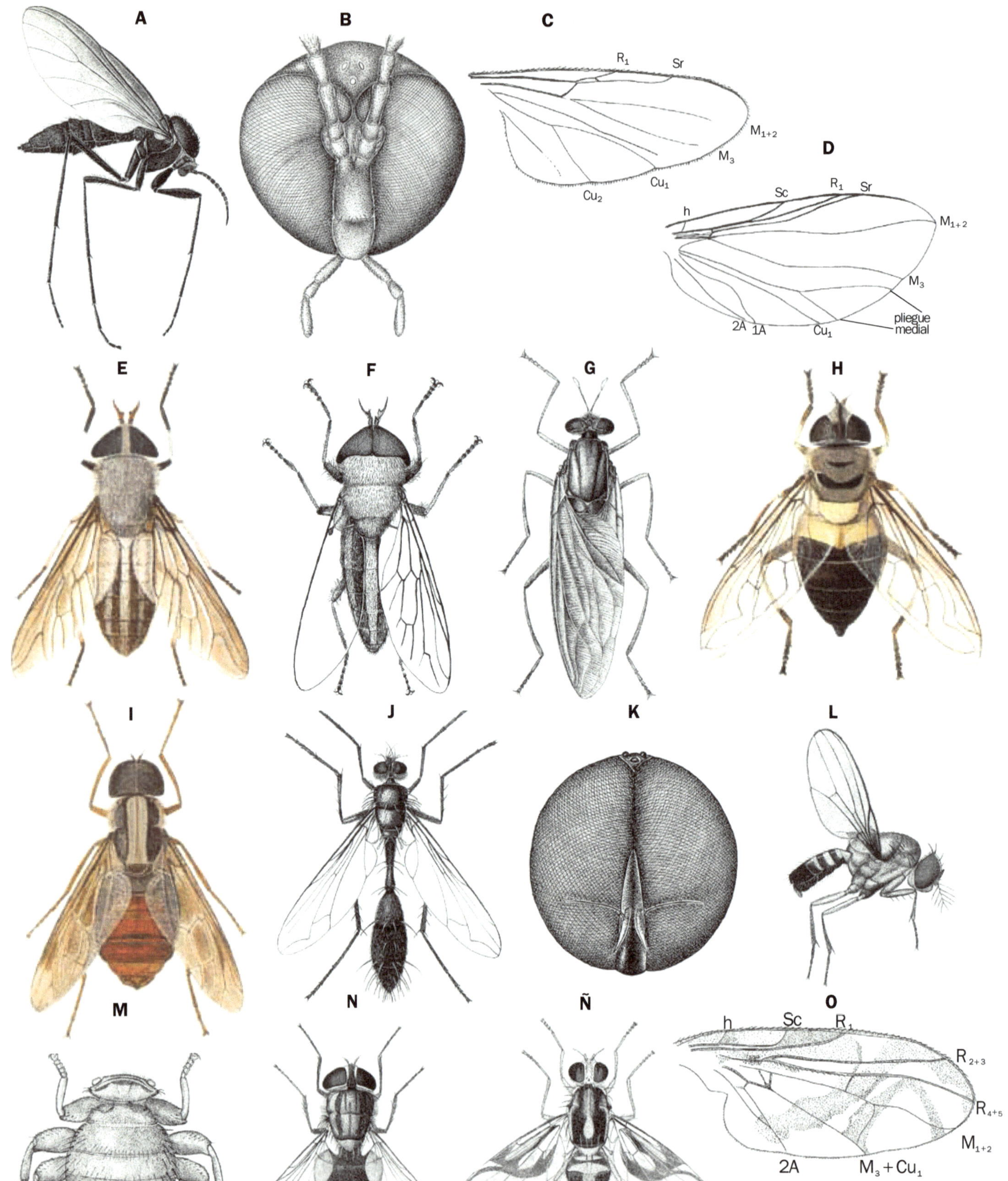

Figs.10.45 **A** - **O**. Orden *Diptera*.
A - **D**. Suborden *Nematocera*:
C. Ala y venación, *Ceratopogonidae*.
D. Ala y venación, *Simuliidae*.
E - **O**. Suborden *Brachycera*:
O. Ala y venación, *Tephritidae*.
(A.F.R., E.R.E. y E.R.R)

Referencias

Las citas bibliográficas presentadas son las consideradas por los autores de este volumen como apropiadas para el capítulo 10 y fueron divididas en dos grupos: el primero, representado por obras de carácter general y el segundo, por referencias específicas para cada orden y algunas superfamilias, sin llegar a profundizar en el estudio de familias o categorías taxonómicas de niveles inferiores, salvo ciertas excepciones. Para evitar repeticiones, las citas bibliográficas que aparecen en el desarrollo del presente capítulo, deben buscarse en ambos grupos.

E.R.E. y M.Q. de G.

GENERALES

Askew, R.R. (1971) Parasitic insects. American Elsevier Publishing, New York. 316 p.

Barrientos J.A. (ed) (2004) Curso Práctico de Entomología. Asociación Española de Entomología, Centro Iberoamericano de la Biodiversidad (CIBIO), Universidad de Alicante, Universidad Autónoma de Barcelona, Barcelona, España. 953 p.

Borror, D.J. & R.E. White (1970) A field guide to insects: America North of México. Houghton Mifflin, Boston, Massachusetts. 404 p.

Boudreaux, H.B. (1979) Arthropod phylogeny, with special reference to insects. Wiley Interscience, New York. 320 p.

Briceño V., A.J. (2007) Importancia agrícola de los principales insectos plagas en los Andes venezolanos. Consejo de Estudios de Postgrado (CEP), Facultad de Ciencias Forestales y Ambientales, Universidad de los Andes, Mérida, Venezuela. 387 p.

Brues, C.T., A.L. Melander & F.M. Carpenter (1954) Classification of the Insects. Keys to the living and extinct families of other terrestrial arthropods. Bulletin of the Museum of Comparative Zoology 108: 1-797.

Capinera, J.L. (ed) (2008) Encyclopedia of Entomology, 2nd edn. Springer, Dordrecht, The Netherlands. 4346 p.

Costa Lima, A.M. da (1938-1963) Insetos do Brasil, Serie Didactica, 12 Tomos. Escola Nacional de Agronomia. Rio de Janeiro, Brasil. 4206 p.

Cracraft, J. & M.J. Donogue (2004) Assembling the tree of life. Oxford University Press, New York. 576 p.

CSIRO (1991) The insects of Australia. A textbook for students and research workers, vol. I, 2nd edn. Cornell University Press, Ithaca, New York. 543 p.

Elzinga, R.J. (2003) Fundamentals of Entomology, 6th edn. Prentice Hall, New Jersey. 512 pp.

Foottit, R. & P.H. Adler (eds) (2009) Insect biodiversity. Science and Society. John Wiley and Sons, Hoboken, New Jersey. 632 p.

Giachino, P.M. (ed) (2008) Biodiversity of South America I. In: Memoirs on Biodiversity, vol. I. (managing ed Gianfranco Caoduro), World Biodiversity Association, Verona, Italia. 1496 p.

Gillot, C. (1995) Entomology, 2nd edn. Springer, New York. 798 p.

Grimaldi, D.A. & M.S. Engel (2005) Evolution of insects. Cambridge University Press, New York. 755 p.

Gullan, P.J. & P. S. Cranston (2010) The insects. An outline of Entomology, 4th edn. John Wiley, New York. 565 p.

Hennig, W. (1973) Ordnung Diptera (Zweiflugler). In: Handbuch der Zoologie (eds J.G. Helmcke, D. Starck & H. Wermuth), pp. 1-337. De Gruyter, Berlin & New York.

Hennig, W. (1981) Insect Phylogeny. John Wiley, New York. 514 p.

Hogue, C.L. (1993) Latin American insects and entomology. University of California Press, Berkeley, California. 536 p.

Hurlbert, S.H., G. Rodríguez & N. Dias dos Santos (eds) (1981) Aquatic biota of tropical South America, Pt. 1. Arthropoda. San Diego State University, San Diego. 323 p.

Hurlbert, S.H. & A. Villalobos Figueroa (eds) (1982) Aquatic biota of Central America, México and the West Indies. San Diego State University, San Diego, California. 529 p.

Imms, A. D. (1964) A general textbook of entomology: Including the anatomy, physiology, development, and classification of Insects, 9th edn. Methuen, London. 886 p.

Kristensen, N.P. (1981) Phylogeny of insect orders. Annual Review of Entomology 26: 135-157.

Kristensen, N.P. (1991) Phylogeny of extant hexapods. In: The insects of Australia: A textbook for students and research workers, 2nd edn. (CSIRO), pp. 125-140. Melbourne University Press, Carlton, Australia.

Kristensen, N.P. (1999) Phylogeny of endopterygote insects, the most successful lineage of living organisms. European Journal of Entomology 96: 237-253.

Kukalová-Peck, J. (1991) Fossil history and the evolution of hexapod structures. In: The insects of Australia: A textbook for students and research workers, 2nd edn. (eds. I. D. Naumann, P. B. Carne, J.F. Lawrence, E.S. Nielsen, J.P. Spradberry, R.W. Taylor, M.J. Whitten & M.J. Littlejohn), pp. 141–179. Melbourne University Press, Carlton, Victoria.

Kluge N.J. 2004-2010. *Nomina circumscribentia insectorum*. Catalogue of circumscriptional names of arthropod taxa (World Wide Web electronic database). http://www.insecta.bio.pu.ru/z/nom

Labandeira, C.C. (1999) Insects and other hexapods. In: Encyclopedia of Paleontology, vol 1 (A-L) (ed R. Singer), pp. 603-624. Fritzroy Dearborn Publishers, Chicago.

Linnæi, C. (1758) (En Latín) *Systema naturae per regna tria naturae: secundum classes, ordines, genera, species, cum characteribus, differentiis, synonymis, locis*, tomo I, 10th edn. (ed L. Salvii). Holmiae, Impensis Direct, Stockholm, 911 p. http://www.biodiversitylibrary.org/bibliography/542

Marshall, S.A. (2006) Insects: Their natural history and diversity. With a photographic guide to insects of eastern North America. Firefly Books, Buffalo, New York. 720 p.

May, R.M. (1988) How many species are there on Earth? Science 241: 1441-1449.

May, R.M. (1992) How many species inhabit the Earth? Scientific American 267: 42-48.

Mullen, G. & L. Durden (eds) (2009) Medical and Veterinary Entomology, 2nd edn. Academic Press, Elsevier Science, San Diego, California. 597 p.

Osuna, E. (1995) Morfología del exoesqueleto de los insectos, vol I: Origen y evolución, el exoesqueleto. Universidad Central de Venezuela, Consejo de Desarrollo Científico y Humanístico, Talleres de Anauco Ediciones, Caracas. 459 p.

Peck, S.B. (2001) Smaller orders of insects of the Galápagos Islands, Ecuador: Evolution, ecology, and diversity. NCR Research Press, Ottawa, Canada. 278 p.

Resh, V.H. & R.T. Cardé (eds) (2009) Encyclopedia of insects, 2nd edn. Elsevier, San Diego, California. 1132 p.

Richards, O.V. & R.G. Davies (1977) Imms' general textbook of entomology, vol 1, 10 edn. Chapman and Hall, London. 1357 p.

Rivera-Usme, J.J., D.L. Camacho-Pinzón & A. Botero-Botero (2008) Estructura numérica de la entomofauna acuática en ocho quebradas del Departamento del Quindío-Colombia. Acta Biológica Colombiana 13(2): 133-146.

Snodgrass, R.E. (1993) Principles of insect morphology. Cornell University Press, New York. 768 p.

Stork, N.E. (1988) Insect diversity: Facts, fiction, and speculation. Biological Journal of the Linnean Society 35: 321- 337.

Torre-Bueno, J.R. de la (1989) The Torre-Bueno glossary of entomology, 2nd edn. The New York Entomological Society in cooperation with the American Museum of Natural History, New York. 840 p.

Triplehorn, C.A. & N. Johnson (2005) Borror and DeLong's Introduction to the Study of Insects, 7th edn. Thomson Brooks/Cole, Belmont, California. 864 p.

Wheeler, W.C., M. Whiting, Q.D. Wheeler & J.M. Carpenter (2001) The phylogeny of the extant hexapod orders. Cladistics 17: 113-169.

Wheeler, W.C. (2001) Homology and DNA sequence data. In: The character concept in evolutionary biology (ed G.P. Wagner), pp. 303-338. Academic Press, New York.

Zrzavy, J. (2008) Four chapters about the monophyly of insect "orders": A review of recent phylogenetic contributions. Acta Entomologica Musei Nationalis Pragae 48(2): 217-232.

ENTOGNATHA

COLLEMBOLA

Banasco Almentero, A.J. & M.A. Zorrilla (1993) Lista de las especies de colémbolos (*Insecta*, *Apterygota*) de Cuba. Poeyana 433:1–7.

Bellinger, P.F., K.A. Christiansen & F. Janssens (1996-2008) Checklist of the *Collembola* of the World. http://www.collembola.org/

Bellinger, P.F. (1985) A new family of *Collembola* (*Arthropoda*, *Tracheata*). Caribbean Journal of Science 21(3-4): 117-123.

Cassagnau, P. (1963) Collemboles d´Amerique du Sud. II *Orchesellini*, *Paronellinae*, *Cyphoderinae*. Biologie de l' Amérique Australe 1: 139-184.

Christiansen, K. (1964) Bionomics of *Collembola*. Annual Review of Entomology 9: 147-178.

Culik, M. & D.F. Zeppelini (2003) Diversity and distribution of *Collembola* (*Arthropoda*: *Hexapoda*) of Brazil. Biodiversity and Conservation 12: 1119-1143.

Díaz Aspiazu, M., V. González C., J.G. Palacios V. & M.J. Luciáñez S. (2004) Clave dicotómica para la determinación de los colémbolos de Cuba (*Hexapoda*: *Collembola*). Boletín de la Sociedad Entomológica Aragonesa (34): 73-83.

Gange, A. (2000) Arbuscular mycorrhizal fungi. *Collembola* and plant growth. Trends in Ecology & Evolution 15: 369–372.

Ghiradella, H. & W. Radigan (1974) Collembolan Cuticle: Wax layer and antiwetting properties. Journal of Insect Physiology 20(2): 301-306

Greenslade, P. (1991) *Collembola*. In: The insects of Australia: A textbook for students and research workers, 2nd edn. (CSIRO), pp. 252-264. Melbourne University Press, Carlton, Victoria.

Heckman, C.W. (2001) Encyclopedia of South American aquatic insects: *Collembola*. Illustrated keys to known families, genera, and species in South America. Kluwer Academic Publishers, The Netherlands. 418 p.

Hoffmann, A., J. G. Palacios-Vargas, and J. B. Morales-Malacara (1986) Manual de Biospeleología (con nuevas aportaciones de Morelos y Guerrero, México). Universidad Nacional Autónoma de México, México, D.F. 274 p.

Hopkin, S. (1997) The Biology of the Springtails (*Insecta*: *Collembola*). Oxford University Press, New York. 330 p.

Hopkin, S. (2002) The biology of the *Collembola* (Springtails): The most abundant insects in the world. The Natural History Museum. Fathom Knowledge Network. http://www.fathom.com/feature/122603/

Maddison, D.R. (2002) *Collembola*. Springtails. Tree of Life Web Project. htp.//tolweb.org/*Collembola*/8202/2002/.01.01

Mari Mutt, J.A. (1976) The genera of *Collembola* (*Insecta*) in Puerto Rico: Keys, diagnoses, and general comments. Journal of Agriculture of the University of Puerto Rico 60(1): 113-128.

Mari Mutt, J.A. & P.F. Bellinger (1990) The Catalog of the Neotropical *Collembola*, Flora & Fauna Handbook, no. 5. Sand Hill Crane Press, Gainesville. Florida. 237 p.

Mari Mutt, J.A. & P.F. Bellinger (1996) Supplement to the catalog of the neotropical *Collembola*, August 1989 to april 1996. Caribbean Journal of Science 32(2): 166-175.

Mari Mutt, J.A., P.F. Bellinger & F. Janssens (1997-2011) Checklist of the *Collembola*: Supplement to the catalog of the Neotropical *Collembola* May 1996 to 2012. http://www.collembola.org/publicat/neotrcat.htm

Nadkarni, N.M. & J.T. Longino (1990) Invertebrates in Canopy and Ground Organic Matter in a Neotropical Montane Forest, Costa Rica. Biotropica 22(3): 286-289.

Palacios-Vargas, J.G. (1990) Diagnosis y clave para determinar las familias de los *Collembola* de la región Neotropical. Manuales y Guías para el Estudios de Microartrópodos. Universidad Nacional Autónoma de México, UNAM, México. 15 p.

Palacios-Vargas, J.G. (1997) Catálogo de los *Collembola* de México. Facultad de Ciencias, Universidad Nacional Autónoma de México, UNAM, México. 119 p.

Palacios-Vargas, J.G. (2002) La distribución geográfica de los *Collembola* en el mundo subterráneo. Boletín de la Sociedad Venezolana de Espeleología 36: 1-5.

Rapoport, E.H. (1971) The geographical distribution of Neotropical and Antartic *Collembola*. Pacific Insects Monograph 25: 99-118.

Ulrich, G. (1997) *Collembola* in Central Amazon inundation forests strategies for surviving floods. Pedobiologia 41(1-3): 69-73.

Verhoef, H.A. & J. Witteveen (1980) Water balance in *Collembola* and its relation to habitat selection; cuticular water loss and water uptake. Journal of Insect Physiology 26(3): 201-208.

PROTURA

Krauss, J. & W. Funke (1999) Extraordinary high density of *Protura* in a windfall area of young spruce plants. Pedobiologia 433: 44-46.

Kukalová-Peck, J. (1991) Fossil history and the evolution of hexapod structures. In: The Insects of Australia: A textbook for students and research workers, vols I & II, 2nd edn. (eds I. D. Naumann, P. B. Carne, J. F. Lawrence, E. S. Nielsen, J. P. Spradberry, R. W. Taylor, M. J. Whitten & M. J. Littlejohn), pp. 141–179. Melbourne University Press, Carlton, Victoria.

Nosek, J. (1978) First two records of *Protura* (*Insecta*) from the Dominican Republic with synopses of both species. The Journal of Agriculture of the University of Puerto Rico 62(3): 305-308.

Pass, G. & N.U. Szucsich (2011) 100 year of research on the *Protura*: Many secrets still retained. Soil organisms 83(3): 309-334.

Szeptycki, A. (2002) The taxonomy of *Protura* - present status and future problems. Pedobiologia 46: 209-214.

Szeptycki, A. (2007) Catalogue of the World *Protura*. Acta Zoológica Cracoviensia, Serie B Invertebrata 50B (1): 1-210.

Szeptycki, A. & J.C. Bedano (2005) Faunistic records of proturans from Argentina (*Insecta*: *Protura*). Neotropical Entomology 34(5): 853-854.

Tuxen, S.L. (1964) The *Protura*. A revision of the species of the world with keys for determination. Hermann, Paris. 360 p.

Tuxen, S.L. (1977) Ecology and zoogeography of the Brazilian *Protura* (*Insecta*). Studies on Neotropical Fauna and Environment 12(4): 225-247.

Yin, W.Y. (1984) A new phylogeny of *Protura* with approach to its origin and systematic position. Scientia Sinica, Serie B 27: 149-160.

Yin, W.Y., R. Dallai & L.Z. Xue (1989) Sperm evolution in *Protura*. In: Proceedings of the 3rd International Seminar on *Apterygota* (ed R. Dallai), pp. 195-198. University of Siena, Italia.

DIPLURA

Amat-García, G. & F. Fernández (2011) La diversidad de insectos (*Arthropoda*: *Hexapoda*) en Colombia I. *Entognatha* a *Polyneoptera*. Acta Biológica Colombiana 16(2): 205-220.

Condé, B. & J. Pagés (1991) *Diplura*. In: The Insects of Australia: A textbook for students and research workers, 2nd edn. (eds I.D. Naumann, Carne, J.F. Lawrence, E.S. Nielsen, S.P. Spradberry, R.W. Taylor, M.J. Whitten & M.J. Littlejohn), pp. 269-271. Melbourne University Press, Carlton, Victoria.

Ferguson, L.M. (1990) Insecta: *Diplura*. In: Soil biology guide (ed. D.L. Dindal), pp. 951-963. John Wiley & Sons, New York.

Kukalová-Peck, J. (1987) New Carboniferous *Diplura*, *Monura* and *Thysanura*, the hexapod ground plan and the role of thoracic side lobes in the origen of wings (*Insecta*). Canadian Journal of Zoology 65: 2327-2345.

Maddison, D.R. (1995) *Diplura*. Tree of Life Web Project. http://tolweb.org/tree?group=*Diplura*&contgroup=Hexapoda

Meyer, J.R. (2001) *Diplura*. Department of Entomology, NC State University. http://www.cals.ncsu.edu/course/ent425/compendium/diplura.html

Palacios-Vargas, J.G. (2000) *Protura* y *Diplura*. In: Biodiversidad, taxonomía y biogeografía de artrópodos de México. Hacia una síntesis de su conocimiento (eds J.E. Llorente Bousquets, S. González y N. Papavero), pp. 275-281. Facultad de Ciencias, UNAM, CONABIO y BAYER. México.

Reddell, J.R. (1983) A checklist and bibliography of the *Japygoidea* (*Insecta*: *Diplura*) of North America, Central America, and the West Indies. Pearce-Sellards Series, No. 37, Texas Memorial Museum, University of Texas, Austin, Texas. 41 p.

Reddell, J.R. (1985) A checklist and bibliography of the *Japygoidea* (*Insecta*: *Diplura*) of Southamerica. Pearce-Sellards Series, No. 42, Texas Memorial Museum, University of Texas, Austin, Texas. 34 p.

Synopsis of the described *Diplura* of the World (2006) Department of Entomology, Texas A&M University, Texas. http://insects.tamu.edu/research/collection/hallan/Arthropoda/Insects/*Diplura*/Family/*Diplura*1.htm

Wygodzinsky, P. (1987) Class and order *Diplura*. In: Immature Insects, vol 1. (ed F.W. Stehr), pp. 65-67. Kendall/Hunt, Dubuque, Iowa.

INSECTA

ARCHAEOGNATHA

Bitsch, J. & A. Nel (1999) Morphology and classification of the extinct *Archaeognatha* and related taxa (*Hexapoda*). Annales de la Société Entomologique de France 35: 17-29.

Labandeira, C.C., B.S. Beall & F.M. Hueber (1988) Early insect diversification: Evidence from a Lower Devonian bristletail from Québec. Science 242: 913-916.

Maddison, D.R. (2004) *Archaeognatha*. Bristletails. Tree of life Web Project http://tolweb.org/*Archaeognatha*/8207/2002.01.01

Mendes, L.F. (2002) Taxonomy of *Zygentoma* and *Microcoryphia*: Historical overview, present status and goals for the new millennium. Pedobiologia 46: 225-233.

Minter, N.J. & S.J. Braddy (2006) Walking and jumping with Paleontology apterygote insects. Paleontology 49(4): 827-835.

Sturm, H. & C.B. DeRoca (1993) On the systematics of the *Archaeognatha* (*Insecta*). Entomologia Generalis 18: 55-90.

Sturm, H. & B. Messner (1995) Chaetotaxy of tergites in the *Archaeognatha* (*Insecta*) and its taxonomic significance. Zoologischer Anzeiger 234: 85-100.

Watson, J.A.L. & G.B. Smith (1991) *Archaeognatha*. In: The insects of Australia: A textbook for students and research workers, 2nd edn. (eds I.D. Naumann, P.B. Carne, J.F. Lawrence, E.S. Nielsen, J.P. Spradberry, R.W. Taylor, M.J. Whitten & M.J. Littlejohn), pp. 272-274. Melbourne University Press, Carlton, Victoria.

Wygodzinsky, P. (1959) *Thysanura* and *Machilida* of the Lesser Antilles and northern South America. Studies of the Fauna of Curacao and other

Caribbean Islands 36: 28-49.

ZYGENTOMA

Brusca, R.C. & G.J. Brusca (2003) Invertebrates, 2nd edn. Sinauer Associates, Sunderland, Massachussetts. 595 p.

Espinasa, L., C. Flick & G. Giribet (2007) Phylogeny of the American silverfish *Cubacubaninae* (*Hexapoda*: *Zygentoma*: *Nicoletiidae*): A combined approach using morphology and five molecular loci. Cladistics 23: 22-40.

Espinasa, L. & G. Giribet (2009) Living in the dark species delimitation based on combined molecular and morphological evidence in the Nicoletiid genus *Texoreddellia* Wygodzinsky, 1973 (*Hexapoda*: *Zygentoma*: *Nicoletiidae*) in Texas and México. Texas Memorial Museum Speleological Monographs 7: 87-100.

Kaplan, V.G. (1991) Systematics and life forms of silverfishes of the genus *Ctenolepisma* Esch. (*Thysanura*, *Lepismatidae*). Entomological Review 70(8): 105-116.

Koch, M. (2003) Towards a phylogenetic system of the *Zygentoma*. Entomologische Abhandlungen 61(2): 122-124.

Larink, O. (1997) Apomorphic and plesiomorphic characteristics in *Archaeognatha*, *Monura*, and *Zygentoma*. Pedobiologia 41:3-8.

Mendes, L.F. (1997) First contribution to the study of the Dominican amber *Zygentoma* (*Insecta*). Family *Ateluridae*. Pedobiologia 41(1-3): 40-43.

Mendes, L.F. (1998) Second contribution to the study of the Dominican Republic amber *Zygentoma* (*Insecta*): Family *Lepismatidae*. Canadian Entomologist 130(6): 899-904.

Paclt, J. (1967) *Thysanura* Fam. *Lepidotrichidae*, *Maindroniidae*, *Lepismatidae*. *Genera Insectorum* 218: 1-86.

Remington, C.L. (1954) The suprageneric classification of the Order *Thysanura* (*Insecta*). Annals of the Entomological Society of America 47: 277-286.

Sturm, H. & C.B. DeRoca (1993) On the systematics of the *Archaeognatha* (*Insecta*). Entomologia Generalis 18: 55-90.

Sturm, H. & B. Messner (1995) Chaetotaxy of tergites in the *Archaeognatha* (*Insecta*) and its taxonomic significance. Zoologischer Anzeiger 234: 85-100.

Sturm, H. & G.O. Poinar (1997) A new *Neomachilellus* species from Miocene amber of the Dominican Republic and its phylogenetic relationships (*Archaeognatha*: *Meinertellidae*). Entomologia Generalis 22: 157-170.

Watson, J.A.L. & G.B. Smith (1991) *Archaeognatha*. In: The insects of Australia: A textbook for students and research workers, 2nd edn. (eds I.D. Naumann, P.B. Carne, J.F. Lawrence, E.S. Nielsen, J.P. Spradberry, R.W. Taylor, M.J. Whitten & M.J. Littlejohn), pp. 272-274. Melbourne University Press, Carlton, Victoria.

Wygodzinsky, P. (1959) *Thysanura* and *Machilida* of the Lesser Antilles and northern South America. Studies of the Fauna of Curacao and other Caribbean Islands 36: 28-49.

EPHEMEROPTERA

Bae, Y.J. & W.P. McCafferty (1988) Phylogenetic systematics and biogeography of the *Neoephemeridae* (*Ephemeroptera*: *Pannota*). Aquatic Insects 20: 35-68.

Bello C, C.L. (2000) Descripción taxonómica de las ninfas de seis géneros de la familia *Leptophlebiidae* (*Insecta*: *Ephemeroptera*) del Caño Paso del Diablo, Región Carbonífera del Guasare (Edo. Zulia). Ciencia 8(2): 127-136.

Berner, L. & M.L. Pescador (1988) The mayflies of Florida. Gainesville, University of Florida Press, 415 p.

Brittain, J.E. (1982) Biology of the mayflies. Annual Review of Entomology 27: 119-147.

Chacón, M.M., S. Segnini, M.L. Pescador & M.D. Hubbard (2009) Mayfly (*Ephemeroptera*) Fauna of Venezuela: Checklist of Species. *Ephemeroptera* Galactica Webmaster. http://www.famu.org/mayfly/venezuela_checklist.php

Domínguez, E., M.D. Hubbard & M.L. Pescador (1994) Los *Ephemeroptera* en Argentina. Fauna de Agua Dulce de la República Argentina, vol. 33, Fascículo 1. PROFADU, CONICET, Museo de La Plata, La Plata, Argentina. 142 p.

Day, W.C. (1956) *Ephemeroptera*. In R.L. Usinger (ed), Aquatic insects of California, pp. 79-105. Berkeley, University of California Press.

Domínguez, E. & M.G. Cuezzo (2002) *Ephemeroptera* egg chorion characters: Test of their importance in assessing phylogenetic relationships. Journal of Morphology 253(2): 148-165.

Domínguez, E., M. del C. Zúñiga & C. Molineri (2002) Estado actual del conocimiento y distribución del Orden *Ephemeroptera* (*Insecta*) en la región amazónica. Caldasia 24(2): 459- 469.

Edmunds, G.F. (1972) Biogeography and evolution of *Ephemeroptera*. Annual Review of Entomology 17: 21-42.

Edmunds, G.F., S.L. Jensen & L. Berner (1976) The mayflies of North and Central America. University of Minnesota Press, Minneapolis. 330 p.

Edmunds, G.F. (1982) *Ephemeroptera*. In: Aquatic biota of México, Central America and the West Indies, (eds S.H. Hurlbert & A. Villalobos F.), pp. 242-248. San Diego State University, San Diego, California.

Edmunds, G.F. & W.P. McCafferty (1988) The mayfly subimago. Annual Review of Entomology 33: 509-529.

Hubbard, M.D. (1982) Catálogo abreviado de *Ephemeroptera* da América do sul. Papéis Avulsos de Zoology (São Paulo) 34(24): 257-282.

Hubbard, M.D. & J. Kukolová-Peck (1980) Permian Mayfly Nymphs: New taxa and systematic characters. In: Advances in *Ephemeroptera* Biology (eds J.F. Flanagan & K.E. Marshall), pp. 18-31. Plenum Press, New York.

Hubbard, M.D. (1990) Mayflies of the world: A catalogue of the family and genus group taxa. Gainesville, Florida, Sandhill Crane Press, 199 p.

Hyatt, A. & J.M. Arms (1890) *Ephemeroptera*. In: Guides for science-teaching, No. VIII, Insecta. (ed Boston Society of Natural History), pp. 69-72. D.C. Heath & Co. Publishers, Boston.

Kukalová-Peck, J. (1985) Ephemeroid wing venation based upon new gigantic Carboniferous mayflies and basis morphology, phylogeny, and metamorphosis of pterygote insects. Canadian Journal of Zoology 63: 933-955.

McCafferty, W.P. (1990) *Ephemeroptera*. Bulletin of the American Museum of Natural History (195): 20-50.

McCafferty, W.P. (1991) Toward a phylogenetic classification of the *Ephemeroptera* (*Insecta*): A commentary on systematics. Annals of the Entomological Society of America 84(4): 343-360.

McCafferty, W.P. & C.R. Lugo-Ortiz (1996) Los Efemerópteros (*Ephemeroptera*) de América Central. Revista Nicaraguense de Entomología 35: 19-28

Molineri, C. (2010) The influence of floods on the life history of dominant mayflies (*Ephemeroptera*) in a subtropical mountain stream. Studies on Neotropical Fauna and Environment 45(3): 149-157.

Molineri, C., M.E. Grillet, C. Nieto, E. Domínguez & E. Guerrero (2011) New species and records for the mayfly families *Caenidae*, *Leptohyphidae* and *Coryphoridae* (*Ephemeroptera*, *Pannota*) from Venezuelan Guayanas Uplands. Zootaxa 2750: 39–50

Ogden, T.H. & M.F. Whiting (2005) Phylogeny of *Ephemeroptera* (mayflies) based on molecular evidence. Molecular Phylogenetic and Evolution 37(3): 625-643.

Pescador, M.L. & W.L. Peters (1991) Biosystematics of the genus *Penaphlebia* (*Ephemeroptera*: *Leptophlebiidae*: *Atalophlebiinae*) from South America. Transactions of the American Entomological Society 117(1-2): 1-38.

Peters, W.L. & I.C. Campbell (1991) *Ephemeroptera*. In: The insects of Australia: A textbook for students and research workers, 2nd edn. (eds I.D. Naumann, P.B. Carne, J.F. Lawrence, E. S. Nielsen, J.P. Spradberry, R.W. Taylor, M.J. Whitten and M.J. Littlejohn), pp. 279-293. Melbourne University Press, Carlton, Victoria.

Rivera-Usme, J.J., D.L. Camacho-Pinzón & A. Botero-Botero (2008) Estructura numérica de la entomofauna acuática en ocho quebradas del Departamento del Quindío-Colombia. Acta Biológica Colombiana 13(2): 133-146.

Rojas, A.M., M.L. Baena, C. Serrato, G. Caicedo & M del C. Zuñiga (1993) Clave para las familias y géneros de ninfas de *Ephemeroptera* del Departamento del Valle del Cauca, Colombia. Boletín del Museo de Entomología de la Universidad del Valle 1(2): 33-46.

Roldán, G. (1985) Contribución al conocimiento de las ninfas de los efemeropteros (Clase: *Insecta*, Orden *Ephemeroptera*) en el Departamento de Antioquía, Colombia. Actualidades Biológicas 14(51): 3-13.

Salles, F.F., R. Boldrini, J.C. Nascimento, E. Raimundi & Y. Shimano (2011) *Ephemeroptera* do Brasil. Lista das espécies de *Ephemeroptera* registradas para o Brasil. Check list *Ephemeroptera* do Brasil. http://sites.google.com/site/listaephemeropteradobrasil/home

Savage, H.M. (1987) Biogeographic classification of the Neotropical *Leptophlebiidae* (*Ephemeroptera*) based upon geological centers of ancestral origin and ecology. Studies on Neotropical Fauna and Environment 22(4): 199-222.

Traver, J.R. (1943) New venezuelan mayflies. Boletín de Entomología Venezolana 2(2): 79-98.

Trueman, J.W.H. & R.J. Rowe (2009) *Odonata*. Dragonflies and damsel flies. The Tree of Life Web Project, Version 16 http://tolweb.org/*Odonata*/8266/2009.10.16 http://tolweb.org/

Soldan, T. (1982) A revision of the Caenidae with ocellar tubercles in the nymphal stage (*Ephemeroptera*). Acta *Universitatis Carolinae Biologica* (5-6): 289-362.

Zuñiga, M del C., C. Molineri & E. Domínguez (2004) El Orden *Ephemeroptera* en Colombia. In: Insectos de Colombia (eds F. Fernández, M.G. Andrade & G. Amat), pp. 17-43. Universidad Nacional de Colombia, Bogotá, Colombia.

ODONATA

Bechly, G. (1998) The phylogenetic systematics of *Odonata*. State Museum of Natural History, Sttutgart, Alemania. http://www.bernstein.naturkundemuseum-bw.de/odonata/phylosys.htm

Davies, D.A.L. & P. Tobin (1984) The dragonflies of the world: A systematic list of the extant species of *Odonata*. *Zygoptera*, *Anisozygoptera*. Societas Internationalis Odonatologica Rapid Communications (Suppl.)1 (3): 1-127.

Davies, D.A.L. & P. Tobin (1985) The dragonflies of the world: a systematic list of extant species of *Odonata*. *Anisoptera*. Societas Internationalis Odonatologica Rapid communications (Suppl.) 2(5): 1-151.

DeMarmels, J. (1990) Key to the ultimate instar larvae of the venezuelan odonate families. Opuscula Zoologica Fluminensia 50: 1-6.

Días dos Santos, N. (1981) *Odonata*. In: Aquatic Biota of tropical South America, Pt. 1. *Arthropoda*. (eds H. Hurlbert, G. Rodríguez & N. Días dos Santos), pp. 64-85. San Diego State University, San Diego, California.

Dijkstra, K.D.B. & V. J. Kalkman (2012) Phylogeny, classification and taxonomy of European dragonflies and damselflies (*Odonata*): A review. Organisms Diversity & Evolution. pp. 1-19. Doi 10.1007/s13127-012-0080-8

Eberhard, W.G. (1986) Behavioral ecology of the tropical damselfly *Hetaerina macropus* Selys (*Zygoptera*: *Calopterygidae*). Odonatologica 15: 51-60.

Edmonds, G.F., S.L. Jenson & L. Berner (1976) The mayflies of North and Central America. University of Minnesota Press, Minneapolis. 330 p.

Fraser, F.C. (1957) A reclassification of the order *Odonata*. Royal Zoological Society of New South Wales, Sidney. 133 p.

Fraser, F.C. (1957) A revision of the *Odonata* of Chile. Revista de la Universidad de Santiago (Chile) 42: 153-166.

Gloger, H. (1962) Clave para la determinación de los géneros de *Libellulidae* (*Odonata*) de América del Sur. Neotrópica 8: 5-13.

Heckman, C.W. (2008) Encyclopedia of Southamerican aquatic insects *Odonata Zygoptera*: Illustrated Keys to known Families, Genera and Species. Springer Science, Olympia, Washington. 691 p.

Kalkmam, V.J., V. Clausnitzer, K.D.B. Dijkstra, A.G. Orr, D.R. Paulson & J.van Tol. Global diversity of dragonflies (*Odonata*) in freshwater. Hydrobiologia 591: 351-363. Doi: 10.1007/s10750-007-9029-x

Montgomery, B.E. (1967) Studies in the *Polythoridae*.1. A synopsis of the family, with keys to genera and species, information on types, and the description of a new species. Acta Biológica Venezolana5(9): 123-158.

Paulson, D. (2002) Neotropical *Odonata* specimens. University of Puget Sound. Tacoma, Washington. http://www.pugetsound.edu/academics/academic-resources/slater-museum/biodiversity-resources/dragonflies/image-collection/neotropical-odonata-specimens/

Rácenis, J. (1959) Lista de los Odonatos del Perú. Acta Biológica Venezolana 2: 467-522.

Ramírez, A., D.R. Paulson & C. Esquivel (2000) *Odonata* of Costa Rica: diversity and checklist of species. Revista de Biología Tropical 48(1): 247-25.

Rieck, E.F. & J. Kukalová-Peck (1984) A new interpretation of dragonfly wing venation based upon early Upper Carboniferous fossils from Argentina (*Insecta*: *Odonatoidea*) and basic character states in pterygote wings. Canadian Journal of Zoology. 62: 1150-1166.

Rehn, A.C. (2003) Phylogenetic analysis of higher-level relationships of *Odonata*. Systematic Entomology 28(2): 181-239.

Schorr, M. & D. Paulson (2011) World *Odonata* list. University of Puget Sound, Tacoma, Washington. http://www.pugetsound.edu/academics/academic-resources/slater-museum/biodiversity-resources/dragonflies/world-odonata-list/

Trueman, J.W.H. (2007) A brief history of the classification and nomenclature of *Odonata*. Zootaxa 1668: 381-394.

Trueman, J.W.H. & R.J. Rowe (2009) *Odonata*. Dragonflies and damsel flies. Tree of Life Web Project http://tolweb.org/*Odonata*/8266/2009.10.16, http://tolweb.org/

Urrutia, M.X. (2005) Riquezas de especies de *Odonata Zygoptera* por unidades fisiográficas en el Departamento del Valle del Cauca. Boletín del Museo de Entomología de la Universidad del Valle (Colombia) 6(2): 30-36.

Watson, J.A.L. & A.F. O'Farrell (1991) *Odonata* (Dragonflies and Damsel flies). In: The insects of Australia. A textbook for students and research workers, 2nd edn. (CSIRO), pp. 294-310. Melbourne University Press, Carlton, Australia.

Whitehouse, F.C. (1943) A guide to the study of dragonflies of Jamaica. Bulletin of the Institute of Jamaica, Science Series 3: 1-69.

PLECOPTERA

Baumann, R.W. (1975) Revision of the stonefly family *Nemouridae* (*Plecoptera*): a study of the world fauna at the generic level. Smithsonian Contributions to Zoology 211: 1-73.

Benedetto, L. (1974) Clave para la determinación de los plecópteros sudamericamos. Studies on Neotropical Fauna 9(2): 141-170.

Claassen P.W. (1940) A catalogue of the *Plecoptera* of the world. Memoir of the Cornell University Agricultural Experiment Station 232: 1-235.

Fenoglio, S. (2007) Stoneflies (*Plecoptera*: *Perlidae*) of Nicaragua. Caribbean Journal of Science 43(2): 220-225.

Fochetti, R. & J.M. Tierno de F. (2008) Global diversity of stone flies (*Plecoptera*: *Insecta*) in freshwater. Hydrobiologia 595: 365-377.

Froehlich, C.G. (2008) Old species of neotropical *Plecoptera*. In: International advances in the ecology, zoogeography and systematics of mayflies and stone flies. (eds F.R. Hauer, J.A. Stanford &R.L. Newell), pp. 125-132. University of California Press, Berkeley, California.

Froehlich, C.G. (2010) Catalogue of Neotropical *Plecoptera*. Iliesia (6): 118-205.

Heckman, C.W. (2003) Encyclopedia of South American aquatic insects: *Plecoptera*. Illustrated keys to known families, genera, and species in South America. Kluwer Academic Publishers, The Netherlands. 329 p.

Hynes H.B.N. (1976) Biology of *Plecoptera*. Annual Review of Entomology 26: 135-153.

Illies, J. (1965) Phylogeny and zoogeography of the *Plecoptera*. Annual Review of Entomology 10: 117-140.

Nelson, C.H. (1984) Numerical cladistic analysis of phylogenetic relationships in *Plecoptera*. Annals of the Entomological Society of America 77: 466-473.

Pessacq, P. (2009) Estado del conocimiento del orden *Plecoptera* en la Patagonia. Revista de la Sociedad Entomológica Argentina 68(1-2): 169-175.

Stark, B.P., C.G. Froehlich & M. del C. Zuñiga (2009) South American Stoneflies (*Plecoptera*). In: Aquatic biodiversity in Latin America, vol. 5. Pensoft Publishers, Sofia, Moscú. 154 p.

Szczytko, S. (2009) South American Stoneflies (*Plecoptera*). Journal of the North American Benthological Society 28(4): 1099-1100.

Tomanova, S. & P.A. Tedesco (2007) Tamaño corporal, tolerancia ecológica y potencial de bioindicación de la calidad del agua de *Anacroneuria* spp. (*Plecoptera*: *Perlidae*) en América del Sur. Revista de Biología Tropical 55(1): 67-81.

Vera, A. & A. Camousseight (2006) Estado de conocimiento de los *Plecopteros* de Chile. Gayana, Concepción, Chile) 70(1): 57-64 .

Zwick P. (1980) *Plecoptera* (Steinfliegen). Handbuch der Zoologie, Walter de Gruyter, Berlin, Germany. 115 p.

Zwick, P. (2000) Phylogenetic system and zoogeography of the *Plecoptera*. Annual Review of Entomology 45: 709-746

EMBIOPTERA

Davis, C. (1940a) Taxonomic notes on the order *Embioptera*. Proceedings of the Linnean Society of New South Wales 65(1-2): 171-191.

Davis, C. (1940b) Family classification of the order *Embioptera*. Annals of the Entomological Society of America 33: 677-682.

Ross, E.S. (1944) A revision of the *Embioptera* or webspinners of the New World. Proceedings of the United States Natural Museum 94: 401-504.

Ross, E.S. (1970) Biosystematics of the *Embioptera*. Annual Review of Entomology 15: 157-172.

Ross, E.S. (1972) New South American *Embioptera*. Studies on the Neotropical Fauna 7(2): 133-146.

Ross, E.S. (1984) A classification of the *Embiidina* of México with descriptions of new taxa. Occasional Papers of the California Academy of Science 140: 1-50.

Ross, E.S. (1992) Webspinners of Panamá (*Embiidina*). In: Insects of Panamá and Mesoamerica: Selected studies (eds D. Quintero & A. Aiello), pp. 122-141. Oxford University Press, Oxford, New York.

Ross, E.S. & N.D. Penny (1996) Check-list of extant *Embidiina*. http://research.calacademy.org/research/entomology/Entomology_Resources/embiilist/embiilist.html

Ross, E.S. (2000) *Embia*: Contributions to the biosystematics of the insect order *Embiidina*. Occasional papers of the California Academy of Sciences 149: 1-53.

Szumik, C. A. 1996. The higher classification of the order *Embioptera*: A cladistic analysis. Cladistics 12:41-64.

Szumik, C.A. (2001) Nuevos Embiópteros de América del Sur. Revista de la Sociedad Entomológica Argentina 60(1-4): 257-272.

Szumik, C.A. (2004) Phylogenetic systematics of *Archembiidae* (*Embiidina, Insecta*). Systematic Entomology 29(2): 215-237.

Tree of Life Web Project (2002) *Embiidina*. Web spinners. http://tolweb.org/http://tolweb.org/*Embiidina*/8248/2002.01.01

PHASMATODEA

Aguilar, P.G. (1970) Los "palitos vivientes de Lima". I. *Phasmatidae* de las Lomas. Revista Peruana de Entomología 13: 1-8.

Bedford, G.O. (1978) Biology and ecology of the *Phasmatodea*. Annual Review of Entomology 23: 125-149.

Bradley, J.C. & B.S. Galil (1977) The Taxonomic Arrangement of the *Phasmatodea* with keys to the subfamilies and tribes. Proceedings of the Entomological Society of Washington 79(2): 176-208.

Clark, J.T. (1976) The eggs of stick insects (*Phasmida*): a review with description of the eggs of eleven species. Systematic Entomology 1: 95-105.

Conle, O.V. & F.H. Hennemann (2005) Studies on Neotropical *Phasmatodea* I. A remarkable new species of *Peruphasma* Conle & Hennemann, 2002 from Northern Perú (*Phasmatodea*: *Pseudophasmatidae*: *Pseudophasmatinae*). Zootaxa 1068: 59-68.

Conle, O.V., F.H. Hennemann & Y. Gutiérrez (2011) The stick insects (*Phasmatodea*) of Colombia. A catalogue and bibliography with the description of four new genera and 74 new species. Herstellung und Verlag, Books on demand, GmbH, Norderstedt, Germany. 412 p.

Hennemann, F.H. & O.V. Conle (2008) Revision of oriental *Phasmatodea*: The tribe *Pharnaciini* Günther, 1953, including the description of the world's longest insect, and a survey of the family *Phasmatidae* Gray, 1835 with keys to the subfamilies and tribes (*Phasmatodea*: *Anareolatae*: *Phasmatidae*). Zootaxa (1906): 1-316.

Klug, R. & S. Bradler (2006) The pregenital abdominal musculature in phasmids and its implications for the basal phylogeny (*Insecta*: *Polyneoptera*). Organisms Diversity Evolution 6(3): 171-184.

Otte, D, & P.D. Brock (2005) *Phasmida* species file: Catalog of stick and leaf insects of the world, 2nd edn. The insect diversity Association and the Academy of Natural Sciences, Cafe Press, Philadelphia. 414 p.

Tilgner, E. (2006) *Phasmida*. Phasmids. The Tree of Life Web Project. http://tolweb.org/*Phasmida*/8249/2006.11.26 http://tolweb.org/

Whiting, M.F., S. Bradler & T. Maxwell (2003) Loss and recovery of wings in stick insects. Nature 421: 264-267.

Zompro, O. (2001) A generic revision of the insect order *Phasmatodea*: The New World genera of the stick insect subfamily Diapheromeridae : *Diapheromerinae* = *Heteronemiidae*: *Heteronemiinae sensu* Bradley & Galil (1977). Revue Suisse de Zoologia 108(1): 189-255.

ORTHOPTERA

Aguilar, P.G. & D. Sáenz (1970) Algunas variaciones morfológicas en el grillo común de la costa central. Revista Peruana de Entomología 13: 76-86.

Alexander, R.D. (1960) Sound communication in *Orthoptera* and *Cicadidae*. In: Animal sounds and communication. (eds W.E. Lanyon & W.N. Tavolga), pp. 38-92. American Institute of Biological Science, Washington, D.C.

Carbonell, C.S. (1977) Origen, evolution and distribution of the Neotropical acridomorph fauna (*Orthoptera*): A preliminary hypothesis. Revista de la Sociedad Entomológica Argentina 36: 153-175.

Chapman, R.F. & A. Joern (eds) (1990) Biology of Grasshoppers. John Wiley and Sons, New York. 563 p.

Chopard, I. (1956) Some crickets from South America (*Grylloidea* and *Tridactyloidea*). Proceedings of the United States Natural Museum 106: 241-293.

Flook, P.K. & C.H.F. Rowell (1997) The phylogeny of the *Caelifera* (*Insecta*, *Orthoptera*) as deduced from mitochondrial rRNA gene sequences. Molecular Phylogenetics and Evolution 8: 89-103.

Fowler, H.G. & H.L. de Vasconcellos (1989) Preliminary data on life cycles of some mole crickets (*Orthoptera*: *Gryllotalpidae*) of the Amazon Basin. Revista Brasileira de Entomología 33: 134-141.

Gwynne, D.T., L. DeSutter, P. Flook & H. Rowell (1996) *Orthoptera*. Crickets, katydids, grasshoppers, etc. Tree of Life Web Project. http://tolweb.org/*Orthoptera*/8250/1996.01.01

Kevan, D.K.M. (1986) A rational for the classification of orthopteroid insects - the saltatorial orthopteroids or grigs - one order or two? Proceedings of the Pan American Acridological Society 1985: 49-67.

Kukalová-Peck, J. (1991) Fossil history and the evolution of hexapod structures. In: The insects of Australia: A textbook for students and research workers, 2nd edn. (eds I.D. Naumann, P.B. Carne, J.F. Lawrence, E.S. Nielsen, J.P. Spradberry, R.W. Taylor, M.J. Whitten & M.J. Littlejohn), pp. 141–179. Melbourne University Press, Carlton, Victoria.

Liebermann, J. (1939) Catálogo sistemático y biogeográfico de Acridoideos Argentinos. Revista de la Sociedad Entomológica Argentina 10: 125-230

Martínez Crosa, G. & S. Zerbino (2008) Saltamontes y langostas en las praderas Uruguayas. Monografía 102. Sitio Argentino de Producción Animal. 12 p. http://www.produccion-animal.com.ar/produccion_y_manejo_pasturas/pasturas_combate_de_plagas_y_malezas/00-pasturas_combate_de_plagas_y_malezas.htm

Miller R.H. & J.A. Onsager (1991) Grasshopper (*Orthoptera*: *Acrididae*) and plant relationships under different grazing intensities. Environmental Entomology 20: 807-814.

Piran, A.A. (1942) Catálogo sistemático y zoogeográfico de tettigonoideos argentinos (*Orthoptera*: *Tettigonoidea*). Revista de la Sociedad Entomológica Argentina 11: 240-287.

Rehn, J.A.G. (1942) The locusts of the South American generic group *Tristirae* (*Orthoptera*: *Acrididae*; *Cyrtacanthacridinae*). Transactions of the American Entomological Society 68: 31-99.

Rentz, D.C.F. & A.B. Gurney (1985) The shield-backed katydids of South America (*Orthoptera*: *Tettigonidae*) and a new Tribe of *Conocephalinae* with genera in Chile and Australia. Entomologica Scandinavica 16: 69-119.

Rentz, D.C.F. (1991) *Orthoptera*. In: The insects of Australia: A textbook for students and research workers, 2nd edn. (eds I.D. Naumann, P.B. Carne, J.F. Lawrence, E.S. Nielsen, J.P. Spradberry, R.W. Taylor, M.J. Whitten & M.J. Littlejohn), pp. 369-393. Melbourne University Press, Carlton, Victoria.

Roberts, H.R. (1973) Arboreal *Orthoptera* in the Rain Forests of Costa Rica collected with insecticide. A report on the grasshoppers (*Acrididae*), including new species. Proceedings of the Academy of Natural Sciences of Philadelphia 125: 49-66.

Rowell, C.H.F. (1998) The grasshoppers of Costa Rica: a survey of the parameters influencing their conservation and survival. Journal of Insect Conservation 2(3-4): 225-234.

Schuster, J.C. (1974) Saltatorial *Orthoptera* as common visitors to tropical flowers. Biotropica 6: 138-140.

Walker, T.J. & M.D. Greenfield (1983) Songs and systematics of Caribbean *Neoconocephalus* (*Orthoptera*: *Tettigonidae*). Transactions of the American Entomological Society 109: 357-389.

Waloff, Z & D.E. Pedgley (1986) Comparative biogeography and biology of the South American locust, *Schistocerca cancellata* (Serville), and the South African desert locust, *S. gregaria flaviventris* (Burmeister) (*Orthoptera*: *Acrididae*): a review. Bulletin of Entomological Research 76: 1-20.

DERMAPTERA

Brindle, A. (1968) The *Dermaptera* of Surinam and other Guyanas. Studies on the fauna of Suriname and other Guyanas 36: 1-60

Brindle, A. (1973) *Dermaptera* from Venezuela. Part I. *Ancistrogastr*inae (*Forficulidae*). Revista de la Facultad de Agronomía, Universidad Central de Venezuela 7: 47-54.

Brindle, A. (1974) *Dermaptera* from Venezuela. Part 2. *Diplatyidae* and *Labiidae* (*Geracinae*). Revista de la Facultad de Agronomía, Universidad Central de Venezuela 8: 107-125.

Haas, F. (1996) Dermaptera. Earwigs. Tree of Life Web Project. http://tolweb.org/*Dermaptera*/8254/1996.07.18

Haas, F. & J. Kukalová-Peck (2001) *Dermaptera* hindwing structure and folding: New evidence for familial, ordinal and superordinal relationships within *Neoptera* (*Insecta*). European Journal of Entomology 98(4): 445-509.

Haas, F. & K.D. Klass (2003) The basal phylogenetic relationships in the *Dermaptera*. Phylogenetic relationships within the insect orders. Proceedings of the First Dresden meeting on insect phylogeny, September 2003 (ed K.D. Klass). Entomologische Abhandlungen (Dresden) 61: 138-142.

Henson, H. (1951) The wings of *Forficula auricularia* L. (*Dermaptera*). Proceedings of the Royal Entomological Society of London, Series A 26: 135-142.

Hincks, W.D. (1959) A systematic monograph of the *Dermaptera* of the world, based on material in the British Museum (Natural History). Part two. *Pygidicranidae* excluding *Diplatyinae*. British Museum (Natural History), London. 218 p.

Maes, J.M. & F. Haas (2006) *Dermaptera* de Nicaragua. Revista Nicaraguense de Entomología 66 (Suppl. 2): 1-127.

Popham, E.J. (1965) A key to *Dermaptera* subfamilies. Entomologist 98:126-136.

Popham, E.J. (2000) The geographical distribution of the *Dermaptera* (*Insecta*) with reference to continental drift. Journal of Natural History 34(10): 2007-2027.

Reichardt, H. (1971) Catalogue of New World *Dermaptera* (*Insecta*). Part IV *Forficuloidea*. Papeis Avulsos de Zoologia 24: 161-184.

Rentz, D.C.F. & D.K.M. Kevan (1991) *Dermaptera*. In: The Insects of Australia: A textbook for students and research workers, 2nd edn. (eds I.D. Naumann, P.B. Carne, J.F. Lawrence, E.S. Nielsen, J.P. Spradberry, R.W. Taylor, M.J. Whitten & M.J. Littlejohn), pp. 360-368. Melbourne University Press, Carlton, Victoria.

Sakai, S. (1982) A new proposed classification of the *Dermaptera* with special reference to the check list of *Dermaptera* of the World. Bulletin Daito Bunka University 20: 1-108.

DICTYOPTERA

Agudelo, A. (2004) Mántidos de Colombia (*Dyct. Mantodea*). En: Insectos de Colombia, vol. 3. (eds F. Fernández, M. Andrade & G. Amat), pp. 43-60. Facultad de Ciencias, Universidad Nacional de Colombia, Bogotá.

Agudelo, A., F. Lombardo & L. Jantsch (2007) Checklist of the Neotropical mantids (*Insecta*, *Dictyoptera*, *Mantodea*). Biota Colombiana 8 (2): 105-158.

Araujo, R.L. (1970) Termites of the Neotropical región. In: Biology of Termites, vol. II (eds K. Krishna & F.M. Weesner), pp. 527-576. Academic Press, New York.

Araujo, R.L. (1977) Catálogo dos *Isoptera* do novo mundo. Academia Brasileira de Ciências, Rio de Janeiro, Brazil. 92 p.

Ariza, G.M. & J.A. Salazar E. (2005) Nuevas especies de Mantidos para Colombia (*Insecta*, *Mantodea*). Boletín Científico, Centro de Museos, Museo de Historia Natural 9(Enero-Dic): 121-135.

Bandi, C., M. Sironi, G. Damiani, L. Magrassi, C.A. Nalepa, U. Laudani & L. Sacchi (1995) The establishment of intracellular symbiosis in an ancestor of cockroaches and termites. Proceedings of the Royal Society of London Series B 259(1356): 293-299.

Cerdá, F.J. (1996) *Mantodea* de Venezuela. Géneros y lista preliminar de especies. Parte II *Liturgousinae* y *Thespinae*. Boletín de Entomología Venezolana (NS) 11: 17-31.

Cerdá, F.J. (1997) *Mantodea* de Venezuela. Géneros y lista preliminar de especies. Parte IV *Vatinae*. Boletín de Entomología Venezolana (NS) 12: 17-31

Deitz, L.L., C. Nalepa & K.D. Klass (2003) Phylogeny of the *Dictyoptera* re-examined (*Insecta*). Entomologische Abhandlungen (Dresden) 61(1): 69-91.

DeSalle, R., J. Gatesy, W. Wheeler & D. Grimaldi (1992) DNA sequences from a fossil termite in Oligo-Miocene amber and their phylogenetic implications. Science 257(5078): 1933-1936.

Ernst, E., R.L. Araujo & P. Broughton (1986) A bibliography of termite literature 1966-1978. Wiley & Sons, Somerset, New Jersey. 903 p.

Fisk, F.W. & H. Wolda (1979) Keys to the cockroaches of Central Panamá. Studies on Neotropical Fauna and Environment 14: 177-201.

Grandcolas, P. & P. Deleporte (1996) The origin of protistan symbionts in termites and cockroaches: A phylogenetic perspective. Cladistics 12(1): 93-98.

Grimaldi, D. (2003) A revision of cretaceous mantises and their relationships, including new taxa (*Insecta*: *Dictyoptera*: *Mantodea*). American Museum Novitates 3412: 1-47.

Inward, D., G. Beccaloni & P. Eggleton (2007a) Death of an order: A comprehensive molecular phylogenetic study confirms that termites are eusocial cockroaches. Biology Letters 3: 331-335. doi: 10.1098/rsbl.2007.0102

Inward, D.J.G., A.P. Vogler, P. Eggleton (2007b) A comprehensive phylogenetic analysis of termites (Isoptera) illuminates key aspects of their evolutionary biology. Molecular Phylogenetics and Evolution 44: 953–967.

Klass, K.D. (2003) Relationships among the principal lineages of *Dictyoptera* inferred from morphological data. Entomologische Abhandlungen (Dresden) 61(2): 134-137.

Klass, K.D. , C. Nalepa, & N. Lo (2008) Wood-feeding cockroaches as models for termite evolution (*Insecta*: *Dictyoptera*): *Cryptocercus* vs *Parasphaeria boleiriana*. Molecular Phylogenetics and Evolution 46(3): 809-817.

Krishna, K. (1970) Taxonomy, phylogeny and distribution of termites. In: Biology of termites, vol. II (eds K. Krishna & F.M. Weesner), pp. 127-152. Academic Press, New York.

Legendre F., M.F. Whiting, C. Bordereau, E.M. Cancello, T.A. Evans & P. Grandcolas (2008) The phylogeny of termites (*Dictyoptera*: *Isoptera*) based on mitochondrial and nuclear markers: implications for the evolution of the worker and pseudergate castes, and foraging behaviors. Molecular Phylogenetics & Evolution 48: 615-627.

Lo, N. (2003) Molecular phylogenetics of *Dictyoptera*: Insights into the evolution of termite eusociality and bacterial endosymbiosis in cockroaches. Entomologische Abhandlungen (Dresden) 61(2): 137-138.

Lücking, R., J. Mata L. & G. Dauphin L. (2010) Epizoic liverworts, lichens and fungi rowing on Costa Rican Shield Mantis (*Mantodea*: *Choeradodis*). Studies on Neotropical Fauna & Environment 45(3): 175-186.

Matthews, A.G.A. (1977) Studies on termites from the Mato Grosso State, Brazil. Academia Brasileira de Ciencias. Rio de Janeiro, Brazil. 267 p.

Rehn, J.A.G. (1935) The *Orthoptera* of Costa Rica, Part 1. *Mantidae*. Proceedings of the Academy of Natural Science of Philadelphia 87: 167-272.

Salazar E., J.A. (2002) Lista de los *Mantodea* (*Insecta*) conocidos para Colombia. Biota Colombiana 3(1): 119-130.

Snyder, T.E. (1949) Catalog of the termites (*Isoptera*) of the world. Smithsonian Miscellaneous Collections 112: 1-490.

Talice, R.V., S.L. Mosera, R. Caprio & A.M.S. de Sprechmann (1969) Estructura de los termiteros. Publicaciones del Departamento de Biología General y Experimental, Facultad de Humanidades y Ciencias, Universidad de Uruguay 2: 1-21.

Terra, P.S. (1995) Revisão sistemática dos generos de louva-a-deus da região Neotropical (*Mantodea*). Revista Brasileira de Entomologia 39: 13-94.

Thorne, B.L. & J.M. Carpenter (1992) Phylogeny of the *Dictyoptera*. Systematic Entomology 17: 253–268.

Vrsansky, P. (2003) Unique assemblage of *Dictyoptera* (*Insecta - Blattaria*, *Mantodea*, *Isoptera*) from the Lower Cretaceous of Bon Tsagaan Nuur in Mongolia. Entomological Problems 33(1-2): 119-151.

Ware J. L., J. Litman, K.-D., Klass & L.A. Spearman (2008) Relationships among the major lineages of *Dictyoptera*: The effect of outgroup selection on dictyopteran tree topology. Systematic Entomology 33: 429-450.

Zimmerman, P.R., J.P. Greenberg, S.D. Wandiga & P.J. Crutzen (1982) Termites: A potentially large source of atmospheric methane, carbon dioxide, and molecular hydrogen. Science 218: 563-565.

ZORAPTERA

Caudell, A.N. (1920) *Zoraptera* not an apterous order. Proceedings of the Entomological Society of Washington 22: 84-97.

Choe, J.C. (1992) The *Zoraptera* of Panamá, with a review of morphology, systematics and biology of the Order. In: Insects of Panamá and Mesoamerica: Selected studies. (eds D. Quintero & A. Aiello), pp. 249-256. Oxford University Press, Oxford, UK.

Choe, J.C. (1997) The evolution of mating systems in the *Zoraptera*: Mating variations and sexual conflicts.. In: The evolution of mating systems in insects and arachnids. (eds J.C. Choe & B.J. Crespi), pp. 130-145. Cambridge University Press, Cambridge, UK.

Engel, M.S. (2000) A new *Zorotypus* from Perú, with notes on related neotropical species (*Zoraptera*: *Zorotypidae*). Journal of the Kansas Entomological Society 73(1): 11-20.

Engel, M.S. & D.A. Grimaldi (2002) The first Mesozoic *Zoraptera* (*Insecta*). American Museum Novitates 3362: 1-20.

Engel, M.S. (2004) *Zoraptera*. En: Biodiversidad, taxonomía y biogeografía de artrópodos de México: Hacia una síntesis de su conocimiento, vol. 4. (eds J.E. Llorente-Bousquets, J. J. Morrone, O. Yanez-Ordóñez & I. Vargas-Fernández), pp. 637-640. Universidad Nacional Autónoma de México, UNAM, México D.F.

Engel, M.S. (2005) *Zoraptera* Silvestri 1913. Zorapterans. The Tree of Life Web Project http://tolweb.org/*Zoraptera*/8252/2005.01.19, http://tolweb.org/

Kukalová-Peck, J. & S.B. Peck (1993) *Zoraptera* wing structures: Evidence for new genera and relationship with the blattoid orders (*Insecta*: *Blattoneoptera*). Systematic Entomology 18: 333-350.

New, T.R. (1978) Notes on Neotropical *Zoraptera*, with descriptions of two new species. Systematics Entomology 3: 361-370.

Valentine, B.D. (1986) Grooming behavior in *Embioptera* and *Zoraptera* (*Insecta*). Ohio Journal of Science 86(4): 150-152.

Yoshizawa K. & K.P. Johnson (2005) Aligned 18S for *Zoraptera* (*Insecta*): Phylogenetic position and molecular evolution. Molecular Phylogenetics & Evolution 37(2): 572-580

PSOCODEA

Bess, E., V.S. Smith, C. Lienhard. & K.P. Johnson (2006) *Psocodea*. Parasitic Lice (=*Phthiraptera*), book lice, and bark Lice. In: The Tree of Life Web Project http://tolweb.org/*Psocodea*/8235/2006.10.08

Broadhead, E. (1983) The assessment of faunal diversity and guild size in tropical forests with particular reference to the *Psocoptera*. In: Tropical rain forest: Ecology and management. (eds S.L. Sutton, T.C. Whitmore & A.C. Chadwick), pp 107-119. Blackwell, Oxford, UK.

Broadhead, E. & H. Wolda (1985) The diversity of *Psocoptera* in two tropical forests in Panamá. Journal of Animal Ecology 54: 739-754.

Barker, S.C., M. Whiting, K.P. Johnson & A. Murell (2003) Phylogeny of the lice (*Insecta*, *Phthiraptera*) inferred from small subunit rRNA. Zoologica Scripta 32: 407-411.

Brues, C.T. & A.L. Melander (1932) Classification of insects; a key to the known families of insects and other terrestrial arthropods. Bulletin of the Museum of Comparative Zoology 73: 1-672.

Carriker, Jr., M.A. (1955) Studies in Neotropical *Mallophaga*. XII (partes 3 & 4). Lice of the tinamous. Boletín de Entomología Venezolana 11: 3-30, 97-131.

Carriker, Jr., M.A. (1961) Studies in Neotropical *Mallophaga*. XII (parte 5). Lice of the tinamous. Revista Brasileira de Biología 21(2): 205-216.

Castro, D. del C. & A. González (1997) Las especies del género *Hoplopleura* Enderlein, 1904 (*Phthiraptera*, *Insecta*) parásitas de roedores de la región Neotropical. Papeis Avulsos de Zoologia 40(13): 203-215.

Clay, T. (1969) A key to the genera of *Menoponidae* (*Amblycera*: *Mallophaga*: *Insecta*). Bulletin of the British Museum (Natural History), Entomology 24(1): 1-26

Durden, L.A. & G.G. Musser (1994) The sucking lice (*Insecta*, *Anoplura*) of the world: A taxonomic checklist with records of mammalian hosts and geographical distributions. Bulletin of American Museum of Natural History 218: 1-90.

Enderlein, G. (1900) Die Psocidenfauna Perus. Zoologische Jahbiicher, Abteilung Systematik 14: 133-160.

Escalante, J.A. (1981) Ectoparásitos de animales domésticos en el Cuzco. Revista Peruana de Entomología 24: 123-125.

Ferris, G.F. (1951) The sucking lice. Memoirs of the Pacific Coast Entomological Society 1: 1-320.

García A., A.N. (2006) New genera of *Psocoptera* (*Insecta*), from México, Belize and Ecuador (*Psoquillidae*, *Ptiloneuridae*, *Lachesillidae*). Zootaxa 1319: 1-14.

García A., A.N. & E.L. Mockford (2009) A list of *Psocoptera* (*Insecta*: *Psocodea*) from Brazil. Revista Mexicana de Biodiversidad 80(3): 665-673.

González-Acuña, D., D. del C. Castro & L. Moreno-Salas (2003) Contribución al conocimiento de los *Phthiraptera* (*Anoplura*, *Hoplopleura*) parásitos de roedores en Chile. Gayana (Concepción) 67(1): 118-120.

Hafner, M.S. & R.D.M. Page (1995) Molecular phylogenies and host-parasite cospeciation: Gophers and lice as a model system. Philosophical Transactions of the Royal Society of London, Serie B 349: 77-83.

Johnson, K.P., K. Yoshizawa & V.S. Smith (2004) Multiple origins of parasitism in lice. Proceedings of the Royal Society of London 271: 1771-1776.

Kim, K.C. & H.W. Ludwig (1982) Parallel evolution, cladistics, and classification of parasitic *Psocodea*. Annals of the Entomological Society of America 75(5): 537-548.

Lyal C.H.C. (1985) Phylogeny and classification of the *Psocodea*, with particular reference to the lice (*Psocodea*, *Phthiraptera*). Systematic Entomology 10: 145-165.

Lienhard, C. & C.N. Smithers (2002) *Psocoptera* (*Insecta*). World Catalogue and Bibliography. Instrumenta Biodiversitatis V. Muséum d'histoire naturelle, Genève, Suisse. 745 p.

Mockford, E.L. (1974) Records and descriptions of cuban *Psocoptera*. Entomologica Americana 48: 103-215.

Smithers, C.N. (1972) The classification and phylogeny of the *Psocoptera*. Memoirs of the Australian Museum 14:1-351

Smithers, C.N. (1982) *Psocoptera*. In: Synopsis and classification of living organisms, vol. 2 (ed S.P. Parker), pp. 392-406. McGraw-Hill, New York.

Smithers, C.N. (1990) Keys to the families and genera of *Psocoptera* (*Arthropoda*: *Insecta*), No. 2. Technical Reports of the Australian Museum 82 p.

Turner, B.D. (1975) The *Psocoptera* of Jamaica. Transactions of the Royal Entomological Society of London 126: 533-609.

Wenzel, R.L. & V.J. Tipton (eds) (1966) Ectoparasites of Panamá. Field Museum of Natural History, Chicago. 861 p.

Werneck, F.L. (1948) Os Mallophagos de Mamiferos. Parte I. *Amblycerae Ischnocera* (*Phylopteridae* e parte de *Trichodectidae*). Revista Brasileira de Biologia, Rio de Janeiro. 243 p.

Wilson, E.O. (1971) The insect societies. Museum of Comparative Zoology, Harvard University, Belknap Press, Cambridge, Massachusetts. 548 p.

Wolda, H. & E. Broadhead (1985) Seasonality of *Psocoptera* in two tropical forests in Panamá. Journal of Animal Ecology 54: 519-530.

Yoshizawa, K. & C. Lienhard (2010) In search of the sister group of the true lice: A systematic review of booklice and their relatives, with an updated checklist of *Liposcelididae* (*Insecta*: *Psocodea*). Arthropod Systematics & Phylogeny 68(2): 181-195.

HEMIPTERA

Barbosa de Almeida, F. (1971) Triatomíneos da Amazonia. Acta Amazonica 1: 89-93.

Bourgoin, T. (1986) Morphological value of the maxillary plate in the *Hemiptera*: Phylogenetic remarks. Annales de La Societé Entomologiqué de France 22(4): 413-422.

Bourgoin, T. & B.C. Campbell (2002) Inferring a phylogeny for *Hemiptera*: Falling into the 'Autapomorphic Trap'. Denisia 4: 67-82.

Campbell, B.C., J.D. Steffen-Campbell, J.T. Sorensen & R.J. Gill (1995) Paraphyly of *Homoptera* and *Auchenorrhyncha* inferred from 18S rDNA nucleotide sequences. Systematic Entomology 20: 175-194.

Carvalho, J.C.M. (1955) Keys to the genera of the *Miridae* of the world (*Hemiptera*). Boletin do Museu Paraense Emílio Goeldi (Belém)11: 1-151.

Carvalho, G.S. & M.D. Webb (2004) A new genus and new species of neotropical spittlebugs (*Hemiptera, Cercopidae, Tomaspidinae*). Revista Brasileira de Entomología 48(3): 383-389.

Carver, M., G.F. Gross, & T.E. Woodward (1991) *Hemiptera* (bugs, leafhoppers, cicadas, aphids, scale insects etc.) In: The insects of Australia: A textbook for students and research workers, 2nd edn. (eds I.D. Naumann, P.B. Carne, J.F. Lawrence, E.S. Nielsen, J.P. Spradberry, R.W. Taylor, M.J. Whitten & M.J. Littlejohn), pp. 429-509. Melbourne University Press, Ithaca, New York.

China, W.E. & N.C.E. Miller (1959) Check-list and keys to the families and subfamilies of the *Hemiptera-Heteroptera*. Bulletin of the British Museum (Natural History) Entomology 8: 1-45.

Evans, J.W. (1963) The phylogeny of the *Homoptera*. Annual Review of Entomology 8: 77-94.

Fennah, R.G. (1968) Revisionary notes on the New World genera of cercopid froghoppers (*Homoptera: Cercopoidea*). Bulletin of Entomological Research 58:165-190.

Forero, D. (2011) Classification of *Harpactorinae*, Assassin bugs (*Hemiptera: Reduviidae*). Boletín del Museo Entomológico Francisco Luís Gallego, Universidad Nacional de Colombia 3(1): 9-24.

Freytag, P.H. & M.J. Sharkey (2002) A preliminary list of the leafhoppers (*Homoptera: Cicadellidae*) of Colombia. Biota Colombiana 3(2): 235-283.

Froeschner, R.C. (1960) *Cydnidae* of the western hemisphere. Proceedings of the United States Natural Museum 111: 337-680.

Froeschner, R.C. (1981) *Heteroptera* or true bugs of Ecuador: A partial catalog. Smithsonian Contributions to Zoology 322: 1-147.

Ghauri, M.S.K. (1973) *Hemiptera* (Bugs). In: Insects and other arthropods of medical importance (ed K.G.V. Smith), pp. 373-393. British Museum of Natural History, London.

Gullan, P.J. (2001) Why the taxon *Homoptera* does not exist. Entomologica 33: 101-104.

Heckman, C.W. (2011) Encyclopedia of Southamerican aquatic insects: *Hemiptera-Heteroptera*. Illustrated keys to known Families, Genera and Species. Springer, New York. 679 p.

Kramer, J.P. (1976) Studies of Neotropical leafhoppers II (*Homoptera: Cicadellidae*). Proceedings of the Entomological Society of Washington 78: 38-50.

Kormilev, N.A. (1954) Notas sobre *Coreidae* Neotropicales II; (*Hemiptera*) *Merocorinae* de la Argentina y países limítrofes. Revista Ecuatoriana de Entomología y Parasitología 2: 153-186.

Labrador, J.R. (1971) Estudios de biología y combate de la chinche *Blissus* afin *insularis* Barber, plaga del pasto pangola. Universidad del Zulia, Facultad de Agronomía. 56 p.

Lent, H. & P. Wygodzinsky (1947) Contribução ao conhecimento dos "*Reduviinae*" Americanos (*Reduviidae, Hemiptera*). Revista Brasileira de Biologia 7(3): 341-368.

Lent, H. & P. Wygodzinsky (1979) Revision of the *Triatominae* (*Hemiptera: Reduviidae*), and their significance as vectors of Chagas disease. Bulletin of the American Museum of Natural History 163: 123-520.

Maddison, D.R. (1995) *Hemiptera*. True bugs, cicadas, leafhoppers, aphids, etc. In: The Tree of Life Web Project. http://tolweb.org/*Hemiptera*/8239/1995.01.01, http://tolweb.org/

Miller, N.C.E. (1971) The biology of the *Heteroptera*, 2nd ed. (ed E.W. Classey), Hampton, Middlesex, England. 206 p.

Mound, L.A. & S.H. Halsey (1978) Whitefly of the world. A systematic catalogue of the *Aleyrodidae* (*Homoptera*) with host plant and natural enemy data. British Museum (Natural History) & Wiley, Chichester, New York. 340 p.

Rengifo-Correa, L.A. & R. González (2011) Clave ilustrada para la identificación de las familias de *Pentatomorpha* (*Hemiptera-Heteroptera*) de distribución Neotropical. Boletin Científico del Centro de Museos, Museo de Historia Natural (Colombia)15(1): 168-187.

Ryckman, R.E. (1986) The *Triatominae* of South America: A checklist with synonymy (*Hemiptera: Reduviidae: Triatominae*) Bulletin of the Society for Vector Ecology 11: 199-208.

Schaefer, C.W. (ed) (1996) Studies on Hemipteran phylogeny. Proceedings of Thomas Say Publications in Entomology, Entomological Society of America, Lanham, Maryland. 244 p.

Smith, C.F. & M.M. Cermeli (1979) An annotated list of *Aphididae* (*Homoptera*) of the Caribbean islands and South and Central America. North Carolina Agricultural Research Service Technical Bulletin 259: 1-131.

Torre-Bueno, J.R. de la (1939) A synopsis of the *Hemiptera-Heteroptera* of America north of México. Brooklin Entomological Society, Brooklin, New York. 122 p.

Wheeler, W.C., R.T. Schuh & R. Bang (1993) Cladistic relationships among higher groups of *Heteroptera*: Congruence between morphological and molecular data sets. Entomologica Scandinavica 24: 121-137.

THYSANOPTERA

Bhatti, I.S. (1988) The orders *Terebrantia* and *Tubulifera* of the superorder *Thysanoptera* (*Insecta*). A critical appraisal. Zoology (Journal of Pure and Applied Zoology) 1: 167-240.

Borbon, C.M. de, V. Becerra, V. Bonomo, E. Mazzitelli & M. Calvo (2008) Trips (*Insecta: Thysanoptera*) en montes de cerezo en Mendoza, Argentina. Revista de la Facultad de Ciencias Agrarias 40(2): 1-10.

Calixto A., C.L. (2005) Trips del suborden *Terebrantia* (*Insecta: Thysanoptera*) en la Sabana de Bogotá. Revista Colombiana de Entomología 31(2):

Cermeli, M., J. Perozo & L. Piñango (2009) *Scirtothrips dorsalis* Hood (*Thysanoptera, Thripidae*) nuevo insecto plaga del algodonero (*Gossipium hirsutum* L.) en Venezuela. Entomotropica 24(2): 85-88.

Childers, C.C., & D.S. Achor (1991) Structure of the mouthparts of *Frankliniella bispinosa* (Morgan) (*Thysanoptera: Thripidae*). In: Towards understanding *Thysanoptera*, Proceedings of the International Conference on Thrips, February 1989 (eds B.L. Parker, M. Skinner & T. Lewis), pp. 71-94. USDA Technical Report NE-147, Radnor, Pennsylvania.

Gaud, S.M. (1961) The *Thysanoptera* of Puerto Rico. Technical Papers of Agricultural Experimental Station, Puerto Rico 32: 1-160.

Goldarazena, A., L.A. Mound & R. zur Strassen (2008) Nomenclatural problems among *Thysanoptera* (*Insecta*) of Costa Rica. Revista de Biología Tropical (International Journal of Tropical Biology) 56(2): 961-968.

Heming, B.S. (1972) Functional morphology of the pretarsus in larval *Thysanoptera*. Canadian Journal of Zoology 50: 751-766.

Izzo, T.J., S.M.J. Pinent & L.A. Mound (2002) *Aulacothrips dictyotus* (*Heterothripidae*), the first ectoparasitic thrips (*Thysanoptera*). Florida Entomologist 85(1): 281-283.

Johansen, R. M. (1983) Nuevos estudios acerca del mimetismo en el género *Franklinothrips* Back (*Insecta*: *Thysanoptera*), en México. Anales del Instituto de Biología de la Universidad Nacional Autónoma de México (Serie Zoología 1) 53: 133-156.

Johansen, R. M. (1985) New taxonomic and phylogenetic concepts of the genus *Elaphrothrips* Buffa, 1909 (*Thysanoptera*: *Phlaeothripidae*) of the American Continent, with the description of two new species. Anales del Instituto de Biología de la Universidad Nacional Autónoma de México, Serie Zoología 56(3): 745-868.

Johansen, R.M. & A.M. Mojica (1993) Nuevos thrips tubulíferos (*Insecta*: *Thysanoptera*) de México, XV. Anales del Instituto de Biología de la Universidad Nacional Autónoma de México 64(1): 17-37.

Johansen, R.M., A. Mojica G., A.R. Valle de la Paz & M. Valle de la Paz (2003) The present knowledge of the of the mexican *Thysanoptera* (*Insecta*), inhabiting avocado trees (*Persea americana* Miller). Proceedings of the V World Avocado Congress (Actas del V Congreso Mundial del Aguacate), pp. 455-460. Málaga, Spain.

Lewis, T. (1973) Thrips, their biology, ecology and economic importance. Academic Press, London & New York. 349 p.

Moritz, G., L.A. Mound, D.C. Morris & A. Goldarazena (2004) Pest thrips of the world: An identification and information system using molecular and microscopical methods. CD-ROM. Centre for Biological Information Technology, Brisbane, Australia.

Morris, D.C. & L.A. Mound (2003) *Thysanoptera* phylogeny - the molecular future. Entomologische Abhandlungen 61: 153-155.

Mound, L.A. (1977) Species diversity and the systematics of some new world leaf-litter *Thysanoptera* (*Phlaeothripidae*: *Glyptothripinae*). Systematic Entomology 2: 225-244.

Mound, L.A. (1983) Natural and disrupted patterns of geographical distribution in *Thysanoptera* (*Insecta*). Journal of Biogeography 10: 119-133.

Mound, L.A. (2002) *Thysanoptera* biodiversity in the Neotropics. Revista de Biología Tropical 50(2): 477-484.

Mound, L.A. (2005) *Thysanoptera*: diversity and interactions. Annual Review of Entomology 50: 247-269.

Mound, L.A. & B.S. Heming (1991) *Thysanoptera*. In: The Insects of Australia: A textbook for students and research workers, 2nd edn. (eds I.D. Naumann, P.B. Carne, J.F. Lawrence, E.S. Nielsen, J.P. Spradberry, R.W. Taylor, M.J. Whitten & M.J. Littlejohn), pp. 510-515. Melbourne University Press, Carlton, Victoria.

Mound, L.A., B.S. Heming & J.M. Palmer (1980) Phylogenetic relationships between the families of recent *Thysanoptera*. Zoological Journal of the Linnean Society of London 69: 111-141.

Mound, L.A. & R. Marullo (1996) The thrips of Central and South America: An introduction (*Insecta*: *Thysanoptera*). Memoirs on Entomology International 6: 1-488. http://www.sel.barc.usda.gov/diptera/biosys.htm

Mound, L.A. & D.C. Morris (2007) The insect order *Thysanoptera*: Classification versus systematics. In: Linnaeus tercentenary: progress in Invertebrate Taxonomy. (eds Z. Q. Zhang & W.A. Shear), pp. 395-411. Zootaxa 1668: 1-766.

Nakahara, S. (1994) The genus *Thrips* Linnaeus (*Thysanoptera*: *Thripidae*) of the New World. United States Department of Agriculture. Technical Bulletin 1822: 1-183.

Quirós de G., M. & Y. Petit (2007) *Scirtothrips dorsalis* Hood nueva plaga en viñedos del estado Zulia, Venezuela. En: Compendio digital Facultad de Agronomía (LUZ). XI Jornadas Científico Técnicas de la Facultad de Agronomía, Marzo 2007 (ed Revista Facultad de Agronomía, LUZ), p. 63. Maracaibo, Venezuela,. http://www.revfacagronluz.org.ve/Compendio%20Digital/fitosanitario.htm

Quirós de G., M., Y. Petit, I. Dorado, N. Poleo, J. Camacho, A. Sánchez U., J. Ortega, C. Colmenares, C. González & E. Suárez (2011) Monitoreo y manejo de *Liothrips simillis* Bagnall en *Psidium guajava* L., en Mara, Zulia, Venezuela. Revista de la Facultad de Agronomía (LUZ) 28 (Suppl. 1): 384-495

Quirós M., Y. Petit, M. Méndez, E. Portillo & J. Oroño (2007) Situación de *Scirtothrips dorsalis* Hood (*Thysanoptera*: *Thripidae*) en viñedos del Municipio Mara, Estado Zulia, Venezuela. Entomotropica 22(2): 101-102.

Sakimura, K. (1986) Thrips in and around the coconut plantations in Jamaica, with a few taxonomic notes (*Thysanoptera*). Florida Entomologist 69: 348-363.

Salas, J., G. Morales, O. Mendoza, C. Alvarez & A. Parra (1993) Biología y hábitos de vida de *Thrips tabaci* Lindeman *Thysanoptera*: *Thripidae* en cebolla *Allium cepa* L. Agronomía Tropical 43(3-4): 173-183.

Salas, J. (2004) Evaluación de prácticas culturales para el control de *Thrips palmi* (*Thysanoptera*: *Thripidae*) en pimentón. Entomotropica 19(1): 39-46.

Sánchez-Monge, A., A. Retana-Salazar, S. Brenes & R. Agüero (2011) A contribution to thrips-plant associations records (*Insecta*: *Thysanoptera*) in Costa Rica and Central America. Florida Entomologist 94(2): 330-339.

Soto R., G.A. & A.P. Retana S. (2003) Clave ilustrada para los géneros de *Thysanoptera* y especies de *Frankliniella* presentes en cuatro zonas hortícolas en Alajuela, Costa Rica. Agronomía Costarricense 27(002): 55-68.

Zamar, M.I. & L.E. Neder de R. (2011) Asociación *Thysanoptera* (*Insecta*) -*Vicia faba* (*Fabaceae*) en la Prepuna y Puna de Jujuy, Argentina. Revista de Biología Tropical (International Journal of Tropical Biology) 60(1): 119-128.

STREPSIPTERA

Bohart, R.M. (1941) A revision of the *Strepsiptera* with special reference to the species of North America. University of California Publications in Entomology 7: 91-160.

Crowson, R.A. (1960) The phylogeny of *Coleoptera*. Annual Review of Entomology 5: 114-134.

Kathirithamby, J. (1989) Review of the order *Strepsiptera*. Systematic Entomology 41: 42-91.

Kathirithamby, J. (1991) *Strepsiptera*. In: The insects of Australia: A textbook for students and research workers, 2nd edn. (eds I.D. Naumann, P.B. Carne, J.F. Lawrence, E.S. Nielsen, J.P. Spradberry, R.W. Taylor, M.J. Whitten & M.J. Littlejohn), pp. 684-695. Melbourne University Press, Carlton, Victoria.

Kathirithamby, J. (1992) *Strepsiptera* of Panamá and Mesoamerica. In: Insects of Panamá and Mesoamerica: Selected studies (eds D. Quintero & A. Aiello), pp. 421-431. Oxford University Press, Oxford. UK.

Kathirithamby, J. & D. P. Hughes (2002) *Caenocholax fenyesi* (*Strepsiptera*: *Myrmecolacidae*) parasitic in *Camponotus planatus* (*Hymenoptera*: *Formicidae*) in México: Is this the original host? Annals of the Entomological Society of America 95(5): 558-563.

Kathirithamby, J. (2009) Host-parasitoid associations in *Strepsiptera*. Annual Review of Entomology 54: 227-249.

Pierce, W.D. (1908) A preliminary review of the classification of *Strepsiptera*. Proceedings of the Entomological Society of Washington 9: 75-85.

Pierce, W.D. (1964) The *Strepsiptera* are a true order, unrelated to *Coleoptera*. Annals of the Entomological Society of America 57: 603-605.

Pohl, H. & R.G. Beutel (2005) The phylogeny of *Strepsiptera* (*Hexapoda*). Cladistics 21: 328-374.

Riek, E. (1970) *Strepsiptera*. In: The insects of Australia: A textbook for students and research workers, 2nd edn. (eds I.D. Naumann, P.B. Carne, J.F. Lawrence, E.S. Nielsen, J.P. Spradberry, R.W. Taylor, M.J. Whitten & M.J. Littlejohn), pp. 622-635. University of Melbourne Press, Melbourne, Australia.

Whiting, M.F. & J. Kathirithamby (1995) *Strepsiptera* do not share hind wing venational synapomorphies with *Coleoptera*: A reply to Kukalová-Peck and Lawrence. Journal of the New York Entomological Society 103(1): 1-14.

Whiting, M.F., J.C. Carpenter, Q.D. Wheeler & W.C. Wheeler (1997) The *Strepsiptera* problem: Phylogeny of the holometabolous insect orders inferred from 18S and 28S ribosomal DNA sequences and morphology. Systematic Biology 46: 1-68.

COLEOPTERA

Arnett, R.H. (1973) The Beetles of the United States (A manual for identification). The American Entomological Institute, Ann Arbor, Michigan. 1112 p.

Bechyné, J. (1997) Evaluación de los datos sobre los *Phytophaga* dañinos en Venezuela (*Coleoptera*), vols. 1 & 2 (ed V. Savini). Boletín de Entomología Venezolana, Serie Monografías. 459 p.

Beutel, R. & F. Haas (2000) Phylogenetic relationships of the suborders of *Coleoptera* (*Insecta*). Cladistics 16: 103-141.

Caterino, M.S., V.L. Shull, P.M. Hammond & A.P. Vogler (2002) Basal relationships of *Coleoptera* inferred from 18S rDNA sequences. Zoologica Scripta 31: 41-49.

Cerda G., M. (1993) Nuevos cerambícidos de Chile (*Col.*, *Cerambycidae*). Revista Chilena de Entomología 20: 13-14.

Crowson, R.A. (1960) The phylogeny of *Coleoptera*. Annual Review of Entomology 5: 111-134.

Crowson, R.A. (1967) The natural classification of the families of *Coleoptera*. E.W. Classey Ltd, Middlesex, England. 214 p.

Crowson, R.A. (1981) The biology of the *Coleoptera*. Academic Press, London. 802 p.

Erwin, T.L (1982) Tropical forests: their richness in *Coleoptera* and other arthropod species. Coleopterists Bulletin 36: 74-75.

Erwin, T.L. (1988) The tropical forest canopy -The heart of biotic diversity. In: Biodiversity (ed E.O. Wilson), pp. 123-129. National Academy Press, Washington, D.C.

Erwin, T.L. (1997) Biodiversity at its utmost: Tropical forest beetles. In: Biodiversity II (eds M.L. Reaka-Kudla, D.E. Wilson & E.O. Wilson), pp. 27- 40. Joseph Henry Press, Washington, D.C.

Erwin, T.L. & C.J. Geraci (2009) Amazonian rainforests and their richness of *Coleoptera*, a dominant life form in the critical zone of the neotropics. In: Insect biodiversity, Science and Society (eds R. Foottit & P. Adler), pp. 49-67. Wiley-Blackwell, West Sussex, UK.

Hunt, T., J. Bergsten, Z. Levkanicova, A. Papadopoulous, O. St. John, R. Wild, P.M. Hammond, D. Ahrens, M. Balke, M.S. Caterino, J. Gómez-Z., I. Ribera, T.G. Barraclough, M. Bocakova, L. Bocak & A. Vogler (2007) A comprehensive phylogeny of bettles reveals the evolutionary origins of a superradiation. Science 318(5858): 1913-1916.

Joly, L.J. (2009) Diversidad en los Coleópteros. En: Enfoques y temáticas en Entomología, vol. 1 (eds H.J. Arrivillaga & M.H. El Souki), pp. 283-299. Sociedad Venezolana de Entomología, XXI Congreso Venezolano de Entomología, Julio 2009, Caracas, Venezuela.

Kukalová-Peck, J. & J.F. Lawrence (1993) Evolution of the hind wing in *Coleoptera*. The Canadian Entomologist 125: 181-258.

Lawrence, J.F. & A.F. Newton, Jr. (1982) Evolution and classification of beetles. Annual Review of Ecology and Systematics 13: 261-290.

Maddison, D.R. (2000) *Coleoptera*. Beetles. The Tree of Life Web Project. http://tolweb.org/*Coleoptera*/8221/2000.09.11, http://tolweb.org/

Pakaluk, J. & S.A. Slipinski (eds) (1995) Biology, Phylogeny, and Classification of *Coleoptera*. Papers Celebrating the 80th Birthday of Roy A. Crowson. Muzeum i Instytut Zoologii PAN, Warszawa. 1092 p.

Rosales C.J. (1966) Contribución al conocimiento de los *Prioninae* (*Coleoptera*: *Cerambycidae*) de Venezuela, Alcance No. 11. Revista de la Facultad de Agronomía (UCV), Maracay. 237 p.

Savini, V. & L.J. Joly (2006) Morfología de las mandíbulas de algunos géneros de *Alticinae* y *Galerucinae* (*Coleoptera*: *Chrysomelidae*). Entomotropica 21(1): 23-40.

Solís, A. (1994) Las familias de insectos de Costa Rica. Orden *Coleoptera*. Instituto Nacional de Biodiversidad (INBIO). http://www.inbio.ac.cr/papers/insectoscr/Coleopt.html

Solís, A. (2002) Escarabajos de Costa Rica. Instituto Nacional de Biodiversidad (INBIO), Costa Rica. 132 p.

White, R. (1983) A field guide to the beetles of North America. Houghton Mifflin Company, Boston. 368 p.

RAPHIDIOPTERA

Aspöck, H. 1986. The *Raphidioptera* of the World: A review of present knowledge. In: Recent research in Neuropterology, Proceedings of the 2nd International Symposium on Neuropterology, August 1984 (eds J. Hamburg, H. Gepp, H. Aspöck & H. Hölzel), pp. 15-29. Graz, Austria.

Aspöck, H. (1998) Distribution and biogeography of the order *Raphidioptera*: updated facts and a new hypothesis. Acta Zoologica Fennica 209: 33-44.

Aspöck, H. (2002) The biology of *Raphidioptera*: A review of present knowledge. Acta Zoologica *Academiae Scientiarum Hungaricae* 48 (Suppl. 2): 35-50.

Aspöck, U. & H. Aspöck (2004) Two significant new snakeflies from Baltic amber, with discussion on autapomorphies of the order and its included taxa (*Raphidioptera*). Systematic Entomology 29(1): 11-19.

Beutel, R.G. & S.Q. Ge (2008) The larval head of *Raphidia* (*Raphidioptera, Insecta*) and its phylogenetic significance. Zoology 111: 89-113.

Dong, R. & H. Youchong (1994) A cladistic study on the familial phylogeny of fossil and living *Raphidioptera* (*Insecta*). Bulletin of the Chinese Academy of Geological Sciences 29: 103-117.

Maddison, D.R. (1995) *Raphidioptera*. Snakeflies. The Tree of Life Web Project. http://tolweb.org/*Raphidioptera*/8219/1995.01.01 http://tolweb.org/

Navás, L. (1916) Notas sobre el orden de los Rafidiopteros (Ins.). Memorias de la Real Academia de Ciencias y Artes de Barcelona (3) 12: 507-513

Engel, M.S. (2002). The smallest snakefly (*Raphidioptera*: *Mesoraphidiidae*): a new species in Cretaceous amber from Myanmar, with a catalog of fossil snakeflies. American Museum Novitates (3363): 1–22.

MEGALOPTERA

Beutel, R.G., F. Friedrich, T. Hörnschemeyer, H. Pohl, F. Hünefeld, F. Beckmann, R. Meier, B. Misof, M. F. Whiting & L. Vilhelmsen (2011) Morphological and molecular evidence converge upon a robust phylogeny of the megadiverse *Holometabola*. Cladistics 27(4): 341-355.

Contreras-Ramos, A. (1999) List of species of Neotropical *Megaloptera* (*Neuropterida*) Proceedings of Entomological Society of Washington 101(2): 274-284.

Contreras-Ramos, A. (2007) Recent accounts on the systematics and biogeography of Neotropical *Megaloptera* (*Corydalidae, Sialidae*). Annali Museo Civico Storia Naturale, Ferrara 8: 67-72.

Haring, E. & U. Aspöck (2004) Phylogeny of the *Neuropterida*: A first molecular approach. Systematic Entomology 29: 415–430.

Cleide Costa, S.I. & C.E. Simonka (S/F) Insectos Inmaduros. *Megaloptera*. (RIBES, Red Iberoamericana de Biogeografía y Entomología Sistemática, SEA y CYTED 11), pp. 87-92. http://docs.google.com/viewer?a=v&q=cache:SSTXlujvHxoJ:www.sea-entomologia.org/PDF/M3M_INSECTOSINMADUROS/Megaloptera.pdf+Megaloptera&hl=es&gl=ve&pid=bl&srcid=ADGEESiITThe4XzWUllkKx0Hbsu1GyfsxV8zkn5Z2sE8QTO28QAblWtnBrcQtKM24zZMtsDiuJtUbR9q7N0HeLBLvMf-E6fbvKaknWCoetFzF0mIZWPrgpTlvx5-5s2iSiBcCGZrxWyI&sig=AHIEtbTuzrBLTfnfVvFQKLYXv3OsGQH8AA

Winterton, S.L., N.B. Hardy & B.M. Wiegmann (2011) On wings of lace: Phylogeny and bayesian divergence time estimates of *Neuropterida* (*Insecta*) based on morphological and molecular data. http://biblioteca.universia.net/html_bura/ficha/params/title/on-wings-of-lace-phylogeny-and-bayesian-divergence-time-estimates/id/53136134.html

NEUROPTERA

Aspöck, U. (2002) Phylogeny of the *Neuropterida* (*Insecta*: *Holometabola*). Zoologica Scripta 31: 51-55.

Aspöck, U., J.D. Plant & H.L. Nemeschk (2001) Cladistic analysis of *Neuroptera* and their systematic position within *Neuropterida* (*Insecta*: *Holometabola*: *Neuropterida*: *Neuroptera*) Systematic Entomology 26: 73-86.

Aspöck, U. & H. Aspöck (2008) Phylogenetic relevance of the genital sclerites of *Neuropterida* (*Insecta*: *Holometabola*). Systematic Entomology 33: 97–127.

Aspöck, U. & H. Aspöck (2010) Landmarks towards a phylogeny-based classification of the *Neuropterida* (*Insecta*: *Endopterigota*). In: Proceedings of the 10th International Symposium on Neuropterology, June 2008, Piran, Slovenia (eds D.Devetak, S. Lipovšek & A. E. Arnett), pp. 67-74. University of Maribor, Maribor, Slovenia.

Beutel, R.G., F. Friedrich & U. Aspöck (2010) The larval head of *Nevrorthidae* and the phylogeny of *Neuroptera* (*Insecta*). Zoological Journal of the Linnean Society 158(3): 533–562.

Camacho, J. & M. Quirós (1995) Clave ilustrada para identificar adultos de las familias del orden *Neuroptera* (*sensu lato*) presentes en el occidente de Venezuela. Revista de la Facultad de Agronomía (LUZ) 12: 491-500.

Haring E. & U. Aspöck (2004) Phylogeny of the *Neuropterida*: A first molecular approach. Systematic Entomology 29: 415-430.

Hogue, C.L. & N.D. Penny (1989) Aggregations of amazonian owlflies (*Neuroptera*: *Ascalaphidae*: *Cordulecerus*). Acta Amazonica 18: 359-361.

Jepson, J.E., J. Ansorge & E.A. Jarzembowski (2011) New snakeflies (*Insecta*: *Raphidioptera*) from the lower cretaceous of the UK, Spain and Brazil. Paleontology 54(2): 385-395.

Monserrat, V.J. (2005) Nuevos datos sobre algunas pequeñas familias de neurópteros (*Insecta*: *Neuroptera*; *Nevrorthidae*, *Osmylidae*, *Sisyridae*, *Dilaridae*). *Heteropterus* Revista de Entomología 5: 1-26.

Monserrat, V.J. & S. de Freitas (2005) Contribución al conocimiento de los crisópidos de coquimbo, patagonia y tierra del fuego (Argentina, Chile) (*Insecta*, *Neuroptera*, *Chrysopidae*) Graellsia 61(2): 163-179.

Penny, N.D. (1977) Lista de *Megaloptera*, *Neuroptera* e *Raphidioptera* do México, America Central, ilhas Caraibas e América do Sul. Acta Amazonica 7(4): 1-61.

Penny, N.D. (1983) *Neuroptera* of the Amazon Basin. Acta Amazonica 13: 697-699.

Stange, L.A. (1989) Review of the new world *Dimarini* with the description of a new genus from Perú (*Neuroptera*: *Myrmeleontidae*). Florida Entomologist 72: 450-461.

Valencia L.A., J. Romero N., J. Valdez C., J.L. Carrillo S. & V. López M. (2006) Taxonomía y registros de *Chrysopidae* (*Insecta*: *Neuroptera*) en el estado de Morelos, México. Acta Zoológica Mexicana 22(001): 17-61.

HYMENOPTERA

Austin, A.D. & M. Dowton (eds) (2000) *Hymenoptera* evolution, biodiversity and biological control. CSIRO Publishing, Collingwood, Victoria. 468 p.

Ananthakrishnan, T.N. (1984) The biology of Gall Insects. London, Edward Arnold, 362 p.

Beutel, R.G. & H. Pohl (2006) Endopterygote systematics – where do we stand and what is the goal (*Hexapoda, Arthropoda*)? Systematic Entomology 31: 202–219.

Bohart, R.M. & A.S. Menke (1976) Sphecid wasps of the world. University of California Press, Los Angeles, California. 695 p.

Boscán de M., N. & F. Godoy (1995) Nuevos parasitoides de moscas de las frutas de los géneros *Anasthrepha* y *Ceratitis* en Venezuela. Agronomía Tropical 46(4): 465-471.

Carpenter, J.M. & W.C. Wheeler (1999) Towards simultaneous analysis of morphological and molecular data in *Hymenoptera*. Zoologica Scripta 28(1-2): 251-260.

Danforth, B.D. (1989) The evolution of hymenopteran wings: The importance of size. Journal of Zoology 218(2): 247-276.

Fernández, F. (ed) (2003) Introducción a las Hormigas de la región Neotropical. Instituto de Investigación de Recursos Biológicos Alexander von Humboldt, Bogotá, Colombia. 398 p.

Fernández, F. & M.J. Sharkey (eds) (2006) Introducción a los *Hymenoptera* de la región neotropical. Sociedad Colombiana de Entomología y Universidad Nacional de Colombia, Bogotá. 893 p.

Ferrer, F. 2001. Biological control of agricultural insect pests in Venezuela; advances, achievements and future perspectives. Biocontrol News and Information 22(3): 67-74.

Gaston, K.J., I.D. Gauld & P. Hanson (1996) The size and composition of the hymenopteran fauna of Costa Rica. Journal of Biogeography 23: 105-113.

Gauld, I. & B. Bolton (1988) The *Hymenoptera*. British Museum (Natural History), Oxford University Press, Oxford, UK. 332 p.

Gibson, G.A.P. (1985) Some pro and mesothoracic structures important for phylogenetic analysis of *Hymenoptera*, with a review of terms used for the structures. Canadian Entomologist 117: 1395-1443.

Goulet, H. & J.T. Huber (1993) *Hymenoptera* of the world: An identification guide to families, Monograph No. 1894E. Agriculture Canada Research Branch, Ottawa, Canada. 668 p.

Hanson, P.E. & I.D. Gauld (1995) The *Hymenoptera* of Costa Rica. Oxford University Press, Oxford, U.K. 893 p.

Hanson, P.E. & I.D. Gauld (2006) *Hymenoptera* de la región Neotropical. Memoirs of the American Entomological Institute 77: 1-997.

Heraty, J., F. Ronquist, J.M. Carpenter, D. Hawks, S. Schulmeister, A.P. Dowling, D. Murray, J. Munro, W.C. Wheeler, N. Schiff & M. Sharkey (2011) Evolution of the hymenopteran megaradiation. Molecular Phylogenetics & Evolution 60: 73-88.

Labrador, J.R., I. Martínez & A. Mora (1972) *Acromyrmex landolti* Forel, plaga del pasto guinea (*Panicum maximun*) en el estado Zulia. Revista Facultad de Agronomía, (LUZ) 2(2): 27-38.

O´Donnell, S., J. Lattke, S. Powell & M. Kaspari (2008) Species and site differences in Neotropical army ant emigration behavior. Ecological Entomology 34: 476-482.

Piccirillo, G. & M. Quirós de G. (1997) Condiciones de manejo de las poblaciones de abejas africanizadas en la zona noroccidental de Venezuela. Interciencia 22(2): 81-86.

Ronquist, F., A.P. Rasnitsyn, A. Roy, K. Eriksson, & M. Lindren (1999) Phylogeny of the *Hymenoptera*: A cladistic reanalysis of Rasnitsyn's (1988) data. Zoologica Scripta 28:13-50.

Schulmeister, S. (2003) Review of morphological evidence on the phylogeny of basal *Hymenoptera* (*Insecta*), with a discussion of the ordering of characters. Biological Journal of the Linnean Society 79: 209-243.

Schulmeister, S., W.C. Wheeler, & J.M. Carpenter (2002) Simultaneous analysis of the basal lineages of *Hymenoptera* (*Insecta*) using sensitivity analysis. Cladistics 18: 455-484.

Sharkey, M.J. (2007) Phylogeny and classification of *Hymenoptera*. In: *Linnaeus* Tercentenary: Progress in Invertebrate Taxonomy (eds Z.Q. Zhang & W.A. Shear), pp. 521-548. Zootaxa 1668: 1–766.

Sharkey, M.J. & A. Roy (2002) Phylogeny of the *Hymenoptera*: A reanalysis of the Ronquist *et al.* (1999) reanalysis, emphasizing wing venation and apocritan relationships. Zoologica Scripta 31: 57-66.

Terán, J. (1980) Lista preliminar de *Hymenoptera* parásitos de otros insectos en Venezuela, Revista de la Facultad de Agronomía (Maracay) 10(14): 283-289.

TRICHOPTERA

Angrisano, E.B. (1995) El Orden *Trichoptera* en la Argentina y países limítrofes. Physis (Buenos Aires), Secc. B, 50 (118-119): 19-25.

Botosaneanu, L. & A.L. Viloria (2002) The caddisflies (*Insecta*: *Trichoptera*) of Isla de Margarita (Venezuela) – with description of two new species. Deutsche Entomologische Zeitschrift 49(1): 105-111.

Bueno-Soria, J. (1981) Estudios en insectos acuáticos de México I. *Trichoptera* (*Leptoceridae*). Cinco nuevas especies de *Oecetis* McLachlan. Folia Entomológica Mexicana 49: 103-120.

Bueno-Soria, J. & S. Santiago-F. (1982) *Trichoptera*. In: Aquatic biota of México, Central America and the West Indies (eds S.H. Hurlbert & A. Villalobos-F.), pp. 398-400. San Diego State University, California.

Flint, Jr, O.S. (1981) Studies of Neotropical Caddisflies, XXVIII: The *Trichoptera* of the Rio Limón Basin, Venezuela. Smithonian Contributions to Zoology 330: 1-71.

Flint, Jr, O.S. (1983) Studies of Neotropical Caddisflies, XXXIII. New species from Austral South America (*Trichoptera*). Smithsonian Contributions to Zoology 377: 1-100.

Harris, S.C., O.S. Flint, Jr & R.W. Holzenthal (2002) Review of the neotropical genus *Flintiella* (*Trichoptera*: *Hydroptilidae*: *Stactobiini*). Journal of New York Entomological Society 110(1):65–90, 2002

Holzenthal, R.W., R.J. Blahnik, A. Prather & K. Kjer (2010) *Trichoptera*. Caddisflies. Tree of Life Web Project. http://tolweb.org/*Trichoptera*/8230/2010.07.20

Huamantinco, A.A. & W. Ortiz (2010) Clave de géneros de larvas de *Trichoptera* (*Insecta*) de la vertiente occidental de los Andes, Lima, Perú. Revista Peruana de Biología 17(1): 75-80.

Morse, J.C. (1993) A checklist of the *Trichoptera* of North America, including Greenland and Mxico. Transactions of American Entomological Society 119: 47-93.

Morse, J.C. (1997) Phylogeny of *Trichoptera*. Annual Review of Entomology

42: 427-450.

Morse, J.C. (1997) Checklist of World *Trichoptera*. In: Proceedings of the 8th International Symposium on *Trichoptera*, July 1995, Minnesota (eds R.W. Holzenthal & O.S. Flint, Jr.), pp. 339-342. Ohio Biological Survey, Columbus, Ohio.

Muñoz-Quesada, F. (2000) Especies del orden *Trichoptera* (*Insecta*) en Colombia. Biota Colombiana 1(3): 267-288.

Neboiss, A. (1991) *Trichoptera*. In: The insects of Australia: A textbook for students and research workers, vol. 2, 2nd edn. (CSIRO), pp. 787-816. Melbourne University Press, Melbourne, Australia.

Paprocki, H., R.W. Holzenthal & R.J. Blahnik (2004) Checklist of the *Trichoptera* (*Insecta*) of Brazil. Biota Neotropica 4(1): 1-22.

Posada García, J.A. (2003) Clave ilustrada y diversidad de las larvas de *Trichoptera* en el Noroccidente de Colombia. Caldasia 25(1): 169-192.

Ross, H.H. (1967) The evolution and past dispersal of the *Trichoptera*. Annual Review of Entomology 12: 169-206.

Reynaga, M. (2009) Hábitos alimentarios de larvas de *Trichoptera* (*Insecta*) de una Cuenca Subtropical. Ecología Austral 19: 207-214.

Ross, H.H. & E.W. King (1951) A key to the World genera of the caddisfly tribe "*Hydrobiosini*" (*Trichoptera*, *Rhyacophilidae*). Acta Zoologica Lilloana 12:501-508.

Springer, M. (2006) Clave taxonómica para las larvas de las familias del orden *Trichoptera* (*Insecta*) de Costa Rica. Revista Biología Tropical 54 (Suppl. 1): 273-286.

Wallace, I. (2003) The beginner´s guide to caddis (Order *Trichoptera*). Bulletin of the Amateur Entomologists' Society 62: 15-26.

Wallace, J.B. & R.W. Merritt (1980) Filter-feeding ecology of aquatic insects. Annual Review of Entomology 25:103-132.

Weaver, J.S. & J.C. Morse (1986) Evolution of feeding and case-making behavior in *Trichoptera*. Journal of the North American Benthological Society 5: 150-158

Wells, A. (1992) The first parasitic *Trichoptera*. Ecological Entomology 17: 299-302.

Wells, A. & W. Wichard (1989) Caddisflies of Dominican Amber. VI. *Hydroptilidae* (*Trichoptera*). Studies on Neotropical Fauna and Environment 24: 41-51.

LEPIDOPTERA

Arias, Q. & J. Clavijo (2001) Clave pictórica para las especies del género *Diaphania* de Venezuela. Entomotropica 16(1): 1-8.

Bauer, E. & T. Frankenbach (eds) (1998) Butterflies of the world, 35 Fascicles. Goeke and Evers, Keltern, Germany.

Chacón, I. & J. Montero (2007) Mariposas de Costa Rica. Instituto Nacional de Biodiversidad (INBIO), Costa Rica. 366 p.

Castellanos, V., C.M. Camacho, J.P. Alfaro B. & D. Uasapud G. (2007) Diversidad, Caracterización e importancia ecológica de las mariposas diurnas (*Lepidoptera*: *Rhopalocera*) de Colombia. Universidad del Tolima, Colombia. http://www.monografias.com/trabajos53/ecoimportancia-mariposas/ecoimportancia-mariposas.shtml

D'Abrera, B. (1981,1984,1987,1988,1994,1995) Butterflies of the Neotropical Region. Parts I-VII. Hill House, Victoria, Australia.

D' Abrera, B. (1984) Butterflies of the world. Butterflies of the neotropial region. Part II (*Danaidae*, *Ithomiidae*, *Heliconidae*, *Morphidae*). Hill House, London, U.K. 384 p.

DeVries, P.J. (1987) The butterflies of Costa Rica and their natural history. vol. I *Papilionidae*, *Pieridae*, *Nymphalidae*. Princeton University Press, Princeton. 327 p.

DeVries, P.J. 1997. The butterflies of CostaRica and their natural history, *Riodinidae*, vol. II. Princeton University Press. 288 p.

Faucheux, M.J. (2005) *Heterobathmia pseuderiocrania* (*Heterobathmiina*): mouthparts, mouthpart sensilla, and comparison with other non-glossatan suborders (*Insecta*, *Lepidoptera*). Revista del Museo Argentino de Ciencias Naturales 7(1): 57-65.

Fernández Y., F. & J. González (1994) Fauna del Parque Nacional "Henri Pittier" Aragua, Venezuela: Esfíngidos (*Lepidoptera*: *Sphingidae*) de Rancho Grande. Boletín del Museo de Entomología de la Universidad del Valle. 2(1,2): 43-54.

Heppner, J.B. (ed) (1984, 1995, 1996, 2001) Atlas of neotropical *Lepidoptera*. Association for Tropical *Lepidoptera*. http://www.troplep.org/atlasnl.htm

Kristensen, N.P. & A.W. Skalski (1999) Phylogeny and paleontology. In: *Lepidoptera*: moths and butterflies. 1. Evolution, Systematics, and Biogeography, vol. IV. Handbook of Zoology, Part 35. (ed N.P. Kristensen), pp. 7-25. De Gruyter, Berlin and New York.

Kristensen, N.P., M.J. Scoble & O. Karsholt (2007) *Lepidoptera* phylogeny and systematics: the state of inventorying moth and butterfly diversity. Zootaxa 1668: 699-747.

Labrador, J.R. (1964) Estudios de Biología y combate del gusano medidor de los pastos *Mocis repanda* F. en el estado Zulia. Universidad del Zulia, Facultad de Agronomía, Sección de Entomología, Maracaibo, Zulia, Venezuela. 144 p.

Labrador, J.R. (1967) Estudios de Biología y combate del Gusano Cogollero del maíz, *Laphigma frugiperda* (S & A). Universidad del Zulia, Facultad de Agronomía, Departamento Fitosanitario, Sección de Entomología, Maracaibo, Zulia, Venezuela. 83 p.

Lamas, G., R.G. Robbins & W.D. Field (1995) Atlas of Neotropical *Lepidoptera*. Bibliography of butterflies. Association for Tropical *Lepidoptera*, Gainesville, Florida. 463 p.

Mallet, J. (2007) Taxonomy of *Lepidoptera*: the scale of the problem. The *Lepidoptera* Taxome Project. University College, London. http://www.ucl.ac.uk/taxome/lepnos.html

Neild, A.F.E. (1996) The Butterflies of Venezuela, Part 1: *Nymphalidae* I (*Limenitidinae*, *Apaturinae*, *Charaxinae*). Meridian Publications, Greenwich, London, UK, 144 p.

Nielsen, E.S. (1985) Primitive (non-ditrysian) *Lepidoptera* of the Andes: diversity, distribution, biology and phylogenetic relationships. In: Second Symposium on Neotropical *Lepidoptera*, 1983, Arequipa, Perú. (ed G. Lamas), pp. 1-16. *Lepidoptera* Research Foundation, Santa Barbara, California.

Nielsen, E.S. (1989) Phylogeny of major lepidopteran groups.

In: The hierarchy of life. (eds B. Fernholm, K. Bremer & H. Jörnvall), pp. 281-294. Elsevier, Amsterdam.

Pitkin, B.R. & P. Jenkins (2004) Butterflies and moths of the world (Generic names and their type-species) Natural History Museum, UK. http://www.nhm.ac.uk/research-curation/research/projects/butmoth/index.html

Seitz, A. (1940) The Macrolepidoptera of the world. The american Bombyces and Sphinges, vol. 6. Alfred Kernen Publisher, Stuttgart, Germany, 1327 p.

Whalley, P. (1986) A review of the current fossil evidence of *Lepidoptera* in the Mesozoic. Biological Journal of the Linnean Society 28(3): 253-272.

Wiegmann, B.M., C. Mitter, J.C. Regier, T.P. Friedlander, D.M. Wagner & E.S. Nielsen (2000) Nuclear genes resolve Mesozoic-aged divergences in the insect order *Lepidoptera*. Molecular Phylogenetics and Evolution 15: 242-259.

Wiegmann, B.M., J.C. Regier, & C. Mitter (2002) Combined molecular and morphological evidence on the phylogeny of the earliest lepidopteran lineages. Zoologica Scripta 31: 67-81.

MECOPTERA

Bembry, R.R. (2011) The characteristics of the insect order *Mecoptera*. Helium Inc. http://www.helium.com/items/2196664-characteristics-of-the-insect-order-mecoptera

Beutel, R.G. & E. Baum (2008) A longstanding entomological problem finally solved? Head morphology of *Nannochorista* (*Mecoptera, Insecta*) and possible phylogenetic implications. Journal of Systematic Zoology and Evolutionary Research 46: 346-367.

Byers, G.W. & R. Thornhill (1983) Biology of the *Mecoptera*. Annual Review of Entomology 28: 203-228.

Foottit, R.G. & P.H. Adler (eds) (2009) Insect biodiversity: Science and Society. Wiley- Blackwell, Oxford, UK. 632 p.

Hinton, H.E. (1958) The phylogeny of the panorpoid orders. Annual Review of Entomology 3: 181-206.

Muzón, J. & A. Viegas (2008) *Mecoptera*. En: Biodiversidad de artrópodos Argentinos, vol. 2 (dirs L.E. Claps, G. Debandi & S. Roig-Juñent), pp. 249-251. Sociedad Entomológica Argentina, Mendoza, Argentina.

Pires M., R.J., F.S.P. Godoi & J.A. Rafael (2009) Neotropical *Mecoptera* (*Insecta*): New generic synonymies, new combinations, key to families and genera, and checklist of species. Zootaxa 2148: 27-38.

Whiting, M.F. (2002) *Mecoptera* is paraphyletic: multiple genes and phylogeny of *Mecoptera* and *Siphonaptera*. Zoologica Scripta 31(1): 93-104.

Whiting, M.F., A.S. Whiting & M.W. Hastriter (2003) A comprehensive phylogeny of *Mecoptera* and *Siphonaptera*. Entomologische Abhandlungen 61: 1-169

SIPHONAPTERA

Costa Lima, A. da & C.R. Hathaway (1946) Pulgas: Bibliographia, catálogo e animais por Elas Sugados. Monografías do Instituto Oswaldo Cruz 4: 1-522.

Dallai R., P. Lupetti, B.A. Afzelius & F. Frati (2003) Sperm structure of *Mecoptera* and *Siphonaptera* (*Insecta*) and the phylogenetic position of *Boreus hyemalis*. Zoomorphology 122: 211-220.

Dittmar, K. (2008) Cladistics a molecular phylogeny of fleas (*Insecta: Siphonaptera*): Origins and host associations. Cladistics 24(5): 677-707.

Dunnet, G.M. & D.K. Mardon (1991) *Siphonaptera*. In: The insects of Australia. A textbook for students and research workers, 2nd edn. (eds I.D. Naumann, P.B. Carne, J.F. Lawrence, E.S. Nielsen, J.P. Spradberry, R.W. Taylor, M.J. Whitten & M.J. Littlejohn), pp. 125-140. Melbourne University press, Victoria.

Foottit, R.G. & P.H. Adler (eds) (2009) Insect biodiversity: Science and Society. Wiley- Blackwell. UK. 632 p.

Hastriter, M.W. & M.F. Whiting (2003) *Siphonaptera* (Fleas). In: Encyclopedia of Insects (eds V.H. Resh & R.T. Carde), pp. 1040-1044. Academic Press, Massachusetts.

Johnson, P.T. (1957) A classification of the *Siphonaptera* of South America. Memoirs of the Entomological Society of Washington D.C. 5: 1-299.

Lewis, R.E. (1998) Résumé of the *Siphonaptera* (*Insecta*) of the World. Journal of Medical Entomology 35(4): 377-389.

Rothschild, M., Y. Schlein, K. Parker, C. Neville & S. Sternberg (1973) The flying leap of the flea. Scientific American 229(5): 92-100.

Traub, R. (1950) *Siphonaptera* from Central America and México: A morphological study of the *aedeagus* with descriptions of new genera and species. Fieldiana Zoology 1: 1-127.

Whiting, M.F., A.S. Whiting, M.W. Hastriter & K. Dittmar (2008) A molecular phylogeny of fleas (*Insecta: Siphonaptera*): Origins and host associations. Cladistics 24: 1-31

DIPTERA

Amat, E.C. (2005) New records of Timber flies (*Diptera: Pantophthalmidae*) from Colombia. Entomotropica 20(2): 95-96.

Amorin, D. S. (2009) Neotropical *Diptera* diversity: Richness, patterns, and perspectives. In: *Diptera* diversity: Status, challenges and tools. (eds T. Pape, D. Bickel & R. Meier), pp. 71-97. Koninklijke Bril, Leiden, The Netherlands.

Amorin, D.S., V.C. Silva & M.I.P.A. Balbi (2002) Estado do conhecimento dos *Diptera* neotropicais. Red Iberoamericana de Biogeografía y Entomología Sistemática, Monografías Tercer Milenio 2: 29-36.

Brindle, A. & K.G.V. Smith (1978) The immature stages of flies. In: A dipterist's handbook. (eds A. Stubbs & P. Chandler), pp. 38-91. The Amateur Entomologist's Society, Hanworth, Middlesex.

Brown, B.V. (2001) Flies, gnats, and mosquitoes. In: Encyclopedia of Biodiversity. (ed S.A. Levin), pp. 815–826. Academic Press, London.

Brown, B.V., A. Borkent, J.M. Cumming, D.M. Wood, N.E. Woodley & M. Zumbado (eds) (2010) Manual of Central America *Diptera*, vol. 2. NRC Research Press, Canada. 744 p.

Colless, D.H. & D.K. McAlpine (1991) *Diptera* (flies). In: The insects of Australia. A textbook for students and research workers, 2nd edn. vol. 2 (eds I.D. Naumann, P.B. Carne, J.F. Lawrence, E.S. Nielsen, J.P. Spradberry, R.W. Taylor, M.J. Whitten & M.J. Littlejohn), pp. 717–786. Cornell University Press, Ithaca, New York.

Coscarón, S. & N. Papavero (2009) Manual of Neotropical *Diptera*. *Tabanidae*. Neotropical *Diptera* 6: 1-137.

Courtney, G.W., T. Pape, J.H. Skevington & B.J. Sinclair (2009) Biodiversity of *Diptera* . In: Insects biodiversity (eds R. Foottit & P. Adler), pp. 185-222. Blackwell Publishing, Oxford, U.K.

Fernández, F. (1953) Contribución al estudio de la mosca de las frutas del género *Anastrepha* Schiner (*Diptera*: *Trypetidae*) y afines. Anales de la Universidad Central de Venezuela (33): 109-146.

Friedrich, M & D. Tautz (1997) Evolution and phylogeny of the *Diptera*: A molecular phylogenetic analysis using 28S rDNA sequences. Systematic Biology 46(4): 674-698.

Gagné, R.J. (1994) The Gall Midges of the Neotropical Region. Cornell University Press, Ithaca, New York. 352 p.

Grimaldi, D. & J.M. Cumming (1999) Brachyceran *Diptera* in Cretaceous ambers and Mesozoic diversification of the *Eremoneura*. Bulletin of the American Museum of Natural History 239: 1–124.

Labrador, J.R. & K. Katiyar (1977) Control methods of fruit fly with special reference on bioecological observations of mediterranean fly (*Ceratitis capitata* Wied.) in Venezuela. Boletín Técnico, Universidad del Zulia, Facultad de Agronomía (1): 1-52.

Méndez, E. (1981) Las miasis centroamericanas y los dípteros que las producen. Revista Médica de Panamá 6: 146-159.

Merritt, R.W., G.W. Courtney & J.B. Keiper (2003) *Diptera*. In: Encyclopedia of insects (eds V.H. Resh & R.T. Cardé), pp. 324–340. Academic Press, London.

Morales, P., M. Cermeli, F. Godoy & B. Salas (2004) Hospederos de la mosca del mediterráneo *Ceratitis capitata* (*Diptera*: *Tephritidae*) basada en los registros del Museo de Insectos de Interés Agrícola del INIA-CENIAP. Entomotropica 19(1): 51-54.

Pape, T. (2009) Economic importance of *Diptera*. In: Manual of Central America *Diptera*, vol. 1 (eds B.V. Brown, A. Borkent, J.M. Cumming, D.M. Wood & M. Zumbado), 65-77 pp. NRC Research Press, Ottawa, Canada.

Sivinski, J. (1997) Ornaments in the *Diptera*. Florida Entomologist 80: 142–164.

Skevington & B.J. Sinclair (2009) Biodiversity of *Diptera*. In: Insect Biodiversity: Science and society (eds R. Foottit & P. Adler), 185-222 pp. Wiley-Blackwell, Oxford, UK.

Symank, A., C.A. Kearns, T. Pape, & F.C. Thompson (2008) Pollinating flies (*Diptera*): A major contribution to plant diversity and agricultural production. Biodiversity (1 & 2) 9: 86–89.

Thompson, F.C. (ed) (2005) The *Diptera* site. The biosystematic database of world *Diptera*. http://www.sel.barc.usda.gov/diptera/biosys.htm

Val, F. C. (1992) *Pantophthalmidae* of Central America and Panamá (*Diptera*). In: Insects of Panamá and Mesoamerica: Selected Studies (eds D. Quintero & A. Aiello), pp. 600–610. Oxford University Press, Oxford. UK.

Ward, J.V. (1992) Aquatic Insect Ecology. 1. Biology and Habitat. John Wiley & Sons, New York. 438 p.

Ward, R.D. (1977) New world leishmaniasis: A review of the epidemiological changes in the last three decades. In: Proceedings of the International Congress of Entomology, August 1976 (ed Entomological Society of America), 505-522 pp. Washington D.C.

Weaver, S.C., C. Ferro, R. Barrera, J. Boshell & J.C. Navarro (2004) Venezuelan equine encephalitis. Annual Review of Entomology 49: 141-174.

Yeates, D. K. & B.M. Wiegmann (1999) Congruence and controversy: Toward a higher-level classification of *Diptera*. Annual Review of Entomology 44: 397–428.

Yeates, D.K., B.M. Wiegmann, G.W. Courtney, R. Meier, C. Lambkin & T. Pape (2007) Phylogeny and systematics of *Diptera*: Two decades of progress and prospects. Zootaxa 1668: 565–590.

Zumbado, M.A. (2006) Dípteros de Costa Rica y la América Tropical. Instituto Nacional de Biodiversidad (INBIO), Costa Rica. 267 p.

El presente compendio incluye los términos que requieren de explicaciones adicionales, más allá de las que tradicionalmente encontramos en un diccionario, muchas de ellas acompañados de una o varias figuras que complementan las explicaciones presentadas y donde estas últimas, se ubican cerca del texto donde se abunda en detalles sobre el término o tema. Por otra parte, se incluyen y definen los nombres de muchas de las categorías taxonómicas iguales o superiores a la subespecie. También se mencionan los nombres comunes de algunos grupos, especialmente los más usados en los países de habla hispana. El glosario está restringido, en gran parte, a los términos utilizados en el volumen I de esta obra, pero se incluyen otros que aumentan los conocimientos entomológicos y pudieran ser discutidos con fines docentes, esto significa que presentaremos un glosario por volumen y en caso de que el interesado quiera abundar en la terminología entomológica, recomendamos las obras de Barrientos J.A. (2004), Torre-Bueno (1989), Gordh & Headrick (2001) y otras, cuyas citas bibliográficas aparecen al final de este trabajo. También sugerimos el glosario de Banegas Zelaya J. L., el cual aparece en la URL: entomologiacurla.wordpress.com?glosario-entomologico, escrito en español, así como otros propuestos como Diccionarios Entomológicos y los cuales aparecen mencionados en la web.

E.R.E. y M.Q. de G.

A

A: letra usada como prefijo al inicio de algunas palabras para indicar sin o que no tiene. Ejemplos: ápodo, sin patas; ametábolo, no tiene metamorfosis.

abdomen: región posterior del cuerpo de los insectos (Fig.1.1A).

abdominal: hace referencia al abdomen.

abeja: nombre común asignado a un insecto social del género *Apis*; poliniza y provee miel, jalea real, cera y otros productos de importancia para los seres humanos.

acalipterado: mosca sin calípteres en las alas; sin lóbulos en la base del margen anal de las alas (Fig.10.44G).

ácaro: arácnido muy pequeño, por lo general microscópico, con el cuerpo dividido en dos regiones: partes bucales y cuerpo o idiosoma. Algunas especies tienen importancia médica o son plagas agrícolas. Son estudiados por la Acarología.

accesorias: usualmente glándulas; realizan funciones determinadas dependiendo del sistema al cual están asociadas. Ejemplo, las glándulas salivales están asociadas al sistema digestivo cumpliendo la función de secretar saliva con fines específicos: predigestión de los alimentos, dilución de las sustancias ingeridas y otras.

acetato de etilo: sustancia química utilizada en sustitución del cianuro de potasio como agente aniquilador de artrópodos. Se usa en combinación con frascos de vidrio con tapas que actúan como cámaras para facilitar la captura y muerte de los especímenes colectados (Capítulo 2, pág.11, número 4).

acetilcolina: éster acético; formado por ácido acético y colina (ACo), actúa en la transmisión del impulso nervioso en los sitios de sinapsis.

acetilcolinesterasa: enzima; inhibe la acción del ácido acetilcolina durante la transmisión del impulso nervioso, desdoblándolo en los radicales acetíl y colina (Capítulo 4. pág. 63).

ácido desoxirribonucleico (ADN): ácido nucleico componente de los cromosomas y presente de todas las células de los seres vivos. El mismo contiene información genética usada en el desarrollo y funcionamiento de todos los organismos.

acodada: antena; el escapo es largo, el resto de los segmentos más pequeños formando un ángulo en relación al primero (Fig.3.28Ñ).

acuático: medio; contiene agua o insecto que vive sobre o dentro del agua.

adecticous: tipo de pupa con mandíbulas inmóviles.

Adephaga: uno de los Subórdenes del Orden *Coleoptera* (Figs.10.26A–0).

aedeagus: órgano copulador masculino o pene de los insectos.

áfido: nombre común; se le da a los representantes de la Familia *Aphididae*, conocidos también como pulgones.

A.F.R.: Ángel Fabricio Rincón, Artista y dibujante principal de las ilustraciones en esta obra.

AGA: acrónimo para identificar la mezcla usada en la preservación de insectos. Su composición es: alcohol etílico al 95%, agua destilada, acido acético y glicerina, en proporción 8:5:1:1. Los insectos preservados en esta mezcla no deben pasar más de un año en ella. Si van a permanecer más tiempo, deben preservarse en alcohol etílico al 70%, en frascos herméticamente cerrados.

agallas: proyecciones o abultamientos cuticulares, utilizadas por los insectos acuáticos para respirar. También se refiere al crecimiento anormal de una parte de la planta, por estímulos producidos por secreciones de insectos u otros organismos.

Aglossata: uno de los Subórdenes primitivos del Orden *Lepidoptera*, no se ha reportado en el Neotrópico.

aguijón: estructura punzante del órgano de defensa de la especie, asociado a una glándula secretora de sustancias tóxicas que producen dolor, inflamación o reacciones alérgicas en la parte afectada o en todo el cuerpo de la víctima. El aguijón representa la transformación del oviscapto de las hembras en el Orden *Hymenoptera*. Ejemplo: abejas, avispas y hormigas (Fig.3.59).

alcanfor: producto natural, repelente, obtenido de la planta de alcanforero y utilizado para proteger el material colectado cuando se guarda en cajas. Sustituye a la naftalina, ya que esta última podría tener poderes carcinogénicos.

alcohol: etílico; se usa desde el 50 al 70% como líquido para preservar insectos dentro de frascos pequeños. No se utiliza para preservar lepidópteros y otros insectos que puedan dañarse sí se preservan en medios líquidos.

alfileres: de montaje y de costura o cabezones; los primeros se usan para montar insectos; es preferible utilizar los construidos en acero inoxidable escogiendo el diámetro de acuerdo al tamaño del espécimen (Figs.2.11–2.14). Los segundos se utilizan para auxiliar en las labores de montaje (Fig.2.14).

alotipo: espécimen del sexo opuesto al Holotipo.

álula: lóbulo axilar del ala de algunos dípteros. También denominado calípter (Fig.10.43C).

amnión: durante la embriogénesis, la membrana interna que rodea al embrión (Fig.5.7B).

anal: porción terminal del abdomen, donde se encuentra el ano.

anal: ángulo; se refiere al ángulo formado entre los márgenes externo e interno del ala (Fig.3.40).

anal: lóbulo; se refiere al ensanchamiento del ala localizado en el margen interno de la misma, en su inserción con el tórax.

anal: sector; se refiere al área donde se ubican las venas anales.

anales: celdas; se refiere a las celdas ubicadas en el sector anal del ala (Fig.3.50).

anales: venas; se refiere a las venas de las alas distribuidas en el margen interno de las mismas; dichas venas se representan con la letra A en mayúscula y pueden ser hasta cuatro: 1A, 2A, 3A y 4A (Fig.3.50).

anaplasmosis: enfermedad causada por bacterias del género *Anaplasma*, transmitida por artrópodos como las garrapatas, común en bovinos, ovinos, caprinos y otros animales, incluyendo a los seres humanos. En el Neotrópico esta enfermedad es un factor limitante para la cría de bovinos de alta producción de leche.

Anisoptera: Suborden del Orden *Odonata*, junto a *Zygoptera* y *Anisozygoptera* (Figs10.7A–B).

Anisozygoptera: Suborden del Orden *Odonata.*

Annulipalpia: uno de los Subórdenes del Orden *Trichoptera*.

ano: orificio terminal del tubo digestivo (Figs.4.2 y 4.10).

Anoplura: uno de los Subórdenes del orden *Psocodea* (Fig.6.7).

anteclípeo: porción triangular que sigue al clípeo en *Hemiptera*, también se considera como una subdivisión del clípeo (Fig.10.19A).

antenal: maza; referida a las antenas capitiformes donde la porción terminal se agranda (Fig.3.28I).

antenas: par de apéndices segmentados insertados cerca de los ojos compuestos y por encima de las piezas bucales, con funciones sensoriales (Figs.3.28A-Ñ).

anterior: en frente, en la parte de adelante.
anulado: segmento de la antena que presenta uno o varios anillos, dando la impresión de estar subdividido o subsegmentado.
aorta: parte anterior del vaso dorsal del sistema circulatorio, abre hacia la cabeza (Figs.4.13A–B).
apéndices: proyecciones del cuerpo; usualmente subdivididas o segmentadas como las patas, antenas y otras estructuras.
apergaminada: textura del ala de consistencia tipo pergamino. Ejemplo: alas de cucarachas, grillos, saltamontes y otros (Fig.3.46).
apical: ubicado en la punta, opuesto a la base.
apical: celda, se refiere a la celda ubicada cerca del ángulo apical del ala.
Apocrita: uno de los Subórdenes del Orden *Hymenoptera*. Se caracteriza por la constricción entre tórax y abdomen (Fig.10.33A–O y 10.34A–O).
apodemas: pliegues internos o invaginaciones del exoesqueleto del insecto; dan rigidez al cuerpo o región donde se encuentren, además sirven de apoyo para la inserción de músculos y protección de partes vitales (Fig.3.4).
apófisis: invaginación de un área pequeña del integumento; tienen las mismas funciones de las apodemas (Fig.3.4).
apólisis: proceso fisiológico de separación de la epidermis de la cutícula del exoesqueleto durante la muda.
apomórfico: carácter; característica evolucionada o derivada proveniente de un estado primitivo o ancestral. Ejemplo: la presencia de balancines o halteres en el metatórax de los dípteros es un carácter apomórfico.
aposemática: coloración; alerta al depredador, en base a colores llamativos, que la presa no es comestible.
Apterygota: nombre utilizado para identificar a los insectos que nunca evolucionaron alas. Este nombre no sirve para definir al grupo como natural.
arácnidos: artrópodos quelicerados, con cuatro pares de patas, sin antenas, donde se incluyen a las arañas, garrapatas, ácaros, escorpiones y otros.
Archaeognatha: Orden primitivo de insectos sin alas, llamados peces de cobre (Figs.10.4A–C).
Archostemata: uno de los Subórdenes del Orden *Coleoptera* (Figs.10.25A-B).
arista: cerda o seta usualmente notoria; la arista tiene función sensorial (Fig.3.28L). También se refiere a un pliegue del exoesqueleto formado por dos planos que se proyectan hacia afuera. Ejemplo, la cresta del protórax del Langostón azul (Fig.3.29).
aristada: tipo de antena en los dípteros; representada por un segmento alargado soportando una arista larga, la cual puede ser lisa o plumosa (Figs.3.28L y 10.43A).
arolio: lóbulo en forma de almohadilla en el ápice de la pata, entre las uñas (Figs.3.35 y 3.36).
arolio vesicular: característico del Orden *Thysanoptera*; el mismo se expande al hacer contacto con la planta.
articulación: la unión entre segmentos o estructuras, la cual permite movimientos.
artrópodos: nombre común asignado al Phylum *Arthropoda*; incluye animales de cuerpo segmentado, con exoesqueleto y apéndices articulados.
aserrada: antena con segmentos casi triangulares, proyectados hacia un lado de su eje central (Fig.3.28E).
asincrónicos: músculos del vuelo que se contraen muchas veces por impulso nervioso recibido; permiten frecuencias elevadas en el aleteo de las alas y movimientos particulares como los de suspensión, retroceso y otros, imposibles de lograr con los músculos directos del vuelo.
aspiradores: instrumentos utilizados para capturar insectos pequeños. Los hay manuales y operados con baterías (Figs.2.4 y 2.5).
atrium: cámara o vestíbulo de una región del cuerpo, en particular en los estigmas y en la cavidad genital (Figs.4.12A–B y 4.17).
atrofiado: no desarrollado, reducido en tamaño.
autapomórfico: estado de un carácter; único, exclusivo y avanzado de un sólo grupo natural.
avispa: insecto himenóptero cuyo oviscapto se transformó en un aguijón y el pecíolo del abdomen no está subdividido (Fig.3.59), como en las hormigas (Fig.3.58).

axilares: esclerites ubicados en la base de las alas; ayudan a mantener el vuelo. Ejemplo, los esclerites basalares (Fig.3.62).

axón: una de las proyecciones de la célula nerviosa o neurona, encargada de transmitir los impulsos nerviosos (Figs. 4.21A–C).

B

banda: marca o mancha mucho más gruesa que una línea; puede presentarse en forma vertical, horizontal o transversal en cualquier parte del cuerpo.

banda germinal: conjunto de células que durante la embriogénesis, llegan a formar la gástrula (Fig.5.5).

Barber: líquido; usado para ablandar insectos; contiene 50ml de alcohol etílico al 95%, 50ml de agua, 20ml de acetato de etilo y 7ml de benceno. No se usa para lepidópteros, ni tricópteros.

barrido: método para colectar insectos; se pasa la malla entomológica rápidamente sobre la vegetación, repetidas veces, para atrapar a los insectos posados sobre la misma.

basal: ubicado en la base o hacia la base de una estructura o región; opuesto a la porción apical.

basal: membrana; capa o estrato sobre la cual descansa la epidermis del exoesqueleto (Fig.3.4).

basiesternos: esclerites ubicados en la parte ventral del tórax en cada segmento (Fig.3.32).

basitarso: primer segmento del tarso, usualmente, más agrandado que los restantes. De particular interés en el Orden *Embioptera* o *Embidiina* donde los probasitarsos (tarsos del primer par de patas), alojan una glándula productora de seda (Fig.10.9A).

Berlese: embudos; diseñados de tal forma que permiten separar artrópodos muy pequeños de muestras de suelos, hojarascas, musgos y otros materiales donde viven. Se construyen con un embudo, rejilla para colocar la muestra, frasco con alcohol (60%) y fuente de calor que puede ser de bombillos incandescentes o luz solar (Fig.2.3). Los especímenes se mueven y descienden por el calentamiento para caer en el frasco con alcohol.

binomial: escritura binomial; el Código Internacional de Nomenclatura Zoológica (CINZ), regula que los nombres científicos se escriban utilizando dos palabras las cuales representan el género y la especie del animal nombrado. Ejemplo: *Trachypus petiolatus*. El género se escribe siempre con mayúscula, mientras el epíteto específico, se escribe con minúscula, utilizando en ambos casos, escritura cursiva o destacada en relación al resto del texto.

binomial: sistema; *Caroli Linnæi* en su obra *Systema Naturae*, décima edición, 1758; fue el primero que utilizó nombres científicos compuestos por dos palabras: Género y especie (Fig.7.5).

bífido: dividido en dos partes.

bilateral: simetría; los insectos tienen simetría bilateral, donde el lado izquierdo del cuerpo es igual al derecho en vista dorsal.

bilobulado: dividido en dos lóbulos; con dos lóbulos.

bipectinada: antena; los segmentos de la misma tienen proyecciones laterales dobles. Las llaman también bipectiniformes (Fig.3.28H-G).

blastodermo: capa de células del huevo durante el proceso de la embriogénesis (Figs.5.5 y 5.6A).

blástula: en la fase inicial de la embriogénesis; la capa de células que cubren la cavidad compuesta de fluidos, el citoplasma y otros componentes del huevo (Fig.5.5).

Blattaria: uno de los Subórdenes del Orden *Dictyoptera* (Figs10.15E–K).

bombillos: trampas para insectos; bombillos de luz negra y luz mixta, son usados para atraer insectos de hábitos nocturnos para atraparlos. Se utilizan en combinación con lonas y otros equipos para facilitar su captura (Fig.2.2).

Brachycera: uno de los Subórdenes del Orden *Diptera* (Figs.10.45E–O).

braquípteros: insectos con alas cortas, las mismas no cubren el abdomen (Fig.10.33G).

buche: ensanchamiento del estomodeo, ubicado a continuación del esófago (Fig.4.2).

bursa copulatrix: cámara del aparato genital femenino donde llega el aedeagus y el líquido seminal del macho durante el apareamiento (Fig.4.15).

C

cádices: nombre común asignado al Orden *Trichoptera* (Figs.10.35A–D).
caecas: gástricas; componentes del intestino medio o mesenterio, ubicadas en la porción anterior del mismo y responsables de la secreción de enzimas digestivas (Fig.4.2).
Caelifera: Suborden del Orden *Orthoptera* (Figs.10.11 A–F y 10.12A–E).
calípter: lóbulo o lóbulos en las base de las alas en el Orden *Diptera*, justo por encima de los halteres (Figs. 10.42B y 10.43D).
cajas: herméticas y de plástico; las primeras se usan para guardar los especímenes colectados (Capítulo 2 pag.11, número 5) y las segundas para ablandar los insectos antes de montarlos (Fig.2.7).
cáliz: en el aparato reproductor femenino, la porción donde confluyen los ovariolos (Fig.4.16).
caminadoras: patas donde los segmentos son largos, usualmente sin espinas (Fig.3.38A).
campodeiformes: tipo de larvas alargadas o globosas, con mandíbulas y antenas presentes (Fig.5.14A).
carina: borde o filo proyectado del exoesqueleto; también lo llaman crestas (Fig.3.29).
carroñero: se alimenta de animales muertos.
casta: grupo de individuos que realizan una función específica en los insectos sociales. Los soldados ejercen la defensa de la colonia en las termitas; las obreras ejecutan los trabajos de recolección de polen, cría de larvas y otros en las colmenas de las abejas.
caudal: hace referencia a la cola.
caudal: filamento medio en forma de pelo; ubicado en el ápice del abdomen de algunos órdenes de insectos (Figs.3.51 y 3.54).
cavadoras: patas con segmentos gruesos y aplanados, diseñadas para cavar (Fig.3.38I).
cefalotórax: en algunos arácnidos y crustáceos, la fusión de la cabeza con el tórax en una sola región. El cuerpo queda dividido en dos partes, cefalotórax y abdomen.
celdas: espacios rodeados por dos o más venas en las alas; pueden ser abiertas o cerradas y se representan con letras mayúsculas. Ejemplos: R, 1ra M, 2da M y otras (Fig.3.50).
cemento: capa; la cutícula está formada por estratos, el primero de ellos es la epicutícula, la cual la forman las capas de cera y cemento (Fig.3.4).
cencris: pequeñas protuberancias del metanoto usadas para anclar las alas de *Hymenoptera* al tórax en el suborden *Symphyta*.
cera: capa; en la epicutícula, una de las capas que la integra. Tanto la capa de cera como la de cemento juegan papel importante en la impermeabilización del exoesqueleto (Fig.3.4).
cercos: par de apéndices en el extremo caudal del abdomen con funciones variables, pueden ser uni-segmentados o multisegmentados (Figs.3.54–3.57).
cerdas: setas o pelos gruesos con función sensorial.
cerebral: hormona; producida por las células neuroendocrinas del cerebro, activan las glándulas protorácicas para que secreten la hormona de la muda o ecdisona (Fig.4.37).
cerebro: conjunto de ganglios pares fusionados como un órgano dentro de la cabeza y divididos en tres partes: protocerebro, deutocerebro y tritocerebro (Fig.4.22).
cervical: región del cuello, detrás de la cabeza.
cervicales: esclerites ubicados en el cuello (Fig.3.8A).
cerviz: región membranosa entre la cabeza y el protórax, también llamada cuello (Fig.3.8A).
chaetotaxia: arreglo y nomenclatura de las setas sobre el integumento; su distribución y número pueden tener importancia taxonómica. Equivale a quetotaxia.
chinche: nombre asignado a insectos del orden *Hemiptera*, caracterizados por presentar un Aparato bucal perforador chupador (Figs.10.19–10.22).
chipo: nombre común asignado a las chinches portadoras del tripanosoma que causa la enfermedad conocida como Mal de Chagas.
cibario: área posterior a la cavidad preoral, justo antes de la boca(Fig.4.4).
Cicadomorpha: uno de los Subórdenes del Orden *Hemiptera* (Figs.10.19A-E).
CINZ: acrónimo del Código Internacional de Nomenclatura Zoológica.
Cladística: Sistemática filogenética; enfoque y método para reconstruir las relaciones genea-

lógicas y de parentesco entre organismos, siguiendo ciertos postulados y principios.

clado: grupo o taxón natural cuyos integrantes y sus ancestros comparten al menos una característica avanzada o derivada; equivalente a grupo monofilético.

cladogénesis: cambio evolutivo, divergencia o ramificación resultante de una línea ancestral que da origen a nuevos clados.

cladograma: árbol filogenético; representación gráfica que muestra las relaciones entre taxa y donde se puede inferir la historia evolutiva de sus características.

Clase: subdivisión del Phylum; categoría que incluye varios Órdenes relacionados por características derivadas comunes.

clava: estructura cuyo diámetro aumenta gradualmente hacia la punta, ver *Strepsiptera* (Fig.10.24C).

clavada: nombre usualmente utilizado para nombrar a las antenas claviformes.

claviformes: antenas cuyo segmentos se agrandan gradualmente, semejando una clava o garrote (Figs.3.28A y F).

clípeo: esclerite rectangular fijo en el aparato bucal del Langostón (Figs.3.12 y 3.13).

cm: centímetro, medida de longitud; centésima parte de 1m.

cm^2: centímetro cuadrado; medida de superficie.

coarctate: pupa exarate recubierta por la capa de la última muda de la larva. El conjunto se denomina pupario y tiene apariencia de barrilito (Figs.5.16D–E).

coevolución: interacción evolutiva mediante la cual dos o más especies de organismos, alcanzan un punto de equilibrio o de adaptación mutua para que ninguno de ellos desaparezca en el tiempo. Ejemplos: el binomio planta– herbívoro, parasitoide–hospedero.

Código Internacional de Nomenclatura Zoológica: sistema de reglas y recomendaciones que promueven la estabilidad y universalidad de los nombres científicos de animales, asegurando que cada taxón sea único y distinto.

Coleoptera: Orden de insectos con alas anteriores tipo élitro. Es el Orden más numeroso en especies (Figs.10.25–10.26 y 10.27).

Coleorrhyncha: uno de los Subórdenes del Orden *Hemiptera* (Fig.10.22A).

coleteriales: glándulas pares del aparato reproductor femenino; encargadas de elaborar sustancias para pegar los huevos al sustrato y de producir quitina y esclerotina para la fabricación de ootecas en algunos grupos (Fig. 4.15).

Collembola: Orden de hexápodos de la Clase *Entognatha*. Se consideraron como insectos en el pasado y se caracterizan por presentar tres pares de patas y una estructura llamada fúrcula para saltar, entre otras características (Figs.10.1A–E).

colóforo: en el Orden *Collembola*, el tubo o proyección ubicado en la región ventral del primer segmento abdominal (Fig.10.1A).

colon: componente del intestino posterior ubicado entre el íleon y el recto (Fig.4.1).

compuestos: ojos; se distinguen por estar integrados por unidades oculares individuales llamadas omatidios, donde cada uno de ellos ve una parte de la imagen (Figs. 3.27B).

cóndilos: proyecciones utilizadas como puntos de articulación (Fig.10.5B).

cono cristalino: componente del ojo compuesto, ubicado debajo de la cornea (Fig.3.27B).

control: biológico, químico y cultural; en el manejo de plagas, la utilización de medios biológicos, químicos o culturales para disminuir la población de una plaga.

coprófago: organismo que se alimenta de excrementos.

corazón: órgano pulsátil integrado por una serie de cámaras formando, junto con la aorta, un tubo alargado en el dorso interior del cuerpo del insecto (Figs.4.13A–B).

corbícula: estructura presente en las patas colectoras de polen, como en abejas , donde la tibia presenta una superficie ensanchada, lisa y cóncava donde recoge y deposita el polen de las flores visitadas. (Fig.3.38.G).

corión: envoltura externa protectora del huevo de los insectos (Figs.5.3 y 5.8D).

coriácea(-s): tipo de ala en el Orden *Dermaptera*, con apariencia de cuero, mal llamada élitro por algunos entomólogos (Fig. 3.47).

cornea: lente del omatidio representado por una porción transparente de la cutícula en el ojo compuesto (Figs.3.27A–B).
coronal: sutura; representada por una línea ubicada en el vértice o *vertex* de la cabeza (Fig.3.8B).
corredoras: patas con segmentos cilíndricos, de mediano grosor y tamaño, usualmente con espinas y adaptadas para correr (Fig.3.38B).
Corrodentia: nombre utilizado a principio del siglo XX para definir al Orden *Psocoptera*, hoy día reemplazado por *Psocodea* (Figs.10.17A–C).
cosmopolita: habita en diferentes zonas zoogeográficas; ampliamente distribuido.
Costa: la primera vena que recorre el ala longitudinalmente en el margen costal de la misma. Se escribe siempre en mayúscula y se representa con la letra C (Fig.3.50).
costal: área o margen donde se localiza la vena Costa (Fig.3.40).
costal: celda; área rodeada por las venas Costa y Subcosta y humeral, en la venación hipotética (Fig.3.50).
coxa: primer segmento en la pata, articulado al cuerpo de los insectos (Fig.3.38).
cremáster: proceso en el extremo posterior de la crisálida de algunas mariposas. Lo utilizan para fijarse al sitio donde cuelgan (Fig.10.36F).
críptico: con camuflaje, escondido, poco notorio; coloración críptica o de protección (Fig.6.17).
criptonefridias: cuando los tubos de malpighi están conectados directamente al recto, como en el Orden *Neuroptera*.
crisálida: término utilizado para nombrar las pupas de las mariposas (Fig.10.36F).
crisópidos: nombre común asignado para nombrar a la Familia *Chrysopidae* del Orden *Neuroptera* (Fig.10.30A).
crochets: ganchillos presentes al final de las propatas de la larvas del orden *Lepidoptera*; tienen importancia taxonómica (Fig.10.36E).
crustáceos: nombre común asignado al grupo de artrópodos que incluye a la Superclase *Crustacea*: cangrejos, camarones, langostas y otros (Tabla 8.1, pág. 122).
ctenidias: *Siphonaptera*; representan una especie de peine formado por espinas gruesas a nivel del rostro y detrás del pronoto (Fig.10.41B).
Cubitales: venas; ubicadas antes de las venas Anales, usualmente con dos o tres ramas longitudinales. Se representan por las letras Cu (Fig. 3.50).
cubito-anal: vena transversal uniendo a una vena Anal y a una Cubital; se representa por las letras minúsculas cu-a (Fig.3.50).
cuello: área membranosa que une la cabeza con el tórax; también llamada cerviz (Fig.3.8A).
cuerpos alados: cuerpos glandulares pares pertenecientes al sistema endocrino. Se encargan de producir la hormona juvenil, la cual mantiene al insecto en estado inmaduro (Fig.4.22).
cuerpos cardíacos: estructuras ubicadas detrás del cerebro, cerca de la aorta; reciben vía axones, a la hormona protoracicotrópica almacenándola. Luego, en momentos específicos, la liberan en la hemolinfa para inducir a las glándulas protorácicas a producir la hormona de la muda o ecdisona (Fig.4.22).
cursorias: patas adaptadas para correr, equivalente a corredoras. Ejemplo, en cucarachas (Fig.3.38B).
cutícula: cubierta exterior del exoesqueleto, secretada por la epidermis. La forman varias capas o estratos (Fig.3.4).
Cyclorrhapha: Suborden de *Diptera*, anteriormente considerado como una división del Suborden *Brachycera*.

D

decticous: pupas del tipo exarate donde las mandídulas están articuladas y se mueven.
dendrita: una de las prolongaciones ramificadas de la célula nerviosa o neurona (Fig.4.21C).
deferentes: vasos; en el aparato reproductor masculino, los tubos que conducen los espermatozoides desde los testículos hasta el conducto eyaculador (Fig.4.20).
defoliación: daño producido por insectos que se traduce en la pérdida total o parcial de la lámina foliar.
dengue: enfermedad de origen viral transmitida por el zancudo *Aedes aegypti*, conocido comúnmente como zancudo patas blancas.
depredador: animal que caza y ataca la presa con

el propósito de matarla y alimentarse de ella; puede ser más grande o más pequeño que la víctima. En insectos, usualmente el depredador es más grande que la presa.

Dendrobates: Género de ranitas venenosas utilizado en esta obra, para hacer referencia a la coloración de alerta o aposemática.

dentado: que posee dientes o tiene proyecciones que parecen dientes.

dermales: células especializadas de la epidermis capaces de secretar fluidos durante el proceso de muda, además de cera y cemento para impermeabilizar la cutícula del insecto.

Dermaptera: Orden de insectos caracterizado por tener cercos unisegmentados, visibles, en forma de pinzas; metamorfosis incompleta y alas anteriores cortas del tipo coriáceas (Figs.3.47 y 10.13A–D).

dermatitis: inflamación de las capas superiores de la piel, consecuencia de reacciones alérgicas producto del contacto con insectos, o el simple roce con los pelos urticantes de ciertas larvas (Fig.10.36H).

detritus: materia orgánica en descomposición; forma parte importante de las cadenas alimenticias (Fig.6.3).

deutocerebro: par de lóbulos o ganglios nerviosos que forman la porción media del cerebro del del insecto; inerva las antenas (Fig.4.22).

diafragma: bandas musculares en forma de abanico que mantienen horizontalmente al corazón, dentro del hemocele o cavidad del cuerpo (Fig.4.13A).

diapausa: período de reducción en la rata metabólica del organismo, donde cesa su desarrollo y metamorfosis; tienen origen hormonal y no es consecuencia inmediata de cambios en las condiciones ambientales. Una vez iniciada se mantiene, hasta que nuevos estímulos fisiológicos afecten al individuo.

Dicondylia: Subclase de *Insecta* que incluye a todos los Órdenes que evolucionaron dos cóndilos mandibulares (Figs.8.3A y 10.5B).

Dictyoptera: Orden de insectos que incluye a las cucarachas, termitas y rezadoras o predicadores (Figs.10.14 y 10.15).

dientes: proyecciones en la mandíbula para cortar o rasgar el alimento (Fig.3.14). También, estructuras pares en la fúrcula del Orden *Collembola* (Fig.10.1A).

dientes: en el proventrículo de la cucaracha, al final del buche, proyecciones esclerotizadas que son utilizadas para triturar y macerar el alimento (Fig.4.3).

dilatado: expandido, ancho.

dimorfismo: individuos que varían en forma, tamaño o color dentro de una misma especie; o entre sexos de la misma especie (dimorfismo sexual).

diploide: con dos grupo de cromosomas (2n).

Diplura: Orden de hexápodos de la Clase *Entognatha* caracterizado por poseer un par de apéndices en el ápice del abdomen, unisegmentados o multisegmentados (Figs.10.3A–C).

Diptera: Orden de insectos con un sólo par de alas ubicadas en el mesotórax y halteres o balancines en el metatórax (Fig.10.42–10.45).

directos: músculos; insertados en la base de las alas, complementan a los músculos indirectos para que el insecto vuele (Fig.3.62).

dispersión: movimiento de un individuo o de una población hacia un sitio diferente al de nacimiento. También se refiere a la distribución de una población de organismos en el espacio.

distal: en el extremo, opuesto a la base del apéndice o de la estructura.

diurna: especie; activa solamente cuando hay luz natural.

división: en el cladograma de Kristensen (1981), las subdivisiones por debajo de infraclase. Ejemplo: *Neoptera* y *Paleoptera* (Fig.8.3A)

doble montaje: sistema de montaje de insectos donde se utilizan, además del alfiler entomológico, otros materiales como corcho, cartón, etc. Se usa en insectos muy pequeños o con patas muy largas para sujetarlos y protegerlos (Figs.2.15–2.17). Ver también minutas.

dormancia: estado de inactividad prolongado de la especie con reducción en su rata metabólica y desarrollo.

dorsal: en la parte superior, opuesto a la región ventral; dorso de los insectos.

dorso: la superficie de arriba del cuerpo,

equivalente a la espalda de otros animales.

dorsolateral: arriba y hacia los lados.

ecdisis: proceso fisiológico mediante el cual los artrópodos se desprenden de su exoesqueleto para crecer y cambiar a otro estado de su ciclo de vida; el proceso de mudas durante la metamorfosis.

ecdisona: hormona esteroidea producida por la glándula protorácica la cual induce la muda en los insectos y otros organismos (Fig.10.36F).

Ecdysozoa: Clado propuesto por Aguinaldo *et al.* (1997) para incluir a los artrópodos y otros organismos que mudan utilizando la hormona esteroidea llamada ecdisona.

eclosión: proceso mediante el cual se rompe el corión del huevo del insectos y se produce el nacimiento de la ninfa o larva (Figs.5.9A–B).

ectodermo: capa externa de células que rodea al embrión en formación dentro del huevo (Fig.5.7A).

ectognatos: nombre asignado, dentro de la Clase *Insecta*, a las especies o grupos taxonómicos con piezas bucales expuestas.

ectoparásito: parásito que habita fuera del hospedero, por ejemplo los piojos (Fig.6.7).

efímeras: nombre común asignado al Orden *Ephemeroptera*; el término hace referencia a la vida corta de los adultos.

E.I.: Eleodoro Inciarte, Técnico Entomólogo, colaborador de la obra y autor de varias fotografías de la misma.

elateriforme: tipo de larva con el cuerpo alargado, cilíndrico y de movimientos lentos como en *Elateridae*; rápidas y más esclerotizadas como en *Tenebrionidae*; con pocas setas (Fig.5.14 D).

elefantiasis: enfermedad transmitida por mosquitos en zonas tropicales, caracterizada por el engrosamiento exagerado de la piel y tejidos subyacentes en los miembros inferiores hasta el punto parecer patas de elefantes. Otras zonas del cuerpo también pueden ser afectadas como la cara y los testículos. Los responsables de la enfermedad son gusanos microscópicos del grupo de los nematodos, incluidos en los géneros *Wuchereria*, *Brugia* y otros.

élitros: alas anteriores endurecidas, sin nervios, exclusiva de los coleópteros. Les sirven de protección a las alas posteriores y al cuerpo del insecto (Fig.10.25A–B).

Embioptera: Orden de insectos gregarios, de cuerpo oscuro y alargado con los basitarsos dilatados para alojar una glándula que produce seda. También lo denominan *Embiidina* o *Embiodea* (Figs.10.9A–C).

embiópteros: nombre común asignado al Orden *Embioptera*; también los denominan tejedores de túneles (Figs.10.9A–C).

embriogénesis: fase inicial en el desarrollo de los artrópodos, después que el óvulo ha sido fertilizado por el espermatozoide hasta la eclosión del huevo. (Figs.5.4–5.8).

emerger: acción de la especie cuando sale como adulto de la pupa o de la última muda ninfal (Figs.5.9A–B y 5.10).

empodio: espina gruesa o almohadilla en el pretarso de las patas; aparenta ser un arolio modificado (Fig.3.36).

encapsulado: reacción del hospedero al ser atacado por endoparasitoides; el hospedero los rechaza formando una cápsula para aislarlos en su interior.

encefalitis: enfermedad transmitida por insectos y causada principalmente por virus. El acrónimo EEV sirve para resumir a la Encefalitis Equina Venezolana.

endémico(a): exclusivo de una determinada área geográfica.

endocutícula: la capa más interna de la cutícula, por encima de la epidermis (Fig.3.4).

endoparásito: parásito que vive y se alimenta dentro de su hospedero, por lo general, sin llegar a matarlo.

endoparasitoides: parásitos que vive dentro del hospedero, se alimentan de él y terminan matándolo.

endoesqueleto: esqueleto interno, utilizado para proteger, dar apoyo a órganos y servir de puntos de inserción de músculos. Ejemplos, apodemas y apófisis, tales como tentorio y furca.

endopterigoto (a): son insectos holometábolos cuyas alas se forman internamente durante su metamorfosis. Incluye a los Órdenes: *Coleoptera*, *Diptera*, *Lepidoptera* y otros.

enérgidos: núcleos hijos producto de la división del núcleo del óvulo. Son consecuencia de la fertilización del óvulo por espermatozoides que entraron por el micrópilo, al inicio de la embriogénesis (Fig.5.5).

Ensifera: Suborden de *Orthoptera* con antenas usualmente más largas que el cuerpo (Figs.10.12F–R).

entomófago: se alimenta de insectos.

Entognatha: en el Phylum *Arthropoda*, la Clase con piezas bucales retraídas dentro de la cabeza. Representa al grupo hermano de la Clase *Insecta* (Fig.8.2A).

enzimas: moléculas de naturaleza proteica que catalizan reacciones químicas.

Ephemeroptera: Orden primitivo alado de la Clase *Insecta* (Figs.10.6A–B).

epicraneal: satura en forma de Y invertida en la frente de la cabeza del Langostón azul (Fig.3.8B).

epicutícula: la capa más externa de la cutícula (Fig.3.4).

epidermis: el estrato celular más interno del integumento, encargado de secretar la cutícula; descansa sobre la membrana basal (Fig.3.4).

epifaringe: lóbulo impar que nace de la cara interior del labro (Fig.3.13).

epimerón: esclerite de la parte posterior de la región pleural del tórax. También lo denominan **epímero** (Fig.3.31).

Epiprocta: Suborden de *Odonata*.

epiprocto: tergo o región dorsal del onceavo segmento abdominal (Fig.3.57).

episterno: esclerite anterior de la región pleural del tórax (Fig.3.31).

epistomal: sutura; en la cabeza del Langostón azul, ubicada arriba del clípeo, separándolo de la frente (Fig.3.8A–B).

Eras: períodos de tiempo, medidos en millones de años, por los cuales ha pasado la historia del planeta. Hasta el presente, la Tierra ha pasado por tres Eras geológicas, a saber: Paleozoica, Mesozoica y Cenozoica o actual. Las Eras están divididas en períodos: Terciario, Cuaternario y otros anteriores (Fig.3.1).

E.R.E.: Dr. Edmundo Rubio Espina. Autor principal y diseñador de las técnicas para dibujar a los artrópodos representados en esta obra.

E.R.R.: Edmundo Rubio Rincón. Diseñador Gráfico de la obra, Especialista en computación y dibujante de la misma utilizando programas de la serie Adobe InDesign, Illustrator y Photoshop.

eruciforme: tipo de larva; característica de *Lepidoptera* y otros órdenes donde el cuerpo es alargado y cilíndrico con tres pares de patas y pseudopatas, variables en número (Fig.5.14C).

escabiosis: sarna; de la piel de humanos y animales producida por el ácaro *Sarcoptes scabiei*.

escapo: primer segmento de la antena (Fig.3.28A).

escarabajo: nombre común asignado al Orden *Coleoptera*. El Orden también se conoce, dependiendo de la familia, como mariquitas, cucarrones, luciérnagas, cocos y otros (Figs.10.25A–E y 10.26A–O).

escarabeiforme: tipo de larva característica de la familia *Scarabaeidae* del Orden *Coleoptera*, también llamada scarabaeiforme (Fig.5.14B).

esclerites: aéreas endurecidas del exoesqueleto, separadas por suturas. Existen en diferentes ubicaciones y sus nombres varían de acuerdo al sitio donde estén localizados. Ejemplos, notos o esclerites del dorso del tórax; tergos o esclerites del dorso del abdomen; basalares o subalares, distribuidos en la base de las alas. También llamados escleritos (Fig.3.51).

esclerotina: proteína de la cutícula la cual le comunica rigidez al exoesqueleto.

esclerotizado: endurecido.

esófago: parte del aparato digestivo ubicado después de la faringe (Fig.4.4).

espermateca: saco o reservorio donde se almacenan y conservan los espermatozoides del macho, en el aparato reproductivo femenino, después del apareamiento (Fig.4.16).

espiritrompa: parte del aparato bucal del Orden *Lepidoptera*, representado por las galeas las cuales se modifican aparentando una cuerda de reloj (Fig.10.36C).

estado: en los insectos con metamorfosis completa existen cuatro estados, a saber: huevo, larva, pupa y adulto.

esternelos: esclerites ubicados en la región ventral de los segmentos del tórax del Langostón azul

(Fig.3.32).

estigmas: ventanillas laterales externas del aparato respiratorio por donde entra O_2 y sale CO_2 (Figs.4.12A-B). Comúnmente llamados espiráculos por algunos autores de habla española.

estiletes: estructuras delgadas, como agujas, formando las piezas bucales, por ejemplo en el tipo de aparato bucal perforador-chupador las mandíbulas y las maxilas (Fig.3.18).

estiliforme: antena donde el último segmento se proyecta en forma de estilete o estilo (Fig.3.28K).

estilo: proyección delgada en el último segmento de la antena (Fig.3.28K).

estilópidos: nombre común asignado al Orden *Strepsiptera* (Fig.10.24).

estilos: proyecciones pares de la región ventral del abdomen de algunos insectos (Fig.10.5C).

estipe: esclerite ubicado en la parte media de la maxila (Fig.3.15).

estivación: estado de dormancia o letargo producido por sequías y altas temperaturas; común en zonas tropicales.

estomodeo: intestino anterior (Fig.4.2).

etiquetas: de identificación; usadas para acompañar al espécimen y donde se indican los datos de colección. En algunos casos se coloca una adicional donde está la identificación del espécimen o su hospedero (Figs.2.12, 2.15, 2.17 y 2.21). Coloreadas identifican Holotipos, paratipos, lectotipos y otros tipos.

eucéfala: larva vermiforme con cuerpo alargado, sin patas y cabeza desarrollada (Fig.5.15E).

eusocial: forma de vida en una sociedad donde las generaciones se superponen, hay división en el trabajo y la reproducción está a cargo de la casta reproductora.

eusterno: según Snodgrass (1935), el conjunto de esclerites que forman el esterno del mesotórax, excluyendo al espinasterno el cual está ausente. En la (Fig.3.32), incluye basiesterno y esternelo.

exarate: tipo de pupa desnuda donde los apéndices no están unidos al cuerpo(Fig.15.16C).

exocrino: sistema integrado por glándulas exocrinas y sus feromonas, las cuales secretan su contenido hacia el exterior para enviar mensajes, usualmente, a sus congéneres.

exocutícula: estrato intermedio de la cutícula, justo por debajo de la epicutícula (Fig.3.4).

exoesqueleto: esqueleto externo; equivalente a la pared del cuerpo o integumento en los insectos.

exopterigotos: insectos paurometábolos donde las alas se desarrollan externamente (Figs.5.9A y 5.10).

externo: en la parte de afuera.

exuvia: remanente que queda de la pared del cuerpo o exoesqueleto, después de la muda (Fig.10.36H).

F

facetas: componentes de los ojos compuestos; forman unidades oculares u omatidios, cuyo conjunto integran al ojo compuesto (Fig.3.27).

facultativo: tiene alternativas; por ejemplo, de comportamiento. Los insectos polífagos tienen una gama de opciones o alternativas para alimentarse.

falcada: en forma de hoz, como las mandíbulas de los machos del género *Corydalus*: *Megaloptera* Fig.10.29A).

falómeros: estructuras del aparato sexual masculino, visibles en la cucaracha (Fig.4.18) y otras especies.

familia: categoría taxonómica integrada por géneros y regulada por el Código Internacional de Nomenclatura Zoológica (CINZ). Los nombres de las familias se escriben comenzando en mayúscula con la terminación -idae. Por ejemplo, *Apidae* para indicar la Familia que incluye a las abejas.

faringe: parte inicial del intestino anterior que se prolonga desde la boca hasta el esófago (Fig.4.4).

fásmidos: nombre común asignado al Orden *Phasmatodea*; también los denominan palitos caminadores o palitos vivientes (Figs.10.A–E).

fémur: tercer segmento de la pata de los insectos (Fig3.38A).

femoral: relativo al fémur.

Fenético: sistema de clasificación donde la afinidad fenética (usualmente de forma) entre organismos es el criterio para agruparlos.

Fenotípica: equivalente a la Taxonomía Numérica donde no toman en cuenta para agrupar a organismos a la evolución y en consecuencia, basan las agrupaciones o categorías taxonómicas en similitudes morfológicas globales de las taxa. Este tipo de

Sistemática o sistema de agrupación está en desuso.

feromona: compuesto de secreción externa que provoca una reacción, por lo general, en organismos de la misma especie.

fiebre amarilla: enfermedad viral transmitida por el zancudo *Aedes aegypti*. Es una enfermedad tropical y subtropical.

filiforme: tipo de antena donde los segmentos son aproximadamente del mismo tamaño y forma (Fig.3.28C).

Filogenia: interrelaciones evolutivas expresadas en términos de lo reciente del ancestro común (Kristensen, 1981).

filtro: cámara; en hemípteros consumidores de dietas líquidas permite, mediante adaptaciones anatómicas, el paso rápido de los excesos de agua del mesenterio al proctodeo (Fig.4.9).

fitófago: se alimenta de materia vegetal.

flabella: lóbulos en el extremo de las glosas de las abejas; también las denominan labella (Fig.3.17).

flagelo: conjunto de segmentos más allá del pedicelo de la antena (Fig.3.28A).

flagelómeros: cada una de las subdivisiones del flagelo (Fig.3.28A).

flexor: músculo que al contraerse reduce el ángulo entre dos segmentos de un apéndice (Fig.3.33).

folículo: pequeña cavidad. Ejemplo, el folículo de una célula dermal (Fig.3.4).

foramen magnum: abertura en la parte posterior de la cabeza por donde pasan componentes de los sistemas del insecto: digestivo, circulatorio y otros (Fig.3.8C).

Frenatae: uno de los Subórdenes para clasificar *Lepidoptera*, hoy en desuso.

freno: en *Lepidoptera*, cerda o cerdas; sirven para acoplar las alas durante el vuelo (Fig.3.43 y 10.37B–C).

frente: esclerite de la cabeza ubicado por encima del clípeo (Fig.3.8A–B).

frontales: suturas; en la sutura epicraneal, la porción en forma de V invertida . Se observan bien en la cabeza de las cucarachas y los grillos. En el Langostón azul están disimuladas por dos aristas que aparecen en la frente (Fig. 3.8B).

furca: apodema bifurcada dentro de la cavidad torácica.

fúrcula: en *Collembola*, la estructura que utilizan para saltar (Fig.10.1A).

G

g: gramo, medida de peso; milésima parte de 1kg.

G: abreviatura para representar el idioma Griego.

gabinetes: de colección o almacenaje y de secado; el primer tipo se usa para preservar los insectos en su sitio definitivo, los mismos van acompañados de un número variable de gavetas (Figs.2.26 y 2.27). Los hay de diferentes tipos: Cornell, Academia de Ciencias de California, etc., donde las gavetas y los gabinetes varían en tamaño y materiales. Los de secado son metálicos y mediante el uso de bombillos de 60W, estratégicamente distribuidos, se obtiene una temperatura uniforme cercana a los 50 grados centígrados en todo su interior para secar los insectos después del montaje de los mismos (Fig.2.23).

galea: uno de los componentes de las maxilas; se modifican sustancialmente según el tipo de aparato bucal (Figs.3.15,3.17 y 10.36C).

gametos: células sexuales del organismo; son los óvulos y los espermatozoides.

ganglios: centros nerviosos pareados y muchas veces fusionados, ubicados en cada segmento y unidos por cordones nerviosos longitudinales; se localizan en la porción ventral a lo largo del hemocele (Fig.4.1 y 4.23).

garrapata: artrópodo hematófago que pertenece al grupo de los arácnidos del Orden *Ixodida*, muy común en animales domésticos como el perro y el ganado bovino. También pueden usar a los humanos como hospederos transmitiendo enfermedades (Fig.8.1).

gáster: después del pecíolo, la porción globosa del abdomen en *Hymenoptera*: *Apocrita* (Figs.3.58 y 3.59).

gástricas: caecas: proyecciones en el extremo anterior del mesenterio, juegan un papel importante en la secreción de enzimas digestivas (Fig.4.2).

gastroenteritis: enfermedad viral, ocasionalmente producida por bacterias, la cual se manifiesta por vómitos y diarreas. Las moscas pueden actuar como vector al entrar en contacto con alimentos, utensilios o agua contaminada.

gástrula: en el desarrollo embrionario, la

transformación de la banda germinal en un plato medio y dos laterales (Figs.5.6A–D).

gavetas de cierre hermético: conservación de insectos a largo plazo; se usan para guardar los especímenes montados y etiquetados durante períodos largos de tiempo. Se caracterizan por tener cierre hermético para evitar la entrada de parásitos que se alimentan de los insectos montados y preservados (Fig.2.28).

genas: equivalentes a las mejillas o porciones laterales de la cabeza de los insectos (Figs.3.8B–C).

género: categoría taxonómica por debajo de familia que incluye una o varias especies. Se escribe siempre iniciándose con letra mayúscula y el resto con minúsculas, todas en escritura del tipo cursiva. El género incluye a todas las especies con un origen o ancestro común.

genitalia: órganos sexuales externos y estructuras adjuntas en ambos sexos, asociados con la reproducción, todas de origen ectodérmico; incluyen al oviscapto, falómeros y otros componentes, tanto de las hembras como de los machos, los cuales asisten en la cópula, en la reproducción y otros aspectos (Figs.3.57 y 4.18)).

germinal: banda; durante la embriogénesis, la banda que se define durante la formación de la blástula (Fig.5.5).

ginandromórfico: espécimen anormal con características masculinas en un lado y femeninas en el otro.

glassine: tipo de papel encerado; se utiliza para construir sobres entomológicos dentro de los cuales se guardan los especímenes muertos, especialmente lepidópteros (Fig.2.6).

globoso: redondeado

glosa: estructuras pares semejando lengüetas que terminan en una porción carnosa llamada flabella en el aparato bucal de las abejas y otros insectos (Fig.3.17).

Glossata: el más numeroso de los Subórdenes del Orden *Lepidoptera* (Figs10.38A–Q).

Glyptal®: sustancia registrada utilizada para sellar los cubreobjetos a las láminas de montaje. Sustituye al esmalte para uñas usado por las manicuristas (Fig.2.18).

gregario: vive en grupo con otros individuos, sin comportamiento social.

grupo externo: Cladística; equivalente al "outgroup" utilizado en habla inglesa. Hace referencia a una especie o a un taxón supraespecífico, monofilético, el cual se examina en el curso de un estudio filogenético para inferir cual de los estados homólogos de un carácter es apomórfico. Por lo general, el grupo externo posee el estado plesiomórfico o primitivo del cual deriva el estado apomórfico.

gula: esclerite en la porción ventral de la cabeza entre, el labio y el *foramen magnun*.

H

ha: hectárea, medida de superficie; equivale a 10.000 m^2.

hábitat: lugar o espacio que ocupa un organismo en el medio ambiente.

hábitos: tendencia de un individuo a efectuar la mayoría de sus actividades durante determinadas horas del día o de alimentarse utilizando cierto tipo de alimento. Ejemplos, insectos de hábitos diurnos, nocturnos; o insectos de hábitos coprófa gos, saprófagos y otros.

halteres: transformación de las alas metatorácicas en bastoncillos o mazos en el orden *Diptera*; se usan para asistir en el vuelo (Figs. 3.48 y10.42A–D).

hamuli: ganchitos en el margen costal del ala posterior de los himenópteros, utilizados para acoplar ambas alas durante el vuelo (Fig.3.42).

haplodiploide: en abejas; los huevos no fertilizados dan origen a machos o zánganos haploides y los huevos fertilizados producen hembras diploides (2n).

haploide: célula con un solo juego o grupo de cromosomas (n). Ejemplo, óvulos y espermatozoides.

hausteladas: partes bucales alargadas del tipo chupador.

haustelo: en el aparato bucal de la mosca doméstica, la parte media de la probóscide (Fig.3.25).

hematófagos: se alimenta de sangre.

hembras neoténicas: en *Strepsiptera*; hembras vivíparas las cuales producen en su interior embriones de triungulines que al nacer tendrán vida libre (Fig.10.24B). Ver también pág.160.

hemiélitros: alas anteriores de varios representantes del Orden *Hemiptera*, con una porción coriácea y otra membranosa (Fig.3.48).

hemimetábolos: insectos con metamorfosis simple donde hay cambios radicales entre los estados juveniles y los adultos, tanto en forma como en hábitos. Las ninfas o náyades son acuáticas, mientras los adultos son de vida libre (Fig.5.11A–C).

Hemiptera: Orden de insectos caracterizado por presentar un aparato bucal perforador-chupador, donde la piezas bucales evolucionaron para formar un pico o probóscide alargado (Fig.10.19A).

hemípteros: nombre común asignado al Orden *Hemiptera*; también los denominan saltahojas, cigarras, chicharras, chinches, etc. (Figs.10.19A–H).

hemocele: cavidad interior del cuerpo de los invertebrados, incluyendo a los insectos. También la denominan hemocelo (4.13B).

hemocitos: las células de la hemolinfa.

hemolinfa: sangre de los artrópodos, la cual llena la cavidad del cuerpo o hemocele. Se diferencia de la sangre de los vertebrados porque no transporta oxígeno

herbívoros: se alimentan de plantas.

hermafrodita: individuo que presentan testículos y ovarios al mismo tiempo.

Heterobathmiina: pequeño Suborden de *Lepidoptera* con apenas una Familia distribuida al Sur de Sur América (Fig.10.37G).

hibernación: reducción de la rata metabólica y el desarrollo en el individuo, consecuencia de una estación climática fría.

hipermetamorfosis: metamorfosis donde las larvas cambian, principalmente de forma, en sus diferentes instares (Fig.5.13).

hiperparásito: parásito que utiliza como hospedero a otro parásito.

hipofaringe: estilete o estructura central de las partes bucales, muchas veces asociada al canal salival (Figs.3.21 y 3.23).

hipognato: orientación de la cabeza donde las piezas bucales están dirigidas hacia abajo (Fig.3.9A–B).

histogénesis: en la metamorfosis, la generación de nuevos tejidos y estructuras para la formación del adulto a partir de componentes provenientes de las etapas juveniles, más otros que se generan durante la metamorfosis.

histólisis: en la metamorfosis, el proceso mediante el cual material de las etapas juveniles de los tejidos se destruyen y transforman.

Holometábola: Superorden de insectos según el cladograma de Kristensen (1981). Incluye los grupos holometábolos o con metamorfosis completa (Fig.8.2A).

Holotipo: espécimen escogido por el descubridor de la nueva especie o subespecie para representarla; se acompaña con una etiqueta donde se escribe el nombre propuesto para la misma. Usualmente el nombre se escribe en una etiqueta roja, o marcada con una banda roja.

homeostasis: mantenimiento del estado de equilibrio en la condiciones fisiológicas de un organismo mediante la acción de mecanismos internos.

homólogos: estados; Cladística, estructuras que derivan de un mismo ancestro en dos o más organismos.

homólogos ecológicos: aquellos organismos que sí se eliminan, son rápidamente sustituidos por otros. Los homólogos tienen la misma Ecología. En la práctica, no hay nichos ecológicos vacíos.

homonimia: nombres iguales para taxa diferentes a nivel de género, tribus, subfamilias, familias y superfamilias y órdenes. No se considera homonimia a nombres iguales entre animales y plantas.

homoplásicos: caracteres similares que no provienen de un ancestro común; tienen su origen en convergencias y paralelismos evolutivos o reversiones genéticas. Estos caracteres no deben utilizarse en los estudios filogenéticos.

hormigas: insectos sociales de la Familia *Formicidae* del Orden *Hymenoptera*; en algunos casos reciben, ente otros, los nombres de bachacos, hormigas cortadoras, etc. (Figs.4.39 y 10.33C–E).También hace referencia en el Orden *Neuroptera*: *Myrmeliontidae* a las llamadas hormigas león (Fig.10.30F–G).

hormonas: sustancias químicas de secreción

interna; regulan ciertas actividades o transformaciones dentro del organismo que las secreta. Las producen glándulas endocrinas y son transportadas dentro del insecto vía hemolinfa.

hospedero: organismo que es parasitado por otra especie. El parásito se alimenta del hospedero y vive a expensas de él.

humeral: ángulo; sector ubicado en las bases de las alas (Fig.3.40).

humeral: vena transversal ubicada entre las bases de la Costa (C) y la Subcosta (Sc) (Fig.3.50).

Hymenoptera: Orden de insectos caracterizado por acoplar las alas durante el vuelo con una serie de ganchillos llamados hamuli. En las especies sin alas, por presentar un oviscapto único en su tipo en conjunto con otras características (Figs.3.43 y 10.31–10.34).

I

idiosoma: cuerpo de los ácaros

íleon: porción anterior del proctodeo o intestino posterior del aparato digestivo (Fig.4.1).

imago: sinónimo de adulto en la Clase *Insecta*.

indirectos: músculos que mueven las alas deformando el tórax del insecto. No actúan directamente sobre las bases de las alas (Fig.3.63).

infraclase: categoría taxonómica or debajo de la sub clase. Ejemplo: *Pterygota* (Fig.8.A).

Insecta: una de las Clases del Phylum *Arthropoda*, donde se incluye a los insectos.

instar: período de tiempo entre mudas sucesivas. El primer instar corresponde la fase inmadura después que el insecto nace y la primera muda.

insectívoro: se alimenta de insectos.

integumento: pared del cuerpo de los insectos, equivalente al exoesqueleto.

intestino: cualquiera de los tres componentes del aparato digestivo: intestino anterior o estomodeo, intestino medio o mesenterio e intestino posterior o proctodeo (Fig. 4.2).

intima: la capa cuticular que cubre el estomodeo, el proctodeo y las tráqueas. Por su origen ectodérmico se desprende y es eliminado al mudar el insecto.

integrado: Control Integrado de plagas (CIP); manejo integrado de plagas (MIP); integración de estrategias oportunas de manejo y métodos de control para solucionar los problemas causados por plagas de diferente índole: agrícolas y sanitarias.

invaginación: cuando el exoesqueleto se proyecta dentro de la cavidad del cuerpo. Ejemplos: apodemas y apófisis (Fig.3.4).

invernación: paralización del desarrollo durante el invierno o en épocas prolongados de bajas temperaturas.

J

jalea: alimento que se le suministra a la larva de abeja reina hasta el tercero o cuarto día de vida.

J.C.: Jesús Camacho. Ing. Agro.. Dibujante del equipo técnico de la obra. Colector generalista de insectos, con énfasis en *Hemiptera*.

jején: díptero de la Familia *Ceratopogonidae*, muy pequeño pero de picada irritante (Fig.10.45C).

Johnston: órgano de; ubicado en el pedicelo de la antena, tienen función sensorial. Caracteriza a los insectos (Fig.4.29).

Jugatae: uno de los Subórdenes utilizados para clasificar *Lepidoptera*, hoy en desuso.

jugum: equivalente a yugo; pequeño lóbulo que se extiende desde la base del ala anterior de algunas polillas. Sirve de acople a las alas de un mismo lado durante el vuelo (Fig.10.37A).

juvenil: hormona; secretada por los cuerpos alados; su abundancia determina sí el insecto permanece como inmaduro o pasa al estado de pupa o de adulto.

K

Kala-azar: enfermedad causada por protozoarios del Género *Leishmania*. Produce vómitos, diarrea y tos. Los protozoarios los transmiten la picadura de una mosca hembra del Género *Lutzomyia*: *Psychodidae*. Sí la enfermedad no se trata a tiempo, puede ser mortal. Común en regiones selváticas de Centro y Sur América. También la denominan Leishmaniasis cutánea.

kg: medida de peso, equivale a 1.000 gramos.

km: medida de longitud, equivale a 1.000 metros.

L

l: litro, medida de volumen, equivale a 1.000 mililitros.

L.: abreviatura por longitud expresada en milímetros.

labella: las dos porciones expandidas en el ápice

del haustelo de la mosca doméstica y otras especies (Fig.3.25).

labial: palpos; en el aparato bucal masticador del Langostón azul, los dos apéndices sensoriales de tres segmentos que se observan saliendo del labio.

labial: sutura: separa el prementón del mentón en el labio (Fig.3.16).

labio: componente de las piezas bucales en los insectos. Sufre modificaciones sustanciales de acuerdo al tipo de aparato bucal (Fig.3.16).

labro: esclerite movible por debajo del clípeo en el Langostón azul (Fig.3.8A).

ladilla: ectoparásito de los humanos; usualmente se ubican en el pubis. Se le conoce con el nombre científico de *Pthirus pubis* del Orden *Psocodea* (10.18F).

laminada: tipo de antena con los segmentos terminales expandidos formando láminas laterales (Fig.3.28J).

larvas: en la metamorfosis completa, los estados después del huevo hasta la pupa; comúnmente llamados gusanos (Fig.4.14 B–D).

lateral: hacia los lados; ubicado a los lados del cuerpo.

larvíparo: nace como larva; los huevos eclosionan en la cámara genital o *bursa copulatrix*.

l**arviforme**: parecido a una larva.

lectotipo: espécimen designados por un especialista para representar a la especie, después de la publicación original donde no se designó a un Holotipo. Este espécimen estuvo presente delante del científico que hizo la descripción original, pero no designó al Holotipo. La no designación de Holotipos fue práctica común antes de entrar en vigencia el CINZ y hasta los años 50 del siglo XX.

leishmaniasis: enfermedad transmitida por pequeñas moscas de la Familia *Psycodidae* (ver kala-azar).

libélulas: nombre común asignado al Orden *Odonata* (Figs.10.7A–H).

lígula: porción del labio, equivalente a las glosas y paraglosas unidas o separadas (Fig.3.17).

lineal: largo y delgado como una línea.

longitudinal: eje mayor del cuerpo; a lo largo del mismo.

lorum: esclerite transversal del aparato bucal de las abejas; une la base del estipe y la porción distal del cardo; el mismo puede ser observado, coloreado de amarillo, en la porción ventral de la cabeza (Fig.3.17).

L.R.: Luís Robles (†). Ing. Agro.. Dibujante del equipo técnico de la obra.

M

m: metro; medida de longitud equivale a 100 centímetros

m²: metro cuadrado; medida de superficie.

Mal de Chagas: enfermedad tropical que afecta más de 16 millones de personas en Latinoamérica y es transmitida por chinches de los géneros *Rhodnius* y *Triatoma*.

macrotriquias: pelos o setas que actúan como mecanoreceptores de estímulos provenientes del medio ambiente o desde el interior del insecto; forman parte del sistema nervioso (Figs.3.39, 4.26 y 4.27).

Malaise: trampa para capturar insectos; es una trampa para la interceptación de especímenes de tal forma que los mismos al llegar a la trampa, caminan sobre ella para terminar en un frasco con un agente aniquilador. De esta forma se capturan insectos, principalmente voladores, difíciles de obtener por otros métodos (Fig.2.3).

malaria: enfermedad causada por microorganismos del género *Plasmodium*, transmitidos por mosquitos del género *Anopheles*.

mallas: de colección; se usan para capturar insectos en el aire o posados sobre cualquier superficie. Las de borde recto, asociado a un semicírculo, se usan para atrapar insectos acuáticos (pág.11, números 1 y 3; la del número 2, captura insectos acuáticos).

Mallophaga: uno de los antiguos Subórdenes del Orden *Phthiraptera*, hoy día ambos en desuso siendo el segundo sustituido por el Orden *Psocodea* y el primero por las familias de piojos parasíticos, excluyendo a las de *Anoplura* (Figs.10.18A–C).

Malpighi: tubos; juegan un papel de importancia en la excreción de sustancias de desecho en el aparato digestivo (Fig.4.10).

MALUZ: acrónimo del Museo de Artrópodos de la Universidad del Zulia, Maracaibo, República Bolivariana de Venezuela.

mandíbulas: apéndices pares del aparato bucal;

(Figs.3.14, 3.17–3.23). adquieren diferentes formas de acuerdo a la función que realicen. Ausentes en algunos dípteros y en casi todos los lepidópteros.

mantíspidos: nombre común asignado para nombrar a la Familia *Mantispidae* del Orden *Neuroptera* (Fig.10.30B).

Mantodea: uno de los Subórdenes del Orden *Dictyoptera*; se conocen comúnmente con el nombre de predicadores o rezadoras (Figs.10.15A–D).

manubrio: la pieza basal de la fúrcula en el Orden *Collembola* (Fig.10.1A).

mariposas: nombre común asignados a las especies diurnas del Orden *Lepidoptera*. También se les conocen con los nombres de taras, palomillas, papalotes y otros (Figs.10.36A–H).

masticador: tipo de aparato bucal; se considera como primitivo o generalizado (Figs.3.12–3.16).

maxilas: apéndices pares del aparato bucal. Como en el caso de las mandíbulas, adquieren la forma según la función que realicen. Por lo general van acompañadas de un par de palpos (Figs.3.15, 3.17–3.25).

maxilares: palpos; apéndices pares de las maxilas con función sensorial (Figs.3.15,3.17–3.25).

mecanoreceptores: regulan el comportamiento del animal en función de estímulos provenientes del medio ambiente y de otros originados dentro del cuerpo; pueden ser de varios tipos: táctiles, acústicos y otros (Fig.4.26).

Mecoptera: Orden de insectos con adultos por lo general con el rostro alargado y larvas presentando ojos compuestos (10.40 A–C).

Media: venas de las alas. Ubicadas entre las venas Radiales y las Cubitales. Se representa por la letra M en mayúscula (Fig.3.50).

media-cubital: vena transversal que une la Media y la Cubital; se representa con las letras minúsculas m-cu (Fig.3.50).

melanizada: oscurecida.

Megaloptera: Orden de insectos de tamaño mediano a grandes, con alas membranosas y muchas venas; algunos de ellos con mandíbulas falcadas muy desarrolladas (Figs.10.29A–D).

membrana: peritrófica; recubre internamente el mesenterio en el aparato digestivo y es permeable; esto indica que permite la absorción y reabsorción de alimentos y otras funciones.

membranosas: en relación a las alas, cuando son delgadas y transparentes; en algunos casos pueden estar recubiertas por escamas como en el caso de las mariposas y polillas o presentar manchas.

mentón: en el labio del Langostón azul, el esclerite rectangular ubicado entre el submentón y la sutura labial (Fig.3.16).

mesenterio: intestino medio del aparato digestivo (Fig.4.2).

meso: prefijo que significa en medio. Ejemplo, mesotórax o parte media del tórax.

mesonoto: esclerite de la región dorsal del mesotórax (Fig.3.31).

mesopleura: región pleural del mesotórax (Fig.3.31).

mesotórax: segundo segmento del tórax; soporta al primer par de alas en los insectos alados; de los tres segmentos del tórax, el que está en el medio.

meta: prefijo que significa después, posterior. Ejemplo, metatórax o último segmento torácico.

metamorfosis: cambios de forma, muchas veces significativos, incluso en algunos casos de hábitos de vida, observables entre las formas inmaduras y los adultos (Figs.5.9A–B).

metapleura: región pleural del metatórax (Fig.3.31).

metatórax: tercer segmento de los tres que integran el tórax; soporta al segundo par de alas en los insectos alados (Fig.3.31).

micrópilo: orificio en el corión por donde entran los espermatozoides para fertilizar los óvulos (Fig.5.4).

mimetismo: fenómeno de origen genético donde existe un modelo y un imitador y donde este último, aparenta ser el modelo para protegerse del depredador. Por otro lado el modelo, por alguna razón, es evitado por el depredador. Existen varios tipos de mimetismos: Batesiano, Mülleriano y otros (Figs.6.20 y 6.21).

minador: insecto que durante el estado larval hace minas o galerías entre las dos epidermis de las hojas; las galerías o túneles con el tiempo se transforman en daños de consideración para la planta, en especial hortalizas como las cebollas.

minutas: pequeños alfileres usados para doble montaje (Fig.2.16).

MIZA: acrónimo del Museo del Instituto de Zoología Agrícola, Francisco Fernández Yépez, de la Universidad Central de Venezuela en Maracay.

ml: mililitro, medida de volumen; equivale a la milésima parte de un litro.

mm: milímetro, medida de longitud; equivale a la milésima parte de 1metro.

montaje en portaobjetos: se usa para artrópodos muy pequeños y de cuerpo blando; también se utiliza para el montaje de partes del espécimen. Consiste en usar una lámina portaobjeto, medio de montaje, espécimen a montar, cubre objeto y líquido sellador (Fig.2.18).

mordijullos: nombre común asignado para nombrar a los representantes del Orden *Dermaptera* (Figs.10.13A–D).

M.Q. de **G.**: Dra. Magally Quirós de González. Autora principal de esta obra y de algunas fotos que aparecen en la misma.

moscas: nombre común asignado para nombrar a varios insectos como la mosca domestica; *Musca domestica*; moscas escorpión, Orden *Mecoptera* (Figs.10.40A–C); mosca de las piedras, Orden *Plecoptera* (Figs.10.8A–B) y otros.

moscas escorpión, **moscas colgantes**: nombres comunes asignados al Orden *Mecoptera* (Fig.10.40B).

mosquitos: coloquialmente, dípteros de pequeño tamaño, algunos de los cuales se denominan también zancudos. Algunos géneros pueden transmitir varias enfermedades a los seres humanos y animales. Ejemplos: Malaria, Elefantiasis, Fiebre Amarilla, Dengue y muchas otras.

muda: proceso mediante el cual el insecto se desprende del viejo exoesqueleto y crece, o pasa a otro estado. Ejemplo de larva a pupa, de pupa a adulto; se denomina también ecdisis (Fig.10.36F).

multiparasitismo: parasitismo múltiple donde actúan parasitoides o parásitos de la misma especie sobre el mismo hospedero (Fig.6.16). Evolutivamente es más viable que el superparasitismo. En este último caso, especies diferentes de parasitoides atacan al mismo hospedero, agotando el recurso alimenticio y en consecuencia, ni los parasitoides ni el hospedero, culminan su ciclo de vida.

Myxophaga: uno de los Subórdenes con menos especies del Orden *Coleoptera*; por lo general pequeños, con élitros rugosos (Fig.10.25C).

N

nasutes: en el Orden *Dictyoptera*, los soldados con la cabeza en forma de cono pertenecientes al Suborden *Isoptera* (Figs.10.14E–F).

náyades: estados acuáticos del Orden *Ephemeroptera*, se manifiestan en forma de larvas con tres filamentos terminales en el ápice del abdomen y respiración por medio de agallas abdominales. Se consideran indicadores de la pureza de las aguas donde habitan (Figs.10.6A–B).

néctar: líquido azucarado secretado por muchas flores y algunas partes de las plantas. Algunos autores llaman néctar a la sustancia azucarada producida por algunos insectos para atraer hormigas.

neoténica(s): condición; algunas especies de insectos desarrollan capacidad reproductiva cuando la casta reproductora principal pierde esta función. Ejemplo: termites y abejas.

neoténica(s): característica; hembras que siendo adultas, retienen características juveniles. Ejemplo: algunas familias del Orden *Strepsiptera.*

neotipo: espécimen seleccionado para sustituir y representar al Holotipo, cuando este último ha desaparecido permanentemente. Esta práctica es común consecuencia de la destrucción de las colecciones de insectos durante la Segunda Guerra Mundial en Alemania y otros países de Europa. Preferiblemente la selección se hace de los paratipos, sintipos o lectotipos, si los hubiera.

neuronas: células nerviosas caracterizadas por tener una o varias proyecciones denominadas axones y dendritas (Figs.4.21A–C).

neuroendocrinas: células neurosecretoras de hormonas. Se ubican en diferentes partes del cuerpo, principalmente en el cerebro (Fig.4.37).

ninfas: estados inmaduros en la metamorfosis simple. En los insectos paurometábolos con metamorfosis simple, las ninfas tienen los mismos hábitos de los adultos (Fig.5.9A).

nocturno: activo durante la noche.

nombres científicos: nombres; reconocidos internacionalmente y regidos por las normas del CINZ. Se utilizan para designar desde superfamilia hasta subespecies de animales. Se publican siempre con letras que resalten en los textos como las itálicas.

nomenclatura: procedimiento para nombrar organismos. Para el caso de animales, lo regula el Código Internacional de Nomenclatura Zoológica (CINZ).

notos: esclerites dorsales en el tórax, se denominan de acuerdo a su ubicación en pronoto, mesonoto y metanoto; en el abdomen sus equivalentes se llaman tergos (Figs.3.31, 3.51 y 3.52).

núcleo: componente esencial de la célula; regula sus actividades y contienen las unidades hereditarias o genes (Fig.5.3).

O

obreras: hembras estériles en los himenópteros sociales. Ejercen tareas dentro y fuera de la colonia.

obtecta: tipo de pupa; los apéndices están fusionados al cuerpo y son muy compactas (Figs.5.16A-B).

occipital: sutura; ubicada por detrás de las genas, limitan la parte posterior de la cabeza en el Langostón azul con el postoccipucio (Fig.3.8C).

occipucio: esclerite: llamado también occipital ubicado por detrás de la cabeza con forma de arco. En el Langostón azul une a las dos posgenas (Fig.3.8C).

ocelos: ojos simples en los insectos, con capacidad para diferenciar intensidades de luz y quizás movimientos; se ubican en el *vertex* de la cabeza y pueden variar en número de cero a tres (Fig.3.27A).

Odonata: Orden primitivo de insecto, conocidos popularmente como libélulas. Las ninfas son acuáticas y los adultos de vida libre (Figs.10.7A–H).

omatidios: unidades oculares que integran al ojo compuesto (Fig.3.27B).

Oncocercosis: llamada también Ceguera de los ríos; es una enfermedad causada por nematodos del Género *Onchocerca*, transmitidos por dípteros de la Familia *Simuliidae*. Es la segunda causa de ceguera en el mundo; la enfermedad produce lesiones en ojos y piel. Es muy importante en África y se ha reportado en Centro y Sur América.

ontogenia: historia de los cambios de las estructuras durante el desarrollo del individuo. En Cladística, las secuencias ontogénicas son los cambios en los caracteres consecuencia de la genética provenientes de sus padres.

ootecas: estuches o cápsulas donde protegen los huevos algunos dictiópteros. Las cucarachas las construyen gracias a la actividad de la glándulas coleteriales del aparato reproductor femenino (Fig.4.17).

opistognata: orientación de la cabeza donde las partes bucales están dirigidas hacia atrás y pasan pegadas al vientre entre las patas del insecto. Característica del Orden *Hemiptera* (Fig. 3.11).

oral: cavidad; equivalente a la cavidad bucal o boca; es la continuación de la cavidad preoral (Fig,4,4).

orden: categoría taxonómica que integra a la clase. La forma de escribir los nombres de esta categoría no están regulados por el Código Internacional Nomenclatura Zoológica (CINZ).

Orthoptera: Orden de insectos que incluye a los saltamontes, grillos, langostas, langostones, grillotopos y otros (Figs.10.11 y 10.12).

oruga: larva de los lepidópteros, llamadas también gusanos (Fig.10.36E y 10.36H).

osmoregulación: regulación del balance de agua, manteniendo homeostasis en los fluidos del cuerpo.

ostíolos: orificios laterales pareados ubicados en cada una de las cámaras del corazón por donde entra la hemolinfa Fig.4.13A).

ovarios: órganos pares del aparato reproductivo femenino, encargados de la producción de los óvulos. Los integran un grupo variable de ovariolos, siendo ocho en la cucaracha americana (Fig.4.14).

ovariolos: estructuras alargadas que en conjunto forman los ovarios (Figs.4.14, 4.15 y 4.16).

oviductos: tubos que conducen los óvulos maduros; pueden desembocar en estructuras como el cáliz o el oviducto común (Figs.4.15 y 4.16).

ovíparos: pone huevos; en contraste con los vivíparos cuyas crías nacen vivas, ya que las mismas eclosionan en la cámara genital.

oviscapto: estructura para poner los huevos; es consecuencia de modificaciones de algunos segmentos apicales del abdomen. Mal llamado ovipositor por algunos autores de habla hispana.
óvulos: células o gametos sexuales femeninos producidos por los ovarios. Son células haploides (n), capaces de ser fecundadas por los espermatozoides para formar un huevo o cigoto (2n). Ver inicio de la embriogénesis (Fig.5.4).

P

paedogénesis: forma se reproducción de algunos artrópodos cuyas formas inmaduras son capaces de producir descendientes. Ejemplos: dípteros del género *Miastos* y coleópteros de los géneros *Micromalthus*, *Phengodes* y *Thylodrias*, entre otros.
palpifer: en el labio del Langostón azul, esclerite donde nace el palpo maxilar (Fig.3.15).
palpos: apéndices con varios segmentos, ubicados en el labio y las maxilas (Figs.3.14 y 3.16).
paludismo: enfermedad equivalente a la Malaria. Se manifiesta por fiebres, escalofríos y anemia general. La enfermedad es transmitida por mosquitos del género *Anopheles* y el agente causal es un microorganismo del género *Plasmodium*. Ver también Malaria.
pantropical: se refiere a un área de distribución geográfica. El taxón existe en las regiones tropicales de todos los continentes: América. Asia y África, en consecuencia es pantropical.
parafilético: en Cladística; grupo que incluye al ancestro común, pero no a todos los descendientes.
paraglosas: porciones distales en el labio del Langostón azul; equivalentes a las lígulas (Fig.3.16).
paralectotipo: resto de especímenes que quedan después de escoger al lectotipo.
paraprocto: en el Langostón azul, el esclerite triangular en la base de los cercos (Fig.3.57).
parásito: organismos que parasitan o viven a expensas del hospedero, dentro o fuera de él, por lo general, sin llegar a matarlo. Ejemplo: piojos, zancudos y otros.
parasitoide: tipo de parásito que vive del hospedero hasta llegar a matarlo. El parasitoide sincroniza su ciclo de vida con la del hospedero de tal suerte que cuando lo abandona, este último muere y el parasitoide pasa a tener vida libre.
paratipos: cuando se describe una nueva especie, los paratipos representan al resto de especímenes de la población que quedan después de escoger al Holotipo.
Parsimonia: Cladística; Principio mediante el cual se indica que sí hay dos o más cladogramas para establecer las relaciones entre taxa, el más corto o simple, en cuanto a número de pasos evolutivos, es el que debe escogerse como correcto. La palabra parsimonia en español es sinónimo de lentitud, escasez o moderación, en consecuencia, utilizaremos el término simplicidad para sustituir a parsimonia, el cual consideramos más apropiado. El Principio de Simplicidad ya ha sido propuesto y utilizado por otros autores en el idioma español (ver Capítulo 7, pág.113).
partenogénesis: reproducción; la hembra es capaz de reproducirse sin la intervención del macho. Los huevos se desarrollan dando origen a nuevos organismos. Común en algunas familias neotropicales, cuyas hembras se reproducen y los machos se desconocen. Por ejemplo los pulgones, *Hemiptera*: *Aphididae*.
paurometábolos: insectos con metamorfosis simple; los cambios son graduales, los instares juveniles son terrestres, las alas se desarrollan externamente y los inmaduros tienen los mismos hábitos de los adultos.
peces de plata: nombre común asignado al Orden *Zygentoma* (Fig.10.5A).
peciolado: presenta el abdomen con un pecíolo.
pecíolo: segundo segmento del abdomen, a veces acompañado del tercero, los cuales se reducen sustancialmente en diámetro; precede al gáster como en *Hymenoptera*: *Apocrita* (Figs.3.58 y 7.4).
pectinadas: antenas con segmentos proyectados lateralmente, semejando un peine; también la denominan pectiniformes (Fig.3.28G).
pedicelo: segundo segmento, de la base hacia el ápice, en la antena de los insectos (Fig.3.28A).
peritrófica: membrana; protectora del epitelio intestinal, permeable a enzimas y a productos absorbibles y reabsorbibles de la digestión.
Phylum: una de las categorías taxonómicas en la

clasificación de organismos. Ejemplo, Phylum *Arthropoda* (Fig.8.1).

píloro: en el sistema digestivo, la válvula que separa el intestino medio del posterior (Fig.4.2).

piloso: con pelos; recubierto de pelos.

piojos: nombre común asignado al Orden *Psocodea* (Figs.10.18A–F).

plecópteros: nombre común asignado al Orden *Plecoptera*; también lo denominan moscas de las piedras (Figs.10.8A–B).

plesiomórfico: estado ancestral o primitivo del carácter del cual se derivan los estados apomórficos.

pleural: referido a la región lateral o pleural del cuerpo de los insectos. Puede ser membranosa o estar esclerotizada o endurecida por esclerites (Figs.3.30 y 3.31).

plumosas: antenas; con segmentos del tipo moniliforme o filiformes, los cuales presentan uno o varios manojos de pelos asociados a los mismos. Ejemplos: zancudos y algunos mosquitos (Fig.3.28M).

poliembrionía: fenómeno mediante el cual, de un sólo huevo, se forman varios embriones. En himenópteros parasíticos de la Familia *Encyrtidae*, de un sólo huevo, pueden nacer 1.000 o más individuos.

polífago: organismo que se nutre de diferentes tipos de alimentos.

polifilético: en Cladística; grupo no natural que deriva de dos o más ancestros; son producto de convergencias y/o paralelismos evolutivos.

polillas: nombre común asignado a las especies nocturnas del Orden *Lepidoptera* y a los microlepidópteros.

polimórficas: la misma especie con diferentes formas o variantes; equivalente a morfotipos.

posmentón: en el labio del Langostón, la estructura a continuación del mentón, también llamado prementón(Fig.3.16).

postarso: equivalente al pretarso de las patas; término utilizado por algunos especialistas en Morfología para definir la porción distal de las patas.

postclípeo: porción basal del conjunto postclípeo + anteclípeo. En la cigarra se presenta como un esclerite abultado con estrías (Fig.3.18). Equivale al esclerite ubicado después del clípeo.

posterior: localizado en la parte de atrás; opuesto a anterior o adelante.

postgenas: esclerites pares ubicados por detrás de las genas, en la porción posterior de la cabeza (Fig.3.8C).

prementón: ubicado entre las paraglosas y el mentón, llamado también posmentón (Fig.3.16).

preoral: cavidad; equivalente a la boca y donde se inicia el sistema digestivo (Fig.4.4).

prepupa: estado de quiescencia de la larva antes de pupar.

presa: organismo vivo del cual se alimenta el depredador.

pretarso: conjunto de estructuras después del último segmento tarsal. En el Langostón azul lo integran un par de uñas y una almohadilla central o arolio (Fig.3.35).

presterno: en la porción ventral del Langostón azul, dos esclerites delgados al inicio del proesterno y del mesoesterno (Fig.3.32).

probóscide: estructura alargada, muchas veces formando un pico, usada por el insecto para proteger o envolver los estilete; caracteriza a todos los aparatos bucales del tipo chupador (Figs.3.18–3.25).

proctodeo: equivalente al intestino posterior (Fig.4.2).

proesternal: proceso; en el proesterno del protórax del Langostón azul, el proceso proyectado de forma cónica (Fig.3.32).

prognata: insectos cuyas partes bucales están proyectadas hacia adelante, siguiendo el eje longitudinal del cuerpo (Fig.3.10).

pronoto: esclerite dorsal ubicado en el protórax; en el Langostón azul se extiende lateralmente y hacia los lados(Fig.3.30).

propatas: patas no segmentadas y carnosas de algunos insectos, ubicadas en el abdomen después de las patas (Fig.5.14C).

propódeo: porción posterior del tórax en los himenópteros. En realidad forma parte del abdomen el cual se fusiona al tórax (Figs.3.58 y 3.59).

protocerebro: los lóbulos superiores del cerebro; inerva los ojos compuestos y los ocelos (Fig.4.4 y

4.22).

protorácicas: glándulas endocrinas; encargadas de producir la hormona de la muda o ecdisona, se ubican en el protórax (Fig.4.37).

protoracicotrópica: hormona; secretada por los cuerpos cardiacos y estimulada vía hormona cerebral. Esta hormona a su vez actúa sobre la glándula protorácica para que secrete la hormona de la muda o ecdisona influyendo así en el crecimiento y la metamorfosis.

protórax: porción anterior del tórax, ubicada inmediatamente después de la cabeza (Fig.3.29).

proturos: nombre común asignado a los representantes del Orden *Protura*; también los denominan cabeza de cono (Figs.10.2A–D).

proventrículo: en el sistema digestivo de la cucaracha americana, la porción basal del buche; el mismo presenta dientes internos que ayudan en la maceración de los alimentos (Fig.4.3).

proximal: cerca de la base de un apéndice.

pseudotraqueas: dípteros; en la labella de la probóscide, la superficie con surcos de la porción carnosa donde se ubican quimiorreceptores (Fig.4.25).

pterostigmas: manchas oscurecidas y engrosadas en el área costal de las alas de *Odonata* y otros órdenes. También las llaman estigmas alares (Figs. 3.45 10.7I y 10.28A).

pterotórax: la unión de meso y metatórax, donde se insertan las alas (Fig.3.31).

Pterygota: Infraclase que incluye a todos los insectos alados (Fig.8.2A).

pulgas, tungas: nombres comunes asignados a los representantes del Orden *Siphonaptera* (Figs.10.41A–C).

pulvilos: en el pretarso, las almohadillas presentes asociadas con las uñas (Fig.3.36).

pupa: estado entre la larva y el adulto; durante el mismo cesa la alimentación y el movimiento se reduce (Figs.5.16A–E).

pupario: díptera; barrilito producto del endurecimiento de la piel de la última muda de la larva. Dentro de este barrilito, encontramos una pupa del tipo exarate; común en los dípteros superiores (*Cyclorrhapha*). (Figs.5.16 D–E).

Q

quetotaxia: término en español para chaetotaxia, la cual es una palabra de origen griego.

quiescencia: estado de reposo del organismo con reducción en la rata metabólica y de desarrollo. La estivación y la diapausa son estados de quiescencia. Es un término del latín usado en español.

quitina: exoesqueleto; polisacárido nitrogenado formado por unidades de N–acetíl glucosamina; comunica elasticidad a las estructuras o regiones donde se deposita. Forma parte esencial de la cutícula (Fig.3.4).

quitinoso: contiene quitina.

R

rabdómero: células sensoriales en los ojos compuestos, usualmente ocho; se encargan de llevar el estímulo visual al cerebro vía axones de las células nerviosas (Fig.3.27B).

Radial: en la venación hipotética, la Radial es la vena dividida en dos ramas: R_1 y sR. El sR se subdivide en cuatro ramas R_2 , R_3 , R_4 y R_5 (Fig.3.50).

Radial: sector; la rama proveniente de la subdivisión de la vena Radial. Se representa por las letras sR.

Radio, Radial: segunda rama en la secuencia de venas que se inician con la vena Costa. Se representa con la letra R en mayúscula (Fig.3.50).

rafidiópteros: nombre comunes asignados al Orden *Raphidioptera* (Figs.10.28A–B).

raptora: tipo de pata; equivalente a la prensil en insectos depredadores de *Dictyoptera* y *Neuroptera*. En *Mantodea*, las patas nacen en la parte anterior del protórax (Fig.3.38D–E y 10.15A–D).

recto: porción terminal del aparato o sistema digestivo (Fig.4.1).

regiones del cuerpo: En *Hexapoda*; el cuerpo esta dividido en tres regiones o tagmas (Fig.1.1A).

reselina: sustancia proteica; comunica elasticidad a las estructuras o regiones donde se deposita, tales como suturas, cuello y articulaciones en general.

reticulado: entramado, como una red.

retráctil: capaz de proyectarse hacia adelante desde una cavidad, para luego retraerse dentro de la misma. Ejemplo, las piezas bucales de la Clase *Entognatha*.

rostro: pico; cabeza alargada semejando un pico en cuyo extremo encontramos las piezas bucales (Fig.10.40B).

rudimentario: poco desarrollado, primitivo.

rugoso: arrugado; lo opuesto a liso o pulido

S

saltarines: nombre común asignado a los representantes del Orden *Collembola*, también los denominan colémbolos (Figs.10.1A–D).

salival: glándula; en el aparato digestivo las glándulas accesorias encargadas de secretar saliva. Pueden sufrir transformaciones para producir compuestos como seda y otras sustancias.

salivario: cámara inferior en la cual se divide la cavidad bucal (Fig.4.4).

saprófago: hábito alimenticio; se alimenta de materia orgánica en descomposición.

sarna: equivalente a escabiosis; enfermedad de la piel causada por el ácaro *Sarcoptes scabiei*. Común en humanos, animales domésticos y salvajes.

scarabaeiforme: larva; cuerpo robusto, curvo poco esclerotizado, de movimientos lentos con la cabeza bien formada y tres pares de patas cortas o ápoda. Ejemplo, escarabajos y otros coleópteros.

segmento: una de las partes que constituyen un apéndice o de una región del cuerpo.

seminal: vesículas; par de glándulas en el aparato reproductor masculino donde desembocan los vasos deferentes provenientes de los testículos (Fig.4.20).

sensoriales: órganos; permiten al insecto saborear, ver, tocar, sentir cambios de temperatura o humedad y otros estímulos provenientes del medio ambiente o del interior del cuerpo. Pueden ser de varios tipos: quimioreceptores, mecanoreceptores y fotoreceptores (Fig.4.24).

serosa: membrana externa del huevo en el desarrollo embrionario (Fig.5.7A).

seta: pelo o cerda sobre el exoesqueleto de carácter sensorial, proveniente de una célula tormógena (Figs.3.4 y 4.26).

setacea: antena; equivalente a setiforme, parecida a un pelo o cerda donde los segmentos van disminuyendo de diámetro progresivamente. Ejemplo, libélulas y cigarras (Fig.3.28B).

simbiosis: cuando dos especies viven en contacto estrecho y se benefician la una de la otra. Ejemplo: hormigas y áfidos.

simetría bilateral: al dividir el cuerpo longitudinalmente en dos partes, sobre el dorso, ambas partes son iguales. Los insectos tienen simetría bilateral.

simplesiomórfico: estado ancestral compartido por varios taxa.

Simplicidad: Cladística. Principio de Simplicidad o Análisis de Simplicidad. Ver Parsimonia.

sinapomórfico: estado derivado o evolucionado compartido por los integrantes de un clado.

sinónimos: el mismo animal con nombres diferentes. El nombre más antiguo es el que prevalece según las normas del CINZ. Existen algunas excepciones que normalmente los taxónomos no toman en cuenta y prefieren usar el nombre más antiguo propuesto para el taxón.

sintipos: todos los especímenes de una serie donde no se designó al Holotipo, cuando se propuso un nuevo taxón.

Sistemática: ciencia que estudia las relaciones y clasificación entre organismos.

social: insecto; organismos que viven en una sociedad organizada y donde las labores necesarias para su subsistencia están repartidas entre los miembros de la misma o castas: soldados, obreras, reinas, zánganos y otros. Se asocian en colmenas (abejas), termiteros (termitas), bachaqueros (bachacos), etc.

soldado: casta de una sociedad; realizan labores de defensa para preservar al grupo o sitio donde viven (Figs.10.14A–F).

stemmata: órganos de visión ubicados a los lados de la cabeza de las larvas, se denominan también ocelos laterales.

subclase: subdivisión de la clase. La Clase *Insecta* tiene una Subclase denominada *Dicondylia* (Fig.8.2A).

subespecies: poblaciones de la misma especie, que por estar aisladas geográficamente, adquieren diferencias morfológicas que permiten separarlas e identificarlas.

subfamilia: subdivisión de la familia; las subfamilias

se reconocen porque se escriben iniciándose con mayúscula y terminan en -inae. (ver capítulo 7, pág.114, clasificación del género *Trachypus*).

subgénero: subdivisión del género.

subimago: en el Orden *Ephemeroptera*, el estado que precede al adulto; es capaz de volar y caminar pero no se reproduce.

submentón: en el labio de los insectos masticadores, la porción basal del mismo (Fig.3.16).

suborden: subdivisión del orden. Ejemplo, el Orden *Coleoptera* está integrado por los Subórdenes: *Archostemata*, *Myxophaga*, *Adephaga* y *Polyphaga*.

subphylum: una de las subdivisiones del Phylum.

superfamilia: subdivisión del orden o del suborden agrupando familias cercanamente relacionadas. Se distingue por la terminación -oidea.

surco: depresión lineal, hendidura lineal o curvada; equivalente a estría.

sutura: línea de unión entre esclerites.

Symphyta: Suborden de *Hymenoptera*; caracterizado por la ausencia de una constricción entre tórax y abdomen, se considera parafilético (Figs.10.31A–C).

T

taenidias: anillos espiralados que refuerzan por dentro a las tráqueas.

tagma: grupo de segmentos que integran una de las principales regiones del cuerpo de un hexápodo. Ejemplo: la cabeza, el tórax o el abdomen.

tagmosis: organización y división del cuerpo en sus principales regiones. Ejemplo: los insectos presentan tres regiones principales, cabeza, tórax y abdomen.

tarsos: subdivisión de las patas, más allá de las tibias (Figs.3.35 y 3.36).

taxón: unidad taxonómica. Ejemplos, especie, género, familia, etc.; plural, taxa.

Taxonomía: ciencia encargada de describir, nombrar y clasificar la diversidad de organismo en la naturaleza.

tentorio: apodema presente dentro la cabeza de muchos insectos, puede incluir proyecciones adiciona les, denominadas brazos anteriores y posteriores. Le da rigidez a la cápsula cefálica y la protege (Fig. 4.4).

tergo: esclerite dorsal de un segmento abdominal (Fig.3.51).

terminal: ubicado al final, en el extremo.

termitas, termites: nombres comunes asignados al Suborden *Isoptera* (Figs.10.14A–G).

terrestres: hábitos; organismos que proliferan y viven sobre o dentro de la Tierra.

testículos: par de órganos sexuales de los machos, donde se producen los espermatozoides (Figs.4.19 y 4.20).

tibia: segmento de la pata ubicada a continuación del fémur (Fig.3.53).

tijeretas: nombre común asignado al Orden *Dermaptera* (Figs.10.13A–D).

tímpano: órgano sensible a vibraciones. Incluye una membrana, una cavidad con aire y una o varias fibras nerviosas.

tipos: El Código Internacional de Nomenclatura Zoológica reconoce los siguientes tipos, de interés para los entomólogos: alotipos, holotipos, paratipos, lectotipos, paralectotipos neotipos y sintipos.

tisanópteros: nombre común asignado al Orden *Thysanoptera*, se conocen también como thrips o trips.

titilador: componente del aparato reproductor masculino en la cucaracha (Fig.4.18).

toallín: tipo de papel; usado a título de cama para depositar sobre él los insectos que se desean ablandar. Puede tener otros usos durante el proceso de captura de especímenes (Capítulo 2, pág.11, número 4 y Fig.2.7).

tórax: segunda parte o región intermedia en el cuerpo de los insectos (Fig.3.3).

tormógenas: células de la epidermis; generan una cavidad donde se asocian con setas (Fig.3.4).

tráqueas: tubos respiratorios que comunican los estigmas con los troncos traqueales (Fig.4.11).

traqueolas: ramificaciones finales del aparato respiratorio, previo a la llegadas a los tejidos.

tribu: subdivisión de una subfamilia, agrupando a géneros relacionados. Se reconoce por la terminación -ini.

tricógeno: células de la epidermis encargadas de producir setas o pelos (Fig.3.4).

tricópteros: nombre común asignado al Orden

Trichoptera (Figs.10.35A–D).

tripanosoma: protozoario flagelado capaz de causar enfermedades a los seres humanos y animales. Ver Mal de Chagas.

tritocerebro: lóbulo inferior del cerebro (Fig.4.22).

triungulines: primer instar larval en el Orden *Strepsiptera*, se caracteriza por su movilidad. También se presenta en coleópteros con hipermetamorfosis.

trocánter: el segundo segmento de la pata, entre la coxa y el fémur (Fig.3.35).

trofalaxis: sistema de alimentación boca a boca o ano a boca, común en insectos sociales.

troncos traqueales: tubos respiratorios que recorren el cuerpo longitudinalmente (Fig.4.11).

Trypanosoma cruzi: protozoario causante de la enfermedad de Chagas o mal de Chagas.

truncado: apéndice cortado perpendicularmente a su eje longitudinal (Fig.7.4).

tubérculo: protuberancia redondeada de la cutícula.

tylus: clípeo en los chinches del Suborden *Heteroptera* (Fig.3.20).

U

unisexual: se refiere a especies con hembras solamente.

univoltina: especies con una generación por año.

urea: componente nitrogenado presente en pequeñas proporciones en la excreción de los insectos.

URL: acrónimo para **U**niform **R**esource **L**ocator; localizador de recurso uniforme. Utilizado para identificar recursos en internet y lograr su localización. Su uso es similar al término **DOI**.

V

vagina: cámara genital en el aparato reproductor femenino (Fig.4.15).

valvas: componentes del aparato reproductor femenino de la cucaracha y otros insectos (Fig.4.17).

vannus: ensanchamiento de la porción anal del ala posterior, característico de los Órdenes: *Orthoptera*, *Phasmatodea*, *Dermaptera*, *Dictyoptera*, *Plecoptera* y *Embioptera*, simplificado o perdido posteriormente en este último Orden (Fig.10.15K).

vasos deferentes: tubos por donde pasan los espermatozoides para ser depositados en la vesícula seminal (Figs.4.19 y 4.20).

vector: el transmisor del agente causal de una enfermedad. Ejemplo, el género *Rhodnius* sp., es el vector del Mal de Chagas.

venas: tubos delgados en las alas que le dan rigidez. Su distribución en la misma tiene importancia taxonómica (Figs.3.39 y 3.40).

ventrales: cordones nerviosos; recorren el cuerpo longitudinalmente para formar un cordón uniendo los ganglios ventrales presentes en cada segmento (Fig.4.23).

vermiforme: cuerpo con apariencia de larva.

vértice: parte dorsal de la cabeza, también la denominan *vertex* (Figs.3.8B–C).

vesículas: proyecciones globosas, a menudo expansibles en el Orden *Zygentoma* (Fig.10.5C).

vesículas seminales: especie de sacos donde se almacena el líquido espermático en el aparato reproductor masculino (Figs.4.19 y 4.20).

vestigial: pobremente desarrollado, usualmente no funcional. Ejemplo, alas rudimentarias de algunos insectos.

vitelina: membrana; envuelve al citoplasma (Figs.5.3 y 5.4).

vivíparo: se reproduce dando origen a organismos vivos al nacer, la reproducción no a través de huevos.

X

xilófago: organismo que se alimenta de madera.

Y

yema: componente que forma la mayor parte del citoplasma del óvulo, también se denomina vitelo (Fig.5.3).

yugo: equivalente al jugum en el orden *Lepidoptera.* Representa un mecanismo para el acople de las alas. Ver la definición de jugum (Fig.3.44).

Z

zancudos: nombre común asignado a la Familia *Culicidae* del Orden *Diptera*; también los denominan mosquitos, mosquitos patas blancas.

Zeugloptera: Suborden de *Lepidoptera* pequeño con apenas una Familia; el mismo es cosmopolita (10.37F).

zoófago: se alimenta de animales.

zorápteros: nombre común asignado al Orden *Zoraptera* (Fig.10.16A).

Referencias sobre glosarios y/o diccionarios de Entomología:

Barrientos, J.A. (ed.) 2004 Curso práctico de Entomología. Universidad Autónoma de Barcelona, Barcelona. 953 p.

Gordh, G. & Headrick, D. 2011 A Dictionary of Entomology. CSIRO Publishing, Australia.1.500 p.

Monteresino, E.M. & M. M. de Brewer (2001) Diccionario entomológico. Universidad Nacional de Rio Cuarto. Córdoba, Argentina. 152 p.

Torre-Bueno, J.R. de la (1989) The Torre–Bueno Glossary of Entomology, 2nd edn. The New York Entomological Society in cooperation with the American Museum of Natural History, New York. 840 p.

Índice del volumen I

Cada palabra es seguida por números de páginas donde aparece la misma, una o varias veces. Cuando los números están separados por un guión se indica que la palabra aparece más de una vez o se señala con términos relacionados en ese rango de páginas. Las páginas numeradas del 199 al 223 incluyen las definiciones del glosario. Por los alcances del programa utilizado para estructurar el índice, los títulos de las referencias bibliográficas de cada capítulo también se examinaron para la ubicación de palabras.

D

N

O

www.ingramcontent.com/pod-product-compliance
Lightning Source LLC
LaVergne TN
LVHW072012300926
849160LV00002B/7
9780615776156